寒区生态水文学理论与实践

王根绪　张寅生　等　著

科学出版社

北　京

内 容 简 介

本书以我国青藏高原冻土流域为对象，结合泛北极河流研究进展，详细阐述寒区大气-植被-积雪-土壤间的能水交换与传输过程，坡面尺度不同植被盖度下的产流过程以及集水单元流域产流过程，并论述冻融循环对于寒区流域径流形成与汇流过程的作用，发展了寒区产流机制模型和流域生态水文模型。

本书可供从事水文学、地理学、冰冻圈科学以及生态学等专业的科研人员、高等院校相关领域师生参考。

图书在版编目(CIP)数据

寒区生态水文学理论与实践 / 王根绪，张寅生等著.—北京：科学出版社，2016.8
　ISBN 978-7-03-049576-1

　Ⅰ.①寒… Ⅱ.①王… ②张… Ⅲ.①寒冷地区-生态学-水文学-研究 Ⅳ.①P33

中国版本图书馆 CIP 数据核字 (2016) 第 190868 号

责任编辑：张 展 李 娟／责任校对：王 翔
封面设计：墨创文化／责任印制：余少力

科学出版社 出版
北京东黄城根北街16号
邮政编码：100717
http://www.sciencep.com

四川煤田地质制图印刷厂印刷
科学出版社发行 各地新华书店经销
*
2016年8月第 一 版 开本：787×1092 1/16
2016年8月第一次印刷 印张：23 1/8
字数：490 千字
定价：180.00 元
（如有印装质量问题，我社负责调换）

序 一

寒区水文学的发展已有近百年历史。基于能量平衡和物质平衡理论,冰川水文学和单纯的积雪水文学的相关理论认识与定量化模式发展迅速;相比而言,由于缺乏相对完善的理论和方法体系,冻土水文学的发展要滞后一些,归因于冻土水文过程的高度时空变异性及其能水交换过程的复杂性。一方面,土壤水文学本身尚存在较多的未知领域,包括生物因素参与后的土壤生态水文过程,尚未形成有效的刻画方法,在这一过程中叠加冻融作用的能量传输与水体相变作用,就使得活动层土壤水文过程的认知更加复杂和困难。另一方面,以冻土界面为隔水层的冻结层上地下水,其高度异质性的含水层特性、复杂多变的水力参数、多种因素共同作用的地下水补给-径流-排泄系统等,迄今为止尚未在这一领域取得突破性进展。而冻土地下水系统还包括冻结层下和冻结层间地下水,三种典型的地下水类型相互联系又存在显著的动力学差异,如何在传统的地下水水文学理论基础上,发展适合于冻土地下水过程的理论与描述方法,始终是水文学领域的前沿难点。总之,深入研究冻土生态水文过程、机理与模拟方法,既是冻土水文学发展的迫切需要,也是现代寒区水文学最希望取得突破的方向。冻土学的核心就是对大气-植被-土壤-冻土系统水热交换过程的科学认识,寒区陆面过程中最具挑战性的问题也在于对冻土参与下的陆面能水交换过程的准确刻画。在长期的冻土学研究中,尽管明确了生物因素(如植被覆盖、土壤有机质层、根系以及微生物等)对土壤水热耦合过程的巨大影响及其形成机制,但始终没有建立高精度刻画这些作用过程的普适性定量模式,成为制约冻土模型、寒区水文模型和陆面过程模型以及寒区生态模型发展的瓶颈。

生态水文学是一个新兴交叉学科,大致在 1999 年,我非常偶然的获得了 Baird 和 Wilby 教授编著于 1999 年刚印发的 *Eco-hydrology. Plants and water in terrestrial and aquatic environments* 一书,认识到生态水文学将无疑是解决流域生态环境与水资源合理利用等方面诸多矛盾与问题最有效的理论,也认识到其将是未来水文学和生态学发展的重要方向。为此,我及时委托王根绪和赵文智两位博士进行中文翻译并付诸出版,成为最早向国内介绍生态水文学理论的开创性文献。生态水文学在其诞生之初,就形成了两个方向并头发展的格局:一是基于生态学或植物学的生态水文学,另一个是基于水文学的水文生态学。前者以相对微观的植物学和生态学理论为基础,探索植物生理过程或生态过程中耦合的水文学问题;而后者则以水文学的理论和方法为基础,探索水文过程的生物因素,或水文过程变化的生态效应。王根绪博士就是沿后一个方向发展的,这就使得本书具有一个显著特点:以陆面水循环、坡面水文学和流域水文学理论涉及的生态因素角度,探索生态水文过程的规律和机制。

在寒区水文学以及与之相关的冻土学和寒区陆面过程研究的发展过程中,生态水文学同样具有不可替代的重要作用，甚至可以预判是取得突破性进展的最具希望的途径。当然，寒区生态水文学更是新的多学科交叉边缘学科，完全属于创新探索领域。王根绪博士是在 1998 年前后才被我引入青藏高原冻土地区的，当初是以江河源区的生态环境退化及其对流域水文影响这一问题为对象，试图去解释引发江河源区生态退化和水文过程变化的形成原因。从那时起，王根绪博士带领自己的团队对上述这些冻土学和寒区水文学的"硬骨头"展开了挑战，并坚持了 15 年，本专著就汇集了他们在上述问题上取得的研究进展，包括在寒区水循环理论方面十分重要的大气-植被-冻土水热交换及传输过程与机制、寒区冻融循环控制下的坡面产流过程和流域径流形成机理以及寒区流域基于生态过程与冻土水文过程耦合机制的水文模型等。特别是在寒区流域径流形成的温度变源机制的认识，并在传统的土壤水分饱和容量产流理论基础上，提出的土壤温度阈值产流的机理模型等，对寒区流域水循环及产汇流理论和分析方法是重要的发展。作者坚持了 15 年，得到的这些进展均汇集在这部专著中。在中国，比较系统地总结寒区生态水文研究成果的著作可以说是凤毛麟角。这部专著以"十年铸一剑"的努力，使我国寒区生态水文的研究上了一个新的台阶。

值得一提的是，中国西部高山高原均位于寒区，是寒区水资源的形成区。青藏高原号称"亚洲水塔"，高原上的"三江源"是包括长江、黄河在内的十几条亚洲大河的源区。中国西部的高山则是干旱区的水资源源区，千百万年来维系着干旱区人民的生产、生态和生活。认识和合理利用这些珍稀的水资源，其重要性是不言而喻的，而寒区生态水文学正是认识和科学利用寒区水资源的重要基础。希望有更多的科学家和团队投入到这一研究行列中来。

2016 年 8 月 5 日于兰州

序　二

　　全球变化下，人类社会的可持续发展需要协调与平衡人类对水资源的需求量日益增加和生态环境需水之间的关系，并寻求科学管理水环境功能日趋严峻的流域水资源系统，全球性的水安全问题的现实需求推动了生态水文学的形成与发展。自 20 世纪 90 年代初期生态水文学在全球范围内开始兴起，经过 20 多年的发展，生态水文学日益成为连接自然科学（水文学、生态学）、人文科学（社会学、经济学）以及人类社会（可持续发展）的桥梁，为变化环境下流域的可持续管理以及更为广泛的区域生态安全和环境安全提供科学依据与理论支撑。可以预见的是，未来伴随全球气候变化对水文系统和陆地生态系统的影响不断加剧，人类社会的可持续发展将面临更加严峻的水安全和环境安全制约，生态水文学被国际上大量应用研究证实是有效减缓全球变化对水安全压力影响，并寻求应对气候变化的适应性流域管理模式的强有力科学工具。

　　科学前沿的创新进展，结合社会生产和学科自身发展的需要，是推动学科发展的动力，这就需要从理论到应用又从应用到理论的不断转化，在转化中不断提升理论认知水平和系统性。在水文科学理论前沿，由于冰雪水文和冻土水文学等分支学科自身缺乏完善的理论体系和精确的数值分析方法，寒区水文过程的形成、时空格局与演化、对变化环境的响应规律与机理、水文过程的分析与模拟等，都存在较多的未知问题和挑战。然而，全球范围内，一方面寒区往往是众多河流的发源区，是淡水资源供给的核心区域，如青藏高原河流水系之于亚洲地区、北冰洋河流水系对于泛北极大陆、落基山水系之于北美以及阿尔卑斯山区河流之于欧洲等，人类社会的持续发展不断增加对这些淡水资源的需求，其水安全保障功能的重要性日益突出；另一方面，寒区存在大量对气候变化极度敏感的环境因子，特别是一些重要的水循环要素如冰川、积雪和冻土等，不仅对气候波动响应强烈，而且其变化过程具有巨大的能水效应和生态效应。同时，寒区生态系统对气候变化具有高度脆弱性，过去的气候变化已经对全球大部分寒区生态系统产生了显著影响，如北极地区的灌丛替代苔原、沼泽湿地取代森林等，青藏高原高寒草地生态系统格局与生产力也发生了较大改变。陆面生态系统的这些变化无疑将改变原有水循环过程，对区域水文情势的影响十分深刻。正因如此，过去 20 多年来寒区水文系统的显著变化，对区域乃至全球的水安全和环境安全方面产生了较大影响和威胁，成为全社会广泛关注的焦点之一，国际上也陆续开展了大量寒区水文科学问题的探索，包括我国对西南河流源区水文变化的持续关注和研究等。这些日益突出的社会需求，有力推动了寒区生态水文学的理论探索，本书产生的科学价值与实践意义就在于此。

　　寒区生态与水文间的耦合关系可能要比其他任何地方更加紧密而复杂，水文过程的生物作用更加强烈而深刻。要破解寒区水文过程形成与演化的诸多机理问题，首先就需要系统认知寒区特殊的大气-植被-积雪-冻土间的水热耦合交换规律及其机理，理解陆面水热交换中的生物作用。基于大量观测试验研究结果，本书提出了刻画生态系统变化驱动土壤水热运动过程分异的新的参数体系，构建了寒区大气-植被-积雪-冻土间水热耦合关系理论与模式，增进了寒区陆面水热交生物因子的理论认识。此外，本书中还有三个方面的进展需要给予高度关注，一是关于寒区冻土下垫面产流规律及其成因中的土壤冻融温度阈值和生态因素的阐述；二是对于寒区流域径流形成的温度变源机制的系统论述，并在传统的土壤水分饱和容量产流理论基础上，提出了土壤温度阈值产流的机理模型，发展了寒区流域水循环和产汇流理论和分析方法；三是在寒区陆面过程模型以及耦合积雪、冻土和生态水循环的寒区流域分布式生态水文模型取得的新进展。值得指出的是，本书从水文学系统理论角度，在水热交换的机制与模式、坡面水循环过程以及流域尺度水文过程等方面，全面阐述了寒区生态水文学的基本理论、范式和分析方法，是迄今为止针对某一典型水文气候区较为系统的生态水文学理论描述，有助于生态水文学理论体系的进一步完善，并进而推动寒区水文学理论的发展。寒区严酷的环境限制了实验水文学的发展，可以想象在青藏高原海拔 4500m 以上多年冻土流域常年开展生态水文过程观测试验的艰辛，因此，本书提出的诸多创新成果十分可贵。

学科之间的交叉、融合与分化成为科学发展的重要标志，本书展示的学术成果就是水文学、生态学交叉并与冰冻圈科学和地理科学相互渗透与融合的产物，因而具有显著的学科研发意义，寄望于本书成果对于寒区水文科学、寒区生态学以及冰冻圈科学等学科的发展产生较大贡献。毋容讳言，对于极具挑战的寒区生态水文学前沿发展的难题而言，方兴未艾，还有很长的路要走，希望本书的作者依旧秉承"知行合一"的理念，以本书为起点，继续潜心研究，"精益求精，止于至善"，进一步提高对寒区水文过程的准确识别能力，深化对寒区生态水文学理论体系的研究，为推动我国生态水文学和寒区水文学发展做出更大贡献。

刘昌明

2016 年 6 月于北京

序 三

　　寒区在全球水循环和淡水资源供给方面占据着十分重要的地位，我国主要河流如发源于青藏高原的西南诸河流、发源于西北高寒山区的干旱内陆流域以及发源于东北地区的松花江和黑龙江等，在我国经济社会发展中具有举足轻重的作用。在全球变化作用下，寒区对气候变化的高度敏感性导致区域水循环和水文过程的变化十分剧烈，不仅对区域水安全、能源安全产生较大影响，而且在环境安全、生态安全方面也产生了一系列显著效应，引发全社会广泛关注。系统阐明气候变化下寒区流域水文过程变化的基本格局与趋势、水沙演化进程与水环境效应、河流生源要素通量变化及其区域碳氮平衡影响、寒区生态系统与水循环的互馈影响与生态功能变化等，成为寒区流域水文科学迫切需要解决的焦点问题。

　　然而，一方面由于寒区水循环诸要素的观测十分缺乏、相关水文数据获取困难，我们对这些寒区流域水文过程的了解十分有限，始终是水文学前沿 PUB（无资料流域水文预报）问题的典型代表区域；另一方面，寒区冰冻圈作用下的水文学理论与分析方法存在诸多未知领域，缺乏大气-植被-冻土水热交换与传输过程的系统理解及其定量模型，对冻融循环控制下的坡面产流和流域径流形成过程与机制的认知也十分有限，严重制约了对寒区流域水文过程的定量分析能力。寒区水文过程的复杂性，还在于水循环对陆面生态过程和下垫面能量分配变化的高度敏感性。寒区生态系统在能水两方面对水循环的影响程度远高于其他区域，能量分配格局所制约的水分相变直接决定水循环规律。因此，要科学识别寒区水循环的形成与演变机理，需要对水循环及其伴生过程进行综合分析与定量表达，特别是生态过程与水文过程在能水两方面的系统耦合，对于客观揭示寒区水循环规律和准确判识流域径流变化，具有决定性的作用，这既是现代水文水资源研究的前沿核心问题，更是寒区水文学理论和分析方法发展的关键。

　　《寒区生态水文学理论与实践》这本汇聚多个重大科研项目成果的专著，正是以上述这些水文科学前沿核心问题为切入点，在寒区水循环迫切需要认知的大气-植被-冻土水热交换与传输过程与机制方面，系统阐明了寒区生态类型、植被覆盖以及与植被协同演化的土壤质地等因素影响下，寒区特殊的 SPAC 系统的能水交换和传输过程，并在定量模式方面取得了突破性进展；在寒区冻融循环控制下的坡面产流过程和流域径流形成机理方面，全面揭示了气候与寒区生态系统协同影响下的能量传输和温度变化对地表径流形成与演化的作用本质、方式、阈限及其数值解析途径，基于这些方面的进展，在寒区流域基于生态过程与冻土水文过程耦合机制的水文模型方面，也开展了一些很有价值的探索。寒区精细的水文学研究工作难度较大，所涉及的水循环陆面过程因素复杂，在现代水文学前沿发展的重点研究领域中，积极倡导水循环的气-陆耦合研究，以求解决这类无资料流域和复杂水循环系统下的水文预报和高精度水文模型的发展问题，本书中所展示出的大部分进展，充分体现了研究者重视寒区陆气耦合的水循环过程研究思想。在陆面过程模式发展的基础上，通过大气-植被-冻土水热交换与传输过程，探索陆面过程模型中对于植被-冻土耦合过程以及积雪-植被耦合系统方面的有效改进，进而实现与流域水文模型的结合，为寒区利用一个共同的陆面模式耦合大气模式和水文模式，实现区域尺度水文过程的准确模拟和预测，奠定了重要基础。

现代水文学发展的一个十分重要的技术变革趋势是由传统的物理模型向"原型观测＋数值模型"相结合转变。为客观描述变化环境下水循环的演变规律，在现代水文水资源研究中，高度注重野外原型观测实验，在大量原型观测实验数据的知识挖掘的基础上，获取水循环客观演变规律。对于寒区冰冻圈要素控制下的水循环和水文过程研究，在极度缺乏相应水文学成熟理论和方法支持下，开展系统的原型观测实验就显得更加重要。本书所提供的几乎所有进展均是源于在青藏高原多年冻土流域开展长期观测实验研究的结果，这是对本书成就需要充分肯定的另一个基点。本书中对于寒区水文过程的完整流域观测实验工作，应该称得上系统而全面，在河源集水流域尺度上，充分开展了水循环的地表过程、土壤过程和地下水过程以及寒区特殊的积雪过程、冻土过程以及生态过程等的系统监测。通过获取大量实验观测数据，探索了符合寒区水循环过程的数值模拟途径和方法，为寒区水文学乃至其他区域水文学的研究和发展提供了值得借鉴的技术途径。

鉴于寒区水文学本身的复杂性和理论与方法的缺乏，本书所展示的进展在其涵盖的方向上是较大的进步，但远不是终点，很多方面甚至只能说是初步的认识，因而任重而道远。开卷有益在于举一反三和基于当前的进一步思考，为此，在本书已经取得的多方面进展的基础上，正如第 9 章对于未来发展趋势的论述中所提出的一些展望，我提出以下几方面进一步深入研究的建议供读者思考：①在基于过程的现代水文水资源研究中，进一步加强寒区陆气耦合研究，在寒区陆面过程与冻土水文过程耦合研究基础上，促进寒区大气过程、地表过程、土壤过程和地下水过程 4 个基本水循环过程相互作用的有机性和整体性；探索基于物理机制的区域大气模式、陆面过程模式和水文模式的紧密双向耦合。②水循环及其伴生过程的综合集成研究和模拟。在变化环境下，寒区下垫面生态系统以及岩土等的敏感性和脆弱性，水循环伴生的水化学、水生态和水沙过程变化更加剧烈，这些伴生过程的区域环境和生态安全威胁值得予以高度关注。③寒区"自然-人工"二元水循环与水文过程演变机理及其模拟，寒区的人类经济活动日趋活跃，人工侧枝的水循环不断加剧，对自然水循环过程的影响可能比其他地区更加显著，为客观和科学地表达全球变化和人类活动影响下寒区水循环的演变特征，需要加强二元水循环过程、机制与数值模拟方面的研究。

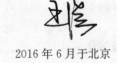

2016 年 6 月于北京

前　言

生态水文学是研究有关生物圈与水文圈之间的相互作用关系以及由此产生的水文、生态以及环境问题的一门新兴学科，因其内涵和研究思想很好地融合了当前人类社会可持续发展中面临的诸多生态安全、环境安全、水安全等方面的学科需求，近年来迅速发展并在多种生态气候和地貌类型区域开展了应用，并在应用中不断完善和发展了这一新型学科的理论体系。相比其他地区，以冰冻圈要素为主要区域环境和下垫面条件活跃因子的寒区，能量传输过程在水循环中起着更为重要且十分复杂的主导作用，生态-水之间的相互作用关系不仅体现在水循环本身，而且其相互间的能量关系强烈介入水循环过程，其生态水文学过程具有不同于其他地区的特殊性和复杂性，因而具有不同于其他区域生态水文学的理论体系和定量描述的模式与方法。寒区生态水文过程是联结寒区生态-水文与水资源的纽带，并通过生态过程和水文过程广泛作用于区域生物及生物地球化学、冻融次生灾害、淡水供应等多个领域，从而显著影响着寒区生态系统过程与功能、寒区环境安全和水资源安全等。由于寒区环境要素对全球变化的高度敏感性，且寒区水循环关键因子的冰雪、冻土等对气候变化的脆弱性及其巨大的能水效应，寒区生态水文过程对全球变化响应更加强烈且具有广泛的反馈效应，如寒区脆弱生态系统的稳定性、寒区水文系统和水资源保障能力以及寒区各种自然灾害的减控等。因此，在应对全球变化的区域响应与适应方面，寒区生态水文学具有更加紧迫的现实需要。

然而，由于寒区所具有的严酷环境条件和寒区生态水文过程的复杂性，加之研究手段和技术方法的限制，长期以来人类对寒区生态水文学过程与机制的认识十分有限，缺乏相关理论、适宜性技术方法和模式的系统研究。进入21世纪以来，冰冻圈科学的兴起与发展，极大促进了寒区水文学的发展，特别是冰雪水文学和冻土水文学理论、方法与数值模型的进步，为寒区生态水文学的深入系统研究创造了新的契机。自20世纪90年代以来，不断加强的寒区生态系统对全球变化响应研究，带动了寒区生态学研究的深化，特别是在冰冻圈要素和生态系统间相互作用关系与机制方面的一系列进展，为寒区生态水文学研究起到了极大推动作用。得益于寒区水文学理论与方法的支撑，但又不同于寒区水文学，寒区生态水文学迅速成为寒区水文学、生态学、地球表层科学和环境科学最为活跃的交叉发展前沿。其显著的学科交叉特性使得寒区生态水文学为阐明寒区生态系统过程与功能，促进寒区水文循环理论体系发展，理解全球变化的冰冻圈响应及其在寒区的影响，发展寒区流域应对全球变化的适应性管理与生态保育技术提供了有力的科学依据和技术支撑。

鉴于寒区生态水文学在寒区水循环与水资源保护、生态系统过程与功能维持、区域应对全球变化的可持续发展等方面的重要作用，特别是冰冻圈科学体系中对于系统阐释冰冻圈水文学和冰冻圈生态学的学科内涵的学科交叉作用，自 2005 年中国科学院部署的"百人计划"方向项目开始，至 2015 年的 10 年间，仅中国科学院成都山地灾害与环境研究所就先后有 5 项国家自然科学基金项目（其中重点基金项目 2 项）、3 项国家基础专项 973 计划项目课题支持开展了以青藏高原多年冻土区为核心的寒区生态水文学系统研究。近十多年来，开展相关领域研究的还有中科院寒区旱区环境与工程研究所的寒区水文学团队（以祁连山区为主要研究区域）、中科院青藏所的高原水循环研究团队（以藏北高原为主要研究区域）等，取得了众多创新研究进展，逐渐形成了寒区生态水文学理论体系雏形。本著作主要汇集了中科院山地所和青藏所部分代表性的研究成果，其主要目的是对我们过去已取得的寒区生态水文学的主要理论认识、方法与模式等方面的进展，较为系统地进行归纳和总结，并凝练出寒区生态水文学未来发展关注的核心科学问题，明确未来发展趋势与方向，为今后进一步深入和更加全面发展寒区生态水文学学科体系奠定重要基础。

生态水文学是多学科高度交叉融合的新型学科和前沿研究领域，本质上既是水文学的分支学科，又可以是生态学的分支领域。因而，国际上生态水文学理论体系进展就体现在相互关联但又显著区别的两个方面：一是以传统水文学为主，通过坡面和流域水循环与水文过程角度，探索生态系统的作用本质、机理与数值分析方法，突出较大尺度或宏观生态水文学的理论与方法；二是以植物生态学为主导，从微观的叶片、冠层尺度探索植物生理生态学为基础的水碳关系、水分行为及其机制等出发，探索植被类型与结构、生产力变化等对水循环和大尺度水文过程影响的生物学机理与定量描述的数值方法。毫无疑问，两个方向的有机融合与相互耦合，是生态水文学发展的必由之路。前一个方向的发展中，与地学相关的不同学科如冰冻圈科学、环境科学、地理学等都在生态水文学领域进行广泛的渗透融合，可以较好地阐释地理要素和冰冻圈要素在多大程度上和如何作用于生态水文过程。由于奠定本书内容的主要研究项目及其成果均建立在地学基础上，因而，本著作沿用水文学从点、坡面到流域等尺度演进的学科问题为导向，进行研究内容的编排。

全书共包含 9 章：第 1 章，简略阐述寒区陆面能水交换与水循环的一般特性，在简述寒区水文学基本内涵的基础上，对寒区生态水文学的基本概念、内涵以及核心科学问题及其国内外进展状况等进行全面综述。第 2 章较为系统地阐述大气-植被-冻土系统为主体建立的寒区 SPAC 系统水热耦合传输过程，论证植被类型与覆盖变化、有机质层结构与变化等生态系统因素对大气-冻土间水热传输关系的影响程度、方式与机制，提出寒区 SPAC 系统能水耦合传输过程的理论认识和耦合模式。第 3 章讨论寒区积雪-植被协同的土壤水热传输过程及其动态规律，区分积雪覆盖变化单因素、积雪和植被覆盖变化协同的双因素作用下的活动层土壤水热动态特征，阐述积雪-植被间的相互作用关系及其水热效应。第 4 章以水循环中关键的陆面蒸散发为对象，论述寒区冰雪与植被覆盖变化的陆面蒸散发过程、动态规律及其形成机制；重点讨论寒区植被因素在蒸散发中的影响方式以及特殊的凝结水形成过程及其对蒸散发的影响。第 5 章对寒区水循环的关键伴生过程——寒区生态系统碳氮过程及其对冻融过程的响应规律、驱动机制等进行较为系统的论述，介绍在这一领域取得的主要进展和存在的不足。第 6 章系统阐述寒区坡面关键水循环和产流过程的基本规律、土壤冻融过程和生态过程变化影响及其作用机理，总结冻土坡面不同降水产流模式、季节交替规律及其与土壤冻融关系方面的进展。第 7 章着重从流域尺度,论述径流特征、形成规律及其与冻融过程的关系,生态系统在流域径流形成与变化中的作用等,阐明寒区流域温度变源产流理论及其数值解析方法。第 8 章在概述目前国际上较为先进的寒区流域水文模型的基础上,介绍对寒区陆面过程模型、流域水文模型的改进与耦合发展,提出未来发展途径。第 9 章是对全书的总结,全面归纳寒区生态水文学理论与方法研究的进展、前沿问题与未来主要发展方向。全书由王根绪整体设计与组织,其中第 1 章、第 6 章、第 7 章、第 8 章和第 9 章由王根绪研究员基于课题组研究取得的进展独立完成撰写。第 2 章由刘光生撰写,第 3 章由张寅生和常娟撰写,第 4 章由张寅生撰写,第 5 章由孙向阳、常瑞英、张涛、毛天旭合作完成,第 8 章由周剑、张伟和王根绪共同完成,最后由王根绪负责全书统稿。

值得指出的是,对本书各章节内容,作者尽可能追踪国际上对于寒区生态水文学领域研究的前沿进展,并尽量着眼于学科的理论体系和方法论,相对系统地总结了目前有关寒区生态水文学领域的主要研究进展,但客观地说不可能涵盖这一领域的所有方面,特别是微观尺度的植物生态水文机理和北半球寒带大尺度生态水文学方面的一些认识,存在遗漏、不足与缺陷,甚至出现一些错误理论与方法也在所难免,期待相关领域的科学家给予批评和指导。新型学科交叉领域的理论探索,是基础研究中最具挑战性的方面,总是存在较多的不确定性和不可预见性,科学家的好奇心和自由探索永远是基础科学发展的重要动力。本书相当于我们在寒区生态水文学领域抛砖引玉,希望能够为这一前沿交叉学科领域的发展提供一些有益的基础,并期望能够在学科理论体系引导方面做出些许贡献。这里,我们要衷心感谢多年来支持本项研究的国家自然科学基金委员会、中国科学院等部门,感谢持续关注和支持我们的诸多冰冻圈领域、生态学领域和水文学领域的科学家。特别的,我们要衷心感谢我国著名的冻土学家、寒旱区流域生态-水文-社会系统科学研究的首席科学家程国栋院士,他是作者开展本领域研究的主要引导者,并对本研究给予了长期关注和指导。感谢国际著名的冰冻圈科学创建者秦大河院士,在他极具前瞻性的学科发展谋划中,十分重视寒区多学科领域的交叉融合,在国家 973 计划相关冰冻圈科学的两期项目执行中,对本研究给予持续强有力支持,充分保障了一支团队长期开展寒区生态水文学领域的系统研究。同时,本书编撰过程中,还得到刘昌明院士和王浩院士给予的精心指导,在此一并表示衷心感谢。本书后期研究及最终出版得到国家重点基础研究计划项目"冰冻圈变化及影响(2013CBA01807)"、国家自然科学基金重点项目"三江源区径流形成与变化机制及其冻土生态水文过程模拟(91547203)"等的资助。

王根绪

2016 年 6 月于成都

目　　录

第 1 章　寒区生态水文学概述

1.1　寒区的基本陆面特性

1.1.1　寒区的陆面水热特性

在气候上，地球被划分为五个带：热带、北温带、南温带、北寒带和南寒带，北纬66.5°以北为通常所指的北极圈，南纬66.5°以南为通常所指的南极圈。在水文学和生态学上，寒区的概念范围要远远大于寒带的概念，如通常把不同于温带的低温下水文或水循环过程占据较大成分的区域看成是寒区水文，但迄今为止尚缺乏统一、明确的寒区的地理范围定义。最早对于寒区的定义为最冷月平均气温≤−3.0℃、月均气温>10℃的月份不超过 4 个月（Koppen，1936）的地区。Bates 和 Bilello（1966）也提出了基于温度的寒区划分标准，主要由 4 个指标构成：最冷月平均气温低于0℃、最大积雪深度大于0.3m、河湖冰封期超过 100 天以及每 10 年中至少有 1 年的冻结深度超过0.3m。后来，人们认识到单纯以气温因素为指标的寒区划分存在一些缺陷，如不能体现植物生长与其他区域的明显差异、水体的冻结过程以及降水形态变化等。Hamelin（1979）提出了综合考虑 10种因素的划分方法，如同时考虑河流、湖泊封冻期在 100 天以上及 50%以上的降水为固态降水等因素，并据此对加拿大寒区分布进行了划分。杨针娘等（2000）借鉴这个划分方法，认为中国寒区由于海拔因素的影响和气候上与加拿大的差异，结合中国气候区划和中国水文区划等，提出了中国寒区划分的气候指标，包括月均气温>10℃的月份不超过 5个月、10 月和 4 月平均气温不超过 0℃、年均气温不超过 5℃、日均温>10℃的日数小于150 天且积温为 500~1500℃、固态降水的百分比不少于 30%、年均积雪日数在 30 天以上等指标，据此划分的我国寒区面积占陆地国土面积的 43%。在这个基础上，陈仁生等（2005）简化杨针娘等的划分方案，提出 3 个指标：最冷月平均气温≤−3.0℃、月均气温>10℃的月份不超过 5 个月以及年均气温不超过 5℃，划分的我国寒区面积基本与杨针娘等的一致，占陆地国土面积的 43.5%，与中国多年冻土、冰川以及稳定性积雪分布区域吻合。因此，可以认为，早期杨针娘对中国寒区的定义以及后来陈仁生等的简化修订，都基本符合我国寒区的基本格局。上述寒区范围，突出了寒区陆面热量的基本特性，就是年均气温不超过 5℃，且月平均气温低于 0℃的时间超过 6 个月。

尽管在针对我国寒区的代表性定义中，试图考虑寒区水分因素，但其给出的指标显然还是以温度为主导。虽然此定义所涵盖的我国寒区基本囊括了固态水分布区域，也只能说明由上述温度指标定义的范围在我国是适宜的。在全球范围内，上述定义均是局域性的，不能揭示全球或是北半球寒区的分布。为此，Woo认为，如果考虑水分以雪或冰的形式赋存于地上或地下的寒区指标，北半球大致北纬40°以北的区域均属于寒区范围；同时，一些高大山系和高原的寒区范围可能要更加偏南。南半球的寒区主要是南极区域和安第斯山脉的南美区域(Woo, 2012)。根据Woo的观点，我国寒区范围十分广泛，大致在丹东—大同—敦煌—天山南坡巴楚一线以北的广大区域，并包括青藏高原、川西和横断山区高大山区等，这些区域内均存在水分以雪或冰的形式赋存的现象。很显然，单纯以热量特征来给定寒区范围，与考虑水分因素的定义相比，存在较大差异。如以杨针娘和陈仁生等的定义所确定的我国寒区，其范围基本上为青藏高原、东北大小兴安岭、长白山以及三江平原区、河西走廊、新疆大部分山区以及川西和横断山区高大山系等(陈仁生等，2005)，范围要远小于上述国际统一定义范围。

在上述温度指标范围内的水分指标毫无疑问是满足的，反之，存在固态水分现象的区域，其温度指标并不是完全满足上述界定要求。这就说明，对于水文过程领域而言的寒区，需要在全球总体的概念范畴下，不同区域需要依据其不同地理和气候条件下的水文循环与水文过程特点来确定，可能更加符合客观实际。就我国而言，上述以热量指标为核心界定的寒区范围，基本上囊括了固态水分显著参与区域或流域水循环与水文过程的主要地区，其他存在短时或较小区域固态水分的地区，其流域尺度水循环和水文过程受固态水的影响较为微弱。

1.1.2　寒区的陆地生态系统

寒区特殊的水热条件形成了其独特的陆地生态系统，在植被类型、组成与结构以及土壤特性方面有其不同于温带和热带生态系统的基本特征。这些陆地生态系统特征既是寒区水热环境的产物，也反过来作用于寒区陆面过程，如碳循环过程、能量循环和水文过程等。

在植被方面，寒带针叶林是寒区最主要的森林植被类型，是北半球高纬度分布范围最大的森林类型，也广泛分布于青藏高原周边山区海拔2500~2900m以上的区域，大多形成林线或树线，以冷云杉、落叶松等为主要类型。寒带针叶林的气候环境属于典型的大陆寒区气候特征，季节变化明显、夏季短暂且气温较低、冬季寒冷干燥且积雪覆盖时间较长。大多数寒带针叶林分布于多年冻土之上，如北半球泰加林带，包括我国境内的大兴安岭落叶松林带，也有部分分布在深冻结的季节冻土带，如大部分青藏高原周边高山针叶林带(尚玉昌，2006；李文华等，1998)。多年冻土的存在减少了土壤蒸散发，但减缓了有机质分解并减少了植被对土壤营养物的可得性，且冻土不利于根系的发展与物质输运，因而冻土越发育就越不利于树木生长。同时，阴湿寒冷的地面有利于苔藓和地衣生长，加之凋落物不易分解，常年积累形成地表较厚的地被层，有效地提高了表层土壤湿度，但也进一步降低了土壤温度，延迟土壤解冻，并阻滞土壤营养物质循环。因此，在地形相对平缓或排水不畅的低洼地带，寒带针叶林生态系统极易发育森林湿地，且森林树木自身生长极为缓慢。在青藏高原，寒温性针叶林是亚高山地带性植被类型，以暗针叶林的云冷杉为主要组成树种，基本不存在多年冻土因素，为季节冻土发育区；土壤以山地棕壤和暗棕壤为主，因较低的土壤温度和气温，土壤有机质层分解缓慢。在亚高山暗针叶林带，苔藓极为发育，并与较厚的林下凋落物一起，形成透水性较好、蒸发较低的良好蓄水层，形成表层土壤湿度较大。

在寒带针叶林以北的北极地区，分布寒区重要的陆地生态系统类型——苔原(也称为冻原)，是分布于极地或温带、寒温带的高山树木线以上的一种以苔藓、地衣、多年生草类和耐寒小灌木构成的植被带，为典型的寒带生态系统，按地域可分为北极苔原、高山苔原和南极苔原。北极苔原土壤下常有多年冻土层，全年气候寒冷，生长季短、雨量少。在极为发育的多年冻土上，苔原植被及其所积累的有机质进一步减缓了冻土融化速率，并降低了土壤水分蒸散强度，形成植被-冻土间密切的互馈关系。较厚的冻土层是不透水层，形成了极强的地表饱和产流格局。因此，北极苔原地区多为湖泊星罗棋布、河流纵横，且分布面积较为广大的沼泽湿地。高山苔原分布于世界温带、寒温带山地顶部，植物群落以低矮的匍地灌丛为主。与北极苔原的最大区别在于，高山苔原不一定具有多年冻土分布，且排水条件较好，一般不形成湿地或湖泊。

在青藏高原面多年冻土分布区分布高原地带性植被类型，主要有高寒草甸、高寒草原以及高寒荒漠等生态类型，在高原水热条件较好的东部山地森林带以上，一般分布高寒灌丛生态系统(李文华等，1998)。高寒灌丛以簇生耐寒中生、旱中生灌木为建群植物所组成的植被类型，植被高度一般在5m以下，大部分不超过3m；一般分布于湿润和半湿润寒冷气候区，气温寒冷但降水相对丰沛，积雪较厚且时间较长；一般不发育多年冻土，季节冻土深度较大。高寒灌丛土壤以富含有机质的高山灌丛草甸土为主，厚度不大。高寒草甸是由耐寒的多年生中生地面芽和地下芽草本植物为优势的植物群落，未退化的高寒草甸植被群落盖度一般在80％以上。高寒草甸分布范围较为广泛，气候特点为高寒、中湿、太阳辐射强、积雪时间长以及日照充足等；一般在3200～4200m的高寒草甸无多年冻土发育，在海拔4300m以上多发育多年冻土。高寒草甸土壤以典型高山草甸土为主，表层具有致密的毡状根系层，发育年轻、有机质含量较高、土层较薄，土壤水分含量适中。在多年冻土区，高寒草甸冻胀土丘和泥流阶地发育，在多年冻土区低洼盆地、河滨以及坡脚等地带分布沼泽化高寒草甸。在青藏高原中西部，以及昆仑山和祁连山等高山带，分布高寒草原植被群落，由耐寒耐旱的丛生禾草类植物组成，气候寒冷干旱、生长季节短，植被稀疏(未退化高寒草原植被盖度一般为30％～50％)、生物量较低。在青藏高原西北部的昆仑山和喀喇昆仑山之间，高原湖盆、宽谷与山地下部石质坡地分布高寒荒漠生态类型，气候极为寒冷干旱，降水大部分为固态形式，连续多年冻土极为发育，以垫状植物为建群类型，盖度一般低于25％。

总之，除了苔原以外，寒区陆地生态系统包含森林、灌丛、草地以及荒漠等所有类型，与其他气候区如温带和热带陆地生态系统的不同之处，主要体现在寒冷气候背景下不同气候类型控制下的冻土与生态系统间不同的互馈作用关系，对陆面物质和能量循环过程具有较大影响，从而在一定程度上放大了植被组成与结构对陆面过程的影响程度。在寒区生态系统中，植被及其与之相关的凋落物、土壤有机质特征，对陆面水热交换和物质循环具有比其他地区更加显著的控制性作用。

1.1.3　寒区的基本水循环与径流特征

　　寒区水循环和水文过程的一个显著标志就是冰冻圈要素（如冰川、积雪和冻土）的影响较大，同时陆面水循环受控与季节性冻融过程导致的陆面特性变化，如土壤冻融循环（包括季节冻土和多年冻土的活动层土壤）、植被的非生长季枯萎和休眠、土壤有机质分解缓慢等。陆面的冻融过程使得水的相变十分活跃，这种变化显著影响水在地表和地下的迁移转化、运动与储存等过程。如图1.1所示，寒区流域水循环不同于其他区域的基本特征体现在以下几方面：①水的固态形式在水循环中占据较大成分，包括降雪、积雪消融/升华，冰川储存与融化以及地下冰的储存等融化（含冻土冰）等；②温度对径流形成与季节动态的影响较大，除了暴雨或降雨丰期的洪水径流外，其作用往往要超过降水作用；③活动层土壤冻融变化对水循环的陆面蒸散发、水分入渗以及坡面产流等关键环节具有显著影响；④地下水系统与其他区域差异较大，受含水层与上覆包气带土壤（活动层土壤）冻融过程影响，地下水补给、径流与排泄过程以及储存与运动过程均不同程度受水的相变和温度场的作用。这四个方面的基本特征分别产生了特殊的水文过程：冰川水文、积雪水文、冻土水文以及寒区地下水文，这些特殊的水文过程自身具有其固有的水文循环本质，因而有其特有的水循环理论和刻画方法。

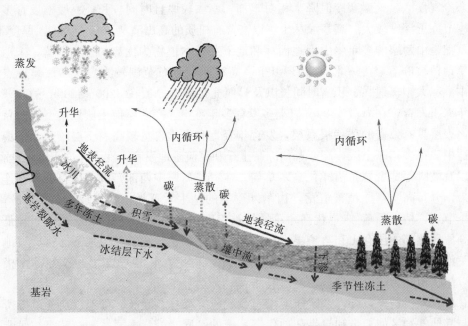

图1.1　寒区流域水循环构成与过程示意图

　　寒区有冰川分布的流域，在其冰川分布区域就存在与冰川形成、运动、消融过程紧密相关的水循环过程，包括冰川区域降水（降雪）、蒸发与升华、固态水储存（冰川水当量）、冰川融水水流（冰川表面、冰内和冰床水流）等。冰川上固体水量的收入与支出之间的平衡关系称为物质平衡或物质收支，有时也称为冰量平衡，是冰川的水量平衡表现。冰川物质平衡及其时空变化规律既是气候作用的产物，也直接决定了冰川的一系列物理特性(如冰川的形成与运动特征、冰川温度场分布等)以及冰川规模及其动态变化。冰川区大气固体降水的年收入与年支出近似相等点的连线就是冰川平衡线或是雪线,受气候和地形条件的共同影响,一般由区域性多年气候状态决定的平衡线称为气候平衡线,在气候平衡线以下由地形因素控制的多年积雪下界(如低洼或阴坡)称为地形平衡线。冰川是自然界重要的淡水资源,全球 3/4 以上的淡水资源储存于冰川(主要在南极冰盖和格陵兰冰盖)中。中国是世界上中、低纬度冰川最为发育的国家,据第一次冰川编目数据,中国有冰川 46377 条,总面积 59406km^2,冰川储量 5590 km^3,相当于长江入海口年径流量的 5 倍。冰川是天然的固体水库,中国每年平均冰川融水量约为 620 亿 m^3,与黄河多年平均入海径流量相当。在冰川分布的山区流域,冰川融水是补给河流的重要来源,特别是寒区和干旱区流域,冰川融水对河川径流的调节作用显著。冰川物质收支与消融、冰川径流过程是冰川水文循环的核心组分。

　　雪是由大气中水汽凝华而成,由于凝华时的温度、水汽饱和程度以及气流扰动等条件不同,形成了多种多样的雪花形态和降雪强度。积雪指由降雪形成的覆盖在地球表面的雪层。一方面,积雪具有高反照率、强烈辐射和较高绝热性能,对地表辐射平衡具有强烈影响并导致雪面和低层大气的强冷却作用,从而对区域气候环境具有较大影响;另一方面,积雪在全球水循环中具有十分重要的作用,粗略估计全球淡水年补给量的 5% 来自降雪消融。包括温带在内的大部分发源于山区的大江大河,如中国的长江、黄河、澜沧江以及雅鲁藏布江等,亚欧大陆北极圈的所有河流等,融雪径流占据较大成分,特别是春季径流的主要补给来源就是融雪径流(李培基,1999)。积雪是冰川形成与变化的物质基础,其数量的年代际变化,决定了冰川的规模和动态变化。积雪分常年(永久性)和季节性积雪两大类,其中季节积雪又划分为稳定积雪和不稳定积雪。一般将能够连续维持 2 个月以上的积雪称为稳定积雪,反之则为不稳定积雪。常年积雪与季节性积雪的区别在时间上以积雪日数 365 天为界,在空间上以粒雪线为界。这里,粒雪指经过一个消融季节后保存下来的湿雪,由于各种形状的新雪在自由能作用下会逐渐转化为圆球形颗粒状,由此称为粒雪。粒雪线指消融季节末冰川上粒雪区与裸露冰区的界限。积雪动态、融水径流过程以及融雪的土壤水分动态等是积雪水文循环的主要内容。

　　在寒区,土壤的冻融循环是普遍性的现象,由此形成土壤中水分的相变和土壤水分循环的季节变化。纯净水体在 1 个大气压下的冻结温度是 0℃,但是下列情况下水的冰点温度将下降:土壤颗粒表面吸附水、溶解质含量较高及在较大压力下(如深层岩土或深海底部地下水等)。换句话说,在冻结土壤中未冻水含量与溶质浓度、水体封闭压力以及土壤颗粒大小和温度等因素有关(Anderson et al.,1972)。土壤颗粒越细、土壤颗粒的比表面积越大,其未冻水含量就越大。因此,在给定的重力水冻结温度以下的某一温度时,黏土的未冻水含量高于粉质沙壤土,粉质沙壤土高于沙质土或砾石土。不同活动层土壤类型与结构,土壤的冻结因素进一步强化了土壤未冻水含量和水分运移过程的差异。土壤的导水率随土壤冻结过程加深而急剧减小,冻结后属于水的弱渗透性土体,从而影响地表水分入渗和产流模式。相对于非冻土区,冻土区的水文循环过程有其特殊性:①冻土层的低渗透性,阻滞了上层水分下渗和水分流动;②活动层土壤季节性的冻融过程影响冻土区大部分水分循环过程;③冻融过程伴随的能水变化直接影响土壤水再分配和土壤水贮量变化;④土壤冻融过程控制坡面产流方式,如超渗产流与蓄满产流方式的交替;

⑤冻融过程形成特殊的地下水系统和地下水运动过程，在多年冻土区，以冻土层为隔水岩(土)层，存在冻结层上地下水、冻结层下地下水以及冻结层间地下水等不同形式，同时，冻融变化直接影响不同地下水体间、地下水与地表水以及大气降水间的水力联系。冻土水分循环是热量梯度和水重力梯度共同驱动的水分迁移过程，其中伴随着水分的相变及其热量消耗。土壤冻融作用和水热交换，贯穿于寒区的产流、入渗和蒸散发过程，是寒区水循环研究的核心环节。

寒区径流过程受径流形成组分性质与气候条件等因素影响，不同区域或类型的寒区河川径流具有显著不同的径流特性。国际上对河流类型的分类尚未有统一标准或规范，不同研究者从不同角度提出过多种分类方案，如 Rosgen(1976)基于河道能量梯度、河道曲度、河岸宽深比、河床与河岸优势岩土类型(粒度)、河谷封闭度以及地貌类型、土壤可蚀性与稳定性等指标，将河流划分为 4 大类 13 亚类；Nanson 和 Knighton(1996)提出利用河流能量、泥沙输移颗粒大小以及地貌特征等，将河流划分为 6 类。针对寒区河流的分类，最具代表性的是杨针娘(1981)对中国西北山区河流的分类，其划分原则是河流主要水源、典型流量过程线形态、季节径流分配格局以及水文基本参数等，将寒区流域划分为 6 类，不同类型河流具有较显著的径流特征差异。如冰雪融水类河流，冰川融水补给超过 30%，其径流特性表现为：径流的夏季集中度在 60% 以上，春季径流一般在 10% 以内，径流变差系数一般小于 0.2，以夏季洪峰最大并具有春季和夏季两次洪峰。雨水-冰雪融水混合型河流，冰川融水补给为 20%~30%，其径流特征表现为：夏季径流集中度在 40%~60%，春季径流占比一般为 15%~25%，径流变差系数一般小于 0.2，具有与冰雪融水类似的洪峰流量分配格局。地下水型河流，或称为潜水型河流，主要分布在多年冻土地带，多为冻结层上水稳定补给河流，冰川融水补给较小(一般小于 20%)，具有与上述类型河流显著不同的径流特性：夏季径流集中度一般小于 50%，春季径流占比一般大于 15%，年内径流存在春汛和夏汛两次明显洪峰，在有冰雪融水补给的河流，春汛洪峰甚至大于夏汛洪峰(杨针娘等，2000)。如图 1.2 所示，冻土地区还有一种较为常见的河流类型，即湿地河流，这类河流具有十分显著的春季和夏季洪峰流量，且两者之间有一个枯水期；其中春季洪峰完全是由于冻结土壤初始融化释放大量水分，结合该期间的融雪水一起而形成，夏季洪峰主要由降水形成(Wang et al.，2012)。图 1.2所示的河流类型，与北极苔原河流以及苔藓沼泽河流的水文过程相似(杨针娘等，

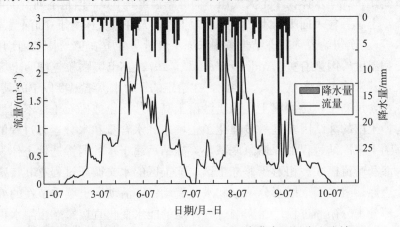

图 1.2　高寒草甸和沼泽河流径流过程(青藏高原风火山流域)

2000)。寒区另一种常见的流域类型就是雪融水补给河流，就是指春季季节性积雪融水补给河流的份额较大，一般集中了全年径流量的 60%～70%，仅有春季洪峰，径流变差系数接近降水变差系数。除了上述特性以外，寒区径流的一般性特征还主要体现在两方面，一是具有相对较大的降水径流系数，且季节间差异较大，一般春季和秋季是夏季的数倍；二是径流系数和径流模数随海拔增加而增大。

1.2　寒区水文学的概念与组成

1.2.1　寒区水文学的基本内涵

顾名思义，寒区水文学(Cold Regions Hydrology)就是以寒区的水文循环和水文过程为对象，研究一系列温度控制的过程所主导的水分迁移、转化规律与水流形成、运动状态与变化及其与环境要素间的相互关系、作用机理及其反馈影响等的学科，雪被与冰(包括冻土中的土壤冰)的形成、发展与融化过程控制下的。水分运动和水流过程是核心内容(Gray et al.，1993)。依据寒区主要水文要素，寒区水文学包括冰川水文学、积雪水文学以及冻土水文学等分支学科，这些分支学科的理论体系、研究方法以及技术手段等的发展推动了寒区水文学的整体发展。近年来，随着国际上冰冻圈科学的迅猛发展，提出了与之对应的冰冻圈水文学(Cryospheric Hydrology)，定义为研究冰冻圈诸要素水文过程及其规律的科学(秦大河等，2014)，将寒区水文学中冰川、冻土、积雪水文学与海冰、河冰与湖冰等冰冻圈要素水文过程的理论与方法相集成，通过综合与提升各分支学科的共性基础理论，探索冰冻圈与其他圈层间水分交换与影响的新型学科。寒区水循环与水文过程与寒区生态之间具有十分密切的关系，也是寒区生态水文学的基础，为此，下面简要介绍寒区水文学主要分支学科的基本内涵。

1.2.2　冰川水文学

冰川水文学是以冰川融水的水文过程与机理为核心，研究冰川表面、冰内和冰下水分聚集、流动与动态变化的物理和化学过程及其与外界环境要素之间相互关系的学科。其内容以冰川融水产汇流、冰内与冰下水流过程的形成、变化规律与机理、冰川融水的水文分析计算与模拟、冰川水资源与水环境及其流域影响等为主。冰川融水水流是冰川表面融水、冰内和冰下水流的汇总，其中冰内及冰下水体的形成运动过程相对复杂，如图 1.3 所示，一般分为 4 个来源(刘巧等，2012)：①来自冰川表面，包括冰面融水和降雨通过冰裂缝、冰裂隙或竖井进入冰床底部；②来自冰川底部融化，底部融化可能因冰床摩擦或地热造成；③来自冰下排水通道管壁的融化，造成融化的热量来自水流的湍流热交换，这部分的量较少；④来自其他蓄水体，如支流河、围岩边坡水流以及湖泊流入冰川的水体。

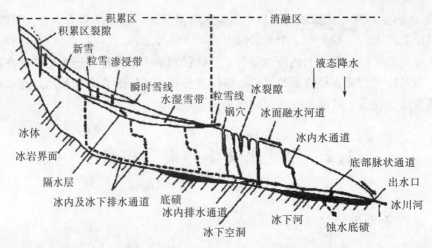

图 1.3　冰川冰面、冰内及冰下主要水系单元和水系通道空间结构(刘巧等，2012)

在有冰川分布的山区流域，冰川融水是河川径流十分重要的组分，如上所述，为简化分析，一般将源自冰川流出的所有水体的总和，认为是冰川融水径流，包括冰川上冬春季节性积雪融水、夏季液态或固态降水径流等降水直接径流部分，以及冰川表面、冰内和冰下的融冰流水等。冰川融水径流有别于降水径流的一般特征体现在：①与温度具有极显著相关性，因而具有较大的日变差，一般具有一峰一谷的日变化过程；②年内分配不均匀，且不均匀性随冰川性质不同而具有较大差异，大陆性冰川夏季 6~8 月融水径流集中度达到 85% 以上，而海洋性冰川夏季融水径流集中度一般在 50% 左右；③冰川的固体水库所具有的流域多年径流调节作用明显，冰川融水补给河流径流份额越大，其多年调节作用就越明显；④在产汇流方面，冰川融水具有较大的变源产流特性，即产流区域和产流来源(冰面、冰内与冰下)随温度和辐射变化而变化；冰川融水的汇流过程具有随温度和辐射因子的高度非线性特点，且随冰川规模增大而增大。

对冰川融水径流的准确分析计算、动态过程模拟与变化预测一直是寒区水文学的主要内容。现阶段，冰川融水径流分析与估算一般采用常规水文分析方法，如水均衡法、流量过程线分割法、稳定同位素或水化学元素示踪分析法等。对于冰川径流过程而言，冰川消融过程是十分重要的产流过程，在冰川水文学领域占据重要位置。冰川消融估算方法主要有两大类型。一是基于气象因子的统计模型，包括冰川平衡线法(或冰川零平衡线法)、度日因子法以及辐射平衡关系法等；由于统计模型只是在一定数据区域内对水文物理意义的统计分析，无法精确表征冰川消融的实际物理过程，由此造成模型不易空间推广，且其外延预报结果缺乏可信度(卿文武等，2008)。二是基于物理机制的能量平衡模型，包括单点能量平衡模型、基于海拔梯度的能量平衡模型、分布式能量平衡模型等。前两个能量平衡模型主要存在以下几个方面不足：模型是集中式的，模型忽略了一些敏感性参数如反射率和空气动力学粗糙度的空间变异性，忽略了地形对日照的影响及整个流域内阴影面积的时空变化等。后来发展起来的分布式能量平衡模型在很大程度上改进了上述不足，然而，分布式能量平衡模型虽然从物理机制上详细地揭示了冰川的消融过程，但由于输入参数较多，理论和结构比较复杂，加上冰川监测存在一定的困难，因此，在我国还没有比较成熟的分布式能量平衡模型(卿文武等，2008)。

1.2.3　冻土水文学

冻土水文学是研究以冻土的水热过程为主导因素作用下的陆面水循环、产汇流规律以及流域水文过程及其与环境因子的相互关系的科学。多年冻土活动层以及季节冻土中固态含水量的存在及其冻融循环，形成较为复杂的大气-土壤水热传输/转换过程，并改变了季节冻土和多年冻土活动层土壤的有效孔隙度、导水率、导热系数以及水分运移过程，从而对坡面产汇流过程以及径流的年内、年际变化过程产生较大影响，形成与非冻土区截然不同的水文规律。由于冻土的分布是寒区的主要界限标志，因此冻土水文学是寒区水文学的主体。大气-植被-冻土水热耦合传输过程、冻土与能水循环的相互作用关系与规律、冻土流域水文过程与模拟是冻土水文学研究的主要内容，包括冻土水热循环变化在大气能水循环中的作用及其影响，活动层土壤能水循环对土壤水文、流域产汇流以及生态系统的影响与作用机制，多年冻土变化对大气降水、地下水与地表水的相互转换关系的影响以及流域水文过程的作用，冻土水文过程分析与计算等。在全球气候变化背景下，流域冻土变化的流域水文与水资源影响及其模拟、基于冻土水文模型的寒区流域分布式水文模型发展是当前冻土水文学研究的热点(秦大河等，2014)。

在有多年冻土和季节性冻土的区域，由于冻土层的存在，从性质上改变了包气带的厚度和土壤水分运动的物理规律。冻土的不透水性、蓄水调节作用和抑制蒸发作用，使流域在冻融期和融冻期的降水下渗、土壤蒸发和土壤含水量等状态均不同于无冻期和无冻地区。除此之外，如图1.4所示，流域尺度上冻土水循环与水文过程的复杂性还体现在以下几方面：坡面径流形成与运移过程与活动层土壤厚度、性质、土壤未冻水含量、土壤冻结面深度、冻胀土丘分布以及地下水性质等诸多因素有关。由冻结层上地下水或活动层土壤壤中流汇聚形成的泉水，其冻结过程形成的冰体规模不仅体现了冻结过程未冻水的传输量，也影响融化过程地表径流的形成与分布格局；冻胀土丘是多年冻土区浅埋藏地下水和饱和土壤水分作用的直接结果，在陆面蒸散发和地表径流过程中扮演重要作用。因此，水的冻结和融化是控制冻土水文过程的关键因子，也是冻土水文学理论体系的基础。在春季和夏季融化时期，降水、积雪或冰川融水等首先饱和融化的表层活动层土壤，多余的水通过蓄满产流方式形成地表径流汇入河流、湖泊或湿地系统，这时活动层越薄、土壤前期含水量越高，产流越迅速且产流率越大。在地表以下，存在季节性的或常年以地下冰赋存形式的固态水，这些固态水在融化期一部分成为土壤水分、地表径流的水源，有一部分将补充进入地下水系统。多年冻土地区的地下水系统与非冻土区完全不同，以多年冻结岩土层为隔水层，形成冻结层上地下水、冻结层间地下水和冻结层下地下水(图1.4)。当冻结层融化贯通或存在局部融化通道时，冻结层上地下水与冻结层下地下水将贯通为一个整体；如果存在巨厚连续多年冻结层，则冻结层下地下水与非冻土区的承压水类型相当，在较长时期内，上覆隔水冻结岩土层较为稳定。冻土地下水的另一个显著特点就是冻结层上地下水含水层水力性质和隔水底板随冻融过程的可变性。陆面和水面的蒸散发一方面与表层土壤水与水面的相态转化过程和液态水含量有关，同时还受到低温或冰与积雪覆盖程度的限制；同时，由于巨大的昼夜温差甚至日温差，蒸散到空气或包气带中的水汽会形成凝结水而很快返回土壤。

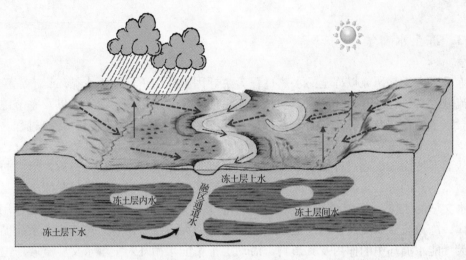

图 1.4　冻土水文路径和水循环示意图（据 Woo，2012 编绘）

活动层土壤-植被协同的水热耦合传输关系模式、能水循环过程与时空变异规律、坡面产汇流形成机制及其数值模拟方法、流域尺度冻土水文过程的分析计算与模拟等，是冻土水文学的核心内容。在冻土区，活动层土壤以及含水岩层的水力传导系数（或导水率）以及储水能力等是温度的函数，随温度变化而具有季节性的剧烈变化，水热传输过程及其通量密切关联并相互依赖。因而，不同冻土类型区或同一冻土类型区坡面不同植被覆盖或土壤性质的区段，水分传输和产汇流过程存在较大差异。同时，活动层土壤的水文学过程还与积雪水文密切关联，冻土水文学与积雪水文学的互馈关系对冻土水文本身具有较大影响。总体而言，现阶段和未来一段时期内，冻土水文学的热点研究任务主要集中在以下几方面：基于大气-植被-土壤水热耦合理论的水分循环理论，壤中流和冻结层上地下水形成的迁移理论和数值模拟方法，不同冻土类型的坡面产汇流过程的差异性及其形成机制，冻土水文与积雪水文的耦合过程、机制与数值模拟，基于冻土-生态-水文耦合的流域尺度水文模型。

1.2.4　积雪水文学

全球范围内大约 30％的陆地面积被季节性积雪所覆盖，北半球则有高达 60％的陆地面积是积雪覆盖区。在寒区，冬季积雪和春季融雪在区域水循环、流域水文过程以及区域水资源中都占有重要作用，因而其作为寒区水文学的主要组成部分，不仅自身的水文学内涵十分重要，而且积雪与融雪过程与冻土水文和寒区生态等关联紧密，具有广泛的理论和实践意义。依照《冰冻圈科学辞典》给出的定义（秦大河等，2014），积雪水文学指研究积雪融化的水文过程及水文变化规律的学科，主要研究内容包括：降雪与积雪形成、变化、消融过程，积雪融化与升华的物理过程及其水循环效应，积雪融水径流计算、模拟与预报等。在多年冻土区，积雪覆盖及其融水过程对多年冻土水热传输过程的影响，一直是关注的重要问题，包括积雪覆盖与冻土形成和分布等，冻土水文过程的研究不能离开对积雪影响的分析。近年来，伴随对全球变化的研究不断深入，积雪水热过程对寒区生态系统的影响逐渐成为关注热点。

积雪水文学作为寒区水文学的重要组成部分，且在陆地水文学体系中占据重要角色，已有较长的研究历史。在以往的关注内容里，雪被(雪盖)的水量，通过升华进入大气的水量与速率，积雪融化的历时、速率和幅度以及融雪水的影响等一直是其理论核心。积雪物理特性是积雪水文学的重要基础参量，包括雪的水当量(与积雪同重量的水的深度)、积雪反照率(雪面对太阳辐射的反射量与入射量的比值)以及雪的液态水分含量等。如图 1.5(a)所示，雪的水当量与雪密度和积雪厚度有关，后两者和雪粒形状与大小一起主导积雪温度分布；积雪厚度、雪粒大小和雪的杂质含量决定雪的反照率；积雪温度分布与雪的粒径大小决定了雪中液态水含量。积雪的能水平衡是积雪水文学重要的原理之一，如图 1.5(b)所示，积雪的热量平衡中热量传输与交换各分量有：净辐射通量 Q_n、降水的雨水热通量 Q_p、潜热通量 Q_e、感热通量 Q_h 以及地热通量 Q_g 等。积雪融化的消耗热通量 Q_m 就有如下平衡关系：

$$Q_m = Q_n + Q_p + Q_e + Q_h + Q_g \tag{1.1}$$

在存在植被(如森林)截留情况下积雪水量平衡不同于降水的水量平衡，主要是林冠降雪截留部分，既存在穿透降雪、林冠截留率等概念，同时存在截留积雪的升华和融水以及风吹雪等过程，在这些因素共同作用下，林冠截留积雪的水当量就随时间而变化：

$$I = P_{SWE} - R - U - E - M \tag{1.2}$$

式中，I 是截留积雪水当量水深(m)，P_{SWE} 是冠层上方即时降雪水当量水深(m)，R 是穿透降雪水当量(m)，U 是风吹雪水当量(m)，E 是冠层积雪升华水当量(m)，M 是积雪融化水当量(m)(Yang et al.，2011a)。

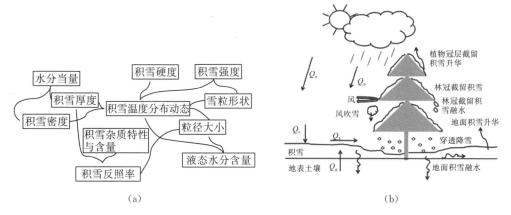

图 1.5　积雪水文的物理性质主要研究指标及其相互关系(a)与能水平衡(b)

(据 Yang et al.，2011a 改绘)

雪的融化是积雪水文过程的重要环节，主要有辐射融化和平流融化两类。太阳辐射是积雪融化的主要能量来源，由于 0℃积雪的长波辐射为 315W/m²，因此只有当积雪接受的热量超过 315 W/m² 时，才有多余的能量用于雪的融化。由于太阳辐射存在显著的日变化和季节变化，因此，辐射融雪具有显著的日变化(甚至融化和冻结日循环)和季节变化。积雪的平流融化取决于暖湿气团的作用方式和强度。在积雪区上空的暖湿气流一般通过三种方式向积雪输送热量：一是降雨云系的云底向下发射的长波辐射；二是降雨本身携带的热量(一般为 40~60J/g)；三是强风吹过粗糙地面形成的向下湍流热通量，特别是地表具有高大植被(灌丛与森林)时湍流就更加强劲。湍流传输热量主要是通过感热和水汽在雪面凝结传输的潜热方式进行,是风速和暖湿气流入流历时的函数。植被覆盖条件不同,辐射和湍流能量通量对积雪的融化作用不同。一般而言,森林生态系统内部无论是辐射热量和湍流能量传输均小于草地植被,因此森林植被降低了融雪率。融雪率或融雪能量消耗计算,主要基于能量平衡的能量平衡法和度日因子法,基于融雪与气象要素如日照时数、气温、风速、辐射、降雨以及云量等的统计回归模型方法,也是常采用的近似估算手段(杨针娘等,2000)。近年来,融雪径流模型得到较快发展,传统的以度日因子为主要融雪速率计算方法的融雪径流模型(SRM)不断得到发展,并提出了刻画植被要素的 iTree-Hydro 融雪径流模型等(Yang et al.,2011a)。

1.3　生态水文学与寒区生态水文学

1.3.1　生态水文学概述

水文与生态的密切耦合过程及其形成机理是陆面 SPAC(气候-植被-土壤)系统间相互作用的基础,通过对系统能水与物质交换过程的作用控制着最基本的生态形态和生态过程,反过来也重塑水文循环(Eagleson,2002)。因此,从生态水文学诞生之初,其内涵架构就基于两个不同角度各自发展,一是以生物物理学为基础,从微观的植物光合作用下 CO_2、水分和能量的交换过程出发,探索植物-土壤、植物-大气以及植物冠层内部不同界面的水热平衡。在一定气候、土壤和植物物种条件下控制叶片光合作用的水文地表边界层性质与调控机制,与大气边界层理论和 SPAC 系统界面理论相互沟通的桥梁。二是以陆面水循环和水文过程为主导的水文学为基础,从相对宏观的样地、坡面、流域甚至区域尺度,探索影响水文循环、水均衡状态以及水文过程的生物因素,生态形态与过程如何制约、塑造不同尺度的水文格局与动态。从第二个发展方向(即从相对宏观角度),现阶段生态与水文相互作用的基本特征可归纳为 1.3.1.1 和 1.3.1.2 节两方面。

1.3.1.1　植被格局变化的水文过程影响

传统上,水文科学对于陆地生态的认识主要集中在两个方面:陆地植被的蒸散发和降水的森林植被再分配。随着人们对大气-植被-土壤系统水分交换和传输过程的深入理解,认识到陆地生态与水循环之间可能存在十分复杂的能水交互影响,如图 1.6 所示,植被不仅仅是简单的水分再分配和蒸散发,而是通过影响地表能量物质循环,对气候系统具有反馈作用,并对区域水循环具有一系列连锁作用,并由此可能对整个地球系统和大气系统产生较大影响。为了进一步辨识地表植被在水循环中所起的作用,1994 年后,国际地圈生物圈计划(IGBP)开始了它的核心项目"水文循环的生物圈方面",即 BAHC计划的实施。BAHC 计划确定的核心研究任务中包括:研究生物圈对水循环的控制及其对气候和环境的重要性;增进我们对土壤-植被-大气界面水、碳和能量交换的了解与模拟能力;定量描述地球生态系统和陆面特征在陆-气间能量、水和其他有关物质输送中的作用；定量描述环境变化的水文效应，提供综合而简化的生态水文模型，并把它补充到复杂模式中；模拟特定气候条件下的陆地生态系统、淡水生态系统行为，生物圈特性的改变以及地表、地下的水文变化；以及模拟全球和区域气候变化及其对社会经济、水资源产生的影响。随着全球变化研究不断深入，人们逐渐发现陆面-植被-水-大气系统中的反馈互为相关，不仅决定流域、区域能水平衡，而且与全球气候系统密切关联，是全球气候变化中不可忽略的重要影响因素。首先，陆面-大气相互作用通过两条错综复杂的途径发生：生物物理的以及生物地球化学的。动量、辐射能量和感热代表了生物物理传输，而二氧化碳和许多微量气体则与发生在植物或土壤表面的生物地球化学活动相关联。

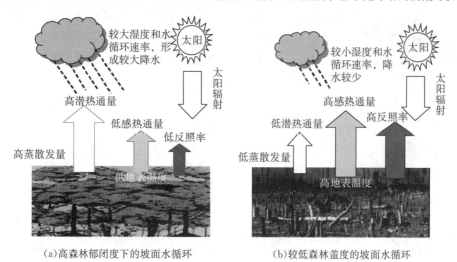

（a）高森林郁闭度下的坡面水循环　　　　（b）较低森林盖度的坡面水循环

图 1.6　植被与大气的能水交换关系

　　陆地生态系统参与水循环过程的核心问题在于两方面：一是纵向的水分交换，以蒸散发为关键环节，尚未在基于植物水分机理的蒸散发准确量化与模拟方面取得突破，也无法准确识别流域尺度生态系统中植物蒸腾与土壤蒸发过程及其二者的定量解构，是水文学与陆面过程研究前沿领域最具挑战性的难点之一（Jasechko et al.，2013；Coenders-Gerrits et al.，2014）；二是横向的产汇流过程，生态系统参与下的土壤水分运动、地下径流与地表坡面产流以及流域汇流过程等，其形成过程的复杂性和高度的时空变异性，始终是流域水文分析、精确预报与模拟的不确定性根源和理论瓶颈。如图 1.7所示，在流域或区域尺度上，一个长期争论的问题就是土地利用与覆盖变化，特别是气候变化下植被覆盖、组成与结构以及空间分布变化等对流域径流过程的影响，其中也包含了如何正确理解森林砍伐和植树造林对流域尺度水文过程的影响程度以及如何客观认识山地生态系统的水源涵养问题（Ivanov et al.，2008）。不同植被类型、植被盖度等对山坡产汇流具有何种作用，长期以来也未能取得明确的共识和量化方法。虽然针对森林砍伐和森林再造的两个不同植被覆盖变化的水文影响，在国际上开展了大量的对比流域试验研究，但共性的可靠结论和理论进展不多，如图 1.7所展示的森林覆盖降低 50%，是否会必然导致径流增加，仍然存在区域差异性。因此，一个比较可靠的认识是森林对水循环的影响因地域、森林类型以及森林管理方式等因素的不同而存在差异，一个地区所得的结果不能作为森林生态系统水文功能的普遍规律而在其他条件不同的地区加以应用。

这些现象说明了生态-水文互馈作用过程的复杂性,其实质就是如何正确辨析和量化生态系统碳固持量的变化对水循环的影响方式、程度及其动态过程。大多数宏观研究结果认为,追求过多的生态系统碳储存就促使大范围高效固碳植物的分布和保持,或增加木本植物生产力,但这种土地覆盖结果往往导致流域的水供应(产流量)下降。通过对全球 504个典型流域和超过 600 个观测点的数据结合生态经济模型模拟结果分析后认为,造林增加碳汇大幅度减少了产流(减流率可高达 52%),同时伴随土壤盐碱化或酸化(Jackson et al.,2005;Chisholm,2010),但这是一个统计意义上的结果,只是统计的 504 个典型流域中,发生径流量随森林植被盖度增加而减少的流域多。问题的关键是那些径流量没有出现减少甚至增加的流域,我们并不清楚其产生的机制及其所揭示的生态水文学意义。同时,对于大部分径流随植被盖度增加而减少的流域,所面临需要解决的关键科学问题是:不同生态系统存在何种水碳 Trade-offs 关系、如何确定最佳的水碳平衡阈限;应从何种时空尺度认识生态系统水碳关系的 Trade-offs 问题等(Jackson et al.,2005)。

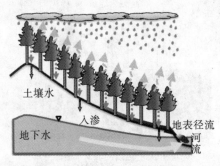

(a)高森林郁闭度下的坡面水循环　　　　　　　(b)较低森林盖度的坡面水循环

图 1.7　植被覆盖变化的水文过程效应

土地利用与覆盖变化的直接结果是改变了生态空间分布格局,这种变化被认为是导致陆地生态系统营养物质大量流入水体,从而产生水体富营养化的主要因素。如图 1.3,在自然状态下,盖度较好的森林流域,具有良好的植被层次结构、较为稳定的高生物量,土壤侵蚀率很小,陆地生态系统的养分循环是近似闭合的,只有少量营养物质进入河流水系;同时,天然河道具有较大的弯曲和复杂多样的水流形态,具有较高的天然自净能力。但是,伴随森林或草地转为耕地,较大人工生物量的产出是依靠大量施肥所获得,一般来说,由作物产出可携带除去大致只有 40%的养分物质,使得整个养分循环呈不闭合系统,有大量养分随水分迁移进入河流(Maybeck,1998);同时,土地利用的变化不可避免加大土壤侵蚀速率,导致出现较为严重的非点源污染。近 30 年来,世界范围内大量河流下游、湖泊和水库均产生不断加剧的水体富营养化污染问题,绝大部分的成因与流域土地利用变化导致的大规模非点源污染、村镇点源污染等有关。

1.3.1.2　水文过程变化的生态效应

河流及河岸带生态系统通称为河道内生态系统,包括淡水湖泊和湿地生态在内,是淡水生态系统的主要组成部分,它们与水文过程的关系最为直接和显著。河流或其他天然水体的淡水动植物数量以及它们的组成结构、物种类型、各物种间及物种与环境间的相互作用，以及其他很多生态系统过程，都受到随时间变化的水文过程的很大影响，动植物生境条件和能量来源是由周期性和不定期的水流过程塑造成的。因此，从某种意义上讲，水文过程刻画了淡水生态系统的特征，而反过来，天然淡水生态系统在长期演化过程中，适应了特定气候和地域水文过程变化的韵律（Petts et al.，1996）。水文情势决定了河流可输运泥沙的类型与量以及对河道沉积物（水体围岩）的侵蚀或堆积程度，也就控制着泥沙、有机物以及水化学组分在水体中的输入，从而控制河流、河岸带以及河口湿地生态系统的生物类型、丰富程度以及生物生产力。在气候变化或人类活动如修建水库等的影响下，河流水文情势或水流特性如流速、水位等可能发生较大变化，将显著地影响或限制生物体继续生存在河流段落中的能力。河流的渠道化和裁弯取直工程彻底改变了河流蜿蜒型的基本形态，急流、缓流相间的格局消失，而横断面上的几何规则化，也改变了深潭、浅滩交错的形态，生境的异质性降低，水域生态系统的结构与功能随之发生变化，特别是生物群落多样性将随之降低，导致流域淡水生态系统退化。

　　河流水利工程导致的水文情势变化，是河口湿地生态系统发生显著退化的主要根源。目前，世界上 40 多个处于危险状态的河口湿地中，68% 由于河流泥沙沉积减少而引起下沉和淡水生态系统严重退化，12% 遭受严重的海面上升和海水入侵的威胁。仅美国，就有大约 45% 的河口湿地处于不断萎缩变化之中；我国的入海泥沙从 20 世纪 80 年代以前入海泥沙的总量近 20 亿吨，至 20 世纪末降至不足 10 亿吨，河口三角洲海岸岸滩在新的动力泥沙环境条件下发生新的冲淤演变调整，过去淤涨型河口海岸，大都出现淤涨速度减缓，或转化成平衡型甚至侵蚀后退型，湿地面积大幅度减少。流域中上游水资源利用对下游水文过程的剧烈改变，导致下游出现区域性生态环境退化，如我国西北干旱区内陆流域在 20 世纪 70 年代以后，出现的一个具有普遍性的重大环境问题：伴随中上游发展，下游天然生态系统持续大幅度退化、土地沙漠化发展迅速（王根绪等，2005）。干旱区下游生态系统对河流水文情势变化具有高度敏感性。近年来，伴随黑河流域和塔里木河流域生态输水工程的实施，流域下游生态系统产生不同程度的响应，如胡杨林密度和冠幅在输水 2~3 年后与输水前相比，在距离河岸 800m 范围内，出现不同程度增加（陈亚宁等，2003）。

1.3.1.3　生物气候与生态水文的最优性理论：生物物理微观尺度与流域尺度水文过程的联系

　　在长时间尺度，自然植被是和环境协同进化，并遵循自然选择法则形成生态系统的结构、功能以及植物区系，是对给定的环境条件适应的最优选择结果。在这一最优选择基础上，可以认为是生物生产力最大、自然资源利用效率最高等，为此，Eagleson 教授（2002）就给出了一些常见的从属性最优性原则：光学最优性原则，植被冠层结构与分布格局，对气候和日照等因素作用的碳同化量最大相一致，即冠层结构以达到最大光和效率而存在；物理学最优性原则，叶倾角使 CO_2 和水汽的冠层导度达到最大，即叶的空间布局为了实现最大的水碳通量；热力学最优性原则，叶片温度总是处于光合作用的最适宜温度范围；水文最优性原则，在气孔张开时，植物根系吸水处于最大化，土壤水分状态可使植物处于初始胁迫状态。在这些原则下，可以认为（或者假定）绝大多数演替顶级植物群落都处于特定生境条件和环境条件的最大生产力范围。

　　上述基于生物物理的微观尺度生物气候最优性原则，实质上也是形成植物群落乃至流域尺度植被稳定结构的基本原则。因此，就有了干旱区与湿润区完全不同的植物类型、群落结构及其水分利用规律。依据上述生态系统的最优性原则，可以认为特定生物气候条件下，长期演化形成的稳定植被群落构成与分布格局，是对环境条件，包括水分条件的最佳适应性选择，其水分利用规律在特定生物气候条件下相对稳定，也就是说植被的水分通量，如蒸散发、根系水分再分配、植物水分储量等可以按照植物群落分布现状来估算。现阶段，有很多有关植物生产力、固碳量或是盖度等方面实现最优的演化模拟方法，或是特定生物气候条件下，生产力最大的植被分布格局的模拟模型。如果能将特定生物气候条件下的能量平衡和水分平衡动态与植物最优性模式相耦合，应是实现生态系统水碳耦合，发展具有生物物理机制的水循环模型的有效途径。

1.3.1.4　生态水文学的基本概念

正是由于水文循环联系地球系统地圈-生物圈-大气圈的纽带作用，水文循环过程与陆地生态系统间存在的密切关联性，以及区域水与生态环境交叉研究与社会发展诸方面的需求，产生了新的交叉学科，即生态水文学。Hatton 等给出的广义生态水文学定义，是指在一系列环境条件下来探讨诸如干旱地区、湿地、森林、河流和湖泊等对象中的生态与水文相互作用过程的科学(Hatton et al.，1997)。UNEP-IETC 给出的定义是：生态水文学是生态学和水文学交叉的次一级学科，研究分析水文过程对生态系统分布格局、结构和功能的影响和生物过程对水文循环要素的作用(UNEP-IETC，2003)。从更加广泛的角度，生态水文学可以认为是研究有关生物圈与水文圈之间的相互作用关系以及由此产生的水文的、生态的以及环境问题的一门新兴学科。现阶段要对生态水文学给出确切定义比较困难，没有人能够给这个潜在包含整个生物圈的次一级学科一个综合全面的表述。国际水文计划(IHP)将生态水文学视为水生资源可持续利用的一个新范例，但即使这样，仅仅用一个统一的范例来涵盖所有生态系统的有机组分与其无机环境的以水为媒介的相互作用是很困难的。由于缺乏统一的关于生态水文学范式和解构认定，现阶段大多数研究者认为需要关注下列要点：①生态-水文相互作用的双向机制和反馈机制的重要性；②对基础过程理解的需求，而不是简简单单地建立没有因果关系的函数(或者统计学上)关系；③在学科领域方面，要能够涵盖全部的(自然或者受人类影响的)水生和陆生生物与生境，以及植物群、动物群和整个生态系统，因为水循环和碳循环是植物个体、植物群落乃至生态系统所具有的两个关键的物质循环过程；④需要在一系列时间和空间尺度上考虑水与生态的交互作用过程(包括古水文学和古生态学的角度)，因此，生态水文学的理论体系将比水文学和生态学更强调尺度问题；⑤跨学科研究的技术方法，至少水文学、生态学、植物学等学科的理论与方法体系是需要集成与发展的(Hannah et al.，2007；Wood et al.，2007)。

进入 21 世纪以来，国际上生态水文学研究可归纳为三个主要方向：①流域或区域水文循环过程中生态与水文相互作用与影响问题，关注水文循环中的生物作用，研究陆面生态过程如何影响流域或区域的水文循环过程，包括河道内水生生态系统对河流水文过程的作用；②水文过程变化对生态系统分布(格局)与功能的影响问题，集中在流域水利工程措施如何作用和影响流域内的生态系统方面，也就是流域水文过程或水文情势变化对生态系统有何影响的问题，包括河道内和河道外相关区域；③生态水资源管理问题，研究流域内各种生态系统的水资源需求和水消耗规律，包括不同水供给情况下的生态水分胁迫的响应机理，关注生态系统稳定和安全的水分阈值，以确定生态需水量和生态安全的水分条件为主要内容，是现代流域管理的核心。前两个方面可以称为生态水文学的水文过程领域，后者则是生态水文学的水资源问题领域。可以认为，生态水文学是基于水文学和生态学理论基础的包含生态水文过程与生态水资源两个理论与实践相结合的学科体系。

1.3.2　寒区生态水文学的基本概念

上述生态水文学的基本概念内涵在寒区是适用的，从广义角度讲，寒区生态水文学是有关寒区生物圈与水文圈之间相互作用关系以及由此产生的寒区水文的、生态的以及环境问题的一门新兴学科，核心在于研究分析寒区水文过程对区内生态系统分布格局、结构和功能的影响，以及寒区生物过程对水文循环要素的作用规律。寒区水文过程的本质是冰冻圈要素，如冰川、冻土和积雪等对水循环和水文过程的作用，这在 1.3 节中较为详细地进行了阐述，不同于非冻土区水文过程的核心在于能量循环对水循环的控制作用。要认识寒区生态过程与水文过程的相互作用关系与机制，需要先了解两者在寒区的关联现象与规律。

1.3.2.1　寒区冰冻圈要素控制下的水文过程对生态过程的影响

（1）冰川融水径流及其变化的生态影响：冰川融水的水文情势与携带的泥沙和溶解物等是冰川区河流水生态系统赖以生存繁衍的主要生境要素。如图 1.8 所示，冰川随气温持续变暖而不断融化，其融水径流过程与冰川规模之间存在负相关关系，冰川融水径流变化存在最大值（通常称为拐点），而后将随冰川进一步融化而急剧减少。冰川融水径流的这种变化过程具有显著的三阶段水文特性，如图 1.8(a) 中的 A、B、C 三阶段，分别代表冰川融水径流增加、对河川径流的贡献率达到最大，然后随冰川物质负平衡持续增大、冰川融水径流递减，对河川径流的贡献率减少直到接近降水径流的水文情势（C）等。很早人们就注意到冰川融水径流中水生生物种群类型、结构以及物种多样性等随冰川融水量的变化，而且存在不同物种的差异性响应。如 Brown 等（2007）在法国 Taillon-Gabietous 流域监测结果表明，随冰川融水对河流径流比例的增加，一些大型无脊椎动物种群的丰富度显著减少，但另一些动物如毛翅目（Trichoptera）石蛾科类和双翅目（Diptera）类的丰富度却显著增加；水生生物的 α 多样性指数随冰川融水比例增大而降低，但 β 多样性指数将增加；其原因主要是随冰川融水比例增大，河流悬浮沉积物浓度增加而水温降低，同时电导率和 pH 均发生变化等因素有关。冰川融水量对河流径流比例的减少（有些冰川退化后出现径流效应拐点转而减少贡献率），上述影响将刚好相反，大型无脊椎动物种群数量会显著增加，伴随微生物种在个体大小和形状方面也会出现较大改变；同时，一些冷水环境鱼类以及地方特有冷生环境生物物种数量就会减少甚至灭绝，这些敏感性区域特有物种、无脊椎动物物种等可以作为冰川融水水文变化的指示物种来反映冰川变化的水生生态系统影响程度（Milner et al.，2009）。冰川融水因其丰富的冰碛物以及冰川内部固持的物质，对河流或是冰川融水补给湖泊的水域生物地球化学性质具有较大影响，

Saros 等(2010)就发现冰川融水补给的湖泊水体具有更大的 N 含量,伴随冰川融水的增大,受其影响的河流和湖泊水域可能成为富 N 水域,改变原有高山湖泊和河流 N 限制对生态系统的作用。冰川进退对陆地植被生态的影响也十分强烈,一次大规模冰川前进,受冰川自身的覆盖和较大冷温效应,将可能导致较大区域植被消失或退化;相反,冰川退缩变化,将形成原有冰川覆盖区域的植被开始原生演替并逐渐回归区域顶极植被群落。

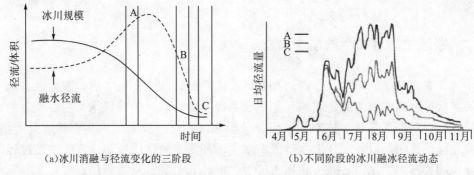

(a)冰川消融与径流变化的三阶段　　　　　(b)不同阶段的冰川融冰径流动态

图 1.8　冰川融水径流的长时间变化过程及其水文动态响应规律(Milner et al.,2009)

在一些冰川融水补给较大的河流,如我国新疆和西藏境内一些河流,冰川融水补给量可达到 40%以上,在夏季容易爆发冰雪融水洪灾,冰川洪水流量与气温变化具有明显同步关系,流量与降水变化是异步关系。在无降水天气,高温持续时间长,河流水量就显著增大。冰川洪水是夏季连续高温后产生的洪水,洪峰、洪量大小与气温等热量情势有密切关系,还与冰川面积、雪储量、夏季降雪大小有关。巨大而且突然爆发的冰雪洪水,将对流域及其两岸的生态系统产生较大影响,有研究表明,近十几年来在气候变化影响下新疆地区冰雪洪水发生的频次和强度有增加的趋势,塔里木河流域的冰湖溃决洪水和冰川洪水及北疆春季的冰凌和融雪洪水已对当地的生态环境、生命财产和社会经济发展带来巨大危害(沈永平等,2013)。

(2)积雪水文变化的生态影响:积雪是降水的固态形式,因而其生态效应兼具液态降水的作用,但与降雨不同的是,其降落地表后的积雪覆盖所产生的能量效应及其水分作用的延滞性和一段时间的持续性。积雪保障了寒区整个冬季的生物活动的连续性和生物地球化学循环与水文地质化学循环的持续性,因而在寒区生物圈和水圈及其相互作用中扮演重要角色。积雪对生态系统的作用首先表现在积雪对生境的调节作用,取决于积雪所具有的特殊的物理性质:辐射屏障、绝热体、能量库和固体水库等,从而形成了冬季严酷自然环境下较为适宜的生物生存和繁衍条件。雪的热容量和雪的光调节能力等受雪深、密度的控制。因此,积雪规模、内部结构以及积雪持续时间等对生态系统均具有较大影响(Jones et al.,2001)。积雪还具有较强的生物化学功能,积雪在大气中形成过程捕获了大量化学物质,特别是积雪是 N 从大气向土壤和植被传输的重要媒介,雪-土壤界面的 C、N 循环是寒区陆地生态系统冬季循环乃至年通量的重要部分。积雪对植被的作用,首先是积雪对土壤水热状态的影响,同时,积雪作为降水的一种,其水分效应在温度效应作用下,对于冻土活动层土壤水分的影响具有双重性,即降雪融水直接补给水分与温度场变化对活动层固态水分的相态转化影响。积雪对土壤水热状态的作用,直接影响土壤养分的可利用效率,积雪本身也可携带一定程度的养分进入土壤,因而积雪对植被类型及分布具有较大影响。在北半球高山带和北极地区，积雪厚度、积雪融化时间等不仅决定了植被类型及其群落组成，而且也对植物的生态特性如冠层高度、叶面积指数以及生物量等起着关键作用，且不同厚度积雪环境和积雪覆盖时间等因素下，可适应的植被类群存在较大差异(Walker et al.，1993)。对于北方大部分植被而言，积雪总体上有利于增加其生物量和生长量，但存在其阈限，在一定深度范围内的作用是显著的，超过这一阈限，可能导致其相反结果，即生产力下降。积雪中微生物和无脊椎动物种群数量较为丰富，特别是积雪融化期，雪盖区域微生物和无脊椎动物群落也最繁盛，生活在雪下或雪上的小型哺乳动物通过采食无脊椎动物而生存，因而积雪性质(规模、时间、内部结构等)决定了寒区食物链的物种组成与丰富度(Jones et al.，2001)。

(3)冻土水文过程变化的生态影响：冻土的能水循环与水文过程对寒区生态系统的影响范围最广，也最深刻。冻土巨大的能水效应和封存碳效应，在气候变化下对区域水、碳等物质循环以及能量循环产生较大影响，这些反馈过程无疑对寒区生态系统施加显著作用。在不同区域，受制于冻土性质、活动层特性、气候以及地形等诸多条件，冻土响应气候变化导致的能水循环变化对寒区生态系统的影响不尽相同，存在较大差异，但归纳起来，冻土能水变化对寒区生态系统的影响可以分为以下几方面的表征。①在北极地区，由于活动层土壤温度升高增强了土壤微生物活动，加速了有机质分解，增加了植被可利用的养分(如土壤氮)的利用率；地下冰融化大幅度改善了植物水分条件，活动层厚度增加拓展了根系生长范围。这种变化的直接结果是灌丛大幅度扩张以及苔原植被群落的变化。同时，北极大部分地区的湿地面积也出现扩大，湿地生态系统生物量显著增加。因此，伴随冻土退化水热条件改变，苔原分布区 NDVI 指数增加和生物量增大具有普遍性。这与相对平坦的地貌条件下，冻土冰融化和春季增加的融雪等因素有关，并导致北极河流大部分径流量呈现递增趋势(Ims et al.，2012)。②在苔原地带"变绿"的同时，泰加林带则呈现"变黄"，北方森林生态系统在许多地方出现退化，表现为郁闭度和生产力下降，认为产生这种现象的原因与冻土退化关系密切，是冻土冰体融化产生的水分增和减导致的：一方面冻土退化中融冰形成大量土壤积水，饱和土壤水分不利于树木生长，在湿地扩张的过程中，森林被湿地草甸植被所取代；另一方面，有些坡地(特别是阳坡)冻土退化导致活动层土壤水分下渗或大量流失，产生干旱胁迫(Epstein et al.，2013)，从而泰加林带生物量出现减少。③气候变暖增加冻土融化深度和活动层厚度，同时改变植被的物候，如开花、发芽提前，秋天树叶变黄推迟等，导致了春季生长提前和秋季生长延迟，从而使生长季延长；这种影响具有普遍性，无论是北极和青藏高原，均发现较为显著的植物物候改变和生长季延长，特别是春季物候显著提前。这种变化对生物多样性的作用是负面的，北极地区因为灌丛植被生长延长、遮阴作用增大(LAI 增加)以及对积雪拦截厚度增大，导致禾草类和隐花植物大量消失。④青藏高原多年冻土区在过去 30年来，伴随冻土退化，植被呈现持续退化趋势，表现在高寒草甸盖度和生产力下降、高寒草原沙漠化面积增大。模拟冻土变化影响实验结果表明，短期增温所表现的优势建群植物生物量增加与北极类似，但长期效果是高寒草地趋于退化，这与高寒草甸较好的排水条件、活动层增加导致根系层土壤水分流失以及春季增温导致干旱胁迫加剧，同时积雪减少等因素的共同作用有关。在青藏高原，物种多样性减少不仅与土壤水分胁迫加剧和优势植物高度增加的遮阴有关，还与土壤 N 有效性限制有关(Yang et al.，2012)。与北极地区类似，青藏高原高寒植被对活动层土壤水分的改变响应也十分迅速，2005～2013年，青藏高原中部和北部大部分地区降水量持续增加，活动层土壤水分增大，多年冻土区植被的NDVI指数大幅度增加（刘宪锋等，2013）。⑤冻土水热循环变化对土壤生物群落结构和功能产生较大作用，直接影响土壤微生物的生长、矿化速率和酶的活性以及群落组成；同时，在地下部分C输入、土壤水分和养分有效性等方面间接地影响土壤微生物群落，后者的变化则通过改变分解速率和CO_2、CH_4释放等直接区域和全球C循环。

1.3.2.2　寒区生态系统变化的水文过程效应

植被覆盖状况是土壤水分循环最重要的控制因素之一，包括植被空间结构、盖度以及季相或时间动态特征等，对土壤水分动态具有较大影响。对于寒区土壤水分循环，植被的影响更具有其多方面的作用，首先，植被覆盖状况直接影响地表热平衡，植被冠层对太阳辐射具有较大反射和遮挡作用，可显著减小到达冠层下地表的净辐射通量，增加植被冠层的潜热消耗，减少地热通量，阻滞地表温度的变化，对冻土水热过程产生直接影响。如在大兴安岭落叶松林观测到夏季植被冠层下部的净辐射通量仅为植被冠层上部的60%，将近40%左右的太阳辐射被植被冠层反射和吸收（周梅，2003），因而不同植被盖度下多年冻土活动层或季节冻土土壤的水热耦合传输过程存在显著差异。其次，植被类型和覆盖状况不同，其地被层、土壤有机质含量与分布以及土壤结构等均不同，土壤有机质与结构变化将导致土壤热传导性质的改变，从而影响活动层土壤水热动态；地被物（包括凋落物、苔藓与地衣等）的发育，可大大促进土壤表层有机物的积累和泥炭层的发育，有机物和泥炭层可以减缓夏季太阳辐射对地表的加热，冬季则由于冻结后导热系数的增大而导致地面热量大大散失。另外，凋落物、苔藓、地衣、地被草层等贴地植被以及泥炭层等的持水能力较强，排水不畅导致地表土层含水量较大，因水的比热是4.186 kJ /（kg·℃），是矿质土的4～5倍，在其他条件完全相同时，饱水的苔藓地衣能使地面保持更低的温度和更浅的融深，从而改变土壤水热循环状态，并有利于冻土层的发育。土壤水分动态决定了陆面蒸散发和产流能力与模式等水循环主要环节，从而对流域尺度的水文过程产生影响。

植被对降水分配的作用以及积雪覆盖的影响方面，因为这种作用将直接影响地表水分条件和积雪覆盖状况。如图1.9（a）所示，北极地区大量观测研究结果表明，灌丛植被郁闭度越大、植株越高，捕获的积雪量就越大，且积雪升华损失量越小。正是由于灌丛内积累了相比灌丛外部更厚的积雪，使得灌丛内冬季土壤的温度增加，有利于冷季土壤有机质分解和养分释放，从而形成进一步强化灌丛生长和扩张的正反馈效应。在全球气温持续升高作用下，前述北极地区的灌丛带大幅度扩张是北极地区植被响应全球变化最显著的现象，由于灌丛对积雪的作用导致北极地区积雪厚度增加，这是大部分北极河流春季径流增加的主要因素之一（Sturm et al.，2000）。图1.9（b）是挪威云杉树线附近观测不同植被覆盖区的积雪厚度差别，一个样地是盖度较好的挪威云杉，另一个对比区域是森林火灾后的苔原植被区并分布零星少量树木的区域，发现苔原地带的平均积雪厚度要比森林带少将近30cm，且积雪水分当量少将近一半（Vajda et al.，2006）。但是，也有研究表明，由于森林植被的降水截留作用，林下积雪厚度一般小于灌丛带和裸地区域，且植被的遮阴导致其融化速率也较缓慢。尽管植被覆盖变化对积雪分布与积雪水分当量的影响，还与风速、风向以及地形条件等有关，但植被覆盖变化对积雪分布、融化及其水文过程具有较大的影响是普遍性的，因此，近年来发展起来的许多有关积雪融水径流模型中，均不同程度考虑了植被因素的作用。

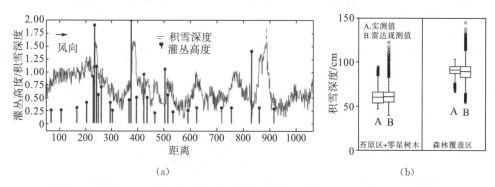

图 1.9　北极地区观测到的灌丛高度对积雪的影响[(a)，Sturm et al.，2000]
和泰加林区域与苔原植被区积雪厚度的差别[(b)，Vajda et al.，2006]

生态系统变化(植被盖度、系统组成与结构、土壤性质与结构以及动物组分的活动等)对寒区水文过程的影响，在大部分区域是与冻土、积雪等因素相互作用的结果。积雪覆盖与植被覆盖变化各自对土壤水热过程有较大影响，植被覆盖变化对积雪状态有显著作用，因此两者协同的冻土水热作用显然是寒区具有普遍性的水文影响因素。如在北半球一些高山和亚高山山区流域，植被覆盖较低的春季，积雪融化协同表层土壤融化，虽然降水量仅占全年的 10%~13%，但其产流量和悬浮泥沙输移量达到全年的 50%~60%，溶解物输移量也要占全年的 40%~50%。在植被发育较好的中低纬度亚高山带，融雪径流就不会形成较大的泥沙和溶解物输移量。另外，良好的植被覆盖和地表有机质发育，有利于冻土发育而不易快速融化，而较厚的积雪促使表层土壤保持较高温度，甚至冻土活动层深度也随之增大，这种拮抗作用对区域水文过程的影响尚缺乏深入对比研究，其影响程度与作用机制缺乏系统了解。

1.3.3　寒区生态水文学的基本内涵

综上所述，寒区的生态与水文耦合作用关系与过程比其他区域更加复杂而多变，冰川、冻土、积雪等水文要素与生态系统间存在多方面深刻交互关系，其中冻土与积雪还是十分重要的寒区生物的生境要素。与非冻土地区不同，寒区主导生态系统的太阳辐射能量，同样也是寒区水文循环中超越降水的最主要控制因素。大气-植被-积雪-土壤的能水交换与传输过程，不仅是生态系统维持其基本结构与功能稳定的关键，寒区水循环和水文过程的基础，也是寒区一切陆面过程和物质交换的重要驱动力源。在寒区，生态过程广泛参与到能水循环的各个环节，而能水循环也控制了生态过程的诸多方面，包括生态系统的组成、结构、物质交换、群落演替以及功能与服务等。基于上述两方面的认识，尽管对于寒区生态水文学的准确定义尚未取得统一认知，但可以归纳寒区生态水文学的下列几方面的基本内涵。

1.3.3.1 寒区水文过程变化下的生态系统过程响应

这是一般生态水文学最早关注的核心科学问题，也是现代水文学和水资源管理中对于生态水文学重要的需求所在，构成了生态水文学主要学科内涵之一。寒区生态水文学也不例外，揭示寒区水文过程及其变化对生态系统的影响是其核心理论范畴。综合上述讨论，这一内涵目前涉及众多科学研究主题，总体来讲，可以归纳为如图1.10所示的框架。水文过程变化对河道内及近岸水生生态系统、河流补给的湿地和湖泊水生生态系统、流域下游河泛区以及河口三角洲生态系统等的影响首当其冲，特别是河道内水生生态系统、干旱内陆流域下游生态系统和河口地区的生态系统等的影响最为深刻，因而也是这一内涵最广泛的研究领域。寒区生态水文学在这个内涵下的研究主题有所不同，无论冰川水文、积雪水文还是冻土水文，其变化最终随汇流进入河道系统，构成与上述一般生态水文学共性的生态影响。除此之外，这些寒区水文要素的变化在更加广泛的范围内对陆地生态系统的组成、结构、格局与功能等诸方面产生较大影响，包括寒区植被、微生物和动物等子系统。实际上，气候变化对陆地生态系统的影响在寒区最为显著，究其本质，很大程度上是寒区水文过程变化对气候变化影响的叠加作用结果，如气候变化叠加冻土融化、积雪变化等。

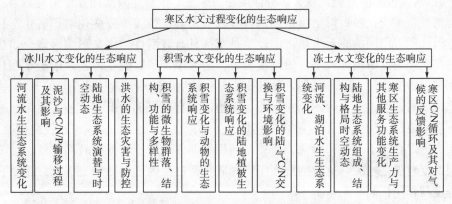

图1.10　寒区水文过程变化对生态系统影响领域的主要研究主题

1.3.3.2 寒区水文循环中的生态系统因素与机理

寒区水文循环中的生态系统因素与机理是生态水文学中另一个核心主题，即生态过程如何影响水文过程。在水文学领域，水文学家早就关注陆地生态系统对水分的消耗如植被的截留与蒸散发作用对水文循环过程的影响，以及森林和草甸植被如何影响流域产汇流等问题(Hornbeck et al.，1993)。现阶段陆地生态系统与水文过程相互作用研究内容主要是以不同的时空尺度来了解和认识植被变化与水分运动的作用关系以及与之相伴随的生物地球化学循环、能量转换。在土壤侵蚀和河流泥沙输移方面，植被的作用也早就被认知并作为核心因子在各种侵蚀产沙模型中应用。在水环境方面，无论面源污染还是点源污染，生态系统的作用也是其形成与制约的重要因素。水文循环过程准确认知的关键是对水循环生物作用机理的深入理解，一切基于物理机制的水文模型面临的最大挑战也在于对生态水循环过程的定量刻画。陆地生态系统参与水循环过程的核心问题在于两方面：一是纵向的水分交换，以蒸散发为关键环节，尚未在基于植物水分机理的蒸散发准确量化与模拟方面取得突破，是水文学与陆面过程研究前沿领域最具挑战性的难点之一；二是横向的产汇流过程，生态系统参与下的土壤水分运动、地下径流与地表坡面产流以及流域汇流过程等，其形成过程的复杂性和高度的时空变异性，始终是流域水文分析、精确预报与模拟的不确定性根源和理论瓶颈（Kool et al.，2014；陈新芳等，2009）。

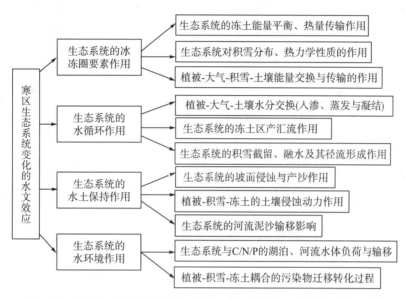

图 1.11　寒区生态系统变化的水循环与水文过程影响及其主要核心主题

如图 1.11 所示，在寒区生态水文学中，生态系统对寒区水文要素（冰冻圈要素，如积雪、冻土和冰川）的能量交换与传输的影响十分重要，在一定程度上制约了寒区的水文过程，这是不同于其他生态水文学最显著的地方。积雪与冻土因素控制下的土壤水分循环、坡面产流以及流域汇流过程与生态因素关系密切，植被和土壤有机质等的空间异质性决定了大气-土壤间能量平衡与传输过程的变异性，从而直接影响冻土与积雪的空间分布格局及其对气候的响应规律。寒区的土壤侵蚀产沙不仅与植被覆盖和土壤性质有关，更多地受积雪-植被-冻土耦合的能量传输过程，这一过程同时也显著影响生态系统 C/N/P 物质的溶解、水分迁移和河流输移等过程，同时，也是寒区污染物向水体中迁移转化的重要控制性因素。

1.3.3.3　应对全球变化的寒区流域适应与管理

寒区是地球上对气候变化最为敏感的地域，以泛北极地区、青藏高原以及南极等为主体，气候变化对该区域陆地和水生生态系统物种、群落组成以及功能等多方面产生了巨大影响，河流径流及其季节格局发生较大幅度改变。可信度较高的预测表明，这种趋势还将持续下去，将对该区域生物资源、淡水资源产生持续而显著影响，并对全球气候产生重要的反馈作用（Anisimov et al.，2007）。寒区生态因子和水文因子在气候变化下的演变十分剧烈，生态-水文的密切耦合关联及其互馈作用加剧了这种变化趋势，对区域经济社会发展产生了日益显著的影响。如何正确理解寒区的气候变化脆弱性，采取科学合理的应对策略，以有效减缓气候变化对生物资源和水资源的不利影响，保障区域生态和水安全，是人类社会面临的关键问题。如泛北极地区，特别是欧亚大陆伴随苔原面积减少、灌丛带扩张和北方森林带的退化，无疑将对主要北极河流的水文过程产生巨大影响，这种影响不仅作用于流域经济社会发展，也反馈作用于全球环境变化，对整个地球系统带来较大作用。地球上最大的淡水资源库为冰川与积雪，这些寒区水文要素的变化对大范围陆地和水生生态系统带来的影响无疑是巨大而深远的。为此，我们需要一个全新的面向可持续发展的寒区生态与水资源耦合评价和规划的认识和理论体系，提出必须将寒区生态系统演变的淡水资源影响与需求纳入区域水资源变化的整体中，建立生态水资源系统规划方案。实际上，面向生态系统的可持续的流域水资源管理成为现代流域科学和水资源管理的核心，在寒区生态水文学领域，应对全球变化的流域生态管理与水管理均需要全新的基于生态与水文耦合关系的理论体系和方法。

1.4 寒区生态水文学的核心科学问题与研究进展

1.4.1 生态水文学的核心挑战：理论体系与学科范式的发展

首先，以森林水文学面临的核心科学问题认识生态水文学的挑战。森林水文学是陆地生态水文学发展的根源和基础（尽管水生生态系统水文学是生态水文学诞生的源头），归纳现阶段森林水文学的核心科学问题，可以分为以下几方面。一是森林生态系统对流域径流的影响，迄今为止仍然不能确定地给出不同尺度流域普适的森林盖度变化与径流量的响应关系，不同区域对比试验流域获得的结果大相径庭，目前认为由于森林植被类型、气候条件、地形地貌、土壤与岩石性质等诸多因素对河流径流形成的复杂影响，加之森林植被的高度空间变异性，在一个流域获得研究结果不能用于其他流域。在缺乏高精度森林植被蒸散发测定和计算方法以及准确的尺度推移模式的前提下，获得统一的森林植被的径流影响理论体系和定量刻画模式是困难的（Swanson，1998；程根伟等，2004）。二是森林植被对流域径流形成机制的影响，由于森林植被区域存在十分发育的凋落物和根系层，加之频繁的动物活动影响，以亚表层大孔隙管流形成的优先流在流域径流形成以及产流量方面具有较大影响；同时还存在多种界面水分交换与产流效应问题，如植被冠层-大气界面、大气-包气带土壤界面、土壤内部包气带-饱和界面等；但现阶段无法解决地形与坡度变化、土层各向异性以及地表覆被变化对产流过程作用的定量刻画问题，对界面产流过程、包气带侧向流、土壤壤中流以及地下径流的形成与机制也缺乏系统的理论认知和有效的描述方法（芮孝芳，2004；程根伟等，2004）。三是森林植被对流域径流的季节调节作用或对流域枯水径流的作用问题，森林植被因其截留和较大的蒸散发，消减洪峰流量似乎是一个有大部分观测试验研究支持的共性认识，但是是否增加枯水季节流量，不同流域的研究结果是相互矛盾的，同总径流的结果类似，尚没有统一的共性认识。正是上述这些问题的存在，在森林植被控制的流域，特别是多森林的山区流域，具有较高分辨率的水文模型研究一直是水文学面临的最具挑战性的前沿问题之一。

从上述单个生态类型的生态水文学问题出发，就不难理解生态水文学发展所面临的最大挑战，在于缺乏一个体系化的理论范式来聚焦学术界的认识（Newman et al.，2006；Wood et al.，2007）。现阶段还缺乏生态学与水文学理论体系的根本性融合，特别是水文学的发展可能需要更多基于生态学认知的推动，比如发展基于生态系统碳循环来表征水文过程的量化范式，可能对于提高水文模型的识别精度是一个值得探索的途径。上述森林水文过程遇到的问题，主要源于我们对森林水文循环总是立足于水文学视角来认识，并习惯于用水文学已有的理论体系去尝试分析和解释观测到的生态水文过程现象。推动生态水文学理论体系的发展，并不是简单的水文学和生态学的综合，而是这门综合性学科范式的凝练。只有形成自成体系的理论、方法，才能有效地用于解决人类社会发展中面临的诸多生态水文问题，因此，生态水文学所面临的最为重要的发展问题，就是推动其理论体系和研究范式的形成与发展，这需要一种真正的跨学科（而不是多学科）的研究方式，通过集成生态学和水文学两方面已有的认识和理论体系，围绕生态水文学科学本质的认知和统一的研究技术方法，开展水-生态之间相互关系机理的系统研究和综合理论集成。一些生态水文过程研究存在的技术和方法论上的困难，如缺乏陆面生态过程要素中有关水文的一些关键性的数据与信息积累（如植被结构如何影响降雨和雪的截留作用、土壤水分的有效性和水气压差如何控制着植物功能性组分的蒸腾作用，以及植被-土壤-大气界面水分交换等），而且存在比水文过程更加复杂和困难的尺度问题，需要推进生态学在涉及水文过程的这些领域取得进展并用于生态水文学学科建设。

因此，如果要在生态水文学发展面临的这一挑战问题上取得进展，就需要克服如下几方面的难题：一是生态系统对水文变化的敏感性和适应性及其反馈作用，同样的问题，水文过程对生态系统变化的敏感性及其反馈影响，这一相互依赖问题的解决同时将决定生态过程与水文过程的融合程度；二是从群落到全球等不同尺度上水与生态系统的相互关系，将水文过程的尺度依赖性与生态过程的尺度统筹起来，是揭示生态水文学诸多现象本质的重要途径；三是生态与水文耦合系统对变化环境（如气候变化、人类活动）的响应及其对生态与水文过程的作用，即识别环境要素-生态-水文三者间的互馈作用关系，广义角度就是要解决大气圈、生物圈和水圈间的相互关系；四是流域生态水资源管理与区域生态恢复的生态水文学范式，这是生态水文学理论必须解决的人类圈的问题。

1.4.2 大气-积雪-植被-土壤水热耦合过程

在寒区，积雪厚度和积雪时间还是冻土环境与生态环境的重要影响因素。由于积雪是热的不良导体，热导率低，冬季可防止土壤热量散逸，使土壤温度高于气温；春季气温回升时，则阻碍土壤增温，使土壤温度回升时间滞后。但大量研究证明，积雪的这种保温作用取决于积雪厚度及其稳定性，厚度较薄而不稳定的积雪主要起降温作用；稳定积雪形成越早，则其保温作用愈明显，积雪的季节变化特征以及积雪的累积和消融导致地表的水热状况发生变化。积雪作为降水的一种，其水分效应在温度效应作用下，对于冻土活动层土壤水分的影响具有双重性，即降雪融水直接补给水分与温度场变化对活动层固态水分的相态转化影响。积雪对土壤水热状态的作用，直接影响土壤养分的可利用效率，积雪本身也可携带一定程度的养分进入土壤，因而积雪对植被类型及分布具有较大影响。反过来，植被对积雪的分布、积累与消融等环节具有显著影响，并与与之相关的土壤有机质一起对冻土的水热传输产生作用。气候无疑是驱动积雪、冻土和植被变化的主要力源，但积雪、冻土与植被对气候均具有一定的反馈作用。传统上，大气-植被-土壤系统(SPAC)的水分迁移交换是蒸散发研究的主要途径，因其基于水分从土壤到根系进入植物，经植物木质部到达叶片，最后通过叶片扩散到空气中的完整连续体机制，成为对植物生态学机理融合程度最高的方法，是现阶段对蒸散发计算较为精确的方法之一，但由于复杂多变的植物冠层特性与湍流作用的时空变异性，该方法的应用不仅需要基于大量假定边界条件予以简化客观物理形态，而且需要大量实测参数，对观测仪器的精度要求也较高，因而在大范围应用上受到极大限制。在寒区，SPAC 系统中增加了积雪覆被的作用，因而演变成 SSPAC，其中土壤层存在冻融循环控制下的能水传输与转化规律，同时下伏的多年冻土层也在能水循环方面施加较大影响。显然，寒区的 SSPAC 系统具有更加复杂的能水迁移转化过程，现阶段我们尚缺乏有效的方法将土壤和积雪的水分相变与植被水分传输等结合起来，成为寒区陆面过程研究中最具挑战性的前沿科学问题。但是，这一问题对于寒区水文过程和生态过程的准确识别与定量刻画至关重要，是生态水文理论中需要重点发展的关键领域。

这一核心科学问题实质上包含了现阶段处于探索中的几个分支问题，包括积雪-植被协同的能水传输与交换过程(包括积雪升华、风吹雪等关键环节)、积雪-冻土的水热传输与交换过程、大气-冻土活动层土壤-冻土层的能水传输与交换过程(包括冻土水热耦合理论与冻土水分迁移理论等难点)、植被-冻土耦合的水热传输与交换过程与互馈机理等。换言之，寒区 SSPAC 系统中的所有界面间的水热交换与传输过程、机理与量化表达方法等均是尚未解决的难点所在，其复杂性还在于每一个组成部分内部的水分相变过程与界面间的水热传输密切相关。这些问题也是寒区陆面过程研究、积雪与冻土水循环长期关注的领域，取得的进展主要体现在 1.3 节中阐述的积雪、冻土和冰川各自独立的水循环与能量交换过程方面，在这里不再赘述。在植被因素参与的寒区水文要素水热交换过程研究中，积雪-植被的互馈关系、冻土-植被的水热耦合关系等方面取得了一系列显著进展，表现在不同植被覆盖与叶面积指数等对积雪厚度、水分当量、升华和融化过程的影响有了深入认识(李弘毅等，2012)，并研发了半经验和基于机理的数值方程(DeWalle et al.，2008)；同时，风吹雪的能水效应及其与植被覆盖的关系也取得了一些进展，并与雪的升华过程一起，提出了一些定量模式或单独模拟积雪水文过程或嵌套在一些寒区的水文模型中，如 iTree-Hydro 融雪径流模型(Yang et al.，2011)和 CRHM 寒区水文模型(Pomeroy et al.，2007)等。冻土-植被的相互关系方面，发现植被和土壤有机质含量(有机质层厚度)对冻土水热过程具有直接和间接的多种作用，是冻土形成与分布变化的重要因素，特别是不连续和岛状多年冻土区，生态系统对冻土形成、发育和发展的调节与保护作用十分突出，并据此提出了基于生态作用的冻土分类系统(Shur et al.，2007)。不同植被类型以及不同土壤有机质层厚度对土壤热传导过程的影响已在多个陆面过程模型如 CLM 和植被动态模型如 TEM 中以参数或植被-土壤热量交换模式的形式体现。但是，无论是积雪-植被还是冻土-植被界面的水热传输与交换的时空分异规律、机制与系统的理论体系等，仍处于不断探索之中，特别是目前还缺乏精确的数值描述模式，是寒区陆面过程模型、寒区生态动态模型以及水文模型等亟需解决的主要瓶颈之一。对于同时将积雪、植被与冻土等要素和大气相连接的 SSPAC 系统水热传输与交换过程与模拟研究，在国际上则是刚刚起步，处于典型区域观测试验和数据积累阶段，目前没有系统性的进展报道。

1.4.3　水文与生态变化的敏感性和适应性及其反馈作用

对于包括水文气候在内的水文情势的变化，绝大多数陆地和水生生态系统被认定为是脆弱的，因为水分要素是生态系统最为敏感的环境因子之一。在生态学领域，有关水分胁迫的生态响应问题研究有了较长时间，但是对于脆弱性和植物的适应性机理方面的认知还是十分缺乏，比如对应于水文极值的生态最敏感期、生态响应方式和拮抗机制、适应水分极端变化的生理反应、长期水分胁迫的生态演化模式、水分胁迫和栖息地扰动之间的联系等。实际上，大多数植被群落演化模型、气候变化对生态影响的模拟模型，如冠层尺度的生理生态模型、林分水平的林窗模型（FORCAST）以及描述生物地球化学循环的 BIOM-BGC 模型等，水分运动过程和水分因子都是其中重要的驱动因素，完善的生态水文机理模型是这些不同尺度生态模型得以发展的重要基础。另外，水分的生态胁迫具有来自水分运动所产生的随机性和不确定性，也具有高度的时空变异性，如何在水分胁迫生态过程中考虑这种作用，也是该领域需要关注的一个关键的科学问题。

对应于生态系统变化的水文敏感性，可以视为上述问题的逆过程，相比而言，已开展的相关研究较少。在水文学领域，对于土地利用与土地覆盖变化的水文过程影响相对研究较多，在几乎所有的现代分布式流域水文模型中，对于植被覆盖与土地利用情景都给予参数化表达，可以较准确地模拟土地利用和植被覆盖变化对流域径流量及其组分的影响程度。一般而言，植被通过蒸腾、截留、生物储存以及改变土壤水分入渗等方式对局部或区域水循环进行调节，是生态变化对水文影响的较为确认的主要途径。植被覆盖对于区域尺度的降水格局是否有影响尚无定论，有一种观点认为在森林和高覆盖植被区，因蒸腾活跃和水分供应充足而使得云形成量远远高于草原和农耕区；随植被退化导致空气湿度减少、反照率增大以及可能形成的强风等都会减少降雨量（Ryszkowski et al.，1997），长期效应会导致总降水量和降水格局变化。另外，也有研究认为，在中低降水量和高温地区，森林植被减少将会导致水循环不稳定，增加干旱和洪水发生频率，长期会引起荒漠化和水资源减少（Harper et al.，2008）。基于样地尺度或冠层尺度的植被蒸散发过程的认识，以及蒸散发与植被叶面积指数的关系在向较大尺度推移中尚无可靠方法，存在多方面的不确定性。近年来，基于遥感技术的大尺度反演区域大尺度蒸散发评估成为最具活力的方向，获得了一些基于遥感数据支持的区域蒸散发与植被 NDVI 或生产力间的关系模式，但这些宏观尺度的进展与微观尺度基于生物机理的结果难以匹配，同样存在尺度衔接问题。总体而言，生态变化的水文敏感性十分复杂，涉及众多因素。如何准确评估水文过程对生态过程变化的敏感性及其在不同尺度上的反应，既存在时空尺度的限制，也存在对于不同水文地理和水文气候条件下生态水文作用过程的观测试验的可比性数据的限制，同时对大部分生态系统水循环过程尚缺乏相对精确的观测技术手段和数值分析方法。

在寒区，生态系统对温度的敏感性高于水分，但在增温背景下的水分条件被认为是决定生态系统演化趋向的主要限制因素。如北极地区气候持续变暖下的灌丛扩张就是土壤水分条件充足下的产物，泰加林带中出现的大面积沼泽湿地同样是冻土融化后急剧增加的水分导致森林演化为沼泽的结果。在一些土壤水分较低的区域，或是活动层较厚、地下水位较深且导水性能较好的区域，冻土融化伴随活动层厚度增加，可能导致原有植被退化，如青藏高原的草甸和沼泽湿地退化等。但我们不清楚生态系统响应水分变化的阈值、敏感性及其机制，问题的复杂性还在于水分变化本身与温度变化紧密相关，土壤水分循环、径流形成与季节动态均是温度的函数，如何准确识别水分的作用方式与阈值是寒区生态系统响应气候变化研究中的核心问题之一。寒区的水文过程对生态变化的敏感性可能要高于其他地区，这是因为植被覆盖变化、土壤性质变化以及动物活动等极显著影响温度分布与动态变化，从而作用于水文过程，这种间接作用的强度甚至可能超过植被对水循环的直接作用（截留、蒸腾等），但现阶段缺乏对这一问题的深入理解和基于机理的量化模式。水文对生态变化的敏感性于生态过程对水文变化的敏感性还存在两者间的互馈效应作用，即水文响应生态变化的程度和方式还取决于生态对响应变化的水文过程的反馈。在寒区，这种反馈作用更加显著和深刻，比如冻土区植被响应气候变化的生物量增加及其伴随的凋落物累积增加，可能促使冻土温度下降而活动层深度变浅，反过来降低地表蒸散发强度（Shur et al.，2007）。对这一反馈作用过程、机制及其生态与水文效应，我们认知很少，因而是寒区生态水文学的重要难点之一。

1.4.4 从群落到全球等不同尺度上水与生态系统的相互关系

图 1.12 粗略地反映出生态学和水文学的研究尺度问题及其现阶段人类主要的观测尺度比较。由于生态学和水文学研究尺度与观测尺度不尽一致，对于生态过程变化与水文过程的结合方面，就存在尺度上的不协调，如仅仅是均一的森林植被转变为耕地或草地植被，水文过程变化可以观测到的尺度就会出现较大差异。因此，为了有效地将水文过程、生态过程以及大气过程联结起来，就需要对各自的参数、变量的表征尺度进行合理协调，使之能在大致相同的或是可以耦合的一种尺度下进行分析。比如亚流域尺度的水文过程中，径流、降水等是可观测的，但是植被截留、树干径流以及植被蒸散发等环节只能在样地尺度上甚至个体观测到，就需要把这些小尺度上观测的量设法转换到亚流域尺度，以便与径流和大气降水等过程进行耦合分析。Meisel 和 Turner（1998）认为，流域尺度对于生态水文学而言是一个非常重要的协调尺度，流域研究应提供两种尺度的过程变量或参数及其耦合方式，一种尺度是基于景观尺度以内的生态过程和水文过程变化观测与模拟，如水文过程通常以坡面尺度和集水单元尺度为核心，实现以精准观测为依据的过程模拟和预测；另一种尺度是以流域尺度为基础的，用于生态过程和水文过程相集成的观测和模拟，核心在于把景观尺度的耦合过程在流域尺度上进行集成和综合。如图 1.12 所示，生态过程特征，大多数情况下可依据在生物个体、群落水平与基于试验样地或样带的生态系统尺度来揭示；而大部分水文过程特征则依赖于样地、坡面、集水区或小流域（亚流域）尺度来识别。因此，基于试验样地的坡面、集水单元或亚流域是连接生态学和水文学研究的理想尺度，是进行生态水文研究的可观测和模拟的尺度范围。存

在的关键问题就是如何将基于植物个体甚至叶片尺度的水分行为与生物生理学机制在样地、坡面或亚流域尺度整合。同样，基于样地(降水径流场)、坡面观测到的水文循环规律及其与生态过程的作用关系如何与集水单元或亚流域尺度观测的过程进行融合，长期以来都是水文学的难题之一。近年来，采用树干液流测定及其与树干边材和径级关系，基于异速生长方程的生物量模式，基于涡度相关的生态系统尺度水碳通量观测，并结合高分辨率遥感数据分析等方法，为上述问题的解决开辟了很有希望的途径(Kool et al.，2014；赵风华等，2008)。但在更大尺度上，如流域尺度或区域尺度，如何将水文过程与生态过程进行耦合分析，并与气候变化相关联，缺乏可行的观测手段和模拟方法，是生态水文学发展与应用所面临的最大挑战之一。尽管一些水循环环节如陆面蒸散发，采用同位素化学分析方法以及基于区域气候模式驱动的大尺度生态模型可以近似估算大流域或区域尺度的蒸散发过程，但其存在的较大不确定性限制了其有效性和实用价值(Jasechko et al.，2013；Coenders-Gerrits et al.，2014)。

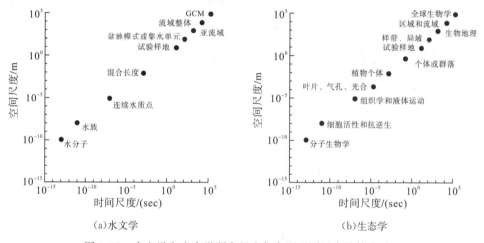

图 1.12　水文学和生态学研究尺度与主要观测尺度的简略对比

水文学和生态学的尺度都包括过程尺度、观测尺度和模拟尺度，只有当三种尺度相对一致时，生态与水文过程才可以在观测和模型中得到理想反映，两者间的耦合关系才能够被准确揭示。然而，正如上面所述，由于生态因子及其相关联的下垫面其他条件的高度时空变异性，实际的水文过程和生态过程的特征尺度往往小于观测尺度和计算单元尺度。因此，无论是生态模型还是水文模型的发展与建立，一个主要任务就是如何将实际的异质性特征整合到计算尺度，以实现对水文过程或生态过程的准确模拟(程根伟等，2004)。现阶段，基于生态或陆面过程模型模拟是在较大尺度上实现生态过程与水文过程耦合分析的唯一可行方法，一般采用遥感反演参数和区域或全球气候模式来驱动，这种大尺度陆面生态水文过程模型和宏观尺度的天气动力学模型的结合使预测气候变化对区域水文水资源、生态系统的影响成为可能。但是，长期以来，如何在流域、区域或全球尺度上把气候、水文和生态的相互作用结合起来，建立客观模拟气候的影响模型，成为陆面过程研究、生态及水文学急需解决的关键问题之一。尺度外推是大多数生态学和水文学模型经常使用的方法，如斑块尺度或群落尺度生态模型向整个生态系统或区域尺度外推，一般基于整个植物群落处于平衡状态，利用统计采样方法按回归分析原理建立外推模型来实现对大尺度的应用。然而，生态系统尺度上由于群落间功能的差异性导致上述平衡假设并不存在，或者是基于斑块尺度的模型所遵循的生态过程机制的稳定性较差而影响外推的可靠性。因此，从群落到全球的跨尺度生态水文过程耦合问题是生态水文学继承水文学和生态学的核心科学问题之一。

在寒区，除了上述诸多相同的问题以外，生态与水文过程的尺度变化还与温度场的时空变异性有关，受能量传输与交换的制约，生态过程与水文过程的耦合关系对于尺度的依赖可能要比其他区域更加显著。冻土形成与分布既受制于气候条件，也与地形、土壤、岩性、植被等条件有关，如高山相同坡向和海拔下，低洼潮湿地带、粗碎块石岩屑堆积地带极易发育岛状冻土；坡向和植被覆盖状况则更显著控制高山冻土的发育程度和分布格局，土壤和岩石结构与性质显著影响地下冰的分布（周幼吾等，2000）。除冻土因素以外，积雪的分布与融化过程也与地形地貌、植被等因素密切相关。因此，寒区的水文和生态过程不仅强化了地形、植被、岩性与土壤等下垫面条件空间变异性导致的尺度效应，而且生态类型与结构、演化进程（如植被类型与群落组成、凋落物分布与分解程度等）以及生态特征（如盖度、叶面积指数、生产力等）等依赖于寒区水文因子（冻土、积雪和冰川）的时空变化，形成了比上述更为复杂多变的尺度问题。特别是在流域尺度，可能存在季节冻土、不连续多年冻土、岛状冻土与连续多年冻土并存的现象，也存在降雨与降雪并存的情况，加上是否分布冰川与冰川规模大小差异等，都导致流域水文和生态过程的时间和空间差异性更为突出。现阶段，国际上对寒区生态水文过程的这种复杂尺度变化研究还十分薄弱（Wang et al.，2009）。

1.4.5 寒区生态水文模型的发展

目前还没有真正意义上的流域尺度的生态水文模型，现有的大部分生态模型和水文模型，均具有二者相互作用的原理或是参数化方案。为此，这里简单地把已有的近似生态水文学模型，分为两大类，一是以水文要素驱动的生态过程模型，二是以生态要素为参数化因子或驱动因子的水文模型。Harper 等（2008）曾把以水分要素或水文因子驱动的生态模型认定为生态水文模型，如基于植物群落对养分竞争关系机理的 NUCOM 模型（nutrient cycling and COMpetiton model）和基于植物群落对水分因子的敏感性与适应性等建立的半机理模型 DEMNAT 等，输出结果是植物生物量、有机碳库或是物种丰富度等。生态模型发展迅速，目前出现的生态模型种类繁多，大致可以分为下述四种。①基于植物光合作用的植物光合生产力与蒸散模型，这类模型大多为生理模型，通过确定生理过程与环境因子之间的数量关系，从机理上认识蒸散发过程及其变化的机制。可进一步划分为叶片尺度和冠层尺度模型，其中冠层的光合作用模型又分为大叶模型和多层模型两种，最具代表性的是由 Shuttleworth 和 Wallace 提出的双源水分通量模型以及由Brenner 和 Incoll 发展的多源冠层能水平衡模型（Brenner et al.，1997）。②基于过程的陆-气能水交换模型，代表性的是生物圈-大气圈传输模式（biosphere-atmosphere transfer scheme，BATS；Dickinson，1993）简单生物圈模式（simple biosphere model［SiB2］；Sellers，et al.，1996），以及 20 世纪 90 年代中期以来，由 NCAR 等几个研究机构共同努力开发出来的第三代陆面过程模型（CLM）等。在 BATS 和 SiB 模型基础上，Dai 等后来也研发了对植被和土壤水热过程进一步改进的 CoLM 模型(Dai et al.，2003)。③生物地球化学模型，主要用来模拟陆地生态系统碳、氮和水分循环，其特征是使用气候和土壤数据以及植被类型作为驱动变量，使用参数化方法描述植被分布，可以模拟生态系统光合作用、呼吸作用和土壤微生物分解过程，能计算土壤-植物-大气的养分循环以及温室气体交换通量。目前较为广泛使用的生物地球化学模型有 CENTURY、TEM、BIOME3、CEVSA、TRIFFID 等。近年来，基于植物生理生态机理的陆地生态系统碳氮水循环过程的模拟模型也有所发展，其中最具代表性的模型是 CEVSA(carbon exchange between vegetation，soil and atmosphere)(李克让等，2009)。④生物地理模型，模拟陆地生态系统不同植被类型分布对气候的响应及对资源的竞争，可获得植被的分布及其演替过程。代表性模型有 BIOME3，DOLY 和 MAPPS 模型等(Haxeltine et al.，1996)。

20 世纪 80 年代以来，分布式流域水文模型得以迅速发展，并成为现代水文模型的主流发展方向。从水文模型针对的主要对象划分，现阶段主要水文模型可以分为如下几类：①地表水模型，代表性的模型有 SWAT、DHSVM、IHDM、WMS；②地下水模型，代表性的模型有 MODFLOW、FEFLOW、GMS；③非饱和带水流模型，代表性的模型有 HYDRUS、VSF、UZF；④河道动力学模型，代表性的模型有 MIKE 11，DAFLOW、BRANCH；⑤水文地球化学模型，代表性的模型有 PHEEQC 等。基于物理机制的分布式流域水文模型将水循环各要素过程紧密联系起来进行系统化详细模拟。如蒸散发的计算通常采用空气动力学及能量平衡原理，多利用 PM 公式计算，并考虑土壤水热运移状况、植被冠层截留、叶孔水气扩散以及根系吸水过程等。现有的大多数分布式流域水文模型对陆面过程的结合较少，仅考虑空气动力学和能量平衡为基础的地表蒸散发控制方程，对于植被的水热循环作用缺乏客观和较为准确的描述与计算，成为流域水文模型实现精准模拟的最大障碍。将陆面过程模型与流域分布式水文模型有机结合，无疑将极大提高水文模拟的精度和有效性，是未来流域水文模型发展的主要方向。

寒区的专门生态模型少见，大部分是在上述生态模型基础上对土壤水热过程的改进而实现对多年冻土区植被动态的模拟，如基于 TEM 和 CLM 模型的冻融过程改进的应用等(Yi et al.，2009)。在寒区水文建模方面，自 20 世纪 90 年代后期以来，取得了较大进展，代表性的有基于模块化的寒区水文建模环境(CRHM)提供了一个面向目标和数据的模块化建模框架，可以成功地模拟中小尺度的寒区水文过程(Pomeroy et al.，2007)。CRHM 是一个建模平台，可依据各个子模块的设计原理和实际水文单元的时空分布特点，有针对性地构建侧重不同水文过程和不同模型结构的水文模型。Rigon 等(2006)提出适用于寒区的 GEOtop 模型，该模型最突出的特点是充分考虑了冻土作用与融雪作用，嵌套了融雪和冻融模块，并能精确地模拟包气带水分运移，也可用于描述分布式雪水当量和积雪表面温度。Liang 等(1994)提出的 VIC 模型也常被用来模拟冻土地区大尺度流域水文过程。上述这些模型发展在一定程度上为探索寒区水文过程的准确模拟起到重要推动作用，但不可否认的是对于生态因素的考虑十分简单，多数仅仅将植被因素通过参数化来解决，尚缺乏将寒区陆面过程模型的一些进展带入水文模型中来。以冰川、积雪和冻土水文过程为主体的寒区水文模拟模型的发展存在较大的差异性，积雪在目前的水文学研究上有较好的研究基础，相对有比较成熟的融雪径流模型(如 SRM 等)。但是冻土这一冰冻圈最具广泛影响的因素，其水文过程或者说冻土水文学研究相比较为薄弱，特别是冻土退化的水文效应与量化方法还少有研究（Woo et al.，2012）。冻土水文过程的复杂性还在于冻土退化引起的生态系统和地面水热过程的改变，也将直接影响到流域径流过程。同时，积雪-冻土-植被的互馈作用对水循环和水文过程的协同影响，更是国际水文学领域上尚未有显著进展的领域。这些不足成为寒区水文学领域最具挑战性的瓶颈所在，也极大限制了流域水文模型对于寒区的代表性，是现代自然地理学和水文学亟待发展的前沿领域。

1.4.6　寒区水资源管理决策中的生态水文学

在全球范围内，平衡人类和生态环境对水资源的需求之间的矛盾是一个非常紧迫的任务，伴随人类社会对淡水资源开发利用而产生的日趋加剧的环境和生态恶化压力，催生了一个重要的人类社会发展面临的问题——如何科学管理淡水资源并维持流域的可持续健康和水资源与水环境安全。流域内水文过程控制着流域水文动态、水力情势、生物地球化学循环、沉积物和营养物质的传输与迁移转化等过程，不仅决定了流域河流系统水生生态系统的结构与格局，而且主导河口与洪泛区生态系统的演化过程。Vannote（1980）就曾提出河流连续体的概念，认为自然河流系统中，生物群落随水流自源头到河口构成了同期物种替代的时间连续性。尽管实际河流连续体几乎不存在，但河流廊道内一切生物与非生物过程的紧密联系形成一个相互关联的整体是客观事实。在经过人类活动的扰动，如修建水库、防洪堤和引水等，河流水文、水力、水沙等要素的情势发生剧烈变化，从而改变了生物地球化学循环过程、沉积物和营养物传输与迁移转化过程，导致水库以下河流至河口廊道内的生态系统结构与功能发生演化，这种变化不仅对河流廊道内生态系统安全造成极大威胁，河流污染物自净能力下降，水环境恶化，而且反过来对区域人类社会环境安全和水资源安全产生影响。正因如此，流域水资源管理决策日益关注生态水文耦合关系及其影响（Harper et al.，2008；Wood et al.，2007）。定量确定流域或区域尺度，或流域某一河段范围内生态系统维持其基本健康和安全的水资源最低需求量与适宜水资源配置，以便于推进流域水资源在生态、社会和经济等需求间的平衡与可持续管理。近年来，世界上许多地方由于河流生态急剧恶化而开展了河流修复，一种人为的河流生态系统生态恢复工程，取得了一些很好的生态与环境效果（Harper et al.，2008；Wood et al.，2007）。

河流系统的生态维护与水资源合理利用协调与可持续管理是一个复杂的系统工程，如何科学决策显然需要强有力的生态水文学理论和模型的支持，于是发展起来了针对河道生态系统和环境管理的河道内流量模型，用于定量评估河道蓄水、输水、取水等流量调控措施对特定河段生态系统和水环境产生的影响，表1.1简单列出了河道内流量模型的一般情况（Stalnaker et al.，1995）。在传统单一或少数关键物种为河流生态管理目标的基础上，现阶段人们更加关注以地域特异性为基础的生物群落的高度多样性，并尝试建立多种有价值的河流生境适宜性变化曲线，为流域科学管理提供决策依据（Harper et al.，2008）。伴随人类活动对河流系统改造强度的持续增强，流域的科学管理已不再仅仅局限于河道内或河流廊道范围，自源头到河口的流域河道内与河道外一定水力联系和影响范围内的陆生与水生生态系统间存在复杂的物质、能量交换关系，而流域水资源开发利用又涉及影响区的经济社会发展，这就需要更加复杂和全面的流域生态响应模型，并将水文变化响应与河流水力变化响应相结合，将自然因素变化的影响和人类社会经济施加的作用相结合，以实现对流域人类水资源需求保障与生态环境安全维持间的有效平衡。河流水系服务功能的实现，取决于生态系统的水文效应或者是生态系统的水功能是否得以体现；而流域淡水资源的形成与可持续利用也取决于流域内生态系统的健康和稳定。因此，将河道流量模型扩展到整个流域系统，发展流域尺度的可覆盖大部分生态系统的复杂生态响应模型和更加完整的流域水文模型，并将三者有机结合起来。同时，考虑经济社会发展与流域水文生态系统的相互关系，建立水文-生态-经济耦合的流域生态水文响应决策支持系统，是未来流域水资源管理决策领域重要的发展方向（Harper et al.，2008；Wood et al.，2007）。

表 1.1　用于河流或集水区生境时空分析的河道流量模型（改编自 Stalnaker 等，1995）

评价目标	模型类型与参数系统	模型输出参数（决策量）
纵向演替评估	一维大型生境模型，包括水温、溶解氧、营养物质以及其他可溶性化学物质。评价：日累积气温、耐受阈值、可接受温度或化学物质浓度范围等	蒸散发水量、洪泛区生境维系月均水量、最大泥沙输移需求、维系河道内生境最大月需求、保障水质最大月需求、保障水生生物产卵最大月需求、保障生境的最大流速需求、不结冰最大月需求、河流底质厚度需求等
生境分离或斑块化	二维小型生境模型，包括水深、流速、其他水动力条件（如生境切应力）、河流底质、覆被条件等	
多变的气候变化过程	时间序列分析：包括河网内可利用生境数目等。评价：洪水、干旱或人类水资源利用等产生的生态影响（生态胁迫）及其季节动态和持续时间	

寒区流域水资源管理对于生态水文学理论的需求，除了以上阐述的内容以外，需要更多关注冰冻圈要素（冰川、冻土和积雪）响应气候变化所产生的河流径流过程、季节动态以及形成来源与组分等方面的变化，特别是丰枯水流峰值、河流水力与泥沙输移情势等的变化，对流域水生生态、洪泛区与河口区生态系统的影响。北极地区的河流有机碳和氮浓度与输移通量的研究表明，由于气候变暖驱动冻土融化使得地下水补给增大，导致流域营养物质输移通量显著增加且营养物的组分性质发生变化（Amon et al.，2012），同时，由于流域植物生产力不断增加，凋落物和植物直接输送到河流的有机质成分增大。1.2 节中阐述了冰川、积雪和冻土变化对流域径流过程的可能影响，其中最为重要的是径流的季节分配格局、洪峰和枯水流量与发生时间等方面的显著变化对流域生态系统、经济社会发展等产生较大影响（Milner et al.，2009；Anisimov et al.，2007）。这些问题均促使寒区流域的水文过程与生态过程具有更加紧密的互馈作用，对气候和生态系统变化更加敏感。更为重要的是，寒区是个巨大的陆地生态系统碳库，其主要体现在其巨大的土壤碳库方面，生态水文过程的主要控制性因素是大气-植被-积雪-冻土间的水热耦合传输与转化过程，因而，寒区的生态水文过程决定了区域陆地生态系统碳循环进程与变化趋势（Wookey et al.，2009）。完善的生态水文学理论是实现寒区流域水资源科学利用和管理的基础，如何将生态水文学创新理论与技术进展应用到流域管理决策中，是寒区生态水文学发展面临的核心问题之一。

参 考 文 献

陈仁生，康尔泗，吴立宗，等. 2005. 中国寒区分布探讨. 冰川冻土，27(4)：469-476.

陈新芳，居为民，陈镜明，等. 2009. 陆地生态系统碳水循环的相互作用及其模拟. 生态学杂志，28（8）：1630-1639.

陈亚宁，李卫红，徐海量，等. 2003. 塔里木河下游地下水位对植被的影响. 地理学报，58(4)：542-549.

程根伟，余新晓，赵玉涛. 2004. 山地森林生态系统水文循环与数值模拟. 北京：科学出版社.

李克让，黄玫，陶波. 2009. 中国陆地生态系统过程及对全球变化响应与适应的模拟研究. 北京：气象出版社.

李弘毅，王建，郝晓华. 2012. 祁连山区风吹雪对积雪质能过程的影响. 冰川冻土，34(5)：1084-1090.

李培基. 1999. 1951-1957 年中国西北地区积雪水资源的变化. 中国科学，29(增刊)：63-69.

李文华，周兴民. 1998. 青藏高原生态系统及优化利用模式. 广州：广东科技出版社.

刘巧，刘时银. 2012. 冰川冰内及冰下水系研究综述. 地球科学进展，27(6)：660-669.

刘宪锋，任志远，林志慧，等. 2013. 2000—2011 年三江源区植被覆盖时空变化特征. 地理学报，68(7)：897-908.

秦大河，姚檀栋，丁永建，等. 2014. 冰冻圈科学辞典. 北京：气象出版社.

卿文武，陈仁升，刘时银. 2008. 冰川水文模型研究进展. 水科学进展，19(6)：893-902.

芮孝芳. 2004. 水文学原理. 北京：中国水利水电出版社.

尚玉昌. 2006. 普通生态学. 北京：北京大学出版社.

沈永平，苏宏超，王国亚，等. 2013. 新疆冰川、积雪对气候变化的响应（Ⅱ）：灾害效应. 冰川冻土，35(6)：1355-1370.

王根绪，刘桂民，常娟. 2005. 流域尺度生态水文研究的若干问题评述. 生态学，25(4)：892-903.

杨针娘. 1981. 我国西北山区河流类型. 冰川冻土，3(2)：24-31.

杨针娘，刘新仁，曾群柱，等. 2000. 中国寒区水文. 北京：科学出版社.

赵风华，于贵瑞. 2008. 陆地生态系统碳—水耦合机制初探. 地理科学，27(1)：32-38.

周幼吾，郭东信，邱国庆，2000. 中国冻土. 北京：科学出版社.

周梅. 2003. 大兴安岭落叶松林生态系统水文过程与规律研究. 北京：北京林业大学博士毕业论文.

Amon R M W, Rinehart A J, Duan S, et al. 2012. Dissolved organic matter sources in large Arctic rivers. Geochimica et Coemochimica Acta, 94：217-237.

Anderson D M, Tice A R. 1972. Predicting unfrozen water contents in frozen soils from surface area measurements. Highway Res Rec, 393：12-18.

Anisimov O A, Vaughan D G, Callaghan T V, et al. 2007. Polar regions. Climate Change 2007：Impacts, Adaptation and Vulnerability. IPCC：653-685.

Bates R E, Bilello M A. 1966. Defining the cold regions of the Northern Hemisphere. US Army CRREL Technical Report：178.

Brenner A J, Incoll L D. 1997. The effect of clumping and stomatal response on evaporation from sparsely vegetated shrub lands. Agric. For. Meteorol. , 84：187-205.

Brown L, Hannah D M, Milner A M. 2007. Vulnerability of alpine stream biodiversity to shrinking glacier and snowpacks. Global Change Biology，13：958-966.

Chisholm R A. 2010. Trade-offs between ecosystem services：Water and carbon in a biodiversity hotspot, Ecol. Econ. , doi：10.1016/j. ecolecon. 2010.05.013.

Coenders-Gerrits A M, van derEnt R J, Bogaard T A, et al. 2014. Savenije, Uncertainties in transpiration estimates, Nature，506(7487).

Dai Y J, Zeng X B, Dickinson R E, et al. 2003. The Common Land Model. Bulletin of the American Meteorological Society，84(8)：1013-1023.

DeWalle D R, Albert R. 2008. Principles of Snow Hydrology. Cambridge：Cambridge University Press.

Dickinson R E , Sellers H A , kennedy P J. 1993 . Biosphere—atmosphere transfer scheme (BATS) version as coupled to the NCAR community climate model. NACR Technical Note , NCAR TN-387 + STR , 72.

Eagleson P S. 2002. Ecohydrology: darwinian expression of Vegetation Form and Function. Cambridge University Press, Cambridge, United Kingdom.

Epstein H, Myers-Smith I, Walker D A. 2013. Recent dynamics of arctic and sub-arctic vegetation. Environ. Res. Lett. 8 015040

Gray D M, Prowse T D. 1993. Snow and floating Ice. In: Maidment, D. R., ed. Handbook of hydrology. New York: McGraw-Hill.

Harper D M, Zalewski M, Pacini N. 2008. Ecohydrology: Processes, Models and Case studies. CBA International Press.

Hatton T J, Salvucci G D, Wu H I. 1997. Eagleson's optimality theory of ecohydrology equilibrium: quo vides? Function Ecology, 11: 665-674.

Haxeltine A, Prentice I C. 1996. BIOME3: An equilibrium terrestrial biosphere model based on ecophysiological contraints, resource availability and competition among plant functional types. Global Biogeochemical Cycles, 1996, 10: 693-709.

Hornbeck J W, Adams M B, Corbett E S, et al. 1993. Long-term impacts of forest treatments on water yield: a summary for northeastern United States. J. Hydrology, 150: 323-344.

Hunsaker C T, Whitaker T W, Bales R C. 2012. Snowmelt runoff and water yield along elevation and temperature gradients in California's southern Sierra Nevada, J. Am. Water Resour. Assoc., 2012, 48, 667-678, doi: 10.1111/j. 1752-1688. 2012. 00641. x.

Ims R A, Ehrich D. 2012. Arctic biodiversity assessment, terrestrial ecosystems. CAFF.

Ivanov V Y, Bras R L, Vivoni E R. 2008. Vegetation-hydrology dynamics in complex terrain of semiarid areas: 1. A mechanistic approach to modeling dynamic feedbacks. Water Resources Research, 44: 3429.

Jackson R B, Jobbagy E G, Avissar R, et al. 2005. Trading water for carbon with biological sequestration. Science, 310(5756): 1944-1947.

Jasechko S, Sharp Z D, Gibson J J, et al. 2013. Terrestrial water fluxes dominated by transpiration. Nature, 496: 347-350.

Jasmine E S, Kevin C R, David W C, et al. 2010. Melting alpine glaciers enrich high-elevation lakes with reactive nitrogen. Environ. Sci. Technol., 44(13): 4891-4896.

Jones H G, Powmeroy J W, Walker D A, et al. 2001. Snow Ecology: an Interdisciplinary Examination of Snow Covered Ecosystems. Cambridge: Cambridge University Press.

Kool D, Agam N, Lazarovitch N, et al. 2014. A review of approaches for evapotranspiration partitioning. Agricultural and Forest Meteorology, 184: 56-70.

Koppen W. 1936. Das geographische system der klimate. Handbuch der Klimatologie, Vol. I, Part C. Berlin: Borntrager.

Liang X, Lettenmaier D P, Wood E F, et al. 1994. A simple hydrologically based model of land surface water and energy fluxes for general circulation models. J Geophys Res, 99(7): 14415-14428.

Maybeck M. 1998. Surface water quality: global assessment and perspectives. H. Zebidi (Ed.) UNESCO IHP-V Technical Documents in Hydrology, 18: 173-186.

Meisel J E, Turner M G. 1998. Scale detection in real and artificial landscapes using semi-variance analysis. Landscape Ecology, 13: 347-362.

Milner A M, Brown E, Hannah D M. 2009. Hydroecological response of river systems to shrinking glaciers. Hydrol. Process, 23, 62-77.

Nanson G C, Knighton A D. 1996. Anabranching rivers: their cause, character and classification. Earth Surface Processes and Landforms, 21: 217-239.

Newman B D, Wilcox B P, Archer A R, et al. 2006. Ecohydrology of water-limited environments: scientific vision. Water Resources Research, 42: 6302.

Petts G E, Amoros C. 1996. The fluvial hydrosystem. G. E. Petts, C. Amoros. Fluvial Hydrosystem: 1-12.

Pomeroy J W, Gray D M, et al. 2007. The cold regions hydrological model: a platform for basing process representation and model structure on physical evidence. Hydrological Processes, 21: 2650-2667.

Rigon R, Bertoldi G, Over T M. 2006. GEOtop: a distributed hydrological model with coupled water and energy budgets. Journal of Hydrometeorology, 7(3): 371-388.

Rosgen D L. 1976. A stream classification system. Proceedings of Riparian ecosystems and their management symposium, 4: 16-18.

Ryszkowski L, Bartoszewicz A, Kedziora A. 1997. The potential role of mid-field forest as buffer zones. Quest Environmental, Harpenden, UK.

Sellers P J, Randall D A, Collatz G J, et al. 1996. A revised land surface parameterization (SiB2) for atmospheric GCMs, Part I: model formulation. Journal of Climate 9: 676-705.

Shur Y L, Jorgenson M T. 2007. Patterns of permafrost formation and degradation in relation to climate and ecosystems. Permafrost Periglac. Process, 18(1): 7-19.

Stalnaker C B, Lamb B L, Henriksen J, et al. 1995. The instream flow incremental methodology: A primer for IFIM. Washington, D. C: U. S. Geological Survey.

Sturm M, Mcfadden J P, Liston G E, et al. 2000. Snow-shrub interactions in arctic tundra: a hypothesis with climatic implications. Journal of Climate, 14: 336-344.

Swanson R H. 1998. Forest hydrology issue for the 21st Century: a consultant's viewpoint. Journal of American Water Resources Association, 34(4): 755-763.

Saros J E, Clow D W, Blett T, Wolfe A P. 2010. Critical nitrogen deposition loads in high−elevation lakes of the western US inferred from paleolimnological records. Water, Air, and Soil Pollution, 216, 1-4: 193-202.

UNEP-IETC. 2003. Guidelines for the Integrated Management of the Watershed-Phytotechnology and Ecohydrology, Newsletter and Technical Publications, Freshwater Management Series No. 5.

Vajda A, Venäläinen A, Hänninen P, et al. 2006. Effect of vegetation on snow cover at the northern timberline: a case study in Finnish Lapland. Silva Fennica, 40(2): 195-207.

Walker D A, Halfpenny J C, Walker M D, et al. 1993. Long-term studies of snow-vegetation interactions. Biology Science, 43: 287-301.

Wang Genxu, Liu Guangsheng, Li Chunjie. 2012. Effects of changes in alpine grassland vegetation cover on hillslope hydrological processes in a permafrost watershed. Journal of Hydrology 444-445: 22-33.

Wang G X, Hu H C, Li T B. 2009. The influence of freeze-thaw cycles of active soil layer on surface runoff in a permafrost watershed. Journal of Hydrology, 375: 438-449.

Wood P J, Hannah D M, Sadler J P. 2007. Hydroecology and ecohydrology: past, present and future. John Wiley & Sons Ltd.

Wookey P A, Aerts R, Bardgettz R D, et al. 2009. Ecosystem feedbacks and cascade processes: understanding their role in the responses of Arctic and alpine ecosystems to environmental change. Global Change Biology, 15, 1153-1172.

Woo M-K. 2012. Permafrost Hydrology. Springer-Verlag Berlin Heidelberg.

Yang Y, Endreny T A, Nowak D J. 2011a. iTree-Hydro: snow hydrology update for the urban forest hydrology model. Journal of American Water Resources Association, 47(6): 1211-1218.

Yang Y, Wang G X, Klanderud K, et al. 2011b. Responses in leaf functional traits and resource allocation of a dominant alpine sedge(Kobresia pygmaea)to climate warming in the Qinghai-Tibetan Plateau permafrost region. Plant and Soil.

Yi S H, Manies K, Harden J, et al. 2009. Characteristics of organic soil in black spruce forests: Implications for the application of land surface and ecosystem models in cold regions. Geophysical Research Letters, 36.

Zalewski M, Wagner I. 2006. Ecohydrology-the use of water and ecosystem processes for healthy urban environments. Ecohydrology & Hydrobiology, 5(4): 263-268.

第2章 冻土生态系统水热耦合传输过程

2.1 理论基础与研究进展

2.1.1 土壤-植被-大气系统

1966 年，Phillip 完整地提出土壤-植物-大气连续体（SPAC 系统）概念，认为尽管介质不同、界面不一，但在物理上都是一个统一的连续体，水在该系统中的流动过程就像链环一样，互相衔接，而且完全可以应用统一的能量指标"水势"来定量研究整个系统中各个环节能量水平的变化，并计算出水分通量。这在土壤-植物-大气水分关系研究方面是一次重要突破。此后，SPAC 系统理论不断发展和完善。SPAC 系统中的水循环过程包括三个方面。

（1）水分以液态或固态的形式从大气降水开始，通过冠层的分配和植被调节到达地表，形成地表径流或入渗到土壤中，储存在土壤中或以地下径流形式排出系统，这一过程基本上是在重力作用下发生的。

（2）水分通过土壤-植被-大气连续体，从土壤进入植物根系中，通过植物茎到达叶片，这一过程中，水的形态发生了改变，最后以气态形式散发到大气中，这个被称为 SPAC 系统过程的水分运动的驱动力是由植物生理作用而产生的水势梯度引起的。

（3）生态系统内各个作用面上的液态水直接蒸发成气态散发到大气中，这个过程是一个纯物理过程，这三个方面共存于一个系统中，既相对独立，又相互影响，互为条件（徐学祖，2001）。在研究中，通常将这三方面的水流运动统一归为土壤-植被-大气系统的水分运转，其中水热传输过程、根系吸水、植物蒸腾和地表蒸发是研究的重点。

土壤-根系子系统是 SPAC 系统中水分传输和能量转化研究的重要内容。水分吸收都是沿着土壤至根系这一途径中水势梯度减小的方向进行的。但植株的蒸腾强弱不同，因而所产生的水势梯度也有差异。这就导致了两种吸水机制：一种是主动吸收或称渗透吸收，主要发生在蒸腾弱的情况下，根系起着渗透计的作用；另一种是被动吸收，主要发生在蒸腾强的情况下，是由于蒸腾产生的拉力使根系吸水，根只起被动吸收表面的作用。通常，人们所分析的 SPAC 系统中的水流主要是蒸腾作用的被动吸水。影响根系吸收水分的因素包括植物、土壤和气象三个方面。其中，植物因素为内部因素，主要是植物自身的性质，如根系的发达程度和延伸能力、根部溶液的渗透势、根系对水分的阻力和根系的呼吸速率以及与吸水有关的根系解剖学特征等。根系密度越大，其占的土壤体积越大，可利用的水分就越多。植物将其生产力的绝大部分投入根系的建设，主要是为了确保必要的水分供应(Lange et al.，1976)。另外，影响植物蒸腾的植物叶面积和叶面积指数对植物根系吸水亦有较大影响，在土壤含水量高时，根系吸水速率与叶面积成正比，在土壤含水量较低时，根系吸水速率与叶面积两者之间的相关性甚微，叶面积指数的减小会导致植物对水分状况的敏感性下降。

2.1.2 冻土生态系统水热耦合传输过程

土壤圈与大气圈在近地表层进行着频繁的水分、热量、气态物质的迁移转化。例如，土壤湿度作为陆面过程研究中的重要参量，对气候变化起着非常重要的作用，它通过改变地表向大气输送的感热、潜热和长波辐射通量而影响气候变化。土壤湿度的变化同样会影响土壤本身的热力性质和水文过程，使地表的各种参数发生变化，从而进一步影响气候变化。反之，气候变化也能够引起土壤含水量的变化。又如，在土壤中，土壤的冻融状态是陆面过程中的重要参量。冻土是气候变化的产物。它不但通过改变地表与大气间的感热、潜热、动量交换和长波辐射对区域气候产生显著影响，而且通过导水系数和土壤水容量的变化改变地表径流和土壤渗透，直接影响其自身的水文过程，使得地表参数发生改变，从而进一步影响气候。反过来，气候变化也能引起土壤冻融过程的改变。

气候变化影响了 SPAC 系统的水热循环过程，局地的水热因素与其他下垫面环境因素一起控制了局地尺度区域内植物参与的物理、化学、生物过程。对应于局地尺度水热条件的差异，生态系统的结构和组成，生产力差异也表现出来。这些差异放到较大的尺度上，则形成不同特色的景观格局(Ward et al.，2002)。研究典型生态系统水热过程，以及这些过程在干扰情境下的变化，是近几十年来生态水文过程、生物球化学过程研究的核心(Agren et al.，1991；Running et al.，1993)，一直是世界各国专家学者们研究的热点。SPAC 系统中水分传输和能量交换的研究是国际水文计划(IHP)、国际地圈-生物圈计划(IGBP)、世界气候研究计划(WCRP)、联合国环境计划(UNEP)、全球水量平衡与能量平衡计划(GEWEX)以及 2003 年提出的地球系统科学计划(ESSP)中的全球水系统计划(GWSP)等国际研究计划中的重要研究内容。

20 世纪 60 年代引入土水势理论后，冻土研究开始较为严格意义上的定量化研究(郑秀清等，1998)。1966 年，Hoekstra 在室内进行了简单的试验以了解土壤冻融过程中水分的基本运动规律。Fukuda 等(1980)通过试验研究表明：在土壤的冻结过程中，水分向冻结锋面的迁移量与冻结速率有很大关系，土壤冻结得越慢，冻结锋面处水分的增加量就越多。Perfect 等(1980)通过试验证明：即便是在已经完全冻结的土壤中，只要存在温度梯度，就有水分迁移，水分由温度高的一端向温度低的一端迁移，温度梯度是冻土中水分迁移的驱动力；同时也指出，水分的迁移量与温度梯度和温度有关，温度梯度越大，温度越高，水分迁移量就越大；反之，迁移量就小。冻土的独特水热特性使其与未冻结地区同类土壤差别极大(Quinton et al.，2005)。冻融过程极大地影响地表能量平衡和水文过程(Williams et al.，1991)。冻土的冻结、融化以及过渡期间，土壤热特性变化的同时，潜热的释放和吸收强烈地改变了地表和表层土壤的能量分配(Gu et al.，2005；Quinton et al.，2005)。活动层的冻融过程中，土壤的水力传导系数变化剧烈地影响水分的渗透和存储过程。

国内有关科研工作者在冻土过程方面做了大量的工作,李述训和程国栋(1996)对冻融土壤中的水、热输送问题及冻土性质进行了相关的研究;徐学祖(2001)、周幼吾等(2000)较为系统地研究及总结国内冻土基本物理性质和水力特征。冻融过程中,土壤水分迁移规律是反映冻结和融解物理机制的重要因素。在冻土的季节性冻结-消融的变化过程中,由于迁移的结果,水分将在土壤中进行空间上的重新分布,主要表现在土层含水量空间位置的改变及其水量上的变化。徐学祖等(1991)发现在冻结过程中,发生了水分从未冻段到冻结段的运移,水分迁移通量与温度梯度成正比,而与实验持续时间的平方根成反比,且随着温度降低呈指数规律减小。冻结期间,由于冻结锋面处基质势降低,基质势梯度增大,使向着冻结锋面的水分运动加剧。地表及其附近受蒸发作用影响,5~10cm土层含水量比冻前小,冻层之下非冻层的含水量减小,中间冻层含水量增大。杨梅学等(2002)根据 GAME-Tibet 观测项目指出,藏北高原 4cm 深处土壤在 10 月份开始冻结,次年 4~5 月份开始消融,冻结持续时间长达 5~7 个月;冻结过程有利于土壤维持其水分。冻土的消融对表层土壤水分含量及其动态变化有重要影响,而且,青藏高原冻土的季节性消融始于 3~4 月份,在 8~9 月份结束,这段时间正是植物的生长季节。因此,冻土的季节性消融产生的水分对植被的生长具有重要的意义。冻土的变化还可以引起其表层土壤性质的变化,从而最终引起植被的生长变化。在高寒环境下,土的冻结和融化作用所塑造出的寒冻土壤、冷生植被群落以及与冻土有关的水热变化过程等及其在该环境下形成的协同发展着的生态系统,被称为高寒生态系统或冻土生态系统(吴青柏等,2003;Walker et al.,2003)。吴青柏等(2003)的研究表明,冻土及水热过程与寒区生态环境有着密切的关系,冻土活动层作为寒区生态系统的下界面,是最活跃的主导影响因子,尤其是活动层的水热环境,活动层的变化会导致土壤持水性改变,直接影响植被的生存环境。李述训等(2002)指出,在干旱地区,冻土作为不透水体使土壤水分和营养物质得以保持,为地面植被的生长发育创造了良好条件;而在降雨较多的地区,冻土的不透水性则容易形成沼泽,土壤水分主要聚集于活动层和温度接近于 0℃ 的冻土层上的融区中,这使通气条件大大恶化,加之土壤内营养物质缺乏,削弱了植物地上根系组织的发育,植物长期处于受抑制状态;同时,低温条件下植物吸收和利用营养元素可能有困难,以及生物化学反应速度缓慢导致植物生长发育不良。

水文过程控制着许多生态过程,影响着生态格局,生态过程和水文过程处于一个相互作用和反馈的系统中,必须把二者耦合研究(王根绪等,2001)。生态水文界面耦合研究涉及许多物理、化学和生物过程,多年冻土区是陆地生态系统重要的组成部分,它的变化会引起区域陆地-大气循环系统中的水循环以及热量平衡的改变,进而影响整个生态系统格局(Camill,1999)。不仅如此,寒区生态系统也会对全球气候变化产生重要的反作用(Zhang et al.,2003)。冻土活动层水热过程和植被的关系是研究气候变化的显著指标,冻土及水热过程的变化,影响着植被的发育程度;植被覆被状况也会对冻土水热过程产生影响(Guglielmin et al.,2008)。两者存在着强烈的相互作用的关系,一旦地表条件被破坏,两者平衡关系被打破,将引起生态环境问题。杨梅学等(2002)利用 GAME-Tibet 期间所取得的高分辨率土壤温度和含水量资料,对青藏高原(主要是藏北高原)土壤水热分布特征及冻融过程在季节转换中的作用进行了分析。冻结过程有利于土壤维持其水分，因此在刚刚开始消融时，土壤含水量仍然很高。从而为夏季风爆发前土壤通过蒸发向大气提供水分打下了基础。Parlange 和 Cahill(1998)采用土壤温度与湿度测量值，比较通过能量方程与质量守恒方程剩余项计算的水蒸气通量。水蒸气传输的水量和能量在质量与能量平衡中占很重要的一部分，这是由于白天土壤温度波动很大以及土壤缺乏植被覆盖所导致的。Parlange 等(1998)认为，水蒸气传输主要是通过气温变化，导致土壤空气水蒸气压增大或缩小而引起的对流传输的结果。

在冻土介质中水分运动的定量研究方面，许多国家和科研人员都给予了重视，已经召开的多届国际冻土会议都涉及水分的运动问题。水分在冻土中运动的研究近年来无论在实验方面，还是在理论分析、数值模拟方面都取得了较大进展。大量实验证明，土水势梯度是冻土介质中水分运动的驱动力，未冻水的运动是水分运动的主要方式，温度是导致土壤中水分相变、制约未冻水含量及相应制约土水势的一个重要因素。徐学祖等(1991)系统地完成了不同土质在不同条件下的未冻水含量和冻土的热特性参数的测定工作，并分别进行了封闭系统正冻土、已冻土中水分运移的室内土柱试验和开放系统非饱和正冻土中水分运动的现场测试工作。在封闭系统已冻土中，水分迁移通量与温度梯度成正比，而与试验持续时间的平方根成反比，且随着温度降低呈指数规律减小。开放试验结果表明冻结期间，由于冻结锋面处基质势降低，势梯度增大，使向着冻结锋面的水分运动加剧，冻层之下非冻层的含水量减小，中间冻层含水量增大，表明冻土中的水分运动是一个非稳定过程，水分通量与总土水势梯度成正比，进一步证明了广义的达西定律在冻土介质中的适用性。冻结期间，由于冻土中土壤水分从下向上运移后多聚集于近地层 10～40cm 的土层，使垂线土壤含水量成为弧线形逆分配，即土壤含水量分布特点是上层大于下层。土壤含水量增加原因除与降雨融雪的入渗补给有关外，主要与冻结起始土壤含水量、潜水埋深有关。土壤的其他理化性质相同条件下，冻结前的起始土壤含水量越小，冻融后的含水量增值越大；潜水位埋深越浅，冻融后的含水量增值越大。融化期土壤水分消退缓慢，融雪和降雨入渗受冻土不透水层的阻隔聚集于融冻锋面以上，形成冻层以上的自由水面，当遇到较大降雨入渗后，水位上涨接近地表，致使土壤达到饱和或过饱和状态。

青藏高原多年冻土是随着自然气候的波动，在高原植被、雪盖、地表水、地下水和地质构造及地貌的形成演化等地理、地质因素共同作用下的结果(周幼吾等，2000)，是通过活动层、植被和雪盖与大气相互作用而形成和发展的。活动层作为高寒生态系统的下界面，是大气与多年冻土的能量交换带，多年冻土与大气之间的相互作用主要通过活动层中的水热动态变化过程而实现(赵林等，2000；吴青柏等，2003)，活动层变化不但会导致土壤持水性变化，而且改变植被的生存环境。由于植被状况是地表特征的重要主要组成部分，就必须明确地表植被对多年冻土活动层土壤水热动态变化过程的影响。寒区生态系统因多年冻土的存在，对气候变化的响应变得尤为敏感，多年冻土退化改变了土壤的水热环境，显著影响了高寒草地生态系统的物种组成、多样性和演替动态(Jorgenson et al.，2001)。

冻融过程是冻土环境过程的主要组成部分，控制着冻土年平均地温及水分的变化，地下冰的形成以及活动层厚度的变化，是地气热交换的主要过程，也是影响寒区生态环境最活跃的因素，主要与气温、地表温度、土质、植被及积雪等因素有关(李述训等，

2002；Zhao et al.，2000）。而土壤温度和水分又控制着生态系统的许多过程，并且在寒冷地区，土壤水热动态变化与生态系统之间通过多年冻土相互作用十分强烈（Hinzman et al.，2005；Yi et al.，2009）。Shur 和 Jorgenson（2007）发现，植被覆盖通过水热耦合循环作用对保护多年冻土及影响冻土变化起着非常重要的作用。植被覆盖与多年冻土间存在着复杂的相互作用，例如植被类型及覆盖形式的不同将导致地表水热传输的不同效率。因此，土壤活动层植被覆盖不同会导致冻融循环及多年冻土水热状况的不同（Hinzman et al.，2005；Zhang et al.，2005）。

高寒冻土生态系统中土壤水分和温度变化规律对于研究由于全球气候变化所引起的区域水循环变化将起到积极作用。近几十年来，青藏高原开展了大量水热过程的监测（杨梅学等，2002；赵林等，2000；Wu et al.，2004），研究表明，冻土活动层水热状况对地表特征（高荣等，2003；Ling et al.，2003）特别是植被状况（周幼吾等，2000；Gu et al.，2005；吴青柏等，2003；陆子建等，2006）响应明显，冻土活动层水热过程和植被的关系特别是不同植被盖度对水热过程的影响成为气候变化的显著指标（Guglielmin et al.，2008）。对于青藏高原不同植被退化程度下多年冻土活动层的水热过程研究有利于为高寒冻土地区冻土和生态环境的保护及合理利用提供科学依据。因此，本书在长江源区风火山流域高寒草甸和沼泽草甸区，通过观测多年冻土活动层中的地温和水分状况，研究青藏高原多年冻土区植被盖度变化对活动层水热过程的影响。利用土壤水热耦合作用原理，研究不同生态系统冻土-植被水热耦合作用的耦合过程与物理机制，建立不同生态系统活动层土壤与高寒草地植被间的水热耦合模型。

2.1.3　冻土-植被-大气耦合模型

由于生态系统中每一方面的水分传输都是一个复杂的过程，都包含着不同的机理，只有对系统内各个交界面的水汽和热量交换过程进行细致的研究分析，了解其本质特征，才能对整个系统的水热平衡规律有清楚的认识。同时，冻土-植被-大气系统中水分运动问题本身的复杂性和影响因素的多变性，采用单一实验方法解决复杂的实际问题有时是非常困难的。所以，随着计算机技术的发展，实验研究和数值模拟相结合的方法受到人们的普遍重视，并被视为定量研究冻土介质中水分运动的重要手段。土壤-植被-大气水分传输（SVAT）模型的建立和发展为研究不同生态系统的水分过程及其与环境因子之间的作用提供了强有力的工具，使在较长时间尺度上开展水分过程的研究成为可能。Harlan 于1973 年建立了第一个水热耦合运移模型，是基于多孔介质中液态水分的黏性流动、热平衡原理的机理模型，认为冻土中的未冻水的运移类似于非饱和土体的水分运移。20 世纪80 年代后期，随着土水势理论和非饱和土壤水运动基本方程的不断完善，参数测试水平的不断提高，冻土中水分运动的定量化研究得到进一步发展。此后，还有很多学者对Harlan 模型进行了理论分析或者基于其思想建立了各自的冻土水热耦合数值模型。比较简单的有 Benoit（Benoit et al.，1985）与 Gusev（1991）模型，较为复杂的有 SOIL 模型（Jansson，1991）、Zhao 和 Gray（1999）等模型对冻土中水分运动的模拟使用了计算量很大的迭代方法和分辨率较高的有限差分格式。

长期以来，分析土壤-植被-大气系统水循环过程中的生物和物理控制作用，建立各种时间和空间尺度的土壤-植被-大气系统的水分传输和能量交换模型一直是生态学、水文学等领域的研究重点。陆面过程中土壤-植被-大气的水热传输问题一直是不断升温的热点领域，SVAT 模型成为更佳理解和解决水热传输问题的工具和关注焦点。土壤-植被-大气水分传输（SVAT）模型的建立和发展为研究不同生态系统的水分过程及其与环境因子之间的作用提供了强有力的工具，使在较长时间尺度上开展水分过程的研究成为可能。

20 世纪 90 年代初，国际地圈生物圈计划（IGBP）核心项目——水文循环生物圈方面（BAHC）将一系列的统一描述土壤-植被-大气物质能量交换的模型统称为 SVAT（soil-vegetation-atmosphere transfer）模型。Zhao 等（1999）提出了考虑冻融效应的完整、复杂的土壤水热传输耦合模型。Zhang 等（2007）也对冻土中的冻融过程做了较为合理的模拟和简化，提出了一个新的包括明确土壤水分相变过程的方法研究土壤冻融过程和数值模拟。Douglas 等（2001，2003）对冻土中非线性热量传输方面进行了研究。这些工作都为目前已初步建立的冻土中水分和能量流动的理论做出了应有的贡献，为在陆面过程研究中建立冻土模式提供了基础。Sexton 等（1974）提出的 SPAC 模型，综合性较强，可计算根系吸水速率和蒸腾速率，也可模拟根系层中的土壤水分运动及水在植物组织中的运转过程。Horton（1989）对冠层覆盖情况下的水热耦合运移进行了动态模拟，主要侧重于土壤系统。Van de Griend 等（1989）对 SPAC 水热转换关系进行了研究，侧重于土壤表面之上的水热收支、传输和转换关系的模拟。国内学者也对土壤-植被-大气系统的水分运转研究做了很多工作。康绍忠等（1992）在对 SPAC 水分传输机理研究的基础上，提出了包括根区土壤水分动态模拟、作物根系吸水模拟和蒸发蒸腾模拟 3 个子系统的水分传输动态模拟模型。刘昌明（1997）、莫兴国（1998）、刘树华（2004）等也先后对 SPAC 中的水分传输过程进行了模拟研究。然而，由于水分在 SPAC 系统各个环节中的运动和变化的物理机制还有许多不清楚的地方，根据目前的研究进展，用数学模型描述 SPAC 系统中的水流运动过程，尚处在半经验半理论阶段。

然而，大量的研究表明，当前对于土壤冻结、融化过程的模拟不甚理想。多种土壤参数化的方法，如忽略水汽运动的等温土壤模式、0℃或稍宽温度范围发生冻融过程和相变的假设以及以含水量梯度描述水分运动的方案（孙淑芬，2005）在 SSiB 中假定冻融过程发生在 0℃时，土壤水分的迁移也随着地温 0℃的临界值而直接变化；BATS 模式中相对改进冻融过程的温度范围，修正了土壤热扩散率（Dickinson et al.，1986）等。因此，在冻土水热物理过程的研究方面提出了更加详尽的观测要求，进一步为相关模式提供不失真的描述冻融变化过程的实测数据。Flerchinger 和 Saxon（2000）开发的 SHAW（simultaneous heat and water）模型是一系列 SVAT 模型中的机理性模型之一，基于地表能量平衡原理，将土壤、植被、雪盖、凋落物各层之间水热传输的详细物理过程等集成在土壤-植被-大气系统中。GEOtop 模型最突出的特点是充分考虑了冻土作用与融雪作用，这为青藏高原高寒生态系统水分传输过程中涉及的冻融与雪融过程研究提供了恰当的工具。

数据匮乏、尺度、异质性、生物与物理参数问题一直是影响 SVAT 模型复杂程度与模拟精度的核心问题。众多 SVAT 模型复杂程度的不同通常体现在需要驱动模型的参数数量和经验程度上（McCabe et al.，2001）。随观测手段的改进和计算机处理数据能力的发展，SVAT 的参数化从集总形式的参数化向分层-分布式参数化方向进展。SVAT 考虑的过程也愈细致，包括大孔隙流、农田管理措施、农药污染、作物残茬、根系吸水、积雪与冻土、地上的碳、氮过程、地下的呼吸作用等。与水文模型一样，针对冠层尺度过程的 SVAT 模式，也存在集总式与分布式两种形式(Williams et al.，1996)。例如，早期的一些 SVAT 水热传输模式不考虑植被高度的变化，等于把冠层模式放在一个等温的下边界上，使得计算结果很差。采取何种形式，与研究系统的复杂程度和研究目的有关。

　　SVAT 模型跨越的尺度相当大(Anderson et al.，2003)，各种时间尺度、空间尺度内与植被相关的水热迁移研究可以归为两类。一是在天气过程的短时间序列内，把近地系统的水分、热量交换与植被生态系统响应联系起来，研究它们之间的相互作用，这可以归结于目前的土壤-植被-大气系统内，局地尺度生态系统内某一环节或全局的水热过程研究；二是把反映长期统计意义上的气候、水文过程和植被景观格局联系起来，揭示水文循环与生态系统之间的相互作用，这可以归为过程与格局之间的关系研究，例如大尺度的陆面过程研究，及变化情景条件下的分布式生态水文模拟研究。分布式生态水文模型主要用于不同流域尺度的水文模拟与预报，这类模型尺度较大，一般依据观测资料的限制和植被动态特性来决定地面植被水热过程的复杂程度，比较典型的是 MIKE SHE 模型、SWAT 模型、大尺度水文模型 VIC 和 DHVSM，这类模拟结果受控于许多因子，气候要素、土壤物理、植被属性数据、土壤水力参数的时空变化很大，如何分割流域水文响应单元及对应的参数分布是影响模拟结果的关键问题。

2.2　研　究　方　法

2.2.1　研究区概况

　　风火山实验区位于青藏高原长江源区多年冻土和高寒草甸比较典型的北麓河一级支流——左冒西孔曲小流域内，径流实验观测场建在敦宰加陇与左冒西孔曲汇流处的坡面上，位于 N 34°45.294′，E92°53.892′，海拔 4745m，处于 109 国道 3066～3067km 路标处(图 2.1)。该区属青藏高原干旱气候区，年平均气温－5.2℃，极端最高气温 23.2℃，极端最低气温－37.7℃，年平均降雨量 290.9mm，年平均蒸发量 1316.9mm，相对湿度平均为 57%。连续多年冻土区的平均地温－1.5～－4.0℃，天然冻土上限 0.8～2.5m，多年冻土厚度 50～120m，活动层厚度 0.8～2.5m。风火山及北麓河各支流流域的成土母质多为第四纪沉积物，及变质岩、中性侵入岩等岩石风化的坡、残积物，砂砾石、碎石土基亚黏土夹碎石(王根绪等，2006)；该区土壤发育很慢，处于原始的粗骨土形态，冻土和地下冰比较发育，河谷中存在着潜水，常形成冰锥、冻胀丘，斜坡地带常有冰锥、冰丘、冻融泥流及冻融滑塌发育；实验区内沉积地层主要为新近系湖相沉积及第四系全新统冲洪积层。

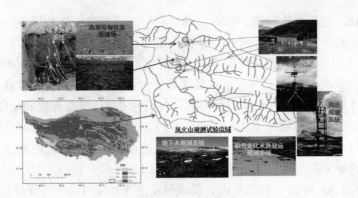

图 2.1　风火山试验区图

2.2.2　研究方法

2.2.2.1　研究样地布设

研究区段的自然生态系统主要有高寒草甸和高寒沼泽湿地两大类型,局部在一些河谷地带分布稀疏的水柏枝高寒灌丛,在高大山体上部分布垫状与稀疏流石坡植被(周兴民,2001;Wang et al.,2006)。高寒草甸主要分布于山地的阳坡、阴坡、圆顶山、滩地和河谷阶地,海拔约 4700m,其分布上限最高可达 5200m 左右。高寒草甸主要由耐寒的多年生中生植物组成,植物种类丰富,一般每平方米有植物 25~30 种,多者可达 40 种以上。组成草群的优势种主要有莎草科嵩草属的高山嵩草(*Kobresia pygmaea*)、矮嵩草(*K. humilis*)、线叶嵩草(*K. capillifolia*)、北方嵩草(*K. bellardii*)、禾叶嵩草(*K. graminifolia*)和苔草属的黑褐苔草(*Carexatrofusca*)、粗喙苔草(*Carex scabriostris*)。草群分化不明显,一般只有一层,高度在 30cm 以下;在以垂穗披碱草为优势的草地上可分为两层,上层以禾草垂穗披碱草为主,高 45~60cm,其他为第二层,植物株高 10~25cm。盖度一般为 60%~95%,个别以杂毒草为优势种的退化草地盖度只有 20%~30%。沼泽草甸主要分布在海拔 4700m 上下的河畔、湖滨、排水不畅的平缓滩地、山间盆地、蝶形洼地、高山鞍部、山麓潜水溢出带和高山冰雪带下缘等部位。分布地区气候寒冷,地形平缓,地下埋藏着多年冻土,成为不透水层,使降水、地表径流和冰雪消融水不能下渗而聚集在地表,造成土壤过湿,甚至形成地表终年积水和季节性积水的沮洳地。在长期冷湿的环境下,发育着根矮茎短的地下芽植物群落。组成草群植物主要由湿中生、湿生多年草本植物群落构成,群落盖度大,物种组成丰富。优势种为藏嵩草(*Kobresia tibetica*)、小嵩草、甘肃嵩草、针茅(*Stipa aliena*)、羊茅(*Festucasp*)和粗喙苔草。草群层次分化不明显,一般高 10~25cm,草群密集,盖度高达 80%~95%。草地外貌整体呈黄绿色,因冻融作用地表形成高出地面 10~20cm、直径 40~80cm 的冻胀草丘,分布均匀而致密,地表整体凹凸不平。

在风火山流域高寒草甸区,选择建立 4 个传统的并已趋标准化的 100m² 的径流集水观测小区(表 2.1),其长度为 20m,宽度为 5m,坡面选择较为平整的直型坡,坡度 21°,投影面积为 86.6m²。径流场土壤为高山草甸土,土层厚度为 30~80cm,其植被盖度分别

为 5%、30%、65% 和 92%，分别代表裸地、严重退化、中度退化和未退化情况。30%
盖度场地内优势建群种为青藏野青(*D. holciformis.*)、早熟禾(*Poa* spp.)、矮嵩草等，
物种单一稀少，高度为 4～18cm；根系分布稀疏，在 0～20cm 密集分布，枯根较少，多
为新根，20cm 以下明显较少，为典型的浅根性植物。65% 和 92% 两种植被盖度下是以矮
嵩草为优势建群种的多种物种混合生长的草甸，主要植物种为矮嵩草、短穗兔儿草
(*Lagotis brevituba.*)、藏嵩草、兰花棘豆(*Oxytropis* spp.)、紫花龙胆(*Gentiana* spp.)、
冷地早熟禾(*Poacrymop nila.*)、红景天(*Rhodiola rosea.*)等，高度为 3～14cm；根系分
布稠密，在 0～30cm 密集分布，与枯根交织在一起形成毡状层，50cm 以下分布较少，最
深可达 100cm。杨兆平(2010)的研究表明，风火山高寒草甸物种组成上最为丰富，科属
构成上最为复杂。从表 2.2 高寒草甸土壤的理化性质可以看出，随着植被盖度的增加，
地表的有机质含量不断增加，细颗粒含量也不断增加。

表 2.1   样地描述

站点描述	坡度，坡向	主要植被类型	植被盖度/%	活动层厚度/m
高寒草甸	21°，东 235°	小嵩草；矮嵩草	93	1.95
		小嵩草；鹅绒委陵菜	65	2.2
		矮火绒草；冷地早熟禾	30	2.5
		矮火绒草；冷地早熟禾	5	2.8
沼泽草甸	12°，南 10°	藏嵩草；青藏苔草	93	1.9
		矮嵩草；青藏苔草	65	2.1

研究地区的土壤主要类型在中国分类学系统中分为高寒草甸土，或者在联合国粮食
及农业组织(FAO-UNESCO)分类系统中分为雏形土。湿润高寒草甸的土壤活动层厚度范
围为 1.9～2.1 m，干燥高寒草甸的土壤活动层厚度范围为 1.95～2.5m。在每个观测点，
我们随机选择了五点，从顶部 20cm 的位置采集土壤样品。土壤样品在实验室中经干燥、
混合后测定其性质。同时测定土壤的容重和土壤有机质(SOM)，并分别计算各观测点的
平均值。土壤有机碳(SOC)用 Carlo Erba na1500(Lakewood，NJ，USA)元素分析仪确
定，为去除土壤无机碳，所有样品分析前都经亚硫酸(6% H_2SO_3)处理。

在风火山流域沼泽草甸区(海拔 4710m)，建立两个径流集水观测小区，其长度为
20m，宽度为 10m，坡面选择较为平整的直型坡，坡度 12°(表 2.1)。径流场土壤为高寒
草甸土，土层厚度为 30～80cm，活动层厚度 1.9～2.1m，其植被盖度分别为 65% 和
97%，分别代表中度退化和未退化情况。土壤的理化性质如表 2.2 所示，地表有机质含
量随着植被盖度的增加，由 53.6g·kg^{-1} 增加到 76.2g·kg^{-1}。

2.2.2.2   试验仪器布设

在高寒草甸径流场，土壤温度的观测是依据热敏电阻法，在不同的深度布置热敏电
阻，通过 Fluke 表观测获得。这种方法是冻土国家重点试验室研制开发，并在青藏高原
使用 20 多年，取得良好的成效。其观测范围在 −40～50℃，精度为 ±0.02℃，分别在
20cm、30cm、40cm、55cm、65cm、85cm、120cm 埋设地温观测探头。土壤水分的测量

是采用荷兰 Eijkelamp 公司生产的 FDR 水分观测仪获得，其观测精度为±2%。这里我们用 FDR 所测得的土壤水分湿度主要是指土壤中未冻水的体积含水量，因此在下面的分析当中，土壤含水量指的是未冻水含水量，而不包括含冰量，同时在 20cm、40cm、65cm、120cm 埋设水分观测探头。地温资料和水分资料是同步观测的，在 5~10 月，每天观测 2~8 次；在 11 月份~4 月份，每天观测 1 或 2 次，目前获得由 2005 年 5 月 11 日~2009 年 12 月 31 日约 5 年连续的资料，本章主要对这些地温水分资料进行分析。

表 2.2　高寒草甸和沼泽草甸不同植被盖度下土壤理化性质

样地	植被盖度/%	深度/m	容重/(g·cm⁻³)	黏粒含量/%	砂粒含量(0.5 mm)/%	有机质/(g·kg⁻¹)
高寒草甸	30	0.2	1.26	5	5	15.7
		0.4	1.34	10	11	10.1
		0.7	1.51	11	18	12.5
		1.2	1.45	8	16	6.7
	65	0.2	1.1	7	1	47.3
		0.4	1.21	10	3	36
		0.7	1.35	12	7	21.3
		1.2	1.47	10	15	6.8
	93	0.2	0.95	9	2	67.1
		0.4	1.09	15	2	44.5
		0.7	1.29	14	12	23.7
		1.2	1.45	9	16	6.2
沼泽草甸	65	0.2	0.93	9	1	53.6
		0.4	1.16	13	3	42.7
		0.7	1.27	14	7	27.4
		1.2	1.39	10	11	9.5
	97	0.2	0.84	13	—	76.2
		0.4	1.05	15	3	52.1
		0.7	1.24	14	6	33.2
		1.2	1.41	11	11	9.3

　　在沼泽草甸径流场，土壤温度观测是依据热敏电阻探头法，探头布设于高寒沼泽草甸试验场 5cm、20cm、30cm、40cm、60cm、90cm、110cm 及 160cm 深处；土壤水分观测采用 FDR 水分探头，探头布设于 5cm、20cm、30cm、40cm、60cm 和 110cm 深度（图 2.2）。所有的探头都连接到 Campbell CR1000 自动数据采集仪，每隔 30min 采集 1 次数据，本书主要基于 2008-10-3 至 2009-8-19 的观测数据进行分析。

图 2.2　温度、水分传感器埋设和 CR1000 数采示意图

为了分析植被覆盖与土壤有机质等性质对土壤水热状态的影响，除了风火山观测实验区域外，在唐古拉山北坡(北纬 33°02′，东经 92°00′)布设了浅层土壤水热动态观测点。总共有 23 个观测点，其中 7 个为湿润的高寒草甸，其余 16 个在干燥的高寒草甸，只有 4 个站点位于唐古拉山地区。主要的植物物种为莎草、高山嵩草和矮嵩草，篱笆用来防止放牧中的牦牛进入。

2. 2. 2. 3　研究方法

土壤热状况用地温来反映，本书引入了等温线最大侵入深度和冻结深度积分两个概念。等温线最大侵入深度是该温度在活动层存在的最大深度，等温线图上表示为该等温线深度的最大值，用来反映土壤的热量状况；冻结深度积分是冻土深度随时间的积分，等温线图上表示为 0℃ 等温线包围的面积，反映土壤的冻结时间和深度。土壤水分状况，用不同深度的土壤未冻水含量来反映，基于土壤水分等值线图和散点图来描述土壤水分的变化过程。

假定土壤完全冻结期间，利用 FDR 测定的土壤水分属于土壤冻结残余水量(未冻水部分)，土壤冻结发生期土壤水分相变(液态-固态)量由式(2.1)表示：

$$Q = (\overline{\theta_m} - \overline{\theta_0})\rho h \tag{2.1}$$

式中，Q 表示单位面积上土壤深度为 h 的土柱中在冻结时发生的相变水量(质量，kg)，表示冻结发生期可能冻结的液态水量；$\overline{\theta_m}$、$\overline{\theta_0}$ 分别表示深度 h 内平均土壤冻结初始含量和冻结残余水量，%；ρ 表示土壤容重，g/cm³。

同样的，如果将 $\overline{\theta_m}$ 表示为土壤水分融升峰值，利用式(2.1)可近似地估算出土壤融化时由固态转为液态的水量。

采用 Nash-Suttclife 效率系数 NSE 来衡量模型模拟值与实测值之间的拟合度，NSE 为 0~1。NSE 为 1，表明模拟结果与实测值完全吻合；E 越接近于 1，表明模拟效果越好。NSE 计算公式为

$$E = \left[\sum_{i=1}^{n}(x_i - \overline{x})^2 - \sum_{i=1}^{n}(x_i' - x_i)^2\right] \bigg/ \sum_{i=1}^{n}(x_i - \overline{x})^2 \tag{2.2}$$

式中，x_i 为模拟值，x_i' 为实测值，$\overline{x}$ 为实测值的平均值。

2.3 植被覆盖变化对活动层土壤温度分布与动态的影响

地表特征是多年冻土区水热变化过程的直接影响因素，地表的植被、积雪和土质等条件直接影响多年冻土区活动层的厚度、年平均地温等的变化，地表植被、水分等条件与多年冻土的发生和发展是一个相互依存、相互发展的关系（赵林等，2000；吴青柏等，2003）。由于植被状况是地表特征重要主要组成部分，就必须明确地表植被对多年冻土活动层土壤温度分布与动态变化的影响。

杨梅学（2002）等根据"全球能水平衡试验——青藏高原亚洲季风试验（GAME-Tibet）获得的数据，分析了青藏高原冻土区土壤水分和温度的时空分布特征，发现土壤冻融过程及水热分布状况存在较大的时空差异；吴青柏等对青藏高原季节冻土区和多年冻土区水热过程进行分析研究，认为冻土及水热过程与寒区生态环境有着密切的联系；陆子建等（2006）对青藏高原北麓河不同地表覆被下活动层的水热差异进行研究，结果表明不同的下垫面造成了活动层冻融过程和活动层厚度差异。

然而，在同一地区不同植被盖度对青藏高原高寒草甸水热变化过程有何影响，目前这方面的研究尚未见报道。同时，青藏高原多年冻土区的生态环境是脆弱的，在自然和人为因素的干扰下，它会发生重大的变化。通过 1969 年、1986 年、2000 年和 2004 年多期航片和卫星遥感数据分析发现，青藏高原植被退化具有普遍性，在全球气候变暖和人类活动的双重影响下，近年来退化有加剧的趋势。对于青藏高原不同植被退化程度下多年冻土活动层的水热过程研究有利于为高寒冻土地区冻土和生态环境的保护及合理利用提供科学依据。

2.3.1 高寒草甸活动层土壤温度动态变化

2.3.1.1 活动层冻融过程划分

基于活动层的冻融状态，根据冻融过程活动层水热状况的不同特征（杨梅学等，2002；Romanovsky et al.，1997；Osterkamp et al.，1997）。尽管不同盖度下的冻土活动层之间的温度和水分变化存在一定的差异，但变化趋势趋于一致，以土壤温度和水分变化的拐点未冻结融化的起始日和终结日，不同高寒草甸覆盖下冻土活动层土壤温度和未冻水分在年内分布变化过程随温度变化可以明显地划分为 4 个阶段进行分析（图 2.3）。

（1）冻结过程期（freeze initiation period，FIP），10 月中旬~12 月底，土壤剖面正在冻结的阶段，水分从 25%~40%降低到 1.4%~13.5%。

（2）完全冻结期（entirely frozen period，EFP），1 月初~4 月底，土壤剖面处于完全冻结状态的阶段，土壤含水量是 0.3%~10%的一个固定值。

（3）融化过程期（thaw ignition period，TIP），5 月初~7 月上旬，土壤剖面正在消融的过程阶段，土壤水分由 0.3%~10%增加到夏初的 26%~40%。

（4）未冻期（entirely thawed period，ETP），（7 月中旬~次年冻结过程期，土壤剖

面处于消融状态的阶段(Osterkamp et al.，1997)。

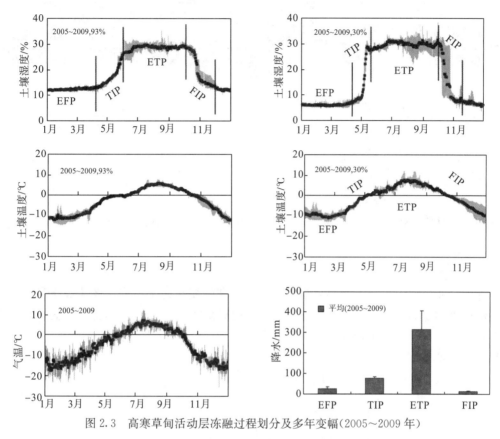

图 2.3　高寒草甸活动层冻融过程划分及多年变幅(2005~2009 年)

以日平均土壤温度开始持续小于 0℃为开始冻结日期，而日平均温度开始持续大于
0℃为开始消融日期，可以得到不同盖度下不同深度活动层开始冻结日期、开始消融日期
和持续冻结时间，如表 2.3 所示。从表 2.3 看出，活动层开始冻结过程、开始融化过程
时间及冻结持续时间是随着植被盖度变化而变化。开始冻结时间都集中在 10 月份，从
20~40cm 深度，30%盖度活动层开始冻结时间与 65%、92%盖度相比，分别提前 3~5
天、4~8 天，而在 40~120cm 深度，只提前 1~2 天；然而，开始消融时间分散在
5 月份~7 月份，30%盖度活动层开始消融时间较 65%、92%盖度，分别提前 15~30 天、
5~10 天；冻结持续时间随着植被盖度减小有缩短的趋势，30%、65%盖度平均冻结持续
时间分别比 92%盖度缩短了 9.5%和 2.2%。此外，30%盖度从 20cm 深度冻结到
120cm 深度的时间与 65%、92%盖度基本一致，而 30%盖度从 20cm 融化到 120cm 的时
间与 65%、92%盖度相比，明显有增加的趋势，从 20cm 冻结到 120cm 的时间远小于其
融化时间。分析结果表明，活动层的开始冻结过程时间随植被盖度减小不断提前，随土
壤深度的增加不断延后且趋于相似；而开始消融过程时间随植被盖度和土壤深度减小逐
渐提前；活动层持续冻结时间随植被盖度减小而缩短，表明高覆盖草甸层土壤不容易融
化，极有利于对冻土的保护。

表 2.3 不同植被盖度下不同深度活动层的冻结消融起始日期及冻结持续时间

项目	植被盖度	观测点深度						
		20cm	30cm	40cm	55cm	65cm	85cm	120cm
冻结起始日期/月-日	30%	10-14	10-17	10-21	10-25	10-26	10-27	10-28
	65%	10-19	10-23	10-26	10-27	10-27	11-2	10-30
	92%	10-18	10-20	10-29	10-29	10-29	10-30	11-1
消融起始日期/月-日	30%	5-17	5-18	5-22	5-29	6-1	6-9	6-25
	65%	5-30	6-4	6-10	6-23	7-1	7-13	7-17
	92%	6-4	6-11	6-23	6-30	7-3	7-13	7-13
冻结持续时间/天	30%	216	214	214	217	218	226	241
	65%	224	225	226	238	246	252	259
	92%	230	235	238	245	248	257	255

注：采用 2005 年 8 月 1 日~2006 年 7 月 31 日一个冻融周期年的资料进行分析。

由图 2.4 可以看出，不同植被盖度下土壤温度的变化速率不同，极端最高温度 30% 盖度的显著高于另两个盖度的。从各层的极端低温看，3 个盖度之间没有明显的差异，30% 盖度的略低于另两个盖度的；在 65% 和 93% 盖度之间，没有明显的规律。且极端低温出现的日期都比较分散，充分表明植被盖度明显的对极端高温有调节作用，盖度越低土壤对气温的响应程度越高，盖度之间的差异对极端负温的影响不大。

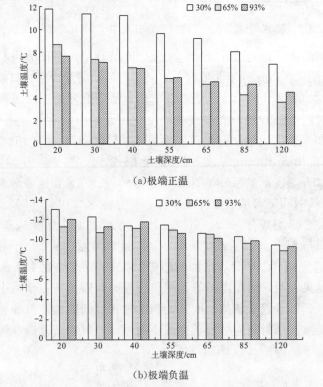

(a)极端正温

(b)极端负温

图 2.4 不同植被盖度下土壤极端正温和极端负温分布

2.3.1.2　植被盖度变化对活动层温度变化过程的影响

活动层的土壤温度变化过程体现了土壤能量状况的变化，其在地气系统能量循环中扮演着极其重要的角色，是一个重要的不确定因素。不同植被盖度下的活动层温度变化过程如图2.5所示。图2.5和图2.6的时间用累计天数表示（2005年5月22日为第1天，5月23号为第2天，…，依次类推）。等值线图能够清楚地显示出在某一特定时间内冻土的冻融持续时间、冻结深度以及范围。

（1）融化过程期（FIP）。土壤开始消融后，因湿度较大，吸收太阳辐射的能力加强，地表反照率较小，使地表接收的太阳短波辐射大于地表放射的长波辐射，浅层土壤因有净的能量收入而温度迅速升高，活动层温度从地面开始向下随深度的增加逐渐降低。土壤开始融化时间随着植被盖度的降低而提前，92%，65%和30%植被盖度的融化时间分别为6月中旬、6月上旬和5月下旬，随着植被盖度的降低，提前10天左右。融化持续时间和融化过程随着植被盖度的变化也发生了明显的变化，92%和65%植被盖度融化到120cm的持续时间大致为50天左右；而30%植被盖度融化到120cm持续时间减少到30天左右（图2.5）。该过程随着融化锋面向下迁移，不同植被盖度下活动层从地表到120cm深度都经历一个地温增加到峰值，接着减小到1℃的时期。该时期，随着植被盖度的增加，活动层土壤平均温度和温度变率不断下降。

（2）冻结过程期（FIP）。土壤浅层接收的太阳短波辐射小于放射的长波辐射，浅层土壤因有净的能量支出而降温，土壤温度随深度的增加而升高。总体表现为，随着植被盖度的降低，开始冻结的时间不断提前，土壤冻结速率不断升高。例如，从图2.5、图2.6可以看出，5%、30%和65%盖度上部冻结锋面在5~7天内从地表迅速向下移动到55cm深度附近，而92%盖度在10~12天内向下移动到55cm深度附近，表现为随植被盖度减小锋面迁移速率增快。30%盖度在55~85cm深度及65%、92%盖度在55~115cm深度，土壤温度维持在0℃附近相当长一段时间，即存在明显的零幕层现象。随着植被盖度的变化，土壤冻结过程和持续时间发生了变化。三个观测场的冻结剖面都存在明显的分带特征，使得土壤冻结过程分为三层。第一个分界线保持在60cm土壤深度左右，第二个分界线深度随着植被盖度的降低深度逐渐增加，土壤冻结的分带特征随着植被盖度的降低而变得不明显（图2.5）。随着植被盖度增加，土壤温度开始变化的时间不断延后，冻结过程中给定深度的土壤温度缓慢下降[图2.6(a)]。例如，5%植被盖度的浅层土壤（20cm深度）温度在10月15号之前达到0℃，分别比30%、65%和90%植被盖度早2天、5天和9天。在同一深度，活动层完全冻结前（11月20日之前），植被盖度越高，土壤温度越高。融化过程的土壤温度变化特征与冻结过程相似[图2.6(b)]，植被盖度增加会延缓土壤温度变化的发生时间，降低某一深度土壤温度。在93%植被盖度的土壤浅层（20cm），土壤温度上升到0℃所需时间相比30%和5%植被盖度分别延迟了20~25天。此外，对于一个特定深度，较高的植被盖度导致较低的土壤温度。随着植被盖度的降低，土壤冻结过程更加迅速，且冻结持续时间缩短（Shoop et al.，1997）。

（3）完全消融期（ETP）随着植被盖度减小，地温变化速率增大，主要由于植被阻挡了一部分的太阳辐射，使土壤接受的太阳辐射减小，土体有所冷却，植被起冷却作用，从而使高盖度的地温变化速率相对于低盖度趋于平缓。4℃正等温线的侵入深度和持续时间随着植被盖度的降低不断加深和延长。例如，2008 年 92％、65％、30％ 和 5％ 植被盖度的 4℃ 的最大侵入深度分别为 30cm、40cm、80cm 和 120cm 左右，这与植被盖度降低导致的感热和地热通量增加有关(图 2.5，表 2.4)。同时，2005～2009 年 4℃ 的最大侵入深度也存在差别，2006 年最深，达到 120cm 以下；而 2008 年最浅，92％ 盖度仅为 40cm。2005～2009 年年平均气温分别为 −5.1℃、−4.3℃、−5.2℃、−5.5℃ 和 −4.6℃ (表 2.4)，说明土壤侵入深度与气温有很好的响应关系。随着植被盖度的降低，较高土壤温度的最大侵入深度增大和持续时间延长，这必然导致多年冻土活动层厚度的增加。

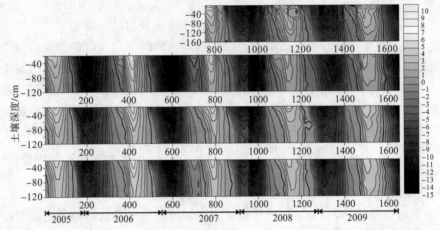

图 2.5　不同植被盖度(自上而下依次为 5％、30％、65％ 和 92％)下活动层温度
变化等值线图(蓝线−9℃，红线 4℃，加粗黑线 0℃)

(4)完全冻结期(EFP)。整个土壤剖面的土壤温度随着植被盖度的降低而减小，负等温线的最大侵入深度和持续时间随着植被盖度降低而增大，这与植被盖度增加导致的感热和地热通量降低有关(表 2.4)。92％、65％ 和 30％ 植被盖度的 −9℃ 的最大侵入深度分别为 55cm、60cm 和 70cm 左右。植被盖度变化对负等温线侵入深度的影响要远小于正等温线，表明植被盖度对于活动层处于融化状态的影响更为明显。冻结剖面都存在着明显的分带特征，使得土壤冻结过程分为三层。第一个分界线保持在 60cm 土壤深度左右，第二个分界线深度随着植被盖度的降低，深度逐渐增加，土壤冻结的分带特征随着植被盖度的降低而变得不明显(图 2.6)。此外，2005～2009 年 −9℃ 的最大侵入深度也存在差别，

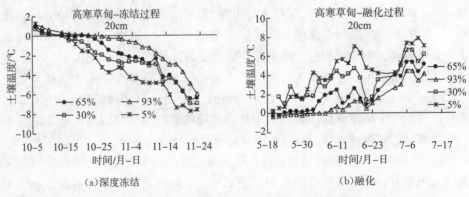

图 2.6　土壤 20cm 深度冻结(a)和融化(b)过程地温随时间变化

2007 年和 2008 年最深，基本都在 120cm 深度以下；而 2009 年侵入深度仅为 50cm 左右，这与该期间气温变化密切相关。可以看出，随着植被盖度降低，侵入深度的多年变率不断增大，暗示着高盖度植被有利于保护多年冻土（Wang et al，2010）。

表 2.4　风火山试验区 2005～2009 年主要气象因子年均值

年份	气温/℃	相对湿度/%	降水量/mm	水面蒸发量/mm	地面温度/℃
2005	−5.1	59.1	404.6	1336.7	−2.2
2006	−4.3	53.5	323.2	1515.3	−0.8
2007	−5.2	54.4	354.8	1370.4	−1.2
2008	−5.5	57.3	472.1	1226.8	−1.9
2009	−4.6	59.9	583.4	1290.7	−1.0
多年平均	−4.9	56.8	427.6	1348.0	−1.4

总之，随着植被盖度减小，地温变化速率增大，不同时期增大率不同，植被起到抑制土壤温度变化速率的作用。植被盖度对融化过程和冻结过程温度的影响显著，即活动层完全冻结后，植被对活动层温度的影响作用减小，同时植被对融化过程的影响比对冻结过程的影响更明显。此外，冻结和融化后一段时期内，土壤温度变化速度在整个冻融周期年里是最大的。Fukui 等（2008）的研究表明，土壤有机质是影响多年冻土活动层土壤温度的重要因素。由于高寒草甸地表较高的有机质和细颗粒，使得其热导率较低。在本研究区，存在类似情况，高盖度植被不仅存在土壤浅层较高的有机质含量，而且细颗粒含量更大，从而使得土壤温度的变化幅度趋缓。在加拿大北部，Yi 等（2006）研究发现，地表植被和有机质层的存在对气候变化的影响对多年冻土退化起到有效的调节作用。不同季节不同植被状况下活动层土壤的能量平衡，尤其是土壤地热通量存在较大的差别。

2.3.1.3　多年间活动层土壤温度分布差异

表 2.5 列出了 2005～2009 年平均气温、降水量、水面蒸发量、相对湿度和风速分别为 −5.0℃、388.7mm、1363.8mm、56.0% 和 4.3m/s。2006 年和 2007 降水量较少，而 2009 年降水量达到 583.4mm，相当于 2006 年降水量的 1.8 倍。2005～2009 年的气温没有显著差别，多年平均气温为 −4.9℃。8 月份不仅是研究区的雨季，同时也是植物的生长旺盛期。因此，对 2005～2009 年 8 月份气温和降水的差异（表 2.5），以及 8 月份不同深度地温多年间的差异进行分析（图 2.7），发现 2006 年 8 月份降水量最多，达到100mm，而 2008 年 8 月份偏干，降水量仅为 72.5mm。此外，2008 年 8 月份气温也最低，仅为 3.8℃。

表 2.5　风火山试验区 2005～2009 年 8 月份主要气象因子差别

年份	气温/℃	相对湿度/%	降水量/mm	水面蒸发/mm
2005	5.5	83.0	97.2	160.1
2006	4.9	63.5	99.9	186.1
2007	6.3	74.6	90.0	158.5

年份	气温/℃	相对湿度/%	降水量/mm	水面蒸发/mm
2008	3.8	72.0	72.5	134.5
2009	4.7	69.7	99.1	133.7

从图 2.7 可以看出，不同植被盖度下，2005～2009 年 8 月份地温均存在显著性差异，尤其是在 30% 和 65% 盖度情况下($p < 0.05$)。由于 2008 年和 2009 年 8 月份气温较低，导致不同盖度下活动层地温总体比其他 3 年偏低。此外，从图 2.5 也可以看出，2008 年和 2009 年 4℃ 等温线侵入深度较浅，2006 年最深。这些表明，植被起到抑制土壤温度变化的作用，活动层温度状况多年差异与地表植被状况和气候因子(降水和气温等)多年差异密切相关。

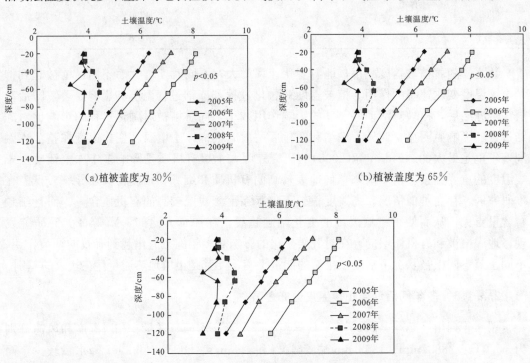

(a)植被盖度为 30%　　　　　　　　　　　　(b)植被盖度为 65%

(b)植被盖度为 92%

图 2.7　不同盖度下活动层土壤 8 月份温度多年差异(2005～2009 年)

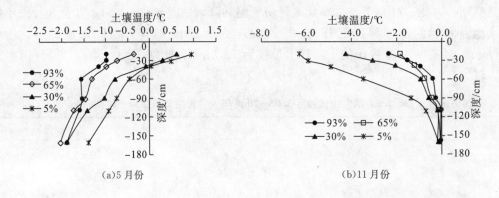

(a)5 月份　　　　　　　　　　　　(b)11 月份

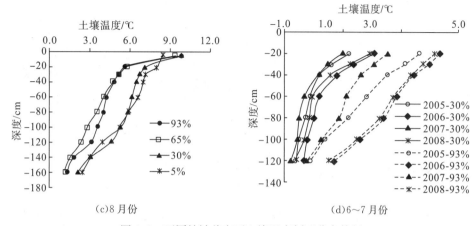

(c)8 月份　　　　　　　　　　　(d)6～7 月份

图 2.8　不同植被盖度下土壤温度剖面分布特征

为了研究不同植被盖度下土壤温度剖面分布特征，5 月和 11 月被选出分别代表融化期和冻结期[图 2.8(a)和(b)]。在 5 月份，20～160cm 土壤深度，植被盖度越大，月均土壤温度越低。在较高的土壤温度预计与较厚的活动层厚度有关[图 2.8(c)]。在 11 月份，植被覆盖较大，冻结速度较慢[图 2.8(b)]。

不同年份的夏季活动层土壤温度剖面分布特征存在较大差异[图 2.8(d)]。2005～2008 年，与夏季气温的变化趋势相一致，不同植被盖度下不同深度土壤温度在 2006 年最高，2007 年最低。2005 年、2006 年、2007 年和 2008 年 6～7 月的平均气温分别为 3.9℃、4.4℃、2.7℃和 4.2℃。图 2.8(d)显示，在活动层土壤温度剖面分布特征与气温密切相关。30％植被盖度下，2005～2008 年给定深度的最高和最低平均温度差达到 1.6℃，而 93％植被盖度仅为 0.6℃。由此看来，低植被盖度，其潜在的年际变化较大，意味着较高的植被盖度可以抑制气候变暖对区域冻土退化的影响。

对于 2006～2009 年不同植被盖度下不同时期活动层土壤温度的多年差异进行统计（表 2.6）可以看出，2006～2009 年不同植被盖度下，冻结过程（FIP）土壤温度的偏差要明显高于融化过程（TIP），与气温变化相对应。对比不同植被盖度，发现在融化过程期和完全融化期，高盖度的土壤温度多年差异要低于低盖度。然而，在冻结过程期正好相反，92％盖度地温的多年偏差（$Cv=0.68$）要明显高于 65％（$Cv=0.48$）和 30％盖度（$Cv=0.48$）。这个结果暗示着，高盖度植被在活动层处于融化状态时，能有效保证土壤温度状态的稳定性。总体而言，30％盖度地温的多年变差要明显高于 92％盖度，表明活动层土壤温度动态变化的多年差异受到植被盖度和气温降水等气候因素的影响。高盖度植被有利于维持活动层土壤温度状况的稳定性，从而保证下覆多年冻土的稳定性，起到保护多年冻土的作用，抑制其受到气候变化的影响。

表 2.6　不同植被盖度下不同时期地温偏差的多年差异

地温偏差的多年差异 植被盖度 年份	TIP			ETP			FIP		
	93％	67％	30％	93％	67％	30％	93％	67％	30％
2006	0.48	0.83	1.60	2.06	2.24	3.21	2.93	2.39	1.63
2007	0.50	1.04	1.41	1.87	1.80	2.53	1.05	1.22	0.81

地温偏差的多年差异\植被盖度\年份	TIP			ETP			FIP		
	93%	67%	30%	93%	67%	30%	93%	67%	30%
2008	0.58	0.87	1.72	1.17	1.88	1.55	0.57	0.79	0.56
2009	0.35	0.54	0.77	1.38	1.43	1.73	1.47	2.17	1.78
Cv	0.20	0.25	0.31	0.22	0.23	0.34	0.68	0.46	0.46

2.3.2　沼泽草甸活动层土壤温度动态变化

在多年冻土区，植被盖度变化改变活动层土壤温度状况及其在土壤剖面内的分布，通过改变地气间的能量平衡过程，从而改变地气间的温度差异。如图 2.9 和 2.10 所示，冻结过程期和融化过程期，随着植被盖度的增加，沼泽草甸冻结和融化过程 20cm 深度温度均不断增高，开始冻结时间和融化时间均不断提前，且完全融化期缩短，这些正好与高寒草甸相反。在多年冻土区，植被盖度变化改变活动层土壤热状况和能量迁移，通过改变地气间能量传输平衡过程（Yoshikawa et al.，2003；Zhang et al.，2005）。冻土层中冰的存在改变了土壤的热力学性质，水的热导率为 $0.57(W \cdot m^{-1} \cdot K^{-1})$，冰的热导率为 $2.2(W \cdot m^{-1} \cdot K^{-1})$，含冰量高的土壤具有更高的热导率；而水的比热容为 $4.2(MJ \cdot m^{-3} \cdot K^{-1})$，而冰的比热容为 $1.9(MJ \cdot m^{-3} \cdot K^{-1})$，所以含冰量高的土壤比热容低。因此，土壤的冻融过程会间接影响土壤向上和向下的热通量，改变大气辐射强迫的日波和年波在土壤中的传播。土壤中的水分会降低土壤的反照率，冰会增加反照率，从而影响土壤和大气的能量交换。由于 20cm 深度较高的水分含量，尤其是在融化过程期，92% 盖度的土壤水分含量要比 65% 盖度高 40% 左右，导致其在冻融过程期间有较高的水分含量，从而降低地表反照率，增加土壤浅层能量通量的输入，从而使其冻结和融化开始时间不断提前。

从图 2.10(e) 可以看出，在完全融化期的 8 月和 9 月，有别于冻结和融化过程期，自地表至 160cm 深度，97% 盖度土壤温度均要高于 65% 盖度，尤其是在植被生长旺盛期的 8 月份，这些表明高盖度沼泽草甸地表密集根系层有利于融化期地表热量的吸收及向深层的热传输，主要由于地表较高的土壤水分含量降低了地表反照率。如在完全融化期，从图 2.11 可以看出，97% 盖度 4℃ 等温线包围的面积要远大于 65% 盖度，且该期间 5~160cm 深度平均温度要高 0.4~1.2℃。

然而，冻融过程期和完全融合期土壤温度剖面分布存在差异，我们发现，在 40~100cm 深度，开始融化时间和开始冻结时间均不断延后，这与高寒草甸的研究结果类似（图 2.10）。前面已经指出，在 20cm 深度，土壤开始冻融的时间不断提前。这说明土壤冻融过程的水冰相变也是活动层温度剖面分布的重要影响因子。这主要由于相对于土壤浅层（20cm），65% 和 92% 盖度 40~100cm 深度的土壤水分含量较为接近，因此由于水分差异导致的土壤热通量差异不是主要原因。由于植被变化改变土壤的理化性质，类似于加拿大北部和阿拉斯加的泥炭沼泽，在沼泽草甸土壤植物根系非常发达，从而导致土壤较高的有机质含量，同时相对于低盖度更多的细颗粒含量及较低的土壤容重，都会降低土壤表层的热导率和热扩散率。这些使得低盖度沼泽草甸 40cm 深度以下土壤的开始融化和冻结时间不断提前。在冻结过程期，在活动层冻结前后的剖面温度状况存在显著差别，在冻结初期（10 月），高盖度的地温更高；而在冻结末期（11 月），97% 盖度 40cm 以下地温要低于 65% 盖度。这些研究结果都与高寒草甸高盖度较低的地温和地温变幅不一致，说明沼泽草甸地表较为密集的根系分布和非常高的有机质含量，使其地表的水能交换过程发生显著改变，使其产流效率不断降低，从而地表土壤水分含量显著高于高寒草甸。例如，沼泽草甸地气间温度差异要明显低于高寒草甸（8.9℃），而在冻结过程期正好相反。沼泽草甸样地，97% 盖度的地气间温度差异要高于 65% 盖度，在融化期高 0.5～1.0℃，在冻结期高 0.3～0.8℃。

在完全冻结期，从图 2.10 中可以看出，65% 盖度 −9℃ 等温线的侵入深度达到 60cm，要明显高于 92% 盖度（25cm），这与完全融化期正好相反。这主要是由于 97% 盖度较高的土壤含水量，使得活动层完全冻结后的含冰量较高，降低地表的反照率，使得能量输入减少，使冻结期温度高于 65% 盖度。

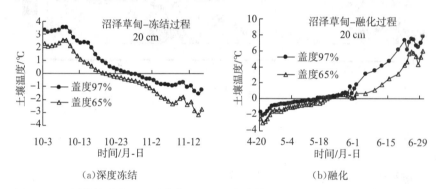

图 2.9　不同植被盖度下沼泽草甸 20cm 深度冻结（a）和融化（b）过程土壤温度变化

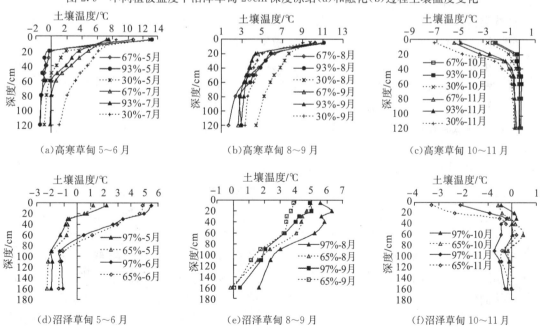

图 2.10　高寒草甸（a）、（b）、（c）与沼泽草甸（e）、（d）、（f）不同季节土壤温度随剖面分布差异

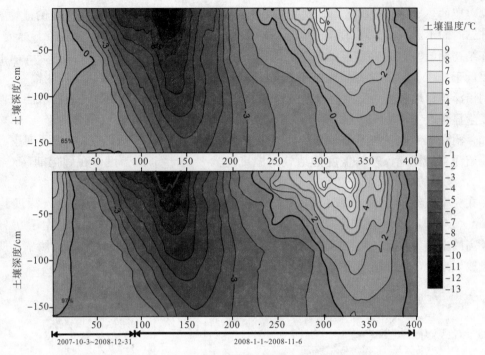

图 2.11   不同植被盖度下活动层温度变化等值线图

2.3.3   小结

高寒草甸和沼泽草甸是青藏高原广泛分布的植被类型，在水能循环和冻土发展中起到重要作用。冻土-植被系统的生态与水文耦合过程是一个十分复杂的互馈作用过程，不仅植被类型、结构与覆盖状况影响冻土以及活动层土壤温度和水分，而且土壤水热状况又反作用于植被；水分循环同时受冻土、植被、大气以及系统能量传输与平衡的制约。系统揭示冻土-植被系统的生态与水文耦合机理，建立过程的定量描述模型，不仅是发展寒区草地生态水文学的基础，也为辨识冻土-植被互馈作用机制、揭示青藏高原多年冻土区高寒草地陆面能水平衡动态过程及其驱动机制奠定关键依据。本节基于样地尺度的系统对比观测试验，通过对 2005~2009 年不同植被盖度下高寒草甸和沼泽草甸活动层土壤温度动态变化进行对比分析。

在高寒草甸样地，随着植被盖度增加，高寒草甸不同深度土壤开始融化和冻结时间均不断推迟，低盖度意味着更高的土壤热导率和热扩散率；而沼泽草甸 20cm 深度开始融化和冻结时间随着植被盖度的增加不断提前，随着深度增加时间不断推迟。这些说明沼泽草甸地表密集的根系层和有机质含量，从而使其地表含水量显著高于高寒草甸，进而影响活动层土壤冻融过程。植被盖度对极端高温有明显的调节作用，植被起到抑制土壤水分温度变化速率的作用，这些说明高盖度植被有利于维持活动层土壤水热状况的稳定性，从而保证下覆多年冻土的稳定性，起到保护多年冻土的作用，抑制其受到气候变化的影响。在气候变化的大背景下，如何保护脆弱的青藏高原生态环境是一个重要的问题。本书通过研究发现，高植被盖度有利于保护多年冻土。

2.4　植被覆盖变化对活动层土壤水分分布与动态的影响

土壤水分变化过程反映了土壤的干湿状况，是多年冻土区地气系统水能循环的重要组成部分（Woo et al.，2008；Zhao et al.，2000；吴青柏等，2003；Zhang et al.，2008），通过土壤水分变化过程将气候、水文、生态和环境紧密地联系在一起。此外，基于能量的活动层水分交换过程是维持高寒生态系统稳定的关键所在，是稳定河源区水循环与河川径流的重要因素（Woo et al.，2008）。活动层土壤作为高寒生态系统的下界面，是大气与多年冻土的能量交换带，多年冻土与大气之间的相互作用主要通过活动层土壤中的水热动态变化过程而实现（Zhao et al.，2000；吴青柏等，2003），活动层变化不但会导致土壤持水性变化，还会直接影响土壤水热传输过程和水分赋存条件（Woo et al.，2008；Zhang et al.，2008）。活动层土壤水分变化过程反映了土壤的干湿状况，是地气系统水循环中重要的组成部分，是另一个重要的不确定因素。

2.4.1　高寒草甸活动层土壤水分动态变化

2.4.1.1　植被盖度变化对活动层水分动态变化的影响

（1）冻结过程期（FIP）。从图 2.12、图 2.13 和图 2.14 可以看出，在研究区 10 月初土壤表层出现昼融夜冻现象，30% 盖度草地表现比较突出，表层 20cm 土壤在 10 月初就开始冻结，而高盖度草地由于植被影响，表层土壤冻结开始于 10 月中下旬，盖度越高，表层土壤冻结时间愈加滞后，93% 盖度草地土壤要比 30% 盖度土壤晚将近半月；随深度增加，土壤冻结时间随之延后。植被盖度越低，活动层土壤全剖面水分冻结历时越短，正好与融化过程相反。30% 盖度土壤水分在 20～120cm 深度开始迅速减小，时间比 92% 盖度提前了 10～30 天，且水分减小速率都比 92% 盖度大。在土壤表层至 60cm 深度，尤其在 40cm 深度，92% 盖度土壤水分、水分梯度都比 30% 盖度大，92% 盖度水分减小速率小于 30% 盖度；60～75cm 深度是一个过渡层，不同盖度下土壤水分、水分梯度及水分减小速率趋于一致；而在 75～120cm，92% 盖度的土壤水分、水分梯度及水分减小速度都较 30% 盖度小。总体而言，盖度越高，土壤水分变化幅度越低，然而其变幅要远小于融化过程。从这个方面揭示了冻融过程水分迁移规律的不同，由上面的分析也可知土壤融化是自上而下，受植被覆盖影响不同深度之间的融升幅度差别较为突出，而冻结过程是从表层和下层多年冻土融化冻结面开始双向冻结，受植被覆盖的影响程度减弱。这主要是由于不同植被盖度下土壤的热导率差异造成的，随着植被盖度增加，土壤的有机质含量增加和体积热容减小，导致更低的热导率，从而使活动层土壤的冻结融化速率随着植被盖度增加不断降低（Zhou et al.，2000）。

（2）融化过程期（TIP）。当气温从 0℃ 增加 5℃，活动层土壤从地表融化到 1.5m 深度，同时土壤含水量在剖面内的分布随着冻融锋面的迁移发生变化。各层土壤水分含量急剧变化，92% 盖度草甸融化过程中 20cm 的土壤水分含量最大，但融化结束时，

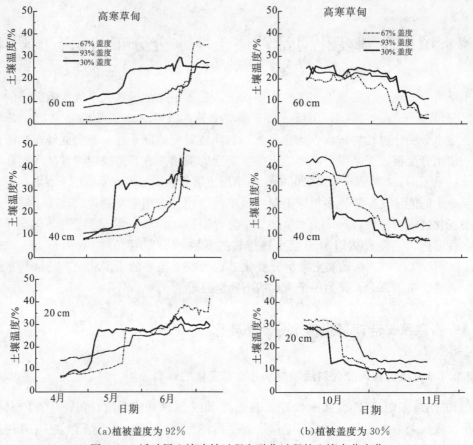

(a)植被盖度为92%　　　　　　　　　　　　(b)植被盖度为30%

图 2.12　活动层土壤冻结过程和融化过程的土壤水分变化

40cm 的土壤水分含量最大；与高盖度不一致，30％盖度草甸融化过程中 40cm 的水分含量最大，融化结束时，120cm 的土壤水分在很短时间内迅速增加，达到最大值，这与冻结过程期间土壤水分的含量分布和变化趋势一致(图 2.12)。此外，该过程与秋季冻结过程一致，不同植被盖度下活动层高含水层的水分变化速率都高于低含水层。融化期(TIP)的降水量较小，因此该时期降水入渗对水分迁移的影响可以忽略(图 2.13)。因而，由于不同深度土壤地热通量和含冰量变化是造成不同植被盖度下的水分相变和水分剖面分布最主要的影响因子。从表 2.8 可以看出，不同植被盖度下的净辐射和土壤热通量是不同的，随着植被盖度的降低，净辐射减少，而地热通量增加，从而导致低盖度融化速率增大。总体而言，融化过程期土壤水分分布随植被盖度变化存在显著差异，伴随植被盖度降低，土壤水分对温度响应越加强烈，水分变化幅度增大，即植被盖度越高，土壤水分响应越是滞后且土壤水分变化越加平缓。以上分析结果表明，在融化过程，活动层水分也影响水分变化速率，但是植被起主要作用，随着植被盖度减小，水分变化速率增大。

(3)完全冻结期(EFP)。无论植被盖度如何，土壤表层一般具有较高的未冻结土壤水分含量，剖面中部 40~70cm 深度内水分含量较低，形成比较明显的水分向上下两个方向分异汇聚的特点。92％盖度草甸活动层土壤剖面的水分含量最小值约为 6％，出现在 60cm 左右；30％盖度草甸活动层土壤剖面的水分含量随深度增加而减少，最小值约为 2％，出现在

120cm 左右(图 2.13)。由于 FDR 观测的水分是土壤未冻含水量，活动层冻结后未冻含水量很小，且活动层与大气的水汽交换主要在土壤表层以升华等形式进行(杨梅学等，2002)，水汽交换量很小，因此只对不同植被盖度下活动层冻结前和消融后的含水量差进行分析。活动层消融后的含水量基本上与冻结前的含水量相当，在 20cm 深度，30％、65％盖度的冻结前含水量与消融后含水量差值为正值，略大于 0，而 92％盖度为负值；在 40cm 深度，30％盖度冻结前含水量与消融后含水量差值为正值，而 65％、92％盖度为负值；65～120cm 深度，冻结前含水量与消融后含水量差值均为负值。说明随着植被盖度的增加，浅层水汽交换量逐渐减少，植被和活动层冻结有利于土壤维持水分。

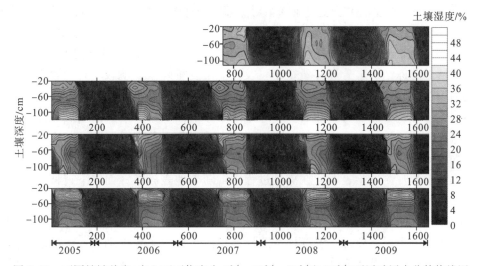

图 2.13　不同植被盖度(自上而下依次为 5％、30％、65％和 92％)下活动层水分等值线图

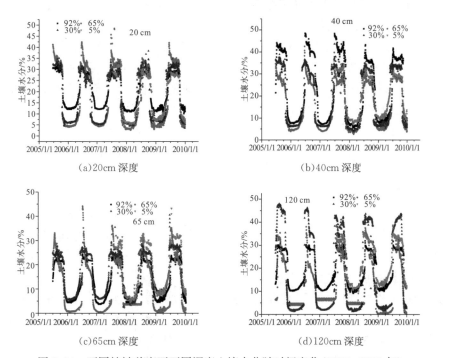

图 2.14　不同植被盖度下不同深度土壤水分随时间变化(2005～2009 年)

(4)从图2.14可以看出，完全融化期(ETP)土壤水分垂向变化明显，不同植被盖度下活动层都存在一个低含水层和两个高含水层，30%、65%、92%盖度活动层在60～75cm深度都存在一个低含水层，其融化期含水量在22%左右；在20～40cm深度都存在一个次高含水层，其融化期含水量分别可达34%、36%、42%；同时土壤深层还存在一个高含水层，30%盖度在110cm左右，虽然水分观测深度只有120cm，但是根据水分变化趋势可以看出，65%、92%盖度高含水层在120cm深度以下，92%盖度比65%盖度深度更大，即随着植被盖度增加，高含水层位置有逐渐加深的趋势。这主要是由于研究区80%以上降水发生在完全融化期，而降水入渗对该时期的土壤水分剖面分布起到主要作用。地表至50cm深度，主要受夏季降水对土壤水分补给的影响，且随着降水下渗水分的衰减，土壤含水量有减小的趋势，从而在40cm深度形成一个次高含水层；60～75cm低含水层存在，由于秋季双向冻结过程使水分向两个冻结锋面(地表和土壤深层)迁移，而在冬春季活动层冻结期水分迁移量很小，及在该层夏季降水影响较小，低含水层上下水分有逐渐增加的趋势；底部高含水层的存在，主要是由于夏季融化过程土壤水分随着冻结锋面向下迁移，在活动层底部因多年冻土隔水影响而聚集，形成活动层底部较高的土壤含水量。随着植被盖度的降低，土壤剖面的土壤水分表现为土壤60cm以上土壤水分减少，而60cm以下土壤水分增加(库德里雅采夫等，1992)。荆继红等(2007)进行的冻结期土壤水分迁移观测试验表明，在冻结过程中，随着地表冻结锋面向下迁移和底部冻结锋面向上迁移的过程，由于冻土的土壤水势较小，因此在土壤中部存在一个发散型零通量面，冻结面与通量面间的水势梯度均小于零，使得水分运移状态表现为上渗-下渗型，从而形成中部的干层。此外，温度梯度差异是水汽运移的主要推动力，土壤水汽由暖端流向冷端凝结，这也是造成冻土上界面较高含水量的原因。从冻结过程水分运移机理可以看出，土壤水分以液相或者气相存在，均会引起土壤表层的土壤含水量和冻土上层的土壤贮水量增加。而融化过程中，土壤水与地下水之间的相互转化关系，为下渗型。

此外，融化期水分在土壤剖面内的分布还是存在差别的，30%盖度土壤层含水量在未融化到120cm深度以前，是40cm高于20cm的，当120cm土层融化后，40cm水分含量显著高于其他各层；而65%盖度表层含水量略高，在40～65cm深度含水量最低；93%高盖度土壤水分在20～40cm深度含量显著高于其他深度，65cm深度土壤含水量最低。土壤水分在20～40cm相对聚集与这一层是植被根系分布层密切相关，此外植被退化盖度越低，水分在活动层底部聚集程度越高。研究区已有的研究表明，在高寒草甸土壤浅层(0.1～0.3m)土壤导水率较大，尤其是在高盖度(93%)要明显高于低盖度(Wang et al.，2009)。此外，昼夜间较大的气温差异导致的凝结水进入土壤表层(Zhou et al.，2000)也是造成地表较高的含水量的一个重要原因。受快速冻结和水分冻降幅度较大等因素影响，盖度降低，土壤冻结相变水量增大，盖度为30%的草地土壤冻结相变水量平均分别比盖度为93%和65%的草地土壤大15%～55%和10%～47%，剖面上土壤冻结相变水量在40cm处达到最大值。

Zhou等(2000)发现，高寒植被随着植被盖度的增加，土壤有机质不断增加，容重不断降低，根系更为发育。因此，随着植被盖度增加，导水率和持水率不断增加，导热率不断降低，从而使得活动层土壤水分和温度变化速率趋缓，起到保护多年冻土的作用。此外，较高的有机质起到多年冻土保护作用的研究在北美的阿拉斯加和加拿大北部均有报道(Yoshikawa et al.，2003；Shur and Jorgenson，2007)。总之，不同植被盖度下活动层都存在着一个低含水层和两个高水层，低含水层都分布在 60~75cm 深度，次高含水层都分布在 40cm 深度附近，而活动层底部高含水层明显受到植被盖度的影响，30%盖度分布在 110cm 附近，而 65%、92%盖度高含水层在 120cm 以下。植被盖度对土壤水分的影响与对土壤温度的影响类似，随着植被盖度减小，水分变化速率增大，植被起到抑制土壤水分变化速率的作用。此外，含水量越高的土层，水分变化幅度也越大。

2.4.1.2　多年间活动层土壤水分分布差异

从图 2.15 可以看出，92%盖度与其他两个盖度相比，2005~2009 年 8 月份不同深度土壤水分基本一致，没有显著性差异($p=0.99$)。而对于 65%和 30%盖度，2006 年和 2007 年不同深度土壤水分小于其他年份，尤其是在土壤浅层，这主要与该两年降水量较小有关。这些说明，相对于低盖度，高盖度高寒草甸对于气温降水变化的响应较弱，同时具有较强的水源涵养功能，高盖度植被有利于土壤维持水分，抑制其损耗。此外，8 月土壤含水量与 8 月份降水量联系并不紧密，尽管 2006 年降水量最大和 2008 年降水量最小，浅层含水量却呈现相反的变化趋势，尤其是高盖度高寒草甸，这说明实验区高寒草甸具有较强的水源涵养功能。

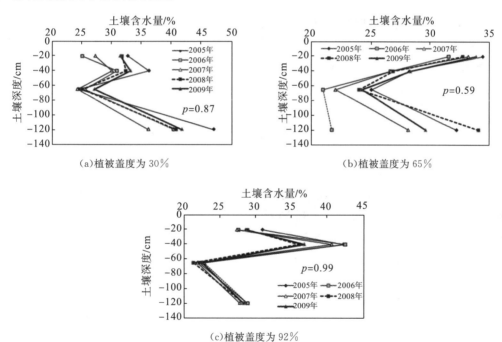

图 2.15　不同盖度下活动层土壤 8 月份水分多年差异(2005~2009 年)

对于 2006~2009 年不同植被盖度下不同时期活动层土壤水分的多年差异进行统计(表 2.7)。可以看出，2006~2009 年不同植被盖度下土壤水分的偏差，融化过程期(TIP)和冻结过程期(FIP)较高，要明显高于完全融化期，主要与该段时间气温多年间的变差较大有关。土壤水分的多年差异(2005~2009 年)在冻融过程时期(TIP 和 FIP)要显著高于完全融化期(ETP)，然而 ETP 的 C_v 却要明显低于冻融过程期，这与开始冻结融合时间差异导致的未冻水含量变化有较大关系。此外,随着植被盖度的降低,土壤水分的Cv不断增加,表明活动层土壤冻融循环对水分状况起到重要影响作用,植被盖度降低使土壤水分状况的稳定性降低。总体而言,30%盖度地温和水分的多年变差要明显高于92%盖度,表明活动层土壤水热过程的多年差异受到植被盖度和气温降水等气候因素的影响。高盖度植被有利于维持活动层土壤水分状况的稳定性,从而保证下覆多年冻土的稳定性,起到保护多年冻土的作用,抑制其受到气候变化的影响。

表 2.7　不同植被盖度下不同时期水分偏差的多年差异

时期 水分偏差 年份	TIP			ETP			FIP		
	92%	65%	30%	92%	65%	30%	92%	657%	30%
2006	4.64	10.49	5.26	1.40	3.70	3.49	3.93	8.27	1.18
2007	3.87	8.71	4.21	1.02	3.41	1.69	6.27	10.94	7.00
2008	3.76	9.44	6.13	1.58	4.47	1.80	6.25	11.62	4.78
2009	4.70	10.65	6.27	0.69	1.87	1.16	7.06	13.07	10.77
Cv	0.12	0.09	0.17	0.34	0.32	0.49	0.23	0.18	0.68

2.4.2　沼泽草甸活动层土壤水分动态变化

融化过程期(EIP),4~6月,从图2.16和图2.17可以看出,当活动层完全融化后,高盖度(97%)的土壤浅层(5~20cm)水分一般都要高于中盖度(65%)。在融化过程初期,4~5月,97%盖度5cm深度土壤水分比65%盖度高37.5%~85.1%,20cm深度高12.3%~85.2%。然而,在60cm深度,65%盖度的土壤水分含量要高于97%盖度。冻结过程期(FIP),地表5~60cm,活动层水分剖面分布与融化过程期相对应。植被盖度差异和排水是影响沼泽草甸活动层水热过程和活动层厚度的重要因子(Harden et al.,2006)。壤中流运移直接影响活动层水分状况,从而通过影响有机质层厚度,进而间接影响活动层温度状况(Liu et al.,2008;Yi et al.,2009)。相对于高寒草甸,沼泽草甸有机质含量更高及更厚,从而使其排水顺畅性要远低于前者。虽然蒸发增大,然而较厚的有机质有效避免了水分的流失。在沼泽草甸,地表土壤饱和导水率更高(Wang et al.,2008),从而入渗保留了更多的降水。产流效率较低的沼泽草甸的潜热通量(LE)是产流效率较高的高寒草甸数倍,此外湿润季节的 LE 也相当于干燥季节的数倍(Yoshikawa et al.,2003;Zhang et al.,2005;Yi et al.,2009)。而蒸发损耗的水分所占入渗存储水的比例较小(Zhang et al.,2003;2005),从而导致沼泽草甸更高的地表水分含量,以及高盖度更高的浅层土壤含水量。

同时,从土壤水分冻融过程的拐点判断,在20cm深度,97%盖度沼泽草甸的开始融化时间比65%盖度提前20天左右,这正好与高寒草甸径流场的观测结果相反,高寒草甸92%盖度比30%盖度推迟了17~20天。冻结过程也有类似的现象,97%盖度沼泽草甸的开始冻结时间比65%盖度提前5天左右,而92%高寒草甸的开始冻结时间比30%盖度推迟10天左右。而在40cm和65cm深度,开始冻结和融化时间不断延后,随着深度加深,延后时间不断延长。这说明在冻融过程期，与完全融化期不同，不利于地表热量向深层的传输。此外，地表的密集根系分布层对于活动层水热传输过程起到重要作用。

在完全融化期，在 40~50cm 土壤深度存在一个高含水层，含水量均超过 75%，自该层向上向下，土壤含水量均呈现减小的趋势。土壤表层含水量低于 40cm 深度，主要由于沼泽草甸地表根系较为发育，导致土壤浅层(0~30cm)较高的土壤导水率(Wang et al.，2008)，降水入渗进入 40cm 深度以下，从而在 40~50cm 深度形成一个高含水层。而50cm 深度以下，受降水对土壤水分补给的影响减弱，随着降水下渗水分的衰减，土壤含水量有减小的趋势。在高寒草甸的研究表明，在活动层底部存在一个富集水层，由于冻融过程土壤水分随着冻融锋面向下迁移，在活动层底部因多年冻土隔水影响而聚集，形成活动层底部较高的土壤含水量。而在沼泽草甸样地，由于水分探头布设深度为 100cm，一般而言沼泽草甸的活动层深度在 180cm 深度左右，因此无法证实是否存在相应的底部高含水层。不过从图 2.17 仍可以看出，在 100cm 深度的土壤偏干，与高寒草甸 65cm 深度左右的干层相对应。

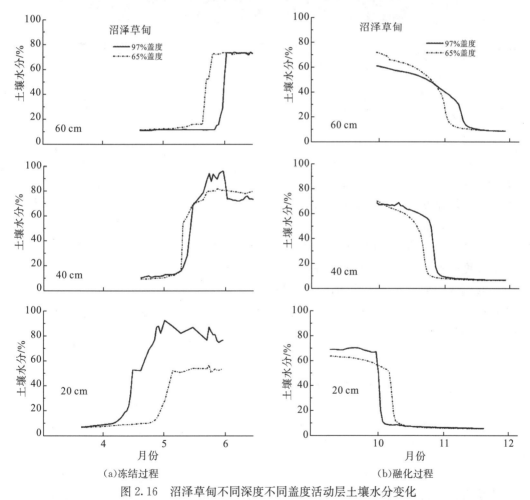

(a)冻结过程　　　　　　　　　　　(b)融化过程

图 2.16　沼泽草甸不同深度不同盖度活动层土壤水分变化

此外，在 97% 盖度，5~30cm 深度，在土壤开始融化后一段时间，土壤水分突然增大，达到 85% 以上，这主要是由于高盖度沼泽草甸较差的产流率，使得更多的降水入渗保留在土壤中，而冻融锋面仍未迁移到 30cm 深度下，使得表层水分达到极端值。随着土壤开始从地表向下融化，冻融锋面向下迁移，使得 30~40cm 深度的土壤水分也存在极大值。这些说明土壤冻融循环对于多年冻土区流域的水文循环过程起着重要影响。

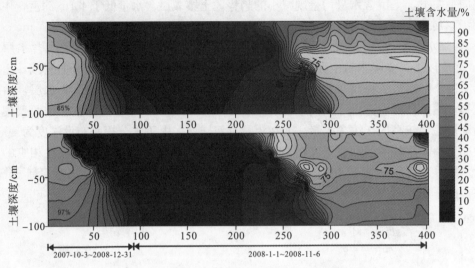

图 2.17 不同植被盖度下活动层水分变化等值线图

2.4.3 小结

高寒草甸随着植被盖度降低，土壤水分对气象和降水变化的响应不断增强，活动层水分变化速率增大，且加剧温度引起的土壤剖面水分交换，尤其是完全融化期。而沼泽草甸随着植被盖度增加，活动层温度虽然不断增大，然而土壤含水量也增加，且其水分变化速率略为降低。

植被盖度对极端高温有明显的调节作用，植被起到抑制土壤水分变化的作用，这些说明高盖度植被有利于维持活动层土壤水热状况的稳定性，从而保证下覆多年冻土的稳定性，起到保护多年冻土的作用，抑制其受气候变化的影响。在气候变化的大背景下，如何保护脆弱的青藏高原生态环境是一个重要的问题。本书通过研究发现，植被盖度有利于保护多年冻土。

2.5 表层土壤有机质含量对土壤热状况的影响

2.5.1 引言

土壤有机质和土壤温度之间的关系，在我们了解气候变化对多年冻土区水文循环和碳循环的影响中扮演着一个十分重要的角色。诸多研究发现，土壤有机层厚度对冻原和寒带森林生态系统的土壤温度变化具有深远的缓冲作用。冻土退化是近年来冰冻圈冻土环境变化的主要特征之一，青藏高原冻土的退化现象也不容忽视。全球变暖是冻土退化的最主要原因，其他要素的存在，特别是地表土壤有机质，也可能对冻土的退化或者发育产生重要影响。表层土壤有机质的存在及其多少可影响土壤结构、组分及水热状况等，进而影响热量在土壤中的传输过程，改变冻土区活动层冻融过程。而表层有机质因具有较大的热容量，热导率较小，使表层土壤可以存储更多的冷储，在夏季融化期能够吸收更多的热量，不利于冻土的融化。表层有机质主要影响冻土夏季的融化过程，起到抑制冻土融化的作用。

多年冻土层在调节高纬度地区和青藏高原地区的植被分布、土壤碳循环和水循环中扮演着十分重要的角色。当前的研究表明，多年冻土通过对大气温度、植被覆盖、雪的直接影响或间接通过水文特性或野火干扰的变化，从而改变土壤热状态。近年来，全球变暖引发美国阿拉加斯加、加拿大、俄罗斯和中国青藏高原的多年冻土退化。一些模型研究估计，在 21 世纪，多年冻土退化将持续且广泛分布于寒区。土壤温度的变化改变了多年冻土退化、土壤碳的积累、植被栖息地及地表水循环过程。然而，我们仍然对活动层和多年冻土间的大气、植被、土壤间复杂的相互作用及其反馈了解甚少。到目前为止，复杂的相互作用中仍存在相当大的不确定因素（如植被、土壤性质、土壤排水和地形条件）通过影响大气温度对多年冻土温度的影响。地形影响植被分布、土壤质地、土壤排水特性和土壤温度，植被影响土壤质地、土壤水热性质和水循环特征。反过来，土壤质地和水热性质对冻土温度和冻土生态系统尤为重要。

对寒区冻原和寒带森林来说，低热导率的地表土壤有机质对活动层内的土壤水热特性具有很强的缓冲作用。在黑云杉森林区，7 月份日最低地表温度和土壤有机层厚度被确定为具有很高的相关性。年平均温度和夏季平均温度与土壤有机层厚度成反比，观察到活动层厚度与土壤有机层厚度呈负指数关系。反之，土壤有机质对气温变化也具有一定的敏感性，从而导致土壤有机质分布格局的变化，土壤有机层对气候变化的响应可能不仅取决于土壤温度和水分条件，也取决于土壤性质、植被类型和土壤有机质化学性质之间复杂的相互作用。土壤有机质和土壤温度间的关系会影响我们对多年冻土区气候变化、植被演替和土壤储存碳的预测。虽然，有机物质层变化如何影响土壤水热动态的模拟已经被改善成一些较新的大规模生态系统模型，但土壤温度、土壤湿度、土壤有机质和植被覆盖之间的相互作用仍无法确切和充分地模拟。为了更好地了解这些相互作用，进行实地观察各种地形、气候和生态系统来收集更多的数据和阐明这些机制的相互作用是必要的。

自 20 世纪 50 年代以来，有机质层厚度和冻土活动层土壤热性质两者间的关系引起学者们相当浓厚的学术研究兴趣，但仍没得到适用于陆面模型、生态模型和冻土模型等模型的定量表达式（Garcı'a et al.，2007；Phil-Eze，2010；Yu et al.，2009）。土壤理化特性、土壤有机质、植被和土壤水热动态间的相互作用是土壤和植被管理及发展更精确的生态系统和陆地过程模型中最重要的问题和挑战。引入土壤有机层和土壤水热动态间关系的定量表达式可能降低现有模型的不确定误差。因此，当发展冻土数值模型和生态系统模型时，土壤有机层的影响必须考虑在内，但目前对这些过程了解不多，尤其是在多年冻土区。随着气候变暖，目前的连续多年冻土将退化为不连续冻土，植被变化可提供足够的土壤上部有机层，为土壤冻融过程提供附加效应。随着长期的气候变化，了解不同植被覆盖下土壤有机质和活动层的土壤水热动态间的关系，该研究对了解多年冻土和高山寒区生态系统的气候变化响应预测发挥着至关重要的作用。

青藏高原的能量和水量平衡对亚洲季风系统有着重要的影响，是全球气候能量和水量平衡的一个重要组成部分。青藏高原多年冻土区代表着中纬度地区明显的冰冻环境，拥有许多典型的高山景观，包括高山草甸和高山草原。其生态系统和水循环受到全球气候变化的显著影响，在过去十年里气温上升了 0.4～0.6℃。一些该区域的早期研究表明，冻土和植被存在着密切的联系，冻土退化显著改变着植被。了解全球气候变化影响下的区域水量和能量循环变化对于了解气候变化对青藏高原多年冻土区高寒生态系统的影响机制，及高寒生态系统活动层土壤热状况和土壤水分变化规律都是非常重要的。因此，在多年冻土区厘清气温、土壤水热耦合、土壤有机质和高山植被覆盖间的相互作用关系是非常重要的。然而，鉴于青藏高原多年冻土区对气候变化的敏感性，植被-土壤-大气水循环和融合-冻结过程耦合作用十分复杂。此外，一些研究已经证明土壤有机质的变化对青藏高原多年冻土区土壤水分和温度变化的效应。冻原和寒带森林等极寒地区一直是关注和研究的课题，但很少有研究探讨青藏高原多年冻土区高寒草原（高山草甸）土壤有机质变化的影响。本书使用了大量来自青藏高原多年冻土区的现场观测数据，研究在中纬度多年冻土区土壤热状况对土壤有机质含量（SOC）变化的反应，测试土壤有机质含量变化对冻土区高山草甸活动层土壤冻结-融合过程的影响效应。

2.5.2　研究方法

2.5.2.1　冻结和融化起始期的土壤温度变化特征

为了定量确定活动层土壤温度变化对多年冻土区土壤有机质的时空响应，将活动层土壤温度的变化分为两个时期：冻结和融化起始期（分别为从 9 月 25～30 日至 11 月 5～10 日，从 5 月 5～10 日至 6 月 25～30 日）以及完全冻结和融化期（从 11 月 10～15 日至 4 月 25～30 日，从 7 月 5～10 日至 9 月 25～30 日）。在冻结和融合起始期，融升时间（T_{ts} 在融化过程期）、冻降时间（T_{td} 在冻结期）、融合上升持续时间（T_{tr} 在融合过程期）、冻降持续时间（T_{dr} 在冻结过程期）、土壤温度上升幅度（ΔT_s）、土壤温度下降幅度（ΔT_d）、土壤温度上升速率（TR_t）和冻结期温度下降率（TR_d），这些被选来作为土壤温度指标分析土壤温度变化。ΔT_d 用式（2.3）计算，TR_t 或者 TR_d 用式（2.4）计算。

$$\Delta T_s \text{ 或 } \Delta T_d = (T_m - bT_0) \tag{2.3}$$

$$TR_t = \Delta T_s / T_{tr} \text{ 或 } TR_d = \Delta T_d / T_{dr} \tag{2.4}$$

式中，T_m 和 T_0 分别为土壤温度的融升峰值和其初始值（$T_0=0$），然而在冻结期 T_m 和 T_0 分别代表土壤温度初始冻降值和近似冻结值（$T_0=0$）。

这些指标不仅描绘了温度分布的变化轮廓，也描述了在活动层的冻结-融化循环的土壤温度变化。

2.5.2.2　完全融合和冻结期土壤温度变化特征分析

在研究地区，超过 70% 总有机碳含量分布在地表以下 10cm 深的土壤中，占高寒草甸和沼泽草甸根系生物量的 87% 以上，各监测站点有机质的最小厚度大约为 4cm。10cm 深度的土壤温度能反映大多数有机物对土壤热通量的影响，以及减少向下土壤热通量的其他因素(表面扰动、矿质土壤水分、质地)的影响。因此 10cm 深的土壤温度可以用来分析在土壤有机碳含量的影响下的大气-土壤温度差，20cm 深的土壤温度用来分析土壤热状况对土壤有机质含量变化的响应。对于没有对 10cm 深度土壤温度进行监测的站点，采用线性插值法计算相应的土壤温度。当活动层(120cm 深度的土壤)完全融合(7 月份)或冻结(11 月份)时，地气间温度差(10cm 深度)ΔT_{s-a} 和 7 月份以及 11 月的最大、最小日土壤温度(20cm 深度)用来分析在表面土壤层中不同有机质含量下土壤热状况和动态的变化。气温是从实验区域建立的小型气象站中获得的。

2.5.2.3　统计分析

使用单方差分析进行统计分析，这种统计模型常用来分析组的平均值和组与组间相关变化的差异，具有统计学意义。在分析中，把表层土壤有机质作为固定因素和土壤温度指数，地气间温度差，7~11 月最大、最小值日土壤温度作为单独的变量。Duncan 比较法(是一种对任意一对平均值间差异提供显著水平的有效测试方法)在阈值 p 为 0.05 下，检测表面层中的不同有机质含量间的显著差异。所有数据分析均在微软 SPSS 13 统计软件(SPSS 公司，美国芝加哥)中进行。

2.5.3　融化过程中土壤温度和 SOC 之间的关系

2.5.3.1　春季融化起始期

土壤表层的 SOC 冻融上升时间 T_{ts}、土壤温度融上升幅度 ΔT_s 具有显著的影响(图 2.18)。10cm 深度的 SOC 和 20cm 深度的 T_{ts}(按 5 月 1 日后计算)之间呈现正指数关系，见式(2.5)，20cm 深度的 SOC 和 ΔT_s 呈负线性关系，见式(2.6)。

$$T_{ts} = 4.9634 \times e^{0.0196SOC} (R^2 = 0.73, p = 0.001) \tag{2.5}$$

$$\Delta T_s = -0.0252SOC + 5.6769 (R^2 = 0.7, p = 0.0002) \tag{2.6}$$

在 4~5 月的融化起始期间，当高寒草甸表土层的 SOC 均值从 20g/kg 变为 80g/kg，活动层土壤在 20cm 深度的融升时间增加了 1.3 倍，这意味着土壤温度从冻结到开始融化的时间推迟了 1.3 倍。更多的土壤有机碳含量存在于土壤表层，而后在融化过程期间改变土壤温度。当表层土壤有机质含量少于 20g/kg 时，20cm 深度的融升时间 T_{ts} 比 60g/kg SOC 的观测点提前 10 天[图 2.18(a)]。然而，更多的土壤有机碳含量存在土壤表层，在融化过程期间，土壤温度的上升幅度较小，土壤有机质能明显降低土壤温度变化的幅度[图 2.18(b)]。当土壤表层有机质含量超过 60g/kg，土壤温度上升幅度 ΔT_s，与 SOC 少于 20g/kg 相比平均下降了 38%，SOC≤20.0 g/kg、SOC 为 20.0~60.0 g/kg 和 SOC≥60.0 g/kg 的土壤温度融升幅度分别为 5.34±0.33℃、4.39±0.41℃ 和 3.51±0.73℃。因此，当 SOC 从 20g/kg 上升到 60g/kg 时，土壤温度融升速率 TR_t 平均下降 67%(表 2.9)。因此，在相同的土层里，土壤表层更高 SOC 与较低的融化速率、较小的融升温度变幅和较长的融化期有关。

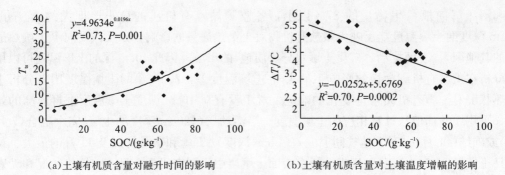

（a）土壤有机质含量对融升时间的影响　　　　（b）土壤有机质含量对土壤温度增幅的影响

图 2.18　融化期表层土壤 SOC 与地温融升时间 T_{ts} 间的关系
以及与土壤温度融升幅度 ΔT_s 间的关系

表 2.8　融化与冻结过程土壤温度参数随土壤有机质 SOC 的变化

	融化过程				冻结过程		
SOC/(g·kg⁻¹)	≤20.0	20.0~60.0	≥60.0	SOC/(g·kg⁻¹)	≤20.0	20.0~60.0	≥60.0
T_{tr}/d	15±4.1	22±5.2	29±5.6	T_{dr}/d	12±2.6	18±4.2	24±3.3
$TR_t/(℃·d^{-1})$	0.36±0.08	0.2±0.03	0.12±0.05	$TR_d/(℃·d^{-1})$	0.33±0.16	0.25±0.06	0.22±0.08

注：土壤温度融升持续时间 T_{tr}，土壤温度融升速率 TR_t，土壤温度冻降持续时间 T_{dr}，土壤温度冻降速率 TR_d。

2.5.3.2　夏季活动层完全融化期

7~8 月，活动层（120cm 深度）完全融化。在 7 月，20cm 深度土壤的最小和最大土壤温度和地气间温度差（10cm 深度）$\Delta T_{s\text{-}a}$ 常用来说明土壤热状况随 SOC 的变化。图 2.18（a）显示在 7 月，20cm 深度不同地表 SOC 含量下最大和最小土壤温度的变化。更高的地表 SOC 导致更高的最小土壤温度，7 月最小土壤温度与 SOC 呈现一个显著的正线性关系［图 2.19（a），$R^2=0.68$，$p<0.001$］。在 20cm 深度，SOC 每增加 10g/kg，最小土壤温度增长速率为 0.46℃。然而，7 月的最大土壤温度和 SOC 呈不显著的线性负相关关系［图 2.19（b），$R^2=0.13$，$p=1.5$］。这表明最大土壤温度在 7 月有下降趋势，但与 SOC 的增长有复杂的联系。在 7 月，最大和最小土壤温度的不同变化，表现了较低和较高 SOC 观测点之间不同热特性差异，如热传导和热容量。

地气间温度差 $\Delta T_{s\text{-}a}$，随着 SOC 的增加呈正线性关系［$R^2=0.61$，$p<0.001$；图 2.19（b）］。在 7 月，地表 SOC 越大，地气间温度差 $\Delta T_{s\text{-}a}$ 越大。当 SOC 从 20g/kg 增长到 60g/kg，$\Delta T_{s\text{-}a}$ 平均增长 3 倍，这表明土壤中更多的 SOC 意味着相对较低的土壤温度变幅，在夏季地气间温度差异最大。

2.5.4　冻结过程期土壤温度和 SOC 之间的关系

2.5.4.1　秋季冻结过程期

从 10 月 5~15 日，活动层开始冻结，11 月 10~15 日，活动层完全冻结，将该期间命名为冻结过程期(王根绪等，2011)。土壤冻降时间 T_{td}(10 月 1 日后)，随着地表 SOC 的增加呈正线性相关关系[图 2.20(a)，式(2.7)]。在 20cm 深度，随 SOC 增大土壤开始冻结时间不断推迟。SOC 增长速率每增加 10g/kg，开始冻结温度 T_{td} 增加 2.5 天。当土壤表层(10cm 深度)的 SOC 从 20g/kg 增加到 60g/kg，在 20cm 深处的土壤开始冻结时间推迟 14 天左右[图 2.20(a)]。土壤温度冻降幅度，ΔT_d 与地表 SOC 有显著的线性相关关系，见式(2.8)。在土壤冻结过程期间，地表 SOC 越大，土壤温度冻降幅度越大[图 2.20(b)]。在 20cm 深度，土壤温度冻降幅度 ΔT_d，相比 SOC$\geqslant$60.0g/kg，SOC$\leqslant$20.0 g/kg 的 ΔT_d 平均少 38%。在高寒草甸多年冻土区，越高的地表 SOC 导致融冻转换开始时间的推迟和冻结期土壤温度的较大变幅。

$$T_{td} = 0.2511SOC + 9.64(R^2 = 0.84; p < 0.001) \quad (2.7)$$
$$\Delta T_d = 0.0178SOC + 3.7839(R^2 = 0.64, p < 0.001) \quad (2.8)$$

一般来说，SOC$\leqslant$20.0 g/kg、SOC 为 20.0~60.0 g/kg 和 SOC$\geqslant$60.0 g/kg 的土壤温度冻降幅度分别为 5.4$\pm$0.28℃、4.6$\pm$0.27℃和 4.05$\pm$0.42℃。土壤温度冻结速率 TR_d，用式(2.4)计算，其结果列于表 2.9。更高的地表 SOC 导致更低的土壤温度冻结速率。SOC$\geqslant$60.0 g/kg 的观测点的冻结速率比 SOC$\leqslant$20.0g/kg 的观测点明显小 33%左右。SOC$\geqslant$60.0g/kg 的观测点的融升速率比 SOC$\leqslant$20.0g/kg 的低 67%左右。与冻结过程相比，SOC 一样的高寒草甸观测点，冻降速率比融升速率大。对于高 SOC 的高寒草甸，冬季的散热速率或冷却速率比夏季的吸热速率大(表 2.9)。然而，在高寒草甸观测点，同一季节，更大的地表 SOC 意味着热交换速率更低，对于散热和吸热速率都一样。

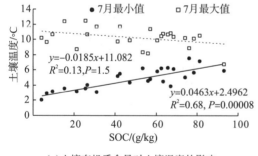

（a）土壤有机质含量对土壤温度的影响

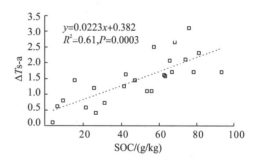

（b）土壤有机质含量对地气间温差的影响

图 2.19 不同 SOC 下的 7 月份 20cm 深度土壤极端最高温度、极端最低温度及地表温度(10cm 深度)差异

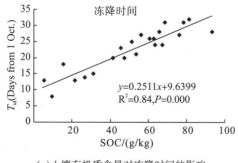

（a）土壤有机质含量对冻降时间的影响

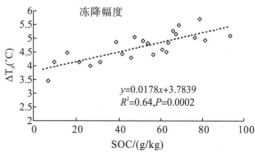

（b）土壤有机质含量对冻降幅度的影响

图 2.20 冻结过程期冻降时间和冻降幅度与土壤 SOC 的关系

2.5.4.2 冬季完全冻结期

在 11 月，60~80cm 深度的活动层完全冻结。如图 2.21(a)表示，在 11 月，不同地表 SOC 下，20cm 深度最小和最大土壤温度的变化。地表 SOC 与最大土壤温度或最小土壤温度呈正线性相关关系(最大温度：$R^2=0.63$，$p<0.001$；最小温度：$R^2=0.46$，$p=0.001$)。SOC 每增加 10g/kg，最大土壤温度以 0.3℃的平均速率增加，而最小土壤温度以 0.4℃左右的速率增加。这些现象表明，当活动层完全冻结时，较大的土壤有机质含量与最大和最小土壤温度密切相关。

图 2.21(b)所示，地气间温度差 ΔT_{s-a}，随着 SOC 的增加呈现正线性相关关系($R^2=0.53$，$p=0.001$)。更高的地表 SOC 与更大的 ΔT_{s-a} 有关。SOC 每增加 10g/kg，ΔT_{s-a} 以 0.58℃的平均速率增加；而在完全融化期，可达到 2.6 倍的完全冻结期速率[7 月，图 2.19(b)]。在冻结过程和融化过程中，更高的地表 SOC 分别与较大梯度的散热和吸热过程有关。在高寒草甸 SOC 较大的观测点，冻结过程中的散热梯度比融化过程中的吸热梯度更大。

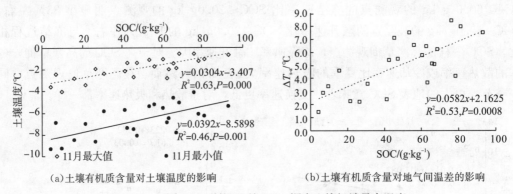

(a)土壤有机质含量对土壤温度的影响　　　　(b)土壤有机质含量对地气间温差的影响

图 2.21　不同 SOC 下的 11 月 20cm 深度土壤极端最高温度、
极端最低温度及地表温度(10cm 深度)差异

2.5.5　土壤温度变化特征

改变地表 SOC，将改变活动层土壤温度剖面分布特征。如图 2.22 所示，不同季节及不同地表 SOC 的观测点，其土壤温度剖面分布特征是多样的。在融化初期(5 月)，更大的地表 SOC 与较高的地表土壤温度(5cm 深度)和较低的深层土壤温度(低于 20cm 深度)，这种情况一直维持到整个完全融化期间(7~8 月)。在冻结初期(10 月)，与此相反，更大的地表 SOC 导致较低的地表土壤温度和稍高的深层土壤温度[图 2.22(c)]。在完全冻结期间(11 月)，更大的地表 SOC 导致较高的活动层土壤温度[图 2.22(d)]。这些现象也表明，在高寒草甸地区，更大的地表 SOC 导致了冻结过程中更多的地表土壤散热量和融化过程中更多的土壤吸热量。然而，在土壤深层，更大的地表 SOC 导致了更低的热传导速率。比较图 2.22 可以发现，在冻结期间，地表 SOC 对土壤温度分布曲线的影响主要体现在土壤 40cm 深度以上。而在 40cm 深度以下，不同的 SOC 对土壤温度的影响很小。

活动层土壤温度动态变化曲线与不同的地表 SOC 有关。在一般情况下(表 2.9)，土

壤温度的融升时间 T_{ts} 和土壤温度的冻降时间 T_{td}，都随土壤深度的增加而不断推迟。然而，在同一土层中，地表 SOC 的变化对土壤温度指标的影响存在较大差异。地表（5cm 深），SOC≥60.0g/kg 和 SOC 为 20.0～60.0g/kg 观测点的土壤温度融升时间 T_{ts}，比 SOC≤20.0g/kg 的观测点更大，分别达到 7.7 天和 1.5 天。而在土壤 80cm 深度，T_{ts} 分别达到 23.2 天和 8.3 天（表 2.10）。更大的地表 SOC，地表土壤融升时间推迟得更长。对于土壤温度冻降时间，活动层的 T_{td} 的改变趋势与 T_{ts} 相似，即更大的地表 SOC 导致土壤温度冻降时间的不断推迟。从地表到 80cm 深度的土层，SOC≥60.0g/kg 观测点的土壤温度冻降时间 T_{td}，比 SOC≤20.0g/kg 的观测点更长，从 20.0g/kg 到 60.0g/kg，分别从 8.4 天和 4.5 天延长到 9.3 天和 8.2 天。通常，T_{td} 在不同土层之间的变化小于 T_{ts} 的。因此，更大的地表 SOC 与活动层土壤融升时间和冻降时间的推迟有关系。

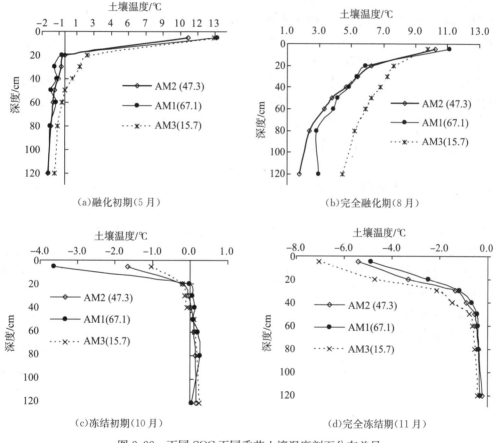

图 2.22　不同 SOC 不同季节土壤温度剖面分布差异

2.5.6　讨论

2.5.6.1　地表 SOC 对活动层土壤温度的影响

在北极地区的寒带苔原生态系统中，一些研究已经报道，活动层土壤的热性质和厚度（ALD）显著受有机质层厚度的影响（Jorgenson et al.，2010；Shur et al.，2007）。较厚的土壤有机质层，将形成一个较浅的活动层(Paré et al.，2013)。因此，土壤温度振幅降低和时间的滞后是随着土壤深度和土壤温度的季节性而变化的(Jiang et al.，2012；Wania et al.，2009)。在青藏高原多年冻土区的高寒草甸地区，已经确定活动层土壤的热性质受到土壤有机质的显著影响。在青藏高原多年冻土区，高寒草甸的土壤有机质和土壤有机质厚度呈线性正相关关系(OMT，$R^2 = 0.91$，$p < 0.001$)，可以表征为

$$OMT = 0.6388 \times SOC - 4.6725$$

因此，地表SOC(0~10cm深)可以用来表征土壤有机质厚度。一般来说，SOC越大，土壤浅层的含水率也越大，更大SOC的高寒草甸主要位于弱排水区域(Wang et al.，2012；Zhang et al.，2003，2005)。由于有机质层、细粒土与地表凋落物层较低的热传导率，这种类型土壤的热扩散系数与在超过20cm深度土壤中差异较大(Fukui et al.，2008；Shur et al.，2007)。王根绪等(2012)发现，随着高寒草甸的地表SOC增加，感热通量H、地表热通量Gs降低。在观测点，相比地表SOC为67.1 g/kg，地表SOC为15.7 g/kg的H和Gs分别超过了19%和41%(Wang et al.，2012)。有机质层中通过改变土壤的含水量调节土壤热状况(Jorgenson et al.，2010；O'Donnell et al.，2009)。干燥的有机质层比较湿润的导热系数低，通过相变过程中潜热的吸收和释放，湿润的土壤层也降低了土壤温度季节性变化幅度(Jorgenson et al.，2010；O'Donnell et al.，2009；Romanovsky et al.，2000)。因此，较大的土壤SOC和较高的土壤含水量，对在夏季减少热量的输入，在冬季增加热量的散失具有重要的作用(Jiang et al.，2012；O'Donnell et al.，2009；Wania et al.，2009)。如图2.22所示，地表SOC越大，表层土壤(0~10cm深)的温度上升或下降更为迅速，但在融化或冻结初期(5月和10月)，更深层的土壤温度下降得更慢。此外，地表SOC越大，冻融转换过程的土壤温度开始变化后，融化速率更低，地气间温差越大，在融化期间的土壤温度的融升幅度越小。在冻结过程中，土壤水分变化是土壤热性质的一项重要影响因素。在冻结期间(10~11月)，10cm深度和120cm深度的土壤层含水量比相对中间土壤层高。土壤湿度呈上升积聚和向下运动的趋势，中间层(20~70cm深)明显比较干燥。更大的地表SOC与更高的土壤浅层含水量及较深的冻结深度有关(Wang et al.，2007；Zhou et al.，2000)。土壤水分运动和分布格局归因于一个事实，那就是在融冻转化中土壤温度变化特征中，随地表SOC增大，土壤温度冻降幅度增大，活动层土壤深层温度越低(图2.20和图2.22)。较低热传导率的SOC层的缓冲作用，导致冬季的散热速率比夏季的吸热速率大，及冻结过程的散热速率比融化过程的吸热速率大。本书研究结果与一些在北方和高纬度地区的苔原生态系统的研究结果接近(Fukui et al.，2008；Shur et al.，2007；Yoshikawa et al.，2003)。

2.5.6.2 地形和土壤水分对土壤温度和SOC相关关系的影响

多年冻土活动层的土壤热性质不仅与大气和土壤有机质有关，而且与地形和土壤水分状况有关(Jorgenson et al.，2010；Zhou et al.，2000)。地形影响地表接收的太阳辐射量、土壤组成和植被分布特征。如图2.23所示，本书研究的观测点分布在不同海拔。通常观测点的海拔越高，地表SOC越低。然而在融化过程中，最小的SOC导致冻融过程中土壤温度变化的滞后时间延长，这与前述的研究结果相背离。这种现象主要归因于海拔的影响(海拔较高的观测点，气温较低，土壤的热输入量较小)。在本书研究区域内，

融化过程中(4～6 月)海拔每增加 100m，土壤温度递减速率大约为 1.58℃，这比挪威
−0.6 ℃/100m；Heggem et al.，2005)和安第斯山脉(−1℃/100m；Apaloo et al.，
2012)观察到的更大。海拔对土壤热状况的影响较强。在冻结过程中(图 2.23)，土壤温
度开始转换时间存在巨大差异，如 1♯点(较低的 SOC)和 4♯点(较高的 SOC)在融冻转化
过程中受到土壤有机质和海拔高度的综合影响。

　　O'Donnell 等(2009)发现，在土壤有机层中，含水量和热传导率之间有很强的线性正
关系，在不同的苔藓和黑云杉生态系统中，土壤有机层通过含水量来调节土壤的热状况。
同样的，我们观察到在青藏高原多年冻土的干湿高寒草甸地区，地表 SOC 和土壤热状况
之间存在线性正相关关系(图 2.24)。在湿润的高寒草甸地表有机层，SOC 每增加
10g/kg，较大的土壤含水量阻碍土壤温度变化的速率。因此，在冻结和融化过程中，土
壤温度的变化幅度降低，这与高纬度地区的黑云杉生态系统的研究结果一致(O'Donnell
et al.，2009；Romanovsky et al.，2000)。如上所述，地表有机层的含水量对土壤热传
导率有很大的影响。在干燥的高寒草甸，冻结和融化期中，更大的 SOC 与土壤温度开始
变化的滞后时间有关($R^2 \geqslant 0.85$，$p \leqslant 0.001$)。然而，相比干燥的高寒草甸，湿润高寒
卓甸的 SOC 对融冻转换中土壤温度变化的影响较弱(图 2.24)。这种现象主要归因于土壤
水分对 SOM 热传导率的影响。

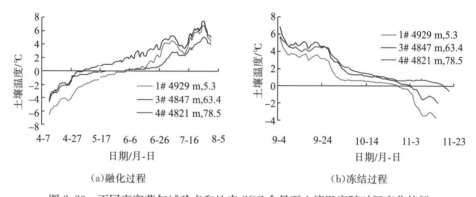

(a)融化过程　　　　　　　　　　　　(b)冻结过程

图 2.23　不同高寒草甸试验点和地表 SOC 含量下土壤温度随时间变化特征

　　将图 2.24 与图 2.18 及图 2.20(a)进行比较，我们可以发现，土壤水分的变化不会改
变地表 SOC 与土壤热动力学的关系和不同 SOC 下的土壤热状况及其变化趋势。在青藏
高原多年冻土的高寒草甸，地表 SOM 的变化会改变地表能量平衡和土壤水热性质。在土
壤水热关系中，不同的热传输差异造成不同的土壤水热性质差异，反过来，在不同水平
的地表 SOC 中，造成明显的土壤水热剖面分布差异(Wang et al.，2012)。类似的发现在
北极地区被证实(Jorgenson et al.，2010；O'Donnell et al.，2009；Romanovsky et al.，
2000；Yi et al.，2009)。在多年冻土区，土壤有机质、土壤水分和热的相互作用关系比
其他地区更显著。因此，土壤有机质性质(含量和厚度)的变化不仅影响土壤热状况及其
分布，而且影响土壤水分变化特征。

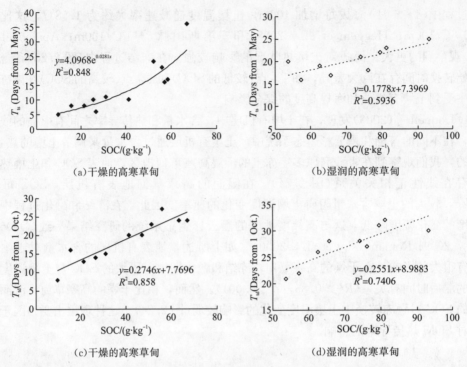

(a)干燥的高寒草甸   (b)湿润的高寒草甸

(c)干燥的高寒草甸   (d)湿润的高寒草甸

图 2.24   高寒草甸土壤水分对地表 SOC 与土壤热状况关系的影响

2.5.6.3 多年冻土区土壤有机质与土壤水热耦合关系

在多年冻土区，土壤温度是土壤水分剖面分布的驱动力。反过来，土壤水分对土壤热状况的影响更大(Oleson et al.，2008；Shur et al.，2007；Yi et al.，2009)。土壤有机质对土壤水热状况的影响与三个影响因素密切相关。如图 2.25 所示，在冻结期，土壤有机质、土壤温度和水分之间有线性正相关关系。一般来说，地表 SOC 每增加 10g/kg，土壤水分含量和温度分别增加 3.72% 和 0.44℃，而土壤温度每增加 1.0℃土壤水分含量改变为 7.47%。融化期也有类似的变化趋势。在不同植物类型和植被覆盖的条件下，Wang等(2012)提出以上这些研究结果与水热耦合关系的变化一致，证明了活动层土壤水分和温度的耦合动力学特性随着植被盖度的变化而发生显著改变。事实上，在高寒草甸地区，不同植物类型和植被盖度具有不同的土壤性质(表 2.9)。

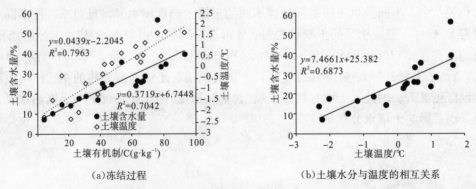

(a)冻结过程   (b)土壤水分与温度的相互关系

图 2.25   青藏高原高寒草甸区土壤有机质、土壤水分和土壤温度的相互作用关系

表 2.9　不同地表 SOC 含量下冻融时期土壤温度指数随时间变化特征

土壤有机质含量 时期 类型	湿润的高寒草甸			干燥的高寒草甸		
SOC/(g·kg⁻¹)	TIP	FIP	ETP	TIP	FIP	ETP
≤20.0	31.9±3.7	49.8±4.7	52.6±1.9	26.1±1.9	12.4±5.8	29.9±3.1
20.0～60.0	38.4±4.1	51.7±3.9	58.2±2.6	21.2±2.1	17.8±3.0	30.3±3.4
≥60.0	50.5±6.4	44.6±5.2	73.5±2.0	17.8±3.2	21.5±2.9	28.9±1.8

　　地形是控制干湿高寒草甸组成和分布的一个重要因素。湿润高寒草甸的地表有机质层常年含水量高，通常位于低洼地区和排水性较差的盆地地区，在整个融化期（表 2.10），地表 SOC 越高，有机质层的土壤水分含量越高。相反的，干燥高寒草甸的排水系统较好，8～9 月的整个融化过程（表 2.10）（Wang et al.，2012），不同的 SOC 下活动层（20cm 深度）土壤湿度和可用水量存在差异。然而，在干湿高寒草甸的融化（4～6 月）和冻结（10 月～11 月）期，不同地表 SOC 下，活动层的土壤水动态变化特征也明显不同（表 2.10）。因此，在融化和冻结期，活动层内土壤水分剖面分布特征受多年冻土区土壤温度控制，即使地表 SOM 含量不同导致土壤水文特性不同（Shapchenkova et al.，2011；Zhou et al.，2000）。表层 SOC 的变化会改变土壤水热特性，从而导致土壤地表热通量的变化，进而影响土壤水分剖面分布。然而，活动层的土壤水分会阻碍地表 SOC 对能量的转换和传输过程，这导致活动层中地表 SOC、土壤温度和土壤水分之间的关系更为密切。

　　近年来，在多年冻土区土壤的热传输模型中一个重大的进步，是在实现水热传输的完全耦合（Jiang et al.，2012）。而一些研究表明，土壤温度模拟可以通过考虑土壤有机质的影响使得模拟精度得到明显改善（Lawrence et al.，2008；Nicolsky et al.，2007），不能仅仅把浅层土壤和植被确定为不确定性的重要来源（Bayard et al.，2005；Hilbich et al.，2008；Riseborough et al.，2008；Scherler et al.，2011）。一般情况下，在多年冻土地区的土壤湿度模拟比土壤温度模拟更难，部分原因是由于土壤有机层复杂的相互作用和热传导与土壤水动力的耦合效应（Lawrence et al.，2008；Sitch et al.，2003；Wang et al.，2012；Yi et al.，2009）。热传导系数的参数化方案，被 CoLM 陆面过程模式和 CLM 模型采用，基于土壤固体热传导率和 Kersten 数（Chen et al.，2012；Dai et al.，2003；Oleson et al.，2004）。土壤固体热传导率是在土壤质地和 Kersten 数的基础上，确定的经验性饱和度函数（Chen et al.，2012）。在多年冻土区，土壤固体的热传导性和 Kersten 数明显受 SOC 和冻融过程的影响。因此，在地表的热传导率参数化模型中应考虑 SOC 和冻融过程的影响。基于 Lawrence 和 Slater（2008）提出的方法，Yang 和 Wang（2008）以及 Chen 等（2012）认为，新的参数化方案应考虑 SOC 的影响，及耦合土壤有机质、土壤温度和水分的关系，从而为提高土壤温度和水分参数化方案提供一个行之有效的方法。因此，在本书研究中，土壤有机层对热性质及土壤剖面热状况的影响，纳入陆面过程模型、气候和冻土模型，可以提高我们对土壤-植物-大气之间复杂作用关系的认识及预测未来的多年冻土变化。此外，在这些改进的基础上，对未来青藏高原多年冻土环境、气候变化、生态系统动力学和水循环过程的预测模型的准确度可以得到改善。我们所理解的土壤有机质和土壤水热性质之间的关系肯定会影响气候变化对土壤碳储存的影

响预测 (Fang et al. , 2005; O'Donnell et al. , 2009)。

2.5.7 小结

　　表层土壤有机质均可对冻土的发育、存在和消亡产生影响。表层有机质因具有较大的热容量，热导率较小，使表层土壤可以存储更多的冷储，在夏季融化期能够吸收更多的热量，不利于冻土的融化。综上所述，积雪主要影响冬季冻土的融化过程且影响视积雪深度而定，表层有机质主要影响冻土夏季的融化过程，起到抑制冻土融化的作用。有机质土相对较高的热容量是产生上述现象的关键因素，唐古拉山地区多年平均气温为负值，有机质土壤较大的热容量能够储存更多的冷储，夏季需要更多的热量才能够使土壤发生融化，融化过程和冻结过程也就相对缓慢，开始的时间也有所滞后，致使冻土对气候变化的响应相对滞后。另外，有机质土较高的热容量可引起热传导速率减小，能量更不易传输，因而更高的有机质含量有利于冻土的发育和存在。

　　与北方森林区、北极地区的灌木和苔原生态系统的研究结果相似，青藏高原高寒草甸生态系统的土壤表层有机质层厚度对活动层土壤热状况具有强烈的影响。土壤表层中较多的土壤有机质含量导致较低的融化速率、较小的融升幅度和较长的滞后时间。在冻结过程中，土壤表层较大的有机质含量导致较低的土壤温度下降率和较晚的冻融转化起始时间以及冻结期较大的土壤温度变幅。较低热传导率的土壤有机质含量层对深层土壤温度变化起到缓冲作用，导致了比夏季吸热速率更大的冬季散热速率，及融化过程的吸热速率大于冻结过程的散热速率。

　　地表有机质含量对土壤温度变化及其剖面分布的影响与土壤有机层水分和地形条件密切相关。在青藏高原多年冻土区，海拔每增加 100m，土壤温度的垂直递减率加大，导致相比在亚北极地区，高寒草甸区的土壤有机含量和土壤热状况关系发生重大改变。尽管地表有机质层含量变化导致土壤水力特性及水分传输特性发生改变；然而地表有机质层通过改变冻融过程中地表的能量传输过程，控制着土壤热状况及其剖面分布特征，以及整个活动层土壤的水热耦合关系。表层土壤有机质和土壤热性质之间的关系没有改变，并且与土壤水分状况紧密相连。在冻融时期，活动层土壤温度的年变化是由表层土壤有机质含量变化与水分动态协同影响控制的。土壤有机质、土壤水分和温度的耦合关系在气候变化下冻土响应中起到重要作用。通过了解土壤有机层对土壤水热耦合循环的影响，及其对抑制或促进冻土变化的作用，促进多年冻土区的土壤水热特性参数化，这对于改善陆面模型、生态系统和冻土动力学模型的模拟精度具有重要意义。这种方法可以提高我们对气候变化下未来的多年冻土和高寒生态系统动力学影响的预测能力。

2.6　植被覆盖变化的能量平衡与热传导影响

　　全球气候变化已经显著影响了世界上许多地区的自然生态系统。由于苔原地区对多年冻土环境日益变暖的敏感性，苔原生态系统对气候变化是极其敏感的 (Walker et al. , 2003; Christensen et al. , 2004)。多年冻土除了对生态系统的物质支持外，仍对土壤温度和水分、地下水文环境、根区和微地貌特征等产生影响（Jorgenson et al.，2001；McGuire et al.，2002）。因此，在气候变暖下的多年冻土退化过程将改变地表的水量和能量平衡过程，包括苔原地区的植物生长状况（Jayawickreme et al.，2008）。活动层土壤温度是理解相关过程的关键。然而，由于不同植被类型下的土壤质地和水通量差异是很难确定的，导致植被和活动层土壤温度间相互作用关系仍未得到有效解决（Bakalin et al.，2008；Jayawickreme et al.，2008）。填补植被和土壤热状态关系的空白，也是提高 GCMs 模型的模拟精度及多年冻土区冻融过程模拟分析的关键（Yi et al.，2006；Nicolsky et al.，2007）。

Yi 等（2006）发现广泛存在的植被、泥炭层和土壤有机层对削弱气候变暖对极地地区冻土融化起到显著的作用。在 Uksichan 河谷，Bakalin 和 Vetrova（2008）指出多年冻土上限（活动层深度）从下覆泥炭植被层的 20～40cm 增加到下覆矮灌木青苔层的 60cm。然而，仍有一些研究阐明高山草原植被覆盖对土壤热状态的影响，相关研究广泛存在于青藏高原多年冻土区和欧亚冰冻圈地区（Zhang et al.，2005；Wang et al.，2007）。本书使用青藏高原东北部高寒草甸的观测数据，评估植被覆盖和活动层土壤热状态复杂的相互作用关系。

2.6.1　分析方法

本书选择四个时期比较不同植被覆盖下活动层土壤温度的变化。冻结期从 10 月 15～20 日开始，并在 12 月 5～10 日进入完全冻结期（0～1.2m）；融化期从 5 月上旬开始并于 7 月上旬进入完全融化期（0～1.2m）。

土壤热参数和土壤热动态特性用于研究不同植被覆盖对地面热状况的影响。土壤热参数包括热扩散系数 α、导热系数 k 和融化滞后时间，这是指目标层相对于地表融化的滞后时间。土壤的热动态特性包括：①开始融化时间（T_r），表示土壤温度开始超过 0.5℃的时间；②融化前期温度振幅（ΔT_r），表示在融化开始后 20 天内峰值温度与开始融化温度之间的差值；③开始冻结时间（T_f），表示活动层土壤开始冻结时间；④冻结前期温度振幅（ΔT_f），表示在冻结开始后 20 天内最低温度与开始冻结温度之间的差值。ΔT_r 和 ΔT_f 的计算公式如下：

$$\Delta T_r \text{ 或 } \Delta T_f = \Delta T_{20} - T_{S0} \tag{2.9}$$

式中，ΔT_{20} 是 20 天内融化或冻结的极值温度，T_{S0} 是土壤初始冻结或融化温度。

活动层不同深度土壤的热扩散系数采用一维热传导方程计算：

$$\frac{\partial T}{\partial t} = \alpha \frac{\partial^2 T}{\partial T^2} \tag{2.10}$$

式中，T 是土壤温度，t 为观测时间，Z 是指相关土壤层的深度；α 可以用近似有限差分技术估计（Nelson et al.，1985；Sun，2005）：

$$\alpha = \left[\frac{\Delta Z^2}{2\Delta t}\right]\left[\frac{(T_i^{j+1} - T_i^{j-1})}{(T_{i-1}^j - 2T_i^j + T_{i+1}^j)}\right] \tag{2.11}$$

导热系数 k 使用现场观测资料用以下方程计算得到（Peters-Lidard et al.，1998；Lars et al.，2001）：

$$k = ke(k_{sat} - k_{dry}) + k_{dry} \qquad (2.12)$$

式中，k_e 是一个标准热导率（称为 Kersten 数）和 k_{dry}、k_{sat} 分别是干热导率和饱和热导率，计算公式如下（Sun，2005）：

$$k_{dry} = \frac{0.135\gamma_d + 64.7}{2700 - 0.947\gamma_d}, k_{sat} = k_s^{1-n} k_i^{n-\chi_u} k_w^{\chi_u} \qquad (2.13)$$

式中，γ_d 是土壤干容重，k_s、k_i 和 k_w 分别是固体、冰和水的热导率，计算方程的热导率利用土壤干容重用式（2.10）和式（2.11）计算。

地表能量平衡方程表示如下（Mayocchi et al.，1995）：

$$R_n - G_s - LE - H = 0 \qquad (2.14)$$

用净辐射计测量净辐射 R_n（W·m^{-2}），然而由于缺乏观测，感热通量 H（W·m^{-2}）和潜热通量 LE（W·m^{-2}）用 SHAW 模型模拟结果（NWRC，2004；Flerchinger，2000）。地表热通量 G_s，用式（2.12）计算进入（或输出）土壤的能量。

2.6.2　地表热状况及其对植被盖度变化的响应

2.6.2.1　不同植被盖度下的地表能量平衡

高寒草甸感热通量 H 随着净辐射 R_n 在 2 月份的增大开始增加，潜热通量 LE 从 4 月底开始增加，在 7 月份达到峰值。而在土壤完全冻结后，潜热通量非常小，要远小于感热通量。地热通量为 $-23.15 \sim 23.15$，在 6～7 月份达到峰值。植被盖度对土壤平衡过程起到重要作用，从图 2.26 可以看出，随着植被盖度的增加，感热通量和地热通量降低。SHAW 模型的模拟结果表明，植被覆盖变化显著影响地表能量平衡。随着植被覆盖增加，H 和 G_s 不断降低。相比 93％植被覆盖，30％植被覆盖下年和冬季 H 分别高约 16％和 19％。30％植被覆盖下的暖季（6～9 月）之间从地表传输到土壤深层的 G_s，分别比 65％和 93％植被覆盖高 23％和 41％；然而在冬季（10～2 月），从土壤向上输出到空气的 G_s 分别低 17％和 38％[图 2.28（c）]。这意味着植被覆盖越低，土壤温度不断增加，因此地表热通量越大。

在土壤冻结期间，30％、65％和 93％植被覆盖下 LE 平均值分别为 6.9（W·m^{-2}）、12.7（W·m^{-2}）和 16.2（W·m^{-2}）[图 2.26（b）]。大部分的能量转换为感热通量，30％、65％和 93％植被覆盖下的平均值分别为 18.5（W·m^{-2}）、16.2（W·m^{-2}）和 13.9（W·m^{-2}）。在土壤融化期，LE 由于降水和植被盖度的增加而迅速增加，并逐渐在 6～7 月占主导部分。然而，9 月 LE、G_s 开始急剧下降，H 逐渐增加。在夏季（6～8 月），30％、65％和 93％植被覆盖下 LE 平均值分别为 35.9（W·m^{-2}）、50.9（W·m^{-2}）和 68.3（W·m^{-2}），是 H 平均值的 1.4 倍、2.1 倍和 3.1 倍[图 2.26（b）]。

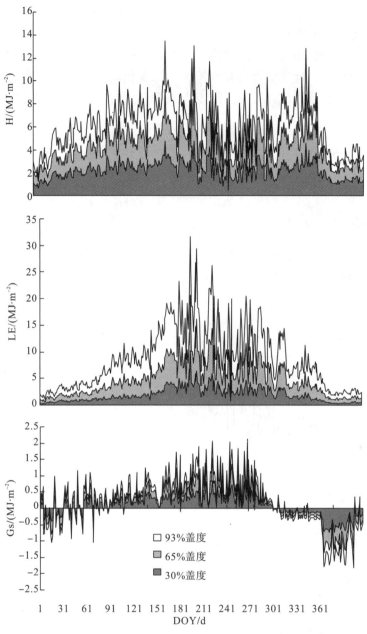

图 2.26　不同植被盖度下感热 H、潜热 LE、热通量 G_s 和净辐射 R_n

2.6.2.2　积雪对地表热状况的影响

研究区冬季(10 月～次年 4 月)降水量小于 25mm,而蒸发量却超过 30mm。即使在寒冷的冬季,地面积雪也是不规则的、不连续的薄层(Sato,2001;Zhou et al.,2000)。十年间的遥感数据被用来分析长江源区的积雪厚度和覆盖区域,该研究覆盖了本研究区。一般而言,积雪厚度小于 2cm,覆盖面积小于 20%。积雪最大厚度出现在冬季的 2～3月,雪的累积时间短,一般少于 40 天。冬季降水少和风吹雪是影响积雪分布的主要因素(Sato,2001;Wang et al.,2007)。

　　图 2.27 显示了不同植被盖度下气温的变化、地表温度和中晚冬季(1~3 月)降水的变化。在观测期间,2006 年和 2007 年中晚冬季降雪量仅分别为 7mm 和 14mm,月平均气温的分别为−13.2℃和−9.1℃。在该期间,气温和降雪量是呈现负相关关系的。在 93% 和 30% 的植被盖度下,地表温度遵从气温的年际变化特征(如 2006 年较高而 2007 年较低)(图 2.27)。因此,可以推断,在研究区域的薄积雪对土壤温度的影响可以忽略。

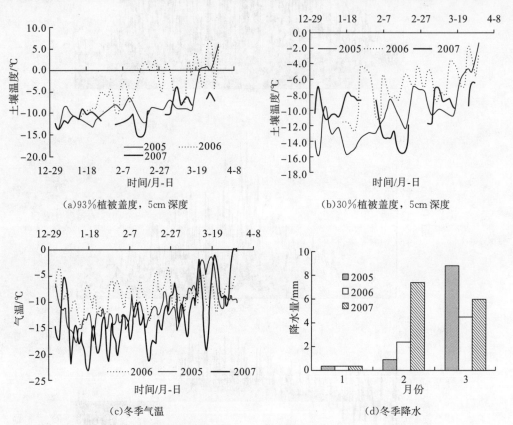

图 2.27　冬季不同植被盖度下 5cm 深度土壤温度和气温、降水变化特征

2.6.3　植被覆盖变化的地表热力学响应

2.6.3.1　地气温差与植被盖度的关系

　　地气温差是影响地表能量平衡以及地热通量的主要驱动因素,代表了经地表覆被作用后,地表能量可以传输于土壤深部的热力状态。高寒草地植被一个十分重要的特性就是根系极为发育,其生物量往往是地上部分的数倍乃至数十倍,在表层 5cm 范围内大致集中了其生物量的 70% 以上,特别是高寒草甸与高寒沼泽植被,致密的根系盘根交错,形成一个特殊的不同于腐殖质和土壤有机质的生物层。为了分析高寒草地植被对地气温差的影响程度,本书就将表层 5cm 深度根系层与上覆植被层视作统一的植被层,以空气温度和 5cm 深度土壤温度之差作为衡量植被影响的地气温差指标。

　　如表 2.10 所示,利用风火山观测试验区域两种主要植被类型不同盖度下 5cm 深度地温的观测数据，计算地气温差及其季节动态。可以看出，在融化开始的春季(TIP)和完全融化的夏季(ETP)，高寒沼泽植被区地气温差整体上要显著小于高寒草甸植被区；但是在冻结过程(FIP)，与此刚好相反，高寒沼泽植被区的地气温差高于高寒草甸植被区。这与这两类草地不同的地表土壤水分含量与土壤有机质含量有关。在相同类型的植被覆盖区，伴随植被盖度减少，融化期地气温差趋于减小；在冻结期，高寒沼泽区地气温差随植被盖度减少而减小，但是在高寒草甸区，随植被盖度降低，地气温差趋于增大。也就是说，地气温差既与植被盖度有关，也与植被类型有关，且不同季节，寒区的地气温差也显著不同。相同类型植被，植被覆盖变化的地气温差效应，在不同季节间的地气温差也不同。

表 2.10　不同植被盖度下地气温差及其季节动态变化　　（单位：℃）

项目 季节	类型 高寒沼泽		高寒草甸		
	盖度 97%	盖度 65%	盖度 93%	盖度 67%	盖度 30%
TIP	1.3	0.8	10.2	7.7	10.0
ETP	1.6	0.6	4.1	3.4	4.0
FIP	7.5	6.7	4.2	6.6	7.1

2.6.3.2　地气温度关系随植被盖度的变化

地气温度之间存在较为显著的线性关系，如图 2.28 所示，以高寒草甸为例，融化过程线性函数的截距和斜率随植被盖度降低而增大；随植被盖度减少，地气温度关系的正负交换的临界气温降低。在土壤冻结过程，地气温度间线性关系在土壤温度坐标的截距相差不大，在空气温度的坐标上的截距与融化期相反，随植被盖度增加而减小，也即正负转换的气温临界温度随植被盖度增加而降低。总之，植被盖度变化将改变地气温度间的相关关系，也即二者间的线性关系模式将发生改变。如融化期，盖度为 30% 的线性关系可表示为：$T_s = 0.553T_a + 1.696$；盖度为 67% 的地气温度关系则为：$T_s = 0.463T_a + 0.896$；植被盖度增加到 93% 时，地气温度的关系进一步演变为：$T_s = 0.328T_a - 0.341$。获得不同植被覆盖下地气温度关系模式，对于掌握不同植被盖度下的地表温度，并进一步为推算不同植被盖度下的冻结指数或融化指数奠定基础。

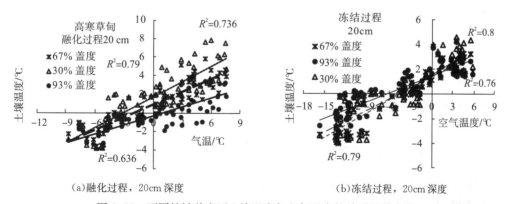

(a)融化过程，20cm 深度　　　　　　　　(b)冻结过程，20cm 深度

图 2.28　不同植被盖度下土壤温度与空气温度的关系及其变化

2.6.3.3　地表热容与植被盖度变化

地表热容强度是指地表热量的体积容量，是用来度量冻土退化的重要指标之一。理

论上，地表热容强度 HI 是感热 H 和潜热 LE 之和，也等于净辐射与地热通量之差，如式(2.15)所示：

$$HI = H + LE = R_n - G_s \tag{2.15}$$

在青藏高原，利用多个气象与冻土能量观测台站数据，包括 GAME / Tibet 计划布设的多个观测站点(1996~2000)的数据，李韧等(2005)提出了一个利用地温、气温和水气压差等因素估算地表热容的经验公式，并利用式(2.13)，模拟计算出高原上昆仑山至唐古拉山间区域尺度平均地表热容值的多年变化序列。无疑，高原地表土壤热容的动态变化与气温变化关系密切，但也与地表的热容要素如植被盖度和土壤有机质等性质有关。地表热容、植被盖度、土壤有机质等因素间存在十分密切的相互关联和互相作用关系，由此可以通过区域尺度上多年的植被盖度变化与地表热容值间的关系，间接推绎植被盖度与地表热容间存在的关系。

基于 1967 年、1980 年、1990 年和 2000 年等不同时期的航拍和遥感影像数据，反演不同时期高寒草地植被盖度变化，并采用近似线性内插分析方法，获得高盖度高寒草甸分布面积的变化过程，然后分析地表热容与高盖度草地面积的变化关系，如图 2.29 所示。在 1967~2000 年，热容值与高盖度草地面积间的指数关系较弱(R^2 小于 0.43，$P<0.01$)，但是在 1980~2000 年，两者间的指数关系更加密切，决定系数 R^2 超过 0.51，表明在 1980 年以后，地表热容变化对植被盖度变化的影响更加强烈。这种相关分析法获得的植被盖度与地表热容间的关系，也间接表述了植被盖度变化对地表热容的可能影响。

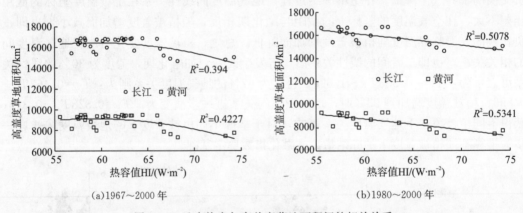

(a)1967~2000 年　　　　　　　　　　　(b)1980~2000 年

图 2.29　地表热容与高盖度草地面积间的相关关系

2.6.4　植被覆盖对活动层土壤热参数的影响

2.6.4.1　不同植被盖度下的冻融起始时间

相比 65％和 30％植被盖度，93％植被盖度下 20cm 深度土壤开始融化的时间分别延迟了 5 天和 19 天(表 2.12)。然而，在 70cm 深度却分别延迟了 3 天和 33 天。不同植被盖度下的冻结起始时间变化与融化过程相似，存在较小的差异(表 2.12)。

在土壤浅层(20cm 深度)，相比 65％和 30％植被盖度，30％植被盖度下的融化前期温度变幅 ΔT_r 分别高 1.5℃和 3.0℃。在土壤深层，30％和 93％植被盖度下的 ΔT_r 的差异较小(例如，只有 0.2℃、0.5℃，40cm 深度)(表 2.12)。相比之下，可以看出不同植被盖度下 20cm 深度的冻结前期温度变幅 ΔT_f 无显著性差异。然而，不同深度的 ΔT_f 均为 3℃左右(表 2.11)。

表 2.11　不同植被盖度下土壤热动态参数(2005～2007 年均值)

深度 /cm	植被盖度 30%				植被盖度 65%				植被盖度 93%			
	T_r	ΔT_r	T_f	ΔT_r	T_r	ΔT_r	T_f	ΔT_r	T_r	ΔT_r	T_f	ΔT_r
20	135	3.8	281	3.0	149	2.2	287	2.8	154	0.8	296	2.9
40	141	0.9	291	3.4	160	0.7	298	2.9	173	0.7	301	3.0
70	151	1.2	298	3.6	181	0.9	302	2.3	184	0.7	308	2.7

ΔT_r 和 ΔT_f 的年际变化与气温变化密切相关(图 2.30)。30%植被盖度下的融化前期温度变幅 ΔT_r 呈现出明显年际变化特征，最热和最冷年间的差异超过 2℃；而 93%植被盖度的差异要小于 1℃。ΔT_f 的年际变化较小，在小于 0.6℃ 范围内。ΔT_r 和 ΔT_f 均与气温变化相关，前者随着气温升高而增加，后者随着气温降低而增加。植被盖度越低，ΔT_r 的年际变化更大，但是不同植被盖度下 ΔT_f 年际变化响应差别很小。

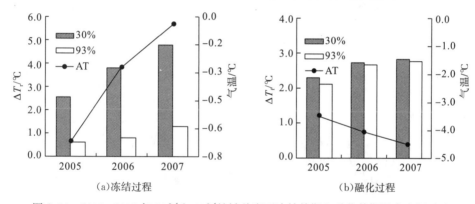

图 2.30　2005～2007 年 93%和 30%植被盖度下冻结前期和融化前期温度变幅对比

2.6.4.2　不同植被盖度下土壤热参数差异

表 2.12 中列出了融化滞后时间和年均土壤体积热容 Cv。在任何土壤深度，植被盖度越低，融化滞后时间越短。93%和 30%植被盖度下的融化滞后时间差别随着深度而增加。在所有的植被盖度下，40cm 深度以上土层的体积热容大于 70cm 深度以下土层。93%植被盖度下 40cm 深度以上土层的体积热容特别大。

在 5 月中旬至 11 月上旬的植物生长期，表观热扩散系数和热导率计算结果如图 2.31 所示。不同植被盖度下土壤浅层(20cm 深度)的热扩散率和热导率[图 2.31(a)和图 2.31 (b)]要低于 40cm 深度以下的[图 2.31(c)和图 2.31(d)]。不同植被盖度下 20cm 深度土层[图 2.31(a)]的表观热扩散率变化很大；但随着植被盖度降低，融化过程期和完全融化期的热扩散系数不断增大。然而，在冻结期植被盖度却与热扩散系数呈现正相关关系。完全融化期，93%和 65%植被盖度不同深度土壤的热导率没有显著差异，但 30%植被盖度下的热导率却相当高[图 2.31(b)]。

表 2.12　不同植被盖度下的土壤融化滞后时间和平均体积热容 C_v

深度/cm	不同植被盖度下不同深度融化滞后时间/d				不同植被盖度下不同深度 C_v /($\times 10^6$ J·m^{-3}·℃)		
	93%	65%	30%	5%	93%	65%	30%
20	−22.0	−20.0	−12.0	−2.0	2.16	2.14	2.06
40	−29.0	−28.0	−13.0	−4.0	2.46	2.06	2.17
70	−30.0	−28.0	−13.0	−4.0	1.77	1.80	1.95

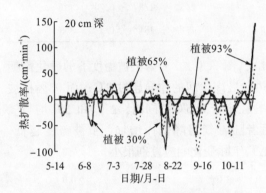

(a)不同植被盖度下 20cm 深度土壤的热扩散率

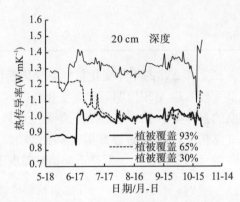

(b)不同植被盖度下 20cm 深度土壤的导热率动态

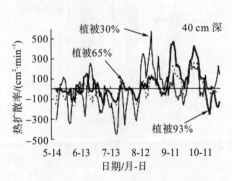

(c)不同植被盖度下 40cm 深度土壤的热扩散率

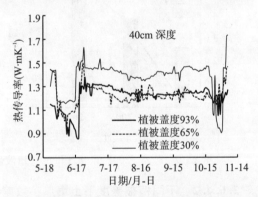

(d)不同植被盖度下 40cm 深度土壤的导热率动态

图 2.31　不同植被盖度下 20cm 和 40cm 深度表观热扩散率和热导率随时间变化特征

2.6.5　讨论

在高植被盖度区域的表土层（<40cm）具有密集的根系层，导致其相比其他区域有更高的土壤有机质含量（Wang et al.，2008），并有更高的黏土和土壤水分含量（表 2.2）。这种厚厚的地表有机质层降低活动层土壤深部和多年冻土的土壤温度变化（Fukui et al.，2008）。从加拿大北部针叶林带和阿拉斯加内陆（Yoshikawa et al.，2003；Shur et al.，2007）的研究结果表明，由于有机质含量多和细粒度的土壤及夏天地表枯枝落叶层的热导率普遍偏低，而在冬天冻结却有较高的热导率（Fukui et al.，2008；Shur and Jorgenson，2007；Williams et al.，1996），通过地表有机质层多年冻土得到保护。研究结果表明，青

藏高原多年冻土区植被覆盖率高的高山草地，其大量的地表有机质和细粒土对多年冻土的保护具有相似的效果。更高的植被覆盖率下，表层土壤（10～30cm）具有较高的土壤饱和导水率，造成降雨入渗显著（Wang et al.，2008）。蒸散量与植被盖度增加的相关关系并不显著（Zhang et al.，2003，2005）。因此可以得出结论，植被盖度越大表土层土壤水分含量越多（表 2.12）。反过来，这会影响土壤热导率、热容量和潜热通量。

　　土壤水分和热动力学之间的相互作用受到寒区多年冻土的强烈影响（Yi et al.，2009）。在冻融期，土壤热状况是土壤水分变化的主要驱动因素。Shur 和 Jorgenson（2007）发现植被盖度变化通过抑制或驱动多年冻土变化，从而在土壤水热耦合循环过程中起重要作用。活动层土壤水分和温度的耦合变化关系可以用来说明植被盖度对土壤热状况的影响机制。采用 2007 年融化期间测量得到的日均土壤温度和水分，获得不同植被覆盖下融化期间土壤水热耦合关系图（图 2.32）。

　　不同植被盖度下的土壤温度与土壤水分耦合关系模式下具有显著性差异（ANOVA，$p<0.01$，图 2.32）。在融化期，当 $T_s<1.0℃$，土壤温度与土壤水分具有很强的线性关系。对于一个给定的土壤温度梯度，植被盖度越大，土壤含水量的变幅较大。当 $0℃<T_s<2.0℃$，植被盖度越低，土壤水分达到峰值的速率越快。然而，当 $T_s>2.0℃$，不同植被盖度下的土壤温度和水分之间没有显著关系。尽管如此，在冻结和融化期间（图 2.32），当 $0℃<T_s<2.0℃$，这些 $\theta-T_s$ 关系表现出很强的正相关关系（$R>0.886$，$p<0.001$）。因此，植被覆盖导致的热传输及土壤水热耦合关系的差异，反过来又影响不同植被盖度下的土壤水分分布特征（Shur et al.，2007；Wang et al.，2008）。通过改变土壤特性（如有机质含量、细粒度的土壤成分比例和渗透系数等），植被盖度变化会改变地表的能量平衡和土壤热性能（热容量和导热率），这是活动层土壤热状况变化和土壤水分分布的主要驱动因素。

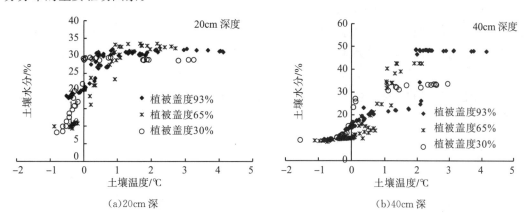

图 2.32　不同植被盖度下 20cm 和 40cm 深度融化过程的水热耦合关系

2.6.6　小结

　　三年以上的测量结果表明，植被盖度显著影响着青藏高原活动层土壤温度分布特征。高植被盖度延迟冻融过程，并抑制了由于气温变化引起的土壤温度年际变化特征。这表明，随着气候变暖，高植被盖度有利于维护高寒草甸地区的多年冻土。

　　低植被盖度下土壤的热导率和表观热扩散系数普遍高于高植被盖度。因此，低植被盖度下的融化深度一般都大于在高植被盖度的，与一些冻土环境观测到的结果相一致。植被盖度对活动层土壤热状况和剖面分布特征的影响可以部分归因于土壤有机质的变化细粒度土壤质地。对高寒草甸高盖度植被的维护，能抑制热量传递到冻土层，并且还可以最大限度地减少气候变化的影响。

2.7　植被-土壤有机质协同演化影响下的活动层水热过程模拟

2.7.1　考虑植被覆盖与土壤有机质含量的 Stefan 方程改进

　　Stefan 方程是估算寒区土壤冻结和融化深度变化过程应用最为广泛的方法，其主要特点是在假定感热对土壤冻结与融化的影响忽略的情况下，用很少的参数或观测变量值就可较为准确地掌握土壤的冻结和融化过程。Stefan 方程所采用的一般形式是(Jumikis，1977)：

$$Z = \left(\frac{2k \cdot F}{Q_L} \right)^{0.5} = \left(\frac{2k \cdot F}{L \omega \rho} \right)^{0.5} \tag{2.16}$$

式中，Z 是土壤冻结/融化深度，k 是土壤导热系数(W/m·K)，F 是用度日因子表达的地表冻融指数，Q_L 是土壤的体积潜热通量(J/m³)，L 为冰融化的潜热(常量，3.35×10^5 J/kg)，ω 和 ρ 分别是土壤含水量(%)和容重(kg/m³)。考虑到植被层和土壤有机质层的影响，对式(2.16)提出如下改进：

　　(1)关于地表冻融指数 F：如果缺乏地表温度观测，地表的冻融指数 F 不能准确计算，就需要借助气象观测或基于气候模式输出的空气温湿度反演地表 F 值，提出通过地表冻融指数与植被盖度的关系来近似估算。这样就可获得基于空气温度或空气冻融指数的地表冻融指数。经过植被覆盖因素改进的地表冻融参数计算方案，可有效应用到缺乏准确地表温度数据的区域，从而实现对大部分陆面过程模型、生态动态模型以及水文模型的应用。

　　(2)关于土壤导热系数 k：大多采用矿质土壤的热传导系数 k_f，区分饱和与干土壤热传导系数，通过下式计算：

$$k_f = K_C (k_{sat} - k_{dry}) + k_{dry} \tag{2.17}$$

其中，K_C 是 Kersten 系数，在 Farouki(1981)算法中近似等于土壤体积含水量与孔隙率的比值；Yang 等 (2008) 提出了指数形式的计算方法，以避免可能出现负值：

$$K_C = \exp \left[0.36 \left(1 - \frac{1}{S_r} \right) \right], S_r = \frac{\omega}{\theta_{sat}}$$

考虑 SOC 对土壤热传导的影响，依据 Chen 等(2012)提出的改进算法：

$$k_{dry} = (1 - V_{SOC}) k_{m,dry} + V_{SOC} \, k_{SOC,dry} \tag{2.18}$$

$$k_{sat} = k_s^{1-\theta_{sat}} \, k_i^{\theta_{sat}-\theta_u} \, k_w^{\theta_u} \tag{2.19}$$

式中，$k_i = 2.2$ W/mK，$k_w = 0.6$ W/mK 分别是冰和液态水的热导率，θ_u 是未冻水体积百

分数；k_s 是土壤固体颗粒的热传导率，有多种计算模式，Chen 等(2012)基于 Yang 等 (2005)方案基础上提出了改进版本，计算方案如下：

$$k_s = k_q^q \, k_{SOC}^{V_{SOC}} \, k_0^{1-q-V_{SOC}} \qquad (2.20)$$

式中，$k_q = 7.7 \text{W/mK}$，$k_0 = 2.0 \text{W/mK}$，分别是石英和其他矿物的热传导率；$k_{SOC} = 0.25 \text{W/mK}$，是泥炭热传导率；$q$ 是石英矿物含量，由于缺乏实测数据，在青藏高原高寒草地土壤，一般认为为砾石含量的 $40\% \sim 60\%$。V_{SOC} 是土壤的有机质(SOC)的体积含量，可采用下式计算获得：

$$V_{SOC} = \frac{\rho_p (1 - \theta_{m,sat}) \, m_{SOC}}{\left[\rho_{SOC}(1 - m_{SOC}) + \rho_p(1 - \theta_{m,sat})m_{SOC} + (1 - \theta_{m,sat})\dfrac{\rho_{SOC} \, m_g}{(1 - m_g)}\right]} \qquad (2.21)$$

以上公式中，θ_{sat} 是土壤孔隙度，ρ_p 是矿物土壤容重，一般取值 2700kg/m^3，ρ_{SOC} 是泥炭土容重，一般取值 130kg/m^3，m_{SOC} 和 m_g 分别是土壤有机碳和砾石的质量百分率。$\theta_{m,sat}$ 是矿质土壤孔隙率，由下式计算(Farouki，1981)：

$$\theta_{m,sat} = 0.489 - 0.00126 \times (\%sand) \qquad (2.22)$$

这样，将式(2.18)和式(2.19)带入式(2.17)，就获得考虑土壤有机质对热传导影响的土壤热传导系数，k_f 就变化为 k，由此形成新的土壤热传导的计算方案。

　　传统的 Stefan 算法是 Jumikis(1977)提出的 JL 算法，经过大量实践应用表明，其对土壤性质差异显著的多层土壤的冻融过程模拟存在较大不确定性，主要原因之一就是传统的 JL 算法是把活动层土壤视作单一土壤类型，忽略了不同深度土壤理化性质的差异对土壤温度传输的巨大影响。近年来，不断有研究者提出改进方法，其中 Xie 等(2013)提出的的 XG 算法，在保留了 Stefan 方程简单易用特点的基础上，实现了对多层性质差异显著土壤冻融过程的连续模拟，本研究采用这一算法应用到上述改进的 Stefan 模式中。

　　第一步：对于给定的冻融参数 F，利用上述改进的 Stefan 模式先计算初始的冻融深度 Z_1：

$$Z_1 = \left(\frac{2\left[K_C(k_{sat} - k_{dry}) + k_{dry}\right] \cdot F}{\rho_1 \, \omega_1 L}\right)^{0.5} \qquad (2.23)$$

　　如果计算获得的 $Z_1 \leqslant h_1$(第一层土壤厚度)，表明冻融深度处于第一层土壤内部，这时的 Z_1 就是实际冻融深度。如果 $Z_1 > h_1$，表明地表的冻融指数 F 超过第一层土壤的冻融能量需求，冻融深度超越第一层向深部迁移，剩余的冻融深度 $\Delta Z_1 = Z_1 - h_1$。

　　第二步：假定第一层土壤以下土壤剖面是另一层土壤类型，厚度为 h_2。

　　利用式(2.14)可以分别计算 Z_1 和 Z_2，定义 $P_{12} = Z_1/Z_2$，可以得到仅以土壤参数为变量的比值：

$$P_{12} = \left(\frac{k_1 \, \rho_2 \, \omega_2}{k_2 \, \rho_1 \, \omega_1}\right)^{0.5} \qquad (2.24)$$

　　则，$Z_2 = \dfrac{Z_1}{P_{12}}$。

　　同样，如果 $Z_2 \leqslant h_2$(第二层土壤厚度)，冻融锋线就位于第二层土壤，整体的冻融深度就等于 $h_1 + Z_2$，但是如果 $Z_2 > h_2$，表明地表冻融系数具有超过冻结和融化第一层与第二层土壤的能量，继续向更深发展。这时，$\Delta Z_2 = Z_2 - h_2$，则

$$Z_3 = \frac{Z_2}{P_{23}} \tag{2.25}$$

由此反复上述过程，就可对冻融剖面进行整体模拟，最后，如果计算的 $Z_{n+1} \leqslant h_{n+1}$（第 $n+1$ 层土壤厚度），则整体的冻结和融化深度为

$$Z = \sum_{i=1}^{n} h_i + Z_{n+1} \tag{2.26}$$

2.7.2 改进的土壤水热过程模型的实例应用

2.7.2.1 基于土壤质地的异质性改进的 Stefan 算法

Stefan 方程本身将土壤看作均质介体，没有考虑不同深度岩土成分、结构以及水分条件等的差异，将本来用于计算均质冰体冻融厚度的 Stefan 方程应用到非均质的岩土中，必然会引起一定的误差。为了消除这种误差，国内外学者提出了将 Stefan 方程用于计算分层土壤冻融深度的各种算法，如自 1950 年提出以来在工程计算和许多大型数学模型中得到广泛应用的 JL 算法；徐学祖提出的计算多层土质的最大冻结深度的分层总和法等。JL 算法是通过计算融冻融到第 n 层所需要的冻融指数来得到最大冻融深度；分层总和法是通过分别计算冻融时各层土所消耗的冻融指数得到各层的冻结深度，最后各层的冻融深度之和为最大冻融深度，经过仔细分析这两个算法的推导过程后发现，这两个算法都存在数学方法上的错误。2013 年谢昌卫等利用类比递推的方法(Xie et al.，2013)，提出了基于 Stefan 公式计算分层土壤冻融深度的简易算法(XG 算法)，这一算法能够计算由任意多层不同厚度的土层组成的土壤的冻融过程，是目前唯一能将 Stefan 方程正确应用到非均质土壤冻融过程的算法，突破了 Stefan 方程自提出百余年来仅仅可被用来模拟均质土壤冻融过程的限制。

利用青藏高原昆仑山垭口附近的 CH6 观测点(高寒草原)和西大滩观测点(QT9 高寒草甸)两个不同观测场数据，通过不同土壤质地分类及其对应水热参数的提取和校验，对上述改进算法进行了实际应用。其中 CH6 号观测点位于 $35°37.3'$N，$94°03.7'$E，年均气温(MAAT)为 $-5.82℃$，冻土地温为 $-2.24℃$；活动层土壤以砂质和砂质黏土为主。QT9 观测点位于 $35°43.1'$N，$94°07.5'$E，活动层土壤以砂质和砂质黏土为主。对比传统的 Stefan 算法(自上而下单向冻结)和改进后的 XG 算法(双向冻结)，模拟不同观测点土壤冻融锋面分布结果如图 2.33 所示。可以看出，考虑土壤质地剖面差异性改进后的算法，在双向冻结模拟下可显著提高模拟精度，系统误差从单向的 $14.11\%\sim17.01\%$ 提高到 $4.91\%\sim10.2\%$，融化深度分布更加接近实际观测结果。

2.7.2.2 土壤有机质、厚层冰与未冻水诸因素协同的算法改进

Xie 等(2013)基于对傅里叶热传导方程的有限差分求解算法，修正了冻土学领域经典的 Goodrich 模型，增加了未冻水含量、有机质与厚层冰的土壤水热动态的影响模拟子模块，并嵌套了基于 GREEN/AMPT 公式的降水入渗模块。并将该模型在马衔山多年冻土区进行了成功的应用，模拟分析了有机质层和厚层地下冰对活动层冻融过程的影响，模

拟结果如图 2.34 所示(Xie et al.，2013)。在实际地层条件下(有机质土壤层厚度 70cm，1.3~1.4m 深度含有纯冰层)，2009 年和 2010 年的模拟厚度分别为 113cm 和 117cm，与实测值误差在 3% 以内，证明 Goodrich 模型模拟精度是可靠的。在没有有机质土壤的条件下，模拟厚度分别为 161cm 和 162.5cm；在没有地下冰的条件下，模拟厚度分别为 148cm 和 150cm。在既没有有机质土壤，也没有地下冰的条件下，模拟厚度分别为 203cm 和 211cm，与实测值分别相差 2cm 和 3cm；模拟深度比现有监测值增大 80% 左右。上述结果表明：正是有机质层和厚层地下冰对多年冻土的保护作用，使马衔山多年冻土可以残存至今，如果没有有机质层和地下冰的保护，马衔山多年冻土区活动层厚度比现在要增加 83%，超过 2.0m。这些模拟结果证明有机质层和地下冰对多年冻土有非常重要的保护作用。

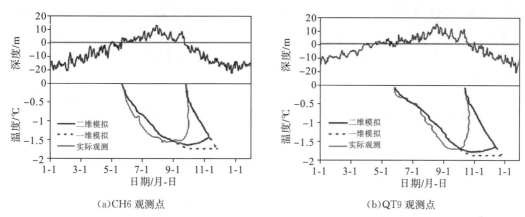

(a)CH6 观测点　　　　　　　　　　　(b)QT9 观测点

图 2.33　基于传统的 Stefan 算法(1D)和不同土质水热性质改进的 XG 算法(2D)
模拟土壤冻融锋面和零幕线分布的比较(Xie et al.，2013)

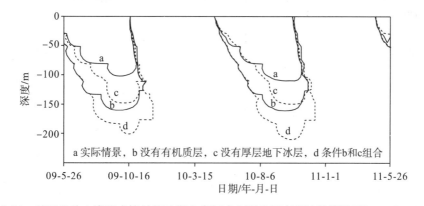

a 实际情景，b 没有有机质层，c 没有厚层地下冰层，d 条件 b 和 c 组合

图 2.34　基于几种土壤组成情景的马衔山多年冻土活动层冻融过程模拟(Xie et al.，2013)

采用 IPCC4 推荐的未来温室气体排放情景下的升温幅度(A1B 排放情景下气温大约 0.3℃/a 的幅度升温，B1 情景下大致为 0.2℃/a)。气温波动变化数据利用 CSIRO-MK3.5 模型模拟得出。模拟显示在 A1B 情景下马衔山多年冻土活动层厚度将在 2050 年左右超过 2.0m，B1 情景下将在 2060 年左右超过 2.0m。基于马衔山活动层地下冰分布特征，可以认为在活动层超过 2.0m 时厚层地下冰完全融化，多年冻土失去地下冰的保护将会迅速消失。因此，模拟研究认为在上述气候变化情景下，马衔山的多年冻土仍能

存在 50～60 年。

2.7.3 小结

（1）基于双向冻结过程的活动层土壤温度和水分动态变化数值模拟，已有较大进展，但是考虑自然土壤的高度空间变异性，特别是垂直剖面上显著的土壤质地分层特性及其较大的水热性质差异，是最近发展冻融过程模拟模型的重要方向，并取得一些极具成效的进展。这些进展较好地揭示了土壤有机质层、厚层冰以及土壤水分含量的差异性等因素对土壤冻融过程的影响程度，进一步定量阐释了土壤质地对冻土发育及其响应气候变化的调制作用。

（2）地表盖度变化，如植被覆盖和积雪覆盖等，对土壤水热循环具有较大影响，我们系统揭示了这两类地表覆盖变化对土壤水热动态过程的影响程度、作用关系及其机理，提出了耦合作用关系模式，但是需要以土壤热力学物理机理基础上的经典理论为基础，如傅里叶热传导方程及其不同求解方法形成的模式等，探索耦合多种因素如地形、土壤质地、植被覆盖以及积雪和土壤腐殖质层等的协同作用，发展新一代冻土冻融过程模拟模型，以期获得对冻土变化的高精度识别与预估。

参 考 文 献

高荣，韦志刚，董文杰. 2003. 青藏高原土壤冻结始日和终日的年际变化. 冰川冻土，25(1)：49-54.

康绍忠，刘晓明，高新科，等. 1992. 土壤-植物-大气连续体水分传输的计算机模拟. 水利学报，(3)：1-12.

库德里雅采夫 B A. 1992. 工程地质研究中的冻土预报原理. 郭东信，等译. 兰州：兰州大学出版社.

李韧，季国良，李述训，等. 2005. 五道梁地区土壤热状况的讨论. 太阳能学报，26(3)：299-303.

李述训，程国栋. 1996. 气候变暖条件下青藏高原高温冻土热状况变化趋势数值模拟. 冰川冻土(增刊)：190-196.

李述训，南卓铜，赵林. 2002. 冻融作用对地气系统能量交换的影响分析. 冰川冻土，24(5)：506-511.

刘昌明. 1997. 土壤-植物-大气系统水分运行的界面过程研究. 地理学报，(4)：366-373.

刘树华，蔺洪涛，胡非，等. 2004. 土壤-植被-大气系统水分散失机理的数值模拟. 干旱气象，22(3)：1-10.

陆子建，吴青柏，盛煜，等. 2006. 青藏高原北麓河附近不同地表覆被下活动层的水热差异研究. 冰川冻土，28(5)：642-647.

莫兴国. 1998. 土壤-植被-大气系统水分能量传输模拟和验证. 气象学报，(3)：323-332.

孙淑芬. 2005. 陆面过程的物理、生化机理和参数化模型. 北京：气象出版社.

王根绪，程国栋，沈永平. 2001. 江河源区的生态环境与综合保护研究. 兰州：兰州大学出版社.

王根绪，李元寿，吴青柏，等. 2006. 青藏高原冻土区冻土与植被的关系及其对高寒生态系统的影响. 中国科学. D 辑. 地球科学，36(8)：743-754.

吴青柏，沈永平，施斌. 2003. 青藏高原冻土及水热过程与寒区生态环境的关系. 冰川冻土，25(3)：250-255.

徐学祖，邓友生. 1991. 冻土中水分迁移的实验研究. 北京：科学出版社.

徐学祖，王家澄，张立新. 2001. 冻土物理学. 北京：科学出版社.

杨梅学，姚檀栋，何元庆. 2002. 青藏高原土壤水热空间分布特征及冻融过程在季节转换中的作用. 山地学报，20(5)：553-558.

杨兆平，欧阳华，宋明华，等. 2010. 青藏高原多年冻土区高寒植被物种多样性和地上生物量. 生态学杂志，(04).

赵林，程国栋，李述训，等. 2000. 青藏高原五道梁附近多年冻土活动层冻结和融化过程. 科学通报，45(11)：1205-1211.

郑秀清，赵生义. 1998. 水分在季节性冻土中的运动. 太原理工大学学报，(1)：62-66.

周兴民. 2001. 中国嵩草草甸. 北京：科学出版社.

周幼吾，郭东信，邱国庆，等. 2000. 中国冻土. 北京：科学出版社：1-10.

Agren G I, Mcmurtrie R E. 1991. State-of-art models of production-decomposition linkages in conifer and steppe ecosystems. Ecological Applications，1：118-138.

Anderson M C, Kustas W P, Norman J M. 2003. Upscaling and downscaling-a regional view of the soil-plant-atmosphere continuum. Agron. J.，95：1408-1423.

Apaloo J, Brenning A, Bodin X. 2012. Interaction between seasonal snow cover, ground surface temperature and topography(Andes of Santiago, Chile, 33.5°S). Permafr. Periglac. Process，23，277-291.

Bakalin V A, Vetrova V P. 2008. Vegetation-permafrost relationships in the zone of sporadic permafrost distribution in the Kamchatka Peninsula. Russian Journal of Ecology，39(5)：318-326.

Bayard D, Stähli M, Parriaux A, et al. 2005. The influence of seasonally frozen soil on the snowmelt runoff at two Alpine sites in southern Switzerland. J. Hydrol，309，66-84.

Benoit G R, Mostaghimi S. 1985. Modeling soil freezing depth under three tillage systems. Trans. ASAE，28：1499-1505.

Camill P. 1999. Patterns of boreal permafrost peatland vegetation across environmental gradients sensitive to climate warming. Canadian Journal of Botany，77(5)：721-33.

Camill P. 2005. Permafrost thaw accelerates in boreal peatlands during late-20th century climate warming. Clim. Chang，68(1-2)，135-152.

Chen Y Y, Yang K, Tang W J, et al. 2012. Parameterizing soil organic carbon's impacts on soil porosity and thermal parameters for Eastern Tibet grasslands. Sci. China Earth Sci，55，1001-1011.

Christensen T R, Johansson T, Kerman H J. 2004. Thawing subarctic permafrost：Effects on vegetation and methane emissions. Geophysical research letters，31：4501.

Dai Y, Zeng X, Dickinson R E, et al. 2003. The common land model. Bull. Am. Meteorol. Soc，84，1013-1023.

Dickinson R E, Henderson-Sellers, Kennedy P J. 1986. Biosphere-atmosphere transfer scheme(BATS)for the NCAR community climate model national center for atmospheric research. NCAR Tech. Note NCAR/TN-387+STR.

Douglas L K. 2005. High-latitude hydrology, what do we know? Hydrol. Process，19(12)：2453-2454.

Fang C, Smith P, Moncrieff J B, et al. 2005. Similar response of labile and resistant soil organic matter pools to changes in temperature. Nature，433：57-59.

Farouki O T. 1981. The thermal properties of soil in cold regions. Cold Reg. Sci. Technol.，5：67-75.

Flerchinger G N. 2000. The simultaneous heat and water (SHAW) model：user's manual. Technical Report NWRC 2000-10.

Fukuda M, Orhun A, Luthin J N. 1980. Experimental studies of coupled heat and moisture transfer in soils during freezing. Cold Region Science and Technology，9(3)：223-232.

Fukui K, Sone T, Yamagata K, et al. 2008. Relationships between permafrost distribution and surface organic layers near Esso, central Kamchatka, Russian Far East. Permafrost and Periglacial Processes，19：85-92.

Garcı'a H, Tarraso'n D, Mayol M, et al. 2007. Patterns of variability in soil properties and vegetation cover following abandonment of olive groves in Catalonia(NE Spain). Acta Oecol，31：316-324.

Guglielmin M, Evans C J, Cannone N. 2008. Active layer thermal regime under different vegetation conditions in permafrost areas. A case study at Signy Island(Maritime Antarctica)，Geoderma，144(1-2)：73-85.

Gu S, Tang Y H, Gui X Y, et al. 2005. Energy exchange between the atmosphere and a meadow ecosystem on the Qinghai-Tibet Plateau. Agric For Meteorol，129(3-4)：175-185.

Gusev E M, Yasitskiy S V. 1991. Effect of mulch on winter soil temperature conditions. Sov. Soil Sci，23：93-101.

Griend A A V D, Boxel J H V. 1989. Water and surface energy balance model with a multilayer canopy representation for remote sensing purposes [J]. Water Resources Research，25(5)：949-971.

Harden J, Manies K L, Turetsky M R, et al. 2006. Effects of wildfire and permafrost on soil organic matter and soil climate in interior Alaska. Global Change Biology，12：2391-2403.

Heggem E S F, Havard J, Etzelmuller B. 2005. Mountain permafrost in Central-Eastern Norway. Nor. Geogr.

Tidsskr, 59, 94-108.

Helsel D R, Hirsch R M. 1992. Statistical methods in water resources. Elsevier, New York: 529.

Hilbich C, Hauck C, Hoelzle M, et al. 2008. Monitoring of mountain permafrost evolution using electrical resistivity tomography: a 7-year study of seasonal, annual and long-term variations at Schilthorn, Swiss Alps. J. Geophys. Res, 113.

Hinzman L D, Bettez N D, Bolton W R, et al. 2005. Evidence and implications of recent climate Change in northern alaska and other arctic regions. Climatic Change, 72(3): 251-298.

Hoekstra P. 1966. Moisture movement in soil under temperature gradient with the cold side temperature below freezing. Water Resource Res, 2(2): 241-250.

Horton R. 1989. Canopy shading effects on soil heat and water flow. Soil Science Society of America Journal, 53 (3): 669-679.

Jafarov E E, Marchenko S S, Romanovsky V E. 2012. Numerical modeling of permafrost dynamics in Alaska using a high spatial resolution dataset. Cryosphere, 6: 613-624.

Jansson P E. 1991. Soil water and heat model. Technical description. Rep. no. 165, Dept. Soil Sci., Swedish Univ. Agric. Sci., Uppsala, Sweden.

Jayawickreme D H, Van Dam R L, Hyndman D W. 2008. Subsurface imaging of vegetation, climate, and root-zone moisture interactions. Geophysical research letters, 35: 18404.

Jiang Y, Zhuang Q, O'Denell J A. 2012. Modeling thermal dynamics of active layer soils and near-surface permafrost using a fully coupled water and heat transport model. Journal of Geophysical Research, 117.

Jorgenson M T, Racine C H, Walters J C. 2001. Permafrost degradation and ecological changes associated with a warming in central Alaska. Climatic Change, 48: 551-579.

Jorgenson M T, Romanovsky V E, Harden J. 2010. Resilience and vulnerability of permafrost to climate change. Can. J. For. Res, 40: 1219-1236.

Jumikis A R. 1977. ThermalGeotechnics. Rutgers University Press: New Brunswick, NJ: 375.

Lange O L, Kappen L, Schulze E D. 1976. Water and Plant Life: Problems and Modern Approaches. Berlin: Springer-Verlag.

Lars N, Manfred S, Per-Erik M. 2001. Soil frost effects on soil water and runoff dynamics along a boreal forest transect: 1. Field investigations. Hydrological processes, 15(6): 909-926.

Lawrence D M, Slater A G. 2008. Incorporating organic soil into a global climate model. Clim. Dyn, 30: 145-160.

Lawrence D M, Slater A G, Swenson S C. 2012. Simulation of present-day and future permafrost and seasonally frozen ground conditions in CCSM4. J. Clim. 25: 2207-2225.

Lenton T M, Huntingford C. 2003. Global terrestrial carbon storage and uncertainties in its temperature sensitivity examined with a simple model. Glob. Chang. Biol, 9: 1333-1352.

Li N, WangG, Liu G, et al. 2013. The ecological implications of land use change in the Source Regions of the Yangtze and Yellow Rivers, China. Reg. Environ. Chang.

Ling F, Zhang T J. 2003. Impact of the Timing and duration of seasonal snow cover on the active layer and permafrost in the Alaskan Arctic. Permafrost Periglacial Process, 14(2): 141-150.

Li R. 2005. Analysis and simulation on the relationship between the radiative fields and frozen soil thermodynamics over the Qinghai-Tibetan Plateau. Thesis for the Doctorate. Cold and Arid Regions Environmental and Engineering Research Institute, Chinese Academy of Sciences.

Li S, Wu T. 2005. The relation between ground-air temperatures in Qinghai-Tibetan Plateau. Journal of Glaciology and Geocryology, 27(5): 1-6.

Liu H, Randerson J T. 2008. Interannual variability of surface energy exchange depends on stand age in a boreal forest fire chronosequence. Journal of Geophysical Research Biogeosciences, 113(113): 567-568.

Mayocchi C L, Bristowa K L. 1995. Soil surface heat flux: some general questions and comments on measurements. Agricultural and Forest Meteorology, 75: 43-45.

McCabe M F, Franks S W, Kalma J D, et al. 2001. Improved conditioning of SVAT models with observations of infrared surface temperatures. // Soil-vegetation-atmosphere transfer schemes and large-scale hydrological models. Proceedings of an international symposium, held during the Sixth IAHS Scientific Assembly, Maastricht, Netherlands, 18-27 July 2001: 217-224.

McGuire A D, Wirth C, Apps M, et al. 2002. Environmental variation, vegetation distribution, carbon dynamics, and water/energy exchange in high latitudes. Journal of Vegetation Science, 13: 301-314.

National Soil Survey Office(NSSO). 1998. Soil of China. Bejing: China Agriculture Press.

Nelson F E, Outcalt S I, Goodwin C W, et al. 1985. Diurnal thermal regime in a peat covered palsa, Toolik Lake, Alaska. Arctic, 38(4): 310-315.

Nicolsky D J, Romanovsky V E, Alexeev V A, et al. 2007. Improved modeling of permafrost dynamics in a GCMland-surface scheme. Geophys. Res. Lett. 34, L08501.

O'Donnell J A, Romanovsky V E, Harden J W, et al. 2009. The effect ofmoisture content on the thermal conductivity of moss and organic soil horizons from black spruce ecosystems in interior Alaska. Soil Sci, 174: 646-651.

NWRC. 2004. SHAW(Vol. 2.3.6). http://www. nwrc. ars. usda. gov/Models/SHAW. html.

O'Donnell J A, Hardenw J W, McGuire A D, et al. 2011. The effect of fire and permafrost interactions on soil carbon accumulation in an upland black spruce ecosystem of interior Alaska: implications for post-thaw carbon loss. Glob. Chang. Biol, 17: 1461-1474.

Oleson K W, Dai Y, Bonan G B, et al. 2004. Technical description of the Community Land Model(CLM). NCAR Technical Note NCAR/ TN-461+STR. National Center for Atmospheric Research, Boulder, CO: 173.

Oleson K W, Niu G Y, Yang Z L, et al. 2008. Improvements to the Community Land Model and their impact on the hydrological cycle. J. Geophys. Res, 113, G01021.

Osterkamp T E. 2007. Characteristics of the recent warming of permafrost in Alaska. J. Geophys. Res, 112 (F2), F02S02.

Osterkamp T E, Romanovsky V E. 1997. Freezing of active layer on the coastal plain of the Alaskan Arctic. Permafrost and Periglacial Processes, 8: 23-44.

Osterkamp T E, Romanovsky V E. 1997. Freezing of the active layer on the coastal plain of the Alaskan Arctic. Permafrost &Periglacial Processes, 8(1): 23-44.

Parlange M B, Cahill A T, Nielsen D R. 1998. Review of heat and water movement in field soils. Soil&Tillage Research, 47: 5-10

Paré M C, Bedard-Haughn A. 2013. Surface soil organic matter qualities of three distinct Canadian Arctic sites. Arct. Antarct. Alp. Res, 45(1): 88-98.

Perfect E, Williams P J. 1980. Thermally induced water migration in frozen soils. Cold Region Science and Technology, 9(3): 101-109.

Peters-Lidard C D, Blackburn L X, Wood E F. 1998. The Effect of Soil Thermal Conductivity Parameterization on Surface Energy Fluxes and Temperatures. Journal of the Atmospheric Sciences, 55: 1209-1224.

Phil-Eze P O. 2010. Variability of soil properties related to vegetation cover in a tropical rainforest landscape. J. Geogr. Reg. Plan, 3(7): 177-184.

Price K V, Storn R M, Lampinen J A. 2005. Differential evolution: a practical approach to global optimization. New York: Springer: 543.

Quinton W L, Shirazi T, Carey S K, et al. 2005. Soil water storage and active-layer development in a sub-alpine tundra hillslope, southern Yukon territory, Canada. Permafrost and periglacial processes, 16: 369-382.

Riseborough D, Shiklomanov N, Etzelmuller B, et al. 2008. Recent advances in permafrost modeling. Permafr. Periglac. Process, 19, 137-156.

Romanovsky V E, Osterkamp T E. 1997. Thawing of active layer on the coastal plain of the Alaskan Arctic. Permafrost and Periglacial Processes, 8: 1-22.

Romanovsky V E, Osterkamp T E. 2000. Effects of unfrozen water on heat and mass transport processes in the active layer and permafrost. Permafr. Periglac. Process, 11: 219-239.

Romanovsky V, Shiklomanov E N, Tarnocai C, et al. 2008. Vulnerability of permafrost carbon to climate change: implications for the global carbon cycle. Bioscience, 58(8), 701-714.

Romanovsky V E, Smith S L, Christiansen H H. 2010. Permafrost thermal state in the polar Northern Hemisphere during the international polar year 2007-2009: a synthesis. Permafrost Periglac, 21: 106-116.

Running S W, Hunt J. 1993. Generalization of a forest ecosystem process model for other biomes, BIOME-BGC and an application for global scale models. In: Ehleringer J & Field CB (Eds.) Scaling Processes between Leaf and Landscape Levels. London: Academic Press: 77-114.

Sato T. 2001. Spatial and temporal variation of frozen ground and snow cover in the eastern Tibetan Plateau. Journal of the Meteorological Society of Japan, 79: 519-534.

Sazonova T, Romanovsky V. 2003. A model for regional-scale estimation of temporal and spatial variability of the active layer thickness and mean annual ground temperatures. Permafrost Periglac, 14: 125-139.

Schaefer K, Zhang T, Slater A G, et al. 2009. Improving simulated soil temperatures and soil freeze/thaw at high-latitude regions in the Simple Biosphere/ Carnegie-AmesStanford Approach model. Journal of Geophysical Research, 114.

Scherler M, Hauck C, Hoelzle M, et al. 2011. Meltwater infiltration into the frozen active layer at an alpine permafrost site. Permafr. Periglac. Process, 21(4): 325-334.

Schuur E A G, Bockheim J, Canadell I G, et al. 1999. Hydrology of two slopes in subarctic Yukon, Canada. Hydrol. Process, 13(16): 2549-2562.

Shapchenkova O A, Aniskina A A, Loskutov S R. 2011. Thermal analysis of organic matter in cryogenic soils(Central Siberian Plateau). Eurasian Soil Sci, 44(4): 399-406.

Shur Y L, Jorgenson M T. 2007. Patterns of permafrost formation and degradation in relation to climate and ecosystems. Permafr. Periglac. Process, 18(1): 7-19.

Sitch S, Smith B, Prentice I Ç, et al. 2003. Evaluation of ecosystem dynamics, plant geography and terrestrial carbon cycling in the LPJ dynamic global vegetation model. Glob. Chang. Biol, 9: 161-185.

Skjemstad J O, Baldock J A. 2008. Total and organic carbon. In: Carter, M. R. , Gregorich, E. G. (Eds.), Soil Sampling and Methods of Analysis. Florida: CRC Press: 225-237.

Sun S. 2005. Models of Land Surface Physical, Biochemical Processes and Parameterization. Beijing: Meteorology Press: 305.

Sexton P R L, Tibbetts Iii S H. 1974. Fluid-cooled engine exhaust system: US, US 3834341 A [P].

Tchebakova N, Parfenova E, Soja A. 2009. The effects of climate, permafrost and fire on vegetation change in Siberia in a changing climate. Environ. Res. Lett, 4, 045013.

Walker D A. , Jia G J, Epstein H E. 2003. Vegetation-soil-thawing-depth relationships along a low-arctic bioclimate gradient. Alaska: synthesis of information from the ATLAS studies. Permafrost Periglacial Process, 14: 103-123.

Wang G, Ding Y, Wang J, et al. 2004. Land ecological changes and evolutional patterns in the source regions of the Yangtze and Yellow River in recent 15 years. Acta Geograph. Sin, 59(2), 163-173.

Wang G, Wang Y, Kubota J. 2006. Land-Cover changes and its impacts on ecological variables in the Headwaters Area of the Yangtze River, China. Environmental Monitoring & Assessment, 120(1-3): 361-85.

Wang G, Li Y, Wang Y, et al. 2007. Impacts of alpine ecosystem and climatic changes on surface runoff in the source region of Yangtze River. Journal of Glaciology and Geocryology 29(2): 159-168.

Wang G, Wang Y, Li Y. 2007. Influences of alpine ecosystem responses to climatic change on soil properties on the Qinghai-Tibet Plateau, China. Catena, 70: 506-514.

Wang G, Li Y, Wang Y. 2008. Synergistic effect of vegetation and air temperature changes on soil water content in alpine frost meadow soil in the permafrost region of Qinghai-Tibet. Hydrological Processes, 22: 3310-3320.

Wang G, Li S, Hu H, et al. 2009. Water regime shifts in the active soil layer of the Qinghai-Tibet Plateau permafrost region, under different levels of vegetation. Geoderma, 149(3-4): 280-289.

Wang G, Liu L, Liu G, et al. 2010. Impacts of grassland vegetation cover on the active-layer thermal regime, northeast Qinghai-Tibet Plateau, China. Permafrost & Periglacial Processes, 21(21): 335-344.

Wang G, Liu G, Li C, et al. 2012. The variability of soil thermal and hydrological dynamics with vegetationcover in a permafrost region. Agric. For. Meteorol, 162-163, 44-57.

Wania R, Ross I, Prentice I C. 2009. Integrating peatlands and permafrost into a dynamic global vegetation model: 1. Evaluation and sensitivity of physical land surface processes. Glob. Biogeochem. Cycles 23, GB3014.

Ward J V, Malard F. 2002. Landscape ecology: a framework for integrating pattern and process in river corridors. Landscape Ecology, 17(Suppl. 1): 35-45.

Williams D J, Burn C R. 1996. Surficial characteristics associated with the occurrence of permafrost near Mayo, central Yukon Territory, Canada. Permafrost and Periglacial Processes, 7: 193-206.

Williams M, Rastetter E B. 1996. Modeling the soil-plant-atmosphere continuum in a QUERCUS -ACER stand at Harvard forest: The regulation of stomatal conductance by light, nitrogen and soil plant hydraulic properties. Plant, Cell and Environment, 19: 911-927.

Williams P J, Smith M W. 1991. The frozen earth. Cambridge University Press.

Woo M K, Kane D, Carey S, et al. 2008. Progress in permafrost hydrology in the new millennium. Permafrost and Periglacial Processes, 19(2): 237-254.

Wu Q, Liu Y. 2004. Ground temperature monitoring and its recent change in Qinghai-Tibet Plateau. Cold Regions Science and Technology, 38: 85-92.

Wu Q, Zhang T. 2008. Recent permafrost warming on the Qinghai-Tibetan Plateau. J. Geophys. Res, 113, D13108.

Xie Changwei, William A, Gough. 2013. A simple thaw-freeze algorithm for a multi-layered soil using the Stefan equation. Permafrost and Periglacial Processes, 24: 252-260.

Xie Changwei, William A, Gough, et al. 2013. Characteristics and persistence of relict high-altitude permafrost on Mahan Mountain, Chinese Loess Plateau. Permafrost and Periglacial Processes, 24: 200-209.

Shur Y L, Jorgenson M T. 2007. Patterns ofpermafrost formation and degradation in relation to climate and ecosystems. Permafrost and Periglacial Processes, 18: 7-19.

Yang K, Wang J. 2008. A temperature prediction-correction method for estimating surface soil heat flux from soil temperature and moisture data. Science in China(Series D) 51: 721-729.

Yang Y, Wang G, Yang L, et al. 2012. Physiological response of Kobresia pygmaea to warming in Qinghai-Tibetan Plateau permafrost region. Acta Oecol, 39: 109-116.

Yi S, Arain M A, Woo M K. 2006. Modifications of a land surface scheme for improved simulation of ground freeze thaw in northern environments. Geophysical Research Letters 33: L13501. DOI: 10.1029/2006GL026340.

Yi S, McGuire A D, Harden J, et al. 2009. Interactions between soil thermal and hydrological dynamics in the response of Alaska ecosystems to fire disturbance. Journal of Geophysical Research 114: G02015. DOI: 10.1029/2008JG000841.

Yoshikawa K, Bolton W R, Romanovsky V E, et al. 2003. Impacts of wildfire on the permafrost in the boreal forests of Interior Alaska. J. Geophys. Res, 108(D1): 8148.

Yu Q, Epstein H, Walker D. 2009. Simulating the effects of soil organic nitrogen and grazing on arctic tundra vegetation dynamics on the Yamal Peninsula, Russia. Environ. Res. Lett, 4, 045027.

Zhang Y, Ohata T, Kadata T. 2003. Land surface hydrological processes in the permafrost region of the eastern Tibetan Plateau. Journal of Hydrology 283: 41-56.

Zhang Y, Carey S, Quinton W. 2008. Evaluation of the algorithms and parameterizations for ground thawing and freezing simulation in permafrost regions. J. Geophys. Res: 113.

Zhang Y, Munkhtsetseg E, Ohata T, et al. 2005. An observational study of ecohydrology of a sparse grassland at the edge of the Eurasian cryosphere in Mongolia. J. Geophys. Res. 110, D14103.

Zhao L，Gray D M. 1999. Estimating snowmelt infiltration into frozen soil. Hydrological Processes. 13：1827-1842.

Zhao L，Cheng G D，Li S X，et al. 2000. Thawing and freezing processes of active layer in Wudaoliang Region of Tibetan Plateau. Chinese Science Bulletin，45(23)：2181-2186.

Zhou X M. 2001. Chinese Kobresia pygmaea meadow(in Chinese). Beijing：Science Press：370

Zhou Y，Guo D，Qiu G，et al. 2000. Geocryology in China. Beijing：Science Press：450.

第 3 章 积雪-植被协同的土壤水热传输过程

3.1 理论基础与进展

　　积雪是寒区重要的水分赋存形式，也是极其重要的冰冻圈要素之一。作为降水的一种形式，积雪本身具有不同于液态降水的特殊物理、化学和生物过程性质，与大气、土壤和植被间存在更加深刻的相互作用关系，大气-积雪-植被-土壤间复杂的物质和能量传输与交换过程不仅是寒区极其重要的陆面过程的关键组成部分，而且在一定程度上决定了寒区生态过程和水文过程基本特性(Davies，1994；Jones et al.，2001)。首先，积雪具有极强的能量、光照调节能力，从而显著改变地表能量平衡和光照条件，对陆面生态系统以及土壤物理和化学过程产生较大影响；其次，积雪作为固态水分，具有较大的水分储存与调节能力，改变陆面水循环和寒区流域水文格局；再者，积雪吸附和溶解大量化学物质，自身具有特殊的化学性质，大面积和较长时期的积雪覆盖对高纬度和高海拔地区生物地球化学和水文地质化学循环产生较大影响(Jones et al.，2000)。如图 3.1 所示，积雪被认为是区域气候、水循环与水文过程、生态系统与生态过程的重要组成部分，参与区域陆面过程诸方面(Callaghan et al.，2011)。因而，积雪的陆面过程效应研究，一直是被广泛关注的热点，在陆面水循环、能量循环、生物过程和地球化学循环过程等方面均有深入和持续研究，并取得了众多进展。

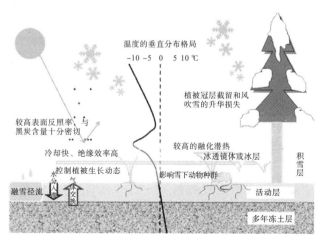

图 3.1 积雪对气候、水文、气体交换、冻土和生态系统
的影响与互馈关系示意图(据 Callaghan et al.，2011 改绘)

3.1.1   积雪的能量平衡效应及其对土壤热状况的影响

积雪具有较大的短波反照率、高热辐射系数、较低的热传导率、较大的融化潜热(近似于 333kJ/kg)和较小的表面粗糙度,这些基本物理特性,使其成为高纬度和高山地区积雪季节气温变化的主要驱动因素之一。积雪较高的反照率(干雪可高达 0.8~0.9)结合低热传导率形成较低的地表温度和低层逆温(如图 3.1 中温度垂直剖面分布曲线所示,近地表空气温度高于地面温度),而较低的热传导进一步起到隔热作用以避免冬季能量的大量散失。另外,积雪具有较低的表面空气动力学粗糙度,减小了空气湍流并进一步降低了热量的垂直交换(Fletcher et al.,2009)。上述特性使得积雪在近地表水热通量和能量平衡中扮演着十分重要的角色,特别是其较大的隔热作用,对于季节冻土和多年冻土的发育与发展、地下冰的形成厚度等具有至关重要的作用。积雪的隔热作用,使得地热不易散失,冬季积雪覆盖下的土壤温度就会升高,在积雪厚度超过一定值后,导致活动层土壤甚至多年冻土层地温高于 0℃(图 3.1),可能加速冻土融化。在加拿大西北部以及大部分北极苔原地区,季节性积雪时间长达 9 个月,积雪的厚度强烈地影响多年冻土土壤的热状况及地表能量平衡,是控制多年冻土冬季地温及年平均地表温度的主要因素(Zhang,2005)。积雪厚度、雪粒大小和雪的杂质含量决定雪的反照率,因此在雪粒大小相差不大时,积雪厚度和降雪吸附的空气中黑炭含量对于积雪反照率的大小就具有决定性的作用,继而对积雪的能量平衡状态产生影响。因此,无论是积雪厚度还是积雪覆盖面积的变化,均可能对区域尺度的气候产生影响,Euskirchen 等(2007)就发现在泛北极地区由于积雪覆盖时间以 0.22 天/10 年的速度减少,导致在 1970~2000 年年地表能量以每 10 年增加 0.8W/m² 的强度促使温度增加。

大量研究证明,积雪的上述保温作用取决于积雪厚度及其稳定性,厚度较薄而不稳定的积雪主要起降温作用;稳定积雪形成越早,则其保温作用愈明显。在北半球季节积雪厚度较大的区域,研究认为雪盖的变化所引起的土壤温度变化远大于植被覆盖所造成的影响(Zhang,2005)。正是积雪对土壤温度场的显著作用,季节性积雪成为影响多年冻土发育的重要因素之一,如 Menard 等(1998)研究发现,积雪厚度在 50cm 左右是加拿大 Hudson Bay 东部地区多年冻土发育的临界积雪深度,超过该厚度,积雪的保温作用可能导致多年冻土退化,如果积雪厚度超过 80cm,则该地区灌丛植被下多年冻土就会消失或不发育多年冻土。在中国东北大兴安岭地区的观测也证明了积雪厚度增加可显著提高土壤温度的现象,在积雪厚度 10~25cm 区域平均地温就要比无积雪地区的高 9℃左右(周幼吾等,2000)。在美国明尼苏达州 Rosemount 地区开展的观测表明,在冬季积雪开始的 12 月初,积雪厚度不超过 10cm 的时候,5cm 深度土壤温度持续下降并逐渐冻结,这是因为积雪的反照很强,但较薄积雪的隔热作用微弱,在地面急剧降温作用下土壤冷却。一直到第二年元月中旬,积雪厚度发展到 15~25cm 的稳定积雪覆盖,土壤冻结到 40~45cm 深度达到稳定,不再向下冻结(Baker et al.,2002)。这一结果也说明了厚度薄且不稳定积雪对土壤温度具有降温作用。积雪的季节变化特征以及积雪的累积和消融导致地表的水热状况发生变化,认为季节性积雪持续时间、累积和融化过程等方面的变化对活动层土壤水热动态和多年冻土地温具有重要作用(Zhang,2005;Ling et al.,2007)。

季节性冻土区有关积雪变化的温度效应研究较少，总体上的一般认识是季节性积雪可升高土壤温度，减小季节冻结深度并增加土壤水分。另一个特点是，季节冻土区积雪覆盖下冻结土壤融化速度迅速，春季几天之内就会伴随积雪融化而完成冻土融化（Zhang，2005）。一般地，季节冻土区在积雪开始之前土壤冻结就已发生，在积雪较薄时，冻土层会继续发展；一旦区域性稳定积雪形成并逐渐达到一定厚度，冻结土壤则会随之发生融化，因此，在冬季末期，有些积雪较厚的地区的季节冻土深度较浅，甚至不存在季节冻土；同时，底部积雪因较高的土壤温度而不断融化产生大量融水下渗入土壤，形成冬季较高的土壤水分含量。这就源于积雪的热力学性质，一方面在温度梯度驱动下深层土壤热量向上传输到地表；另一方面，积雪的良好隔热性能阻滞热量进一步向空气中扩散，使得热量大部分用于融化下层积雪。

在较大尺度上，积雪-反照率-温度反馈作用系统被应用到区域气候系统中，如欧亚大陆或青藏高原超常积雪变化可能与印度季风的延迟或弱化密切相关，并认为这种相互作用关系是全球气候变化中欧亚大陆积雪作用的一部分（Barnett et al.，1989）。特别是青藏高原冬季积雪增加导致地面感热热源减弱、反射通量增加以及积雪融化形成土壤湿度增加等因素共同作用，被认为是驱动中国大气环流变化，并导致降水格局变化的主要原因之一（朱玉祥等，2009）。Groisman 等（1994）分析了北半球积雪覆盖与春季温度变化的关系后，认为尽管最大积雪覆盖发生在冬季，但积雪-温度的正反馈还是春季最明显，并指出在过去几十年里，春季积雪变化的反馈可能已经对北半球热带以外陆地的春季增温起到了实际作用。近年来，关于厄尔尼诺南方涛动和全球温度的关系研究进展，进一步明确了大尺度积雪覆盖变化对全球大气循环的重要性，在大气循环模型或区域气候模型中，积雪-大气相互作用关系都有了不同程度的结合。在全球气候模式不断发展中，一个先进的积雪参数化方案是考虑积雪-温度反馈关系的时空变异性与植被覆盖的密切关联，发展积雪-植被-土壤的多元互馈关系，并引导将陆面过程模型（Coup-Model）与区域气候或全球气候模型耦合（Jansson et al.，2008）。

3.1.2　积雪的生态效应与雪生态学进展

积雪的生态效应首先来自积雪对空气和土壤水热状态的作用。其次，就是积雪对土壤水热状态的作用将直接影响土壤养分的可利用效率，积雪本身也可携带一定程度的养分进入土壤，因而积雪对植被类型、群落组成及分布等具有较大影响。在北半球高山带和北极地区，积雪厚度、积雪融化时间等不仅决定了植被类型及其群落组成，而且也对植物的生态特性如冠层高度、叶面积指数以及生物量等起着关键作用（Walker et al.，1993）。不同厚度积雪环境和积雪覆盖时间等因素下，可适应的植被类群存在较大差异，比如在美国科罗拉多多弗兰特山地的调查发现，垫状指甲草（*Paronychia pulvinata*）和虎尾嵩草（*Kobresia myosuroides*）仅分布于浅积雪或积雪时间较短的环境，而湿地苔草（*Carex pyrenaica*）以及匍匐山莓草（*Sibbaldia pulvinata*）出现在深积雪区（Walker et al.，1993）。宏观地归纳积雪的生态效应如表 3.1 所示。

（1）冻害屏蔽与生境维持：积雪所具有的较高绝热能力，在个体水平上，为植物和动物免于冻害、脱水、风和风吹颗粒的物理伤害提供了重要的冬季避难所。同时，积雪还很好地限制了土壤的冻结程度、抑制了因冻融和寒冻风化引起的土壤不稳定性(Jones et al.，2001)。积雪的绝热性能和辐射屏障功能产生了地表及其以下显著的温度和辐射梯度，形成了冬季严寒环境下的特殊生境，并对大部分寒区生态系统提供了越冬的生境维持条件；同时，多样的温度和辐射梯度形成的新的生境有利于种群稳定或形成新的物种。

(2)水库与食物链：作为固态水赋存形式，积雪是重要的天然水库，为栖息其中的不同生命阶段的微生物、无脊椎动物和哺乳动物等提供了重要的栖息环境和食物。积雪中存在大量微生物种群，在积雪的透光性、热效应以及自身的生物地球化学性质等作用下，积雪形成一个独特的生态亚系统，水库效应及其蕴含的食物链结构提供了该亚系统存在与繁衍的基本生境条件(Jones et al，2001)。

表3.1　积雪覆盖减少对陆地生态系统的影响分类

类型	观测到的变化	驱动因素
植被变化	大部分物种花期物候提前	积雪融化时间，温度
	植被群落组成和物种多样性显著改变	积雪(有效水分)，温度
	木本植物因冻害加剧而退化	积雪厚度和融化时间
生长季节	萌芽期提前，生长季节延长	积雪融化时间，温度
	初期碳吸收增加，但近期出现吸收水平下降	积雪融化时间，温度
	沼泽湿地初级生产力增加	温度，CO_2肥效
无脊椎动物种群	大部分种群的出现物候提前	积雪融化时间，温度
	花期缩短导致拈花动物物种减少	积雪融化时间，温度
	蜘蛛类群出现气候驱动的表型变异	积雪融化时间
脊椎动物种群	整个捕食链的级联效应促使北极小旅鼠生活周期衰落	积雪
	岸禽鸟类筑巢时期变化	积雪融化时间
	麝香牛种群数量增加后出现下降	积雪融化时间，温度

(3)积雪与植被间密切而复杂的相互作用：积雪时间、厚度等对极地、高山植物与植被群落的组成与分布格局具有深刻影响。从植物个体而言，积雪时间和厚度影响物候，对植物返青、开花、结果以及总的初级生产力等均有较大影响。积雪厚、融雪晚推迟植物返青和开花期，但也可能由于充足的土壤水分而延迟枯萎期。Walker等(1995)曾在美国科罗拉多山地积雪场观测到一个冬季较大的积雪和此后春季延迟的融雪时间，显著缩短了植物生长季节，但植物叶片长度和叶片数量均较大幅度增加，认为较大积雪和较晚融化，较大幅度增加了土壤水分，而较大的叶长度和叶数量与生长期土壤含水量密切相关。积雪深度与植物开花的数量之间也表现为正相关(Inouye和McGuire，1991)，积雪减少或融雪提前，植物可能遭受寒冷与干旱胁迫而导致开花与结实量下降。在极地或高山季节积雪区，通常可以发现沿融雪期早晚梯度形成植物初级产量的大小梯度，一般地，融化时间稍早且积雪厚度较大的区域植物生物量较大，融雪时间过早且积雪深度较小容易产生土壤干旱而导致植物生物量下降，但较长时间积雪的区域(如阴坡低洼地带和雪堤等)植物生物量较小(Walker et al.，1993；1995)。反过来，植被对积雪的作用，主要体

现在对降雪的再分配和区域积雪空间格局的调配方面，表现在：植被改变空气动力场从而影响风吹雪及其升华、植被对积雪具有较大的水平拦截作用和垂直降雪截留，且这些影响与植被高度、密度和分布格局密切相关，同时这些影响将显著改变积雪的空间分布格局和升华过程(Pomeroy et al.，2006)。关于植被与积雪的相互关系，在本章第四节中还要深入论述。

积雪形成的地温升高是大量植物和动物渡过严冬的重要屏障，气候变化对于积雪-植被相互关系的一个重要影响是冬季积雪的早期融化和冬季降雨代替降雪，在亚北极地区的大量观测和模型模拟结果表明，这些冬季暖化事件对植被产生较大负面作用，灌丛出现大量死亡，且大范围和持续时间较长的暖冬事件可能终止灌丛向苔原扩张(Bokhorst et al.，2009；Tape et al.，2006)。暖冬造成的早期融雪被认为是导致北美珍贵黄杉近年来持续退化的主要元凶，主要原因是冬季融雪导致根系遭受严重冻害(Beier et al.，2008)。因此，积雪对植被生态的影响十分复杂且深刻，对植被的类型、分布、群落组成、生物多样性以及生产力等多方面均施加显著作用。Wipf S 和 Rixen C(2010)综述了国际上积雪控制模拟实验结果后，就发现尽管积雪厚度增加或融雪延迟总体上减少植物群落生物量，但不同植物功能群间差异显著，如杂类卓可显著增加生物量，但禾草植被将显著减少，落叶灌丛的生物量也会出现不同程度增加趋势；另外，积雪厚度增加或融雪延迟导致生物多样性递减的主要因素是由地衣和禾草的丰富度降低而引起。

(4)积雪变化改变生态系统养分循环过程。由于积雪的覆盖，形成很好的绝缘层，冬季雪被下土壤温度将显著高于非雪被土壤，土壤融化可大大促进冬季土壤-大气间的气体交换，增强土壤微生物活性，导致冬季土壤呼吸速率增加，并增大非生长季的土壤碳排放强度，对土壤碳排放和植物的养分吸收具有重要的贡献(Brooks et al.，2011；陶娜等，2013)。基于在加拿大高纬极地和瑞士亚北极开展积雪控制模拟试验，发现积雪厚度增加可促使生态系统呼吸增加 $60\% \sim 157\%$，中等程度积雪增加就可显著增强冬季土壤呼吸，并导致生态系统年度净碳交换由汇转变为源(Larsen et al.　2007)。积雪厚度增加所产生的土壤水热正效应，不仅有利于土壤碳释放，而且对于其他温室气体如 CH_4 和 NO_2 等也起到明显的促进作用，积雪消融引起的土壤饱和，可增加 CH_4 释放通量。有研究证明积雪覆盖变化对凋落物分解过程及其凋落物养分元素释放速率也有较大影响，如武启骞等(2015)通过积雪控制实验发现，积雪厚度增加显著提高凋落物磷的释放速率，并提高了各物种冬季 P 元素释放贡献率，认为全球变化情景下的雪被减少可能减缓高海拔森林凋落物 P 元素的释放过程，改变森林土壤 P 元素水平。

(5)积雪生态亚系统的动物种群与冬季阈值。积雪生态亚系统的结构与功能状况与"冬季阈值"密切相关，也称为积雪的关键厚度，是能把积雪亚表层系统与周围环境(主要是温度、辐射与风等)影响隔绝开的积雪厚度。一般认为，只有积雪厚度超过特定阈值，才能建立相对稳定的亚表层生态系统(Jones et al.，2001)。不同气候带或生物气候分区，这一冬季阈值并不相同，根据不同区域观测结果，一般为 $15 \sim 30$cm。一旦积雪亚表层生境建立起来，就形成多样的动物种群。总体而言，积雪亚空间中的动物以无脊椎动物为主，也分布一定数量的脊椎动物。通常动物区系是窄温性、小型、黑色、以捕食或腐食食物为主。气候变化影响积雪深度和积雪时间，对于这类动物的生存与繁衍必然产生较大影响，如北极熊种群的退化部分与积雪条件的改变有关，因为母熊要在积雪中建立洞穴以生育和抚养幼崽，而积雪较浅或融化较早均不利于幼熊的生长。

3.1.3 积雪的水文过程与模拟

积雪作为固态水分赋存形式，必然直接影响区域水循环过程，表现在固态水库所具有的水在冬季和春季(甚至夏季)间的再分配、融雪径流的形成与分布等，改变区域水资源时空分布格局。在北极和高山地区，积雪融水径流对河川径流的贡献可能高达70%以上，如西伯利亚和北美一些河流的积雪融水占据年径流总量的75%~80%以上(Woo，2000)，中国西部和东北地区融雪径流也占据较大比例，特别是干旱内陆流域冰雪融水径流占年径流总量的9%以上，东北地区河流融雪期径流量占全年径流总量的比例达到13.3%~24.9%(焦剑等，2009)。积雪还通过改变区域陆面蒸散发、土壤水分状态等影响区域水循环。

在寒区，春汛径流过程直接反映了积雪融水的径流效应。在北极以及青藏高原及其周边高山带发育的一些河流，河源区或上游的春汛径流往往是全年最大洪水径流，如新疆一些河流在过去经常爆发春汛洪水灾害，就是大量积雪在迅速升温下短期大量融化形成的直接径流补给河流的结果。伴随全球气候变化，春季融雪径流分布格局发生较大变化。如中国新疆地区，在过去50年间，融雪期的开始日期平均提前了15.33天，结束日期延迟了9.19天。

干旱内陆流域河流径流量对融雪期气候变化敏感，降水变化诱发年径流量变化了7.69%，温度变化使得年径流量改变了14.15%(李宝富等，2012)。在青藏高原三江源区春季融雪径流也显著提前，其中澜沧江源区提前大约10天左右，而长江源区提前量较小，为4天左右，春季融雪径流开始时间提前伴随春季径流较大幅度增加而夏季径流减少(吕爱锋等，2009)。在北极地区，同样表现出春季融雪径流提前，但是春汛洪水流量减少，这与积雪量减少有关(Adam et al.，2009)。

积雪的水文效应是积雪水文学的核心，有两个互相依赖的问题始终是积雪水文学的关键科学命题，一是大气-植被-积雪-土壤系统水热耦合传输问题，是寒区陆面过程研究中最具挑战性的难题之一，积雪有效的热绝缘作用以及较高的反照率，形成强烈的积雪-土壤水热传输作用，叠加植被-积雪间的相互作用、植被-土壤间的水热耦合作用等，就使得该过程更加复杂；同时，寒区土壤的水分动态受控于热状态，因此，大气-植被-积雪-土壤系统水热传输过程不仅是寒区水循环的重要组成部分和制约因素，也是寒区生态系统变化的重要驱动因素之一。但因其高度复杂性和时空变异性，积雪影响下的SPAC水热交换与传输系统，尚缺乏较为完善的有效定量刻画方法。

融雪径流模型(SRM)，也称Martinec模型或Martinec-Rango模型，是一种确定性、概念性、半分布式和基于物理的水文模型，模拟以融雪为主要河流补给源的山区流域逐日径流。与利用能量平衡法计算融雪的模型相比，SRM模型是使用度日因子法计算融雪的，这大大简化了模型在融雪方面的细节计算(Martinec，1998)。SRM模型计算公式如下：

$$Q_{n+1} = [c_{sn} \cdot a_n (T_n + \Delta T_n) \cdot S_n + c_{Rn} \cdot P_n] \cdot \frac{A \cdot 10000}{86400} \cdot (1 - k_n + 1) + Q_n \cdot k_n + 1$$

$$(3.1)$$

式中，Q 是日均流量，$(m^3 \cdot s^{-1})$；c 是径流系数，其中 c_s 和 c_R 分别是融雪和降水径流系数；a 是度日因子，$(cm \cdot ℃^{-1} \cdot d^{-1})$，其物理意义是单位度日因子的消融深度；$T$ 是度日因子数，$(℃ \cdot d)$；ΔT 是根据温度直减率在不同高程进行温度插值后度日数的修正值，$(℃ \cdot d)$；S 为积雪覆盖面积与流域面积的比值；P 为降水形成的径流深，cm；A 是流域或流域分带的面积，km^2；k 是退水系数，表示在没有融雪或降水的时间段里径流下降值；n 是径流计算时间段的日数序列；10000/86400 是径流深到径流量的换算系数。

在 SRM 模型中，T、S 和 P 是模型的 3 个输入变量，c_s、c_R、ΔT，k 和流域滞时 (L) 是模型的基本参数，是在一定地理气候条件下流域的基本水文特征。在流域或区域尺度上，积雪覆盖资料往往采用遥感数据获得，如采用中分辨率成像光谱仪（MODIS）陆地卫星的 500m 积雪覆盖资料等。融雪径流模型中最主要的参数有度日因子、温度递减率、降雨/降雪临界气温以及降雨有效面积等。

度日因子被认为是 SRM 模型中最为敏感的参数之一，定义为每日温度上升 1℃ 所融化的积雪深度。度日因子的使用需要注意几个问题，一是度日因子不是恒定不变的常数，而是随积雪性质变化而变化；二是基于观测值的度日因子需要进行面上的尺度转换，如考虑高程修正等；三是根据流域局部积雪率定的度日因子不能用于流域完全覆盖积雪的情况，应根据实际积雪覆盖面积加以修正（杨针娘等，2000）。一般地，度日因子可以由雪枕、雪槽进行野外观测而得到，在没有实验数据的情况下，度日因子可以由以下经验公式得到：

$$a = 1.1 \cdot \frac{\rho_s}{\rho_w} \tag{3.2}$$

式中，ρ_s 为雪密度，ρ_w 为水密度。

温度递减率是指气温随海拔升高的递减率，以实际观测数据确定，但在无观测数据时，也可依据经验值（如海拔每升高 100m，温度降低 0.65℃）估算。同样，温度递减率不是常数，不同区域不同季节的温度递减率均不相同。临界气温用来确定降水是雨还是雪，以确定融雪径流的降水参数，因而对径流模拟影响较大。第一章中，依据陈仁生等的研究，给出了我国寒区部分区域临界温度的大致范围。降雨有效面积主要用来确定在存在积雪覆盖的情况下，降雨是在积雪面上还是非积雪面上，一般认为降落在干而厚的积雪面上的降雨不立即形成径流而是保留于积雪层中；在融雪后期，认为积雪层接近或达到饱和，降落在积雪面上的降雨反而易于形成饱和径流。

3.2　单一积雪覆盖变化的土壤水热传输过程

积雪对气候、自然环境和人类活动等具有不可忽视的作用（郑照军等，2004），其对气候变化十分敏感，特别是季节性积雪，在干旱区和寒冷区既是最活跃的环境因素，也是最敏感的环境变化响应因子（高卫东等，2005）。积雪对土壤温度的影响是由它对土壤表面各种热交换过程的影响组成。积雪作为一种特殊的下垫面增强了地表的反照率，减少了地表对向下的太阳短波辐射的吸收，从而造成了近地层的冷却，这一部分能量的损失对冬季高寒地区是相当重要的一部分（Zhang，2005），减少辐射能的吸收，使雪面温度比气温低(高荣等，2004；Zhang，2005)。由于积雪是热的不良导体，热导率低，冬季可防止土壤热量散逸，使土壤温度高于气温；春季使气温回升时，阻碍土壤增温，使土壤温度回升时间滞后。因此，积雪覆盖变化将直接影响土壤水热传输过程与分布格局。

在冰冻圈中，季节性积雪的地理分布最为广泛。北半球冬季积雪鼎盛时期大陆积雪面积达$(45 \times 106) km^2$，北半球陆地面积的 46.0% 被积雪所覆盖(Robinson et al.，1993)。积雪对季节性冻土有较大的影响，当积雪达到一定厚度以后，积雪的保温作用会影响冻结深度的变化，积雪越厚，保温作用越强，积雪越浅，保温作用越弱，当积雪小于某一厚度时其主要起降温作用。而季节性积雪也是影响多年冻土发育的重要因素之一，积雪的季节变化特征以及积雪的累积和消融导致地表的水热状况发生变化，而这些变化又会对位于多年冻土之上的活动层产生重要影响，同时多年冻土的变化会对地气之间热能循环和寒区寒季的水循环产生重要的影响。在青藏高原，积雪的反照率辐射效应和融雪水文效应对土壤的水热传输过程影响显著，大气-积雪-土壤间的能水交换是高原极其重要的陆面过程之一，对高原水循环和区域尺度的能量平衡具有较大影响。

3.2.1　土壤冻融时间的变化

一般地，近似地以日平均土壤温度开始持续小于 0℃ 为开始冻结日期，而日平均温度开始持续大于 0℃ 为开始消融日期(杨梅学等，2002；Romanovsky et al.，1997；Osterkamp et al.，1997)，则可以得到在有无积雪覆盖的条件下活动层开始冻结日期、开始消融日期和持续冻结时间。在青藏高原风火山地区，选择典型高寒草甸和高寒沼泽湿地两种植被类型，采用雪栅栏方法构建不同积雪厚度试验场。根据活动层土壤冻融过程中水热状况的不同特征，将实验场地活动层年变化过程分为四个阶段，即夏季融化阶段(ST)，秋季冻结阶段(AF)，冬季降温阶段(WC)和春季升温阶段(SW)。

如表 3.2 所示，积雪覆盖影响了浅层土壤冻结过程的起始时间、融化过程的起始时间以及土壤冻结持续时间。无论是高寒沼泽还是高寒草甸，浅层土壤开始冻结过程时间大都在 10 月 13 日和 14 日，并且在有无积雪覆盖条件下高寒沼泽和草甸浅层土壤开始冻结过程表现出一致性。在观测土壤 5cm、10cm、15cm 深度处有积雪覆盖的浅层土壤开始冻结过程时间都比没有积雪覆盖下的浅层土壤的开始冻结过程时间滞后了 1 天，但在同样覆盖条件(有积雪、无积雪覆盖)下，浅层土壤的开始冻结过程时间在不同土壤深度上没有差异。土壤开始消融过程时间出现在 5 月上旬和下旬，高寒沼泽和草甸的浅层土壤在有积雪覆盖的条件下，土壤开始消融过程的时间分别比在没有积雪覆盖的情况下延迟了 3~13 天、7~8 天，并且在两种覆盖条件(有积雪、无积雪覆盖)下，观测深度 5cm、10cm、15cm 处土壤开始消融过程时间都随着土壤深度的增加有滞后的趋势。其中，沼泽土壤在两种植被覆盖条件下，对应有积雪和无积雪时在消融过程中随深度的滞后时间分别是 13 天、4 天和 3 天、6 天；草甸土壤在消融过程中随深度的滞后时间是 1 天。另外，草甸土壤不同深度土壤消融时间都比沼泽土壤消融时间滞后，其中无积雪覆盖下滞后约 2~4 天，有积雪覆盖下约滞后二至十几天。浅层土壤的冻结持续时间由于积雪覆盖的影响有增加的趋势，并且随着土壤深度的减小有缩短的倾向。在同样覆盖条件(有积雪、无积雪覆盖)下，高寒草甸比沼泽的浅层土壤开始融化过程时间要延迟 2~10 天。此外，高寒沼泽、草甸在有无积雪覆盖的条件下土壤从 5cm 深度冻结到 15cm 深度的时间基本一致；同样在有无积雪覆盖条件下，高寒沼泽、草甸浅层土壤从 5cm 深度融化到 15cm 深度的时间有增加的趋势，特别是高寒沼泽，其土壤融化时间随深度的加深增加明显。

也就是说，高寒沼泽、高寒草甸浅层土壤开始冻结时间由于积雪覆盖的影响有滞后的倾向。而积雪覆盖影响下的土壤开始消融时间在不同植被类型间存在一定差异，高寒沼泽表层 5cm 土壤融化开始时间随积雪覆盖有所提前，但在 10cm 以下有所延迟。高寒草甸土壤融化开始时间在积雪覆盖下滞后。浅层土壤持续冻结时间随着土壤深度的减小有缩短的倾向，但在积雪覆盖的影响下有增加的趋势。积雪对土壤冻融过程的"季候延迟"效应，可能与积雪对地表能量平衡影响有关，上述讨论仅局限于有无积雪覆盖，实际上这种作用取决于积雪厚度以及地表土壤水分含量等诸多因素。

表 3.2　有、无积雪覆盖下高寒沼泽、草甸浅层土壤冻结消融起始日期及冻结时间

土地类型	项目	观测点深度					
		5cm		10cm		15cm	
		积雪	无积雪	积雪	无积雪	积雪	无积雪
沼泽	冻结起始日期	10-14	10-13	10-14	10-13	10-13	10-20
草甸	/月-日	10-14	10-13	10-14	10-13	10-13	10-14
沼泽	消融起始日期	4-28	5-5	5-11	5-8	5-15	5-2
草甸	/月-日	5-17	5-9	5-17	5-10	5-17	5-10
沼泽	冻结持续时间	196	204	210	207	214	194
草甸	/天	215	208	215	209	216	208

3.2.2　有无积雪覆盖对活动层冻融过程中土壤温度的影响

在秋季冻结阶段（AF），此时期地表散失的热量大于吸收的太阳辐射能量，浅层土壤有净的能量支出，因而温度降低，且温度随着土壤深度的不断增加逐渐升高。在冻结过程中没有积雪覆盖的高寒草甸浅层土壤，温度会随着深度的增加而升高。而在有积雪覆盖的情况下，在冻结初期，浅层（5~15cm）土壤温度随深度基本上没有变化；在冻结末期，土壤温度随着深度的增加有所升高。高寒草甸浅层土壤，有积雪覆盖的土壤温度略高于无积雪覆盖的土壤，而在土壤深度 15cm 处，有积雪覆盖的土壤温度在整个冻结过程都比无积雪覆盖的土壤温度低（图 3.2）。在活动层土壤整个冻结过程中，在同一深度有积雪覆盖的土壤与无积雪覆盖的土壤相比温度变化要小。另外土壤冻结阶段，在浅层土壤（5~15cm）中随着土壤深度的增加土壤冻结时间滞后，由于积雪覆盖导致土壤温度的下降速率与没有积雪覆盖的土壤温度相比要小，而且随着土壤深度增加降温速率特征一致。因此，有积雪覆盖的高寒草甸浅层土壤不同深度土壤平均降温速率都要小于无积雪覆盖的土壤，这是由于积雪的保温作用导致的。

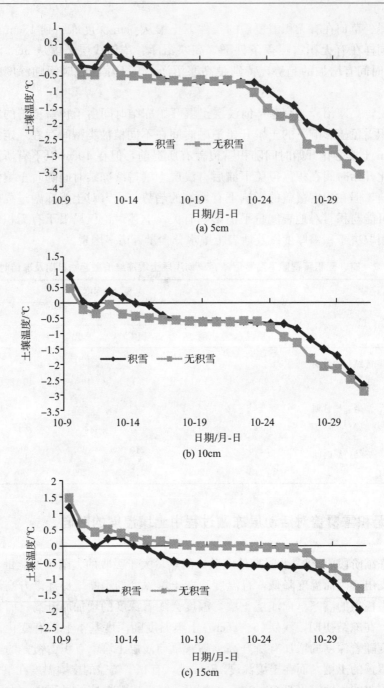

图 3.2　有无积雪覆盖高寒草甸浅层土壤秋季冻结过程温度变化

　　在冬季降温阶段（WC）以及春季升温阶段（SW），在土壤的不同深度有积雪覆盖的土壤温度都要略高于无积雪覆盖的土壤，这主要是由于积雪的保温作用，阻挡了土壤热量的散失。在夏季融化阶段（ST），浅层土壤吸收的能量多于发散的能量，土壤温度随着深度的增加而逐渐降低，无论有无积雪覆盖，不同深度的土壤都达到一个温度增加的最高值，之后又开始降温过程，其中升温速率与降温速率大致相同。在开始融化初期（4 月），由于积雪的保温作用，无积雪覆盖的土壤温度低于有积雪覆盖的土壤，有积雪覆盖的草甸土壤解冻早于无积雪覆盖的。大概到 4 月底时二者的地温开始逐渐接近，经过 5 月份的过渡期，到 6 月份有积雪覆盖的高寒草甸地温已经低于无积雪覆盖的地温了，也就是说这个阶段积雪由 4 月份之前对土壤起的保温作用转变成为对土壤的制冷作用(田静，2003；Hinkel et al.，2003)。图 3.3 为 4～6 月各层地温变化曲线。

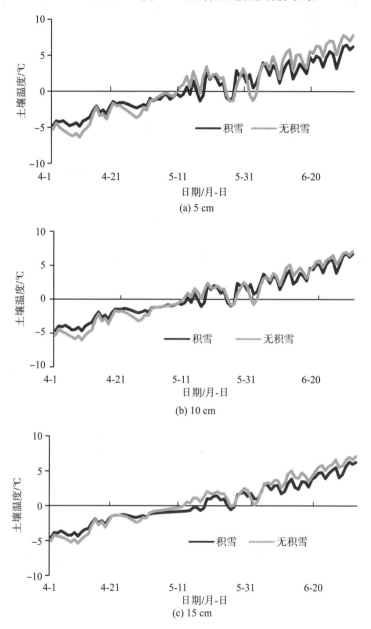

图 3.3　有无积雪覆盖下高寒草甸浅层土壤 4～6 月温度变化

　　不同积雪覆盖条件下土壤温度的变化速率不同，极端最高温有积雪覆盖的要高于无积雪覆盖的土壤。对于高原上分布最为广泛的植被类型——高寒草甸，有积雪覆盖的土壤温度显著高于无积雪覆盖的(图 3.4)，对于极端负温，有积雪覆盖的地温也同样高于无积雪覆盖的。说明，由于积雪覆盖的影响使得土壤温度有所升高。另外，积雪覆盖对秋季冻结过程和夏季融化过程浅层土壤温度的影响明显大于冻结降温过程和春季升温过程。

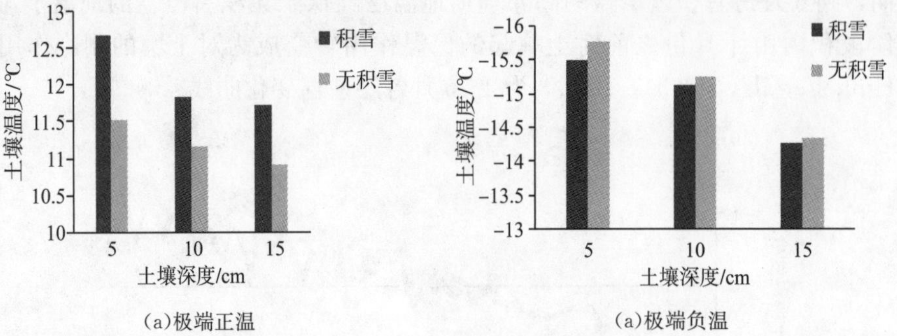

(a)极端正温　　　　　　　　　　　　　　　　　(a)极端负温

图 3.4　积雪覆盖变化下高寒草甸土壤极端正温(a)和极端负温(b)分布

3.2.3　有无积雪覆盖对活动层冻融过程中土壤含水量的影响

有无积雪覆盖下高寒草甸浅层土壤不同深度水分变化过程(包括 AF、WC、SW、ST 四个阶段)如图 3.5 所示。从图中看出,土壤水分随时间变化显著,有无积雪覆盖条件下,浅层土壤不同深度都存在一个平稳低含水时期和一个波动高含水时期。

在秋季冻结过程(AF)(图 3.5),无论有无积雪覆盖,不同深度土壤水分含量都经历一个土壤冻结初期水分缓慢减小和土壤冻结末期水分迅速减小期。土壤冻结初期水分缓慢减小,在 5cm 和 15cm 深度有积雪覆盖的土壤水分含量略低于无积雪覆盖土壤,在土壤冻结末期水分迅速减小,5cm 深度土壤与 10cm、15cm 相比较,在时间上有所提前,分别是 5 天和 8 天。

在夏季融化过程(ST),与秋季冻结过程相对应,在有无积雪覆盖下,浅层土壤水分含量都经历一个水分急剧增加期和水分上下波动期。由图 3.5 可见,相对于无积雪覆盖的草甸,有积雪覆盖的草甸土壤在 5 月份出现了一个水分含量急剧升高期,这是由于此阶段气温回升使地表覆盖的积雪开始融化,雪水渗入土壤,土壤含水量急剧增大。之后,有积雪覆盖的浅层土壤在 5cm、10cm 水分含量都要高于无积雪覆盖的土壤,15cm 水分低于无积雪覆盖的草甸土壤。

冬季降温过程(WC)与春季升温过程(SW),这个时期浅层土壤冻结,土壤中液态水含量很小,直到第二年地温回升,被冻结的固态水融化。从图 3.4 可以看出,这两个阶段在有无积雪覆盖条件下,草甸浅层土壤水分含量整体上趋于平缓。因此,对草甸土壤冻结前和消融后的水分含量进行对比分析表明:无积雪覆盖的浅层土壤不同深度土壤冻结前含水量与消融后含水量的差值为正值,范围为 0~7%;有积雪覆盖的浅层土壤不同深度土壤冻结前含水量与消融后含水量的差值大都为负值,存在个别正值,但其差值都在零附近。说明由于积雪的影响,浅层土壤水汽交换量减少,积雪的覆盖有利于土壤水分的维持。

无积雪覆盖的浅层土壤与有积雪覆盖的土壤相比,土壤水分变化速率略小,积雪起了促进水分变化速率的作用。另外,积雪对浅层土壤冻结后水分的影响小于土壤未冻结时,并且对融化过程的影响较冻结过程明显。

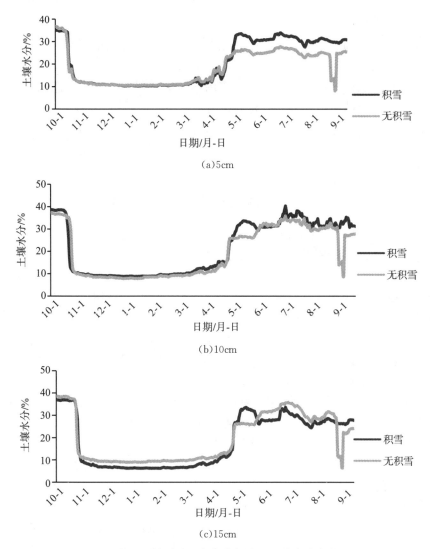

(a)5cm

(b)10cm

(c)15cm

图 3.5　有无积雪覆盖下高寒草甸浅层土壤水分变化过程

3.3　积雪-植被覆盖协同变化对土壤水热动态的影响

北半球积雪在时空上是最易变的地表条件(Gutzler et al.，1992；Cohen，1994；Cohen et al.，2001)，并且也是研究土壤冻融过程、气候变化及天气预报的一个重要参数(Walsh et al.，1985；Groisman et al.，1994；Gustafsson et al.，2001)。季节性积雪在出现时间、持续时间、累积和融化过程等方面的变化对活动层和多年冻土的影响已经使得许多学者对其产生了极大的兴趣(Ling et al.，2007)。在有植被覆盖的地表，积雪对土壤水热动态的影响无疑是经过植被层来实现，这些区域观测到的土壤水热动态过程实际上是积雪和植被协同作用的结果。

3.3.1 植被-积雪覆盖协同变化对活动层土壤水热动态的影响

为了研究积雪和植被覆盖变化的协同作用下对活动层土壤水热动态的影响，选取了青藏高原分布最广泛的植被类型——高寒草甸。其中，植被覆盖超过83%的作为高盖度的高寒草甸，植被盖度在65%左右的高寒草甸在此处称为相对低盖度的高寒草甸，以此通过不同植被盖度下的活动层土壤水热动态，来说明积雪、植被覆盖变化协同作用对土壤水热动态的影响。

3.3.1.1 不同植被盖度下积雪覆盖变化对土壤温度的影响

在多年冻土地区，由于地表积雪覆盖改变了活动层土壤温度及其在活动层土壤剖面上的分布情况。由于积雪较高的反照率及较低的热传导系数，加之融雪时较大的能量需求及融雪时大量的土壤水的输入，从而导致了冬季与夏季地表能量平衡发生变化（Zhang et al.，2008）。在冬春季节，土壤冻结阶段和开始融化阶段，有积雪覆盖的土壤温度都要比无积雪覆盖的土壤温度高，温度的变化速率也较小。这一现象的产生与积雪覆盖对地表热交换过程的影响有关，冬春季青藏高原腹地积雪覆盖期间，松散的积雪所具有的较强隔热作用和低热传导性能，减缓了土壤-大气的热交换；同时，这期间由于积雪覆盖下的土壤冻结使得潜热释放也有效减缓了地表温度降低（Zhang，2005；Sokratov et al.，2002）。

对于不同盖度的高寒草甸活动层土壤，当土壤温度达到最低温度时，有积雪覆盖的土壤温度都要高于无积雪覆盖的土壤，其中高盖度的高寒草甸土壤在10cm、20cm、30cm深度处有积雪和无积雪土壤温度差值分别为2.65℃、3.68℃、2.05℃，低盖度的高寒草甸土壤差值分别为3.15℃、0.4℃、0.3℃。这与Zhang等在Alsaka北部的观测结果类似，季节性积雪可以导致地表温度增加4~9℃（Zhang et al.，1997；Sokratov et al.，2002）。在夏季积雪完全融化，土壤出现最高温度，因积雪地表土壤水分增加形成较大潜热消耗，无积雪覆盖的低盖度高寒草甸土壤温度就高于有积雪覆盖的土壤，其在10cm、20cm、30cm深度处差值分别为0.26℃、0.1℃、0.9℃；而高盖度高寒草甸，有、无积雪覆盖的土壤各层的差值分别为3.15℃、0.4℃、0.3℃。图3.6及图3.7分别是高盖度和低盖度高寒草甸年内有、无积雪覆盖土壤温度差。由图可知，对于高盖度高寒草甸有、无积雪覆盖土壤温度在各层差值表现出相同的规律，10月到4月下旬5月左右两者地温差值为正（有雪地温-无雪地温），而5~10月二者地温差值为负，且随着土壤深度的增加，地温差值为正的时间有延长的趋势。对于低盖度高寒草甸，由图3.7可知，只有在表层土壤（10cm）与高覆盖高寒草甸类似，较深层土壤只有在土壤开始融化前有积雪的地温高于无积雪的地温。因此，即便是草地植被，不同植被盖度变化同样导致积雪对土壤温度的影响程度和剖面分布动态产生较大差异，总体上植被盖度较大的高寒草甸植被对积雪的地温协同影响程度要大于植被盖度略低的高寒草甸。积雪对不同植被盖度区域土壤温度影响的差异性还体现在季节与剖面深度方面，土壤冻结期与融化期相比，积雪对高覆盖的高寒草甸比低盖度的高寒草甸浅层土壤冻结期温度的影响较大，由于隔热作用，积雪对高寒草甸土壤温度在冬春起到了保温作用，在夏秋起到了冷却作用。因此，寒区积雪对植被-土壤系统的水热动态的影响可能在整个生长季都有作用，这与北极地区大量观测结果一致。特别是青藏高原的大量积雪出现在春季而非冬季，其夏秋季的滞后且与冬春季的反向影响可能对生态系统产生不同于其他地区的更大作用。

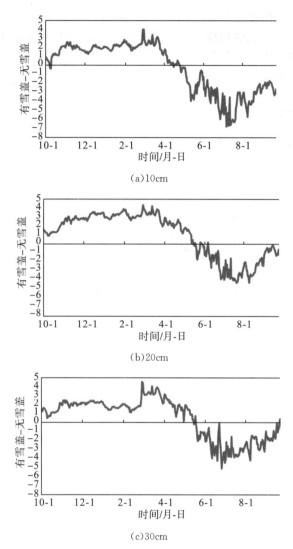

(a)10cm

(b)20cm

(c)30cm

图 3.6 低盖度高寒草甸年内有无积雪覆盖土壤不同深度温度差异

通过用 SPSS 的单因素方差分析来研究季节性积雪对高盖度高寒草甸浅层土壤温度的影响，表 3.3 是高覆盖高寒草甸各月土层的平均地温及二者显著性分析 P 值。从各月的显著性分析看出，在 10cm 深度，4 月份地温差异不显著，而在 20cm 及 30cm 处，5 月份地温差异不显著。这主要是由于 4 月份之前，土壤处于完全冻结状态，由于积雪的保温作用，使得有积雪覆盖的草甸浅层土壤温度相对无积雪覆盖的要高，因此二者地温差异显著。4 月份地温回升，由于积雪的制冷作用，无积雪覆盖的土壤地温回升速度快于有积雪覆盖的，使得有、无积雪覆盖的浅层土壤地温逐渐接近，在土壤 10cm 处地温差异不显著。但是由于高盖度草甸具有较厚的草根层（10～25cm）和凋落物层，加之其本身相对于低盖度草甸具有较高的含水量，使得在土壤 10cm 以下影响地温的因素多，此阶段又是土壤开始融化阶段，由于地表积雪的存在反射了一部分热能，使得热量向土壤下部的传输减小，使得在 20cm、30cm 处二者地温差异显著。5 月份是土壤温度由负温向正温的过渡期，热量传输由向上为主转为向下为主；同时，此时期也是土壤水分发生相变的主要阶段，这些复杂的热传导过程导致该时段除地表外的各层土壤温度差异不显著。6 月份开始地温继续升高，在积雪与高寒沼泽自身因素的共同作用下，土壤各层地温差异显著。积雪对不同深度土壤温度及其剖面分布格局的影响与积雪深度密切相关，积雪深度愈大，对地温的影响深度越大，在加拿大 Hudson Bay 地区观测就发现，当积雪深度超过 50cm 时就会明显升高深部土壤地温并制约冻土的发展，在积雪深度超过 80cm 的地区，多年冻土甚至消失(Menard et al.，1998)。与北极地区不同的是，青藏高原多年冻土区积雪深度一般小于 40cm，大部分地区甚至小于 20cm，且不连续呈斑状分布(Wang et al.，2009)，因此，青藏高原多年冻土区积雪对活动层土壤热状况的影响以浅层为主。

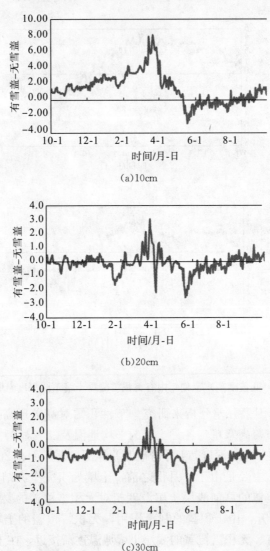

(a)10cm

(b)20cm

(c)30cm

图 3.7　高盖度高寒草甸年内有无积雪覆盖土壤不同深度温度差异

以上分析表明，季节性积雪是控制多年冻土冬季地温及年平均地表温度的主要因素（Ling et al.，2007），由于积雪的作用，使得不同盖度下高寒草甸土壤年内的最低温度较高、最高温度较低，且低盖度的高寒草甸土壤温度年内变化的最高温和最低温都低于高盖度的高寒草甸。积雪影响高盖度草甸地温产生的变化要大于低盖度草甸。

表 3.3　高盖度高寒草甸有无积雪土壤月均地温及显著性分析 P 值（$\alpha=0.01$）

参数	10cm			20cm			30cm		
	有雪盖	无雪盖	P	有雪盖	无雪盖	P	有雪盖	无雪盖	P
10	0.82	−0.31	0.001	0.47	−0.99	0.000	1.58	0.33	0.000
11	−3.92	−5.95	0.000	−3.66	−6.38	0.000	−2.15	−4.24	0.000
12	−9.46	−11.25	0.004	−8.64	−11.82	0.000	−7.67	−9.91	0.000
1	−11.49	−13.59	0.000	−10.72	−13.89	0.000	−10.35	−12.07	0.000
2	−9.63	−11.93	0.000	−9.25	−12.42	0.000	−9.10	−11.00	0.000
3	−6.26	−8.63	0.000	−5.83	−9.08	0.000	−6.17	−9.40	0.000
4	−1.36	−1.67	0.368	−1.37	−3.61	0.000	−1.36	−3.39	0.000
5	2.43	4.40	0.000	1.60	1.22	0.369	1.08	1.03	0.866
6	4.81	8.14	0.000	3.44	5.14	0.000	2.84	5.34	0.000
7	6.65	11.66	0.000	5.15	8.59	0.000	4.99	8.22	0.000
8	7.87	11.43	0.000	6.29	9.00	0.000	6.26	8.62	0.000
9	5.27	7.62	0.000	5.02	5.68	0.025	4.57	5.83	0.000

3.3.1.2　不同植被盖度下积雪覆盖变化对土壤水分的影响

积雪对冻土活动层土壤水分的影响相对土壤温度而言要确定一些，无疑会增加浅层土壤水分含量，但是不同植被盖度在相同积雪性质（深度、时间等）下，土壤水分动态存在较明显的差异，这是由不同植被盖度下表层土壤的导水性能以及土壤热状况的差异所决定（Wang et al.，2012）的。表 3.4 和表 3.5 分别是高盖度高寒草甸、低盖度高寒草甸有、无积雪覆盖土壤各层月平均含水量，从表中可知，在土壤冻结期，高盖度高寒草甸除了表层土壤（10cm）有积雪的土壤含水量高于无积雪的土壤，而在 20cm 和 30cm 深度上都是无积雪的土壤含水量略高。土壤融化期，很显然有积雪覆盖的土壤含水量高于无积雪覆盖的。而对于低盖度高寒草甸，无论在土壤冻结期还是融化期有积雪覆盖的土壤各层含水量始终高于无积雪覆盖的土壤。另外，通过单因素方差分析来研究季节性积雪对不同盖度高寒草甸浅层土壤含水量的影响。由表 3.4 与表 3.5 可知，有无积雪覆盖的高盖度高寒草甸土壤表层（10cm）各月含水量都有显著的差异，20cm 深度仅在 10 月及 5 月差异不明显，30cm 处 6~10 月差异均不明显。而对于低盖度高寒草甸 10~20cm 土壤含水量均有显著差异，仅在 30cm 处 5 月、7 月、10 月差异不显著。这可能是由于积雪覆盖，导致地表能量平衡改变，土壤表层温度分布发生变化，从而使得二者土壤水分含量有显著差异。另外，融雪时所需的能量及融雪时大量的土壤水的输入，同样也会导致地表的能量平衡与土壤微气候的改变（Zhang et al.，2008），使得有、无积雪覆盖的土壤含水量具有显著的差异。由于高盖度高寒草甸具有较厚的草根层(15～25cm)，土壤中有机质含量较高，且土壤颗粒较细(Wang et al.，2012)，导致了高盖度高寒草甸较低盖度高寒草甸土壤通气状况较差(刘伟等，2005)，使得高盖度高寒草甸相对低盖度高寒草甸排水性较差。正因为如此，高盖度高寒草甸土壤较深层在积雪融化期对水分含量的影响没有低盖度高寒草甸显著。

表 3.4　高盖度高寒草甸有、无积雪土壤月均含水量及显著性分析 P 值($\alpha=0.01$)

参数	10cm			20cm			30cm		
	有雪盖	无雪盖	P	有雪盖	无雪盖	P	有雪盖	无雪盖	P
10	23.16	8.82	0.000	24.55	23.98	0.821	26.08	24.46	0.485
11	9.41	2.18	0.000	5.18	10.82	0.000	1.81	10.37	0.000
12	9.10	1.78	0.000	4.32	9.76	0.000	1.20	9.34	0.000
1	9.26	1.62	0.000	4.09	9.25	0.000	1.21	8.89	0.000
2	9.70	1.68	0.000	4.16	9.57	0.000	1.21	9.19	0.000
3	10.30	1.75	0.000	4.51	9.83	0.000	1.21	9.54	0.000
4	11.67	2.33	0.000	5.68	11.31	0.000	2.24	10.91	0.000
5	29.87	22.36	0.002	23.70	27.61	0.167	15.40	24.62	0.000
6	35.58	21.59	0.000	36.08	32.20	0.000	30.28	29.95	0.356
7	33.94	18.76	0.000	34.09	30.63	0.000	28.69	28.37	0.033
8	34.96	20.08	0.000	35.17	32.65	0.000	30.22	29.87	0.410
9	34.52	19.57	0.000	34.44	31.61	0.000	29.01	28.98	0.804

表 3.5　低盖度高寒草甸有、无积雪土壤月均含水量及显著性分析 P 值($\alpha=0.01$)

参数	10cm			20cm			30cm		
	有雪盖	无雪盖	P	有雪盖	无雪盖	P	有雪盖	无雪盖	P
10	20.70	13.16	0.000	32.99	22.40	0.000	22.49	25.91	0.069
11	9.48	4.92	0.000	18.48	10.61	0.000	11.13	7.33	0.000
12	8.77	4.22	0.000	12.66	9.11	0.000	10.53	6.57	0.000
1	8.68	3.84	0.000	15.13	9.83	0.000	10.31	6.35	0.000
2	8.80	3.98	0.000	15.97	9.97	0.000	10.54	6.48	0.000
3	8.68	4.45	0.000	15.45	10.49	0.000	10.92	6.69	0.000
4	10.01	5.76	0.000	16.73	11.10	0.000	12.13	7.93	0.000
5	28.85	20.08	0.004	38.14	24.13	0.000	23.26	15.97	0.004
6	32.94	23.83	0.000	39.29	32.99	0.000	29.49	30.06	0.081
7	32.38	23.52	0.000	37.91	32.67	0.000	28.27	29.01	0.000
8	34.08	25.13	0.000	42.69	32.87	0.000	31.04	32.55	0.026
9	32.90	24.10	0.000	38.39	29.89	0.000	28.54	29.73	0.000

3.3.2　植被-积雪覆盖变化对活动层土壤水热动态的影响

为了更精确地了解积雪覆盖变化对不同植被覆盖类型活动层土壤水热动态的影响，本书选取青藏高原腹地最为典型、分布最为广泛的两种植被覆盖类型——高寒沼泽草甸以及高寒草甸，两种植被覆盖类型下土壤的水热动态变化相互对比来说明积雪覆盖变化对其的影响。

3.3.2.1　积雪覆盖变化对不同植被类型浅层土壤温度的影响

无论是高寒沼泽还是高寒草甸，在土壤降温阶段和冻结阶段有积雪覆盖的土壤温度都要比无积雪覆盖的土壤温度略高，温度的变化率略小。当达到最低温度时，有积雪覆盖的地温也要高于无积雪覆盖的地温，其中沼泽土壤在 5cm、10cm、15cm 深度处差值分别为 0.66、0.44、1.44，草甸土壤差值分别为 0.68、0.4、0.06。从表 3.6 可看出，土壤最低温时地温随深度的增加而升高，有积雪覆盖的沼泽土壤在 5~10cm 处温度梯度要小于无积雪覆盖的土壤；有积雪覆盖的草甸土壤 5~10cm 与 10~15cm 处温度梯度都要小于无积雪覆盖的土壤，并且随着深度的增加温度梯度增大，说明了积雪对地表的保温作用。

在土壤升温阶段和融化阶段，同样有积雪覆盖的地温要略高，地温变化率略小。在夏季积雪完全融化，土壤出现最高温度，有积雪覆盖的草甸土壤温度高于无积雪覆盖的，其在 5cm、10cm、15cm 深度处差值分别为 0.78、0.23、0.8；而有积雪覆盖的沼泽土壤温度低于无积雪覆盖的，差值分别为 -0.46、-0.5、-0.36。从表 3.6 可看出，此时地温随着土壤深度的增加而降低，由于积雪在夏季完全融化，沼泽土壤有无积雪覆盖下温度梯度无明显差异，且都随深度的增加，温度梯度减小。草甸土壤有积雪覆盖的土壤温度梯度随深度降低，而无积雪覆盖的土壤温度梯度随深度升高。

表 3.6　有无雪盖下高寒沼泽、草甸浅层土壤年内最低、最高温度梯度

参数		最低温时		最高温时	
		有雪盖	无雪盖	有雪盖	无雪盖
沼泽	5~10cm	-0.22	-0.44	0.76	0.72
	10~15cm	-1.3	-0.3	0.45	0.59
草甸	5~10cm	-0.42	-0.69	0.64	0.09
	10~15cm	-0.69	-1.16	0.32	0.89

通过用 SPSS 的单因素方差分析来研究积雪对浅层土壤温度的影响。结果显示，其中高寒草甸 3 月份有、无积雪覆盖的浅层土壤在 5cm、10cm、15cm 处温度有显著的差异，分别是 0.001、0.002、0.007，都小于 0.05（显著性水平 $\alpha=0.05$），4 月份在 5cm、10cm、15cm 处温度差异不显著，分别为 0.1、0.13、0.6，5 月份各层差异极不显著，分别为 0.678、0.828、0.541，6、7 月份各层土壤差异较显著，大都在 0.01 附近，到了 8 月份各层温度差异不显著，分别为 0.154、0.316、0.067。这主要是由于在 4 月份之前土壤处于冻结状态，地表的积雪对地温起到了保温的作用，使得由于积雪覆盖浅层土壤温

度差异显著。进入 4 月份之后(特别是下旬),土壤开始升温,无积雪覆盖的土壤地温回升速度快于有积雪覆盖的,使得有、无积雪覆盖的浅层土壤地温逐渐接近,特别到了 5 月份,二者温度极近似,此时正好是有积雪覆盖的地温由之前的高于无积雪覆盖的地温向低于无积雪覆盖的地温转化的过渡期(图 3.8),所以导致 4 月份、5 月份二者地温差异不显著,尤其是 5 月份。6 月份地温继续升高,但此时有积雪覆盖的土壤地温要低于无积雪覆盖的,积雪在此阶段起到了抑制温度回升的作用。一直到 8 月份,积雪完全融化之后,积雪对二者地温影响差异不显著。对于高寒沼泽,3 月份有、无积雪覆盖的浅层土壤在各层地温具有显著差异,都小于 0.05,4 月在 5cm 处地温差异不显著,为 0.584,而在 10cm、15cm 处差异显著,为 0.001、0.005,5 月份各层地温差异不显著,分别为 0.715、0.429、0.643,6、7、8 月份同 4 月份在 5cm 处地温差异不显著,分别为 0.343、0.227、0.343,而在 10cm、15cm 处差异显著,分别为 0.017、0.012 和 0.012、0.005 以及 0.044、0.036。这一过程主要是因为 3 月份土壤完全冻结,积雪的保温作用使得有积雪覆盖的沼泽浅层土壤温度相对无积雪覆盖的要高,因此二者地温差异显著。4 月份地温回升,由于积雪的制冷作用,无积雪覆盖的土壤地温回升速度快于有积雪覆盖的,使得有、无积雪覆盖的浅层土壤地温逐渐接近,在土壤 5cm 处地温差异不显著。但是由于沼泽草甸具有较厚的草根层(10~25cm)和凋落物层,加之其本身相对于草甸具有较高的含水量,使得在土壤 10cm 以下影响地温的因素多,此阶段又是土壤开始融化阶段,由于地表积雪的存在反射了一部分热能,使得热量向土壤下部的传输减小,导致其 10cm 以下土壤温度低于无积雪覆盖的地温,使得在 10cm、15cm 处二者地温差异显著。5 月份(图 3.8)是土壤温度由负温向正温的过渡期,热量传输由向上为主转为向下为主;同时,此时期也是土壤水分发生相变的主要阶段,这些复杂的热传导过程导致该时段各层地温差异不显著。6 月份地温继续升高,在积雪与沼泽草甸本身因素的共同作用下,直到 8 月份 5cm 处地温差异不显著,而在 10cm、15cm 处差异显著。

积雪使得沼泽土壤年内的最低温度略高、最高温度略低,草甸土壤年内的最高温和最低温都略高。通过分析比较年内土壤最高温与最低温差发现,草甸浅层土壤在 5cm、10cm、15cm 深度有积雪覆盖与无积雪覆盖的地温差分别为 -0.1、0.18、0.14;沼泽浅层土壤有无积雪覆盖的地温差分别为 1.12、0.94、1.8。由于积雪的影响,沼泽浅层土壤年内的温度差分别是草甸浅层土壤年内差的 11.2 倍、5.22 倍和 12.86 倍。

无论高寒沼泽还是高寒草甸,无积雪覆盖的浅层土壤与有积雪覆盖的土壤相比,土壤温度变化速率略大,积雪起了抑制土壤温度变化速率的作用。另外,在两种不同的植被类型下,积雪对浅层土壤冻结后地温的影响小于土壤未冻结时,并且对融化过程的影响较冻结过程明显。

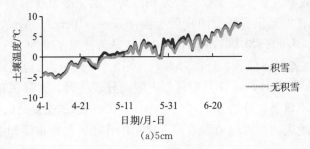

(a)5cm

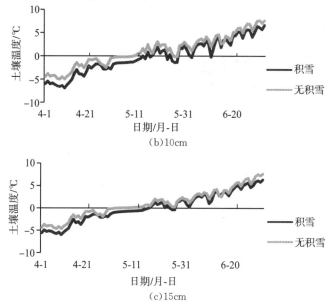

图 3.8　有、无积雪覆盖下高寒沼泽浅层土壤 4~6 月温度变化

3.3.2.2　积雪覆盖变化对不同植被类型浅层土壤水分的影响

为了客观反映积雪对土壤水分在冻融过程中的影响，选择土壤水分变化的融升时间 T_s（土壤水分曲线由冻结期开始融化增加形成凸起的拐点，称为土壤水分融升始点，对应时间称为土壤融化初始时间）、融升历时 T_r（土壤水分开始融升至夏初水分峰值所经历的时间）、土壤融化水分升高幅度 ΔW_s（简称融升幅度）等指标来刻画土壤融化期分水的变化（李元寿，2007），其中：

$$\Delta W_s = (\theta_m - \theta_0)/\theta_0 \tag{3.3}$$

式中，θ_m、θ_0 分别表示土壤水分融升峰值和融升初始值。

同样地，确定土壤水分冻结时间 T_d、冻结历时 T_z、土壤冻结水分降低幅度 ΔW_d（简称冻降幅度）来刻画土壤冻结发生时土壤水分的变化（表 3.7）。

土壤水分相对融升幅度和冻降幅度反映了土壤水分在冻结融化过程中的变化程度（表 3.7）。在不同的深度，高寒沼泽、草甸有积雪覆盖的土壤水分融升幅度和水分融升历时远大于无积雪覆盖的土壤。高寒沼泽不同深度有积雪覆盖与无积雪覆盖的土壤水分融升幅度比分别为 2.51、3.65、7.57；高寒草甸不同深度有积雪覆盖与无积雪覆盖的土壤水分融升幅度比分别为 2.32、1.26、1.97。以上不同的融升幅度形成了融化发生期土壤水分分布由于积雪的覆盖变化的显著差异：由于积雪覆盖，春夏气温回升，积雪消融，土壤水分融升幅度增大；对于不同土地类型有无积雪覆盖土壤水分融升幅度比来看，高寒沼泽土壤在不同深度都大于草甸土壤，说明在浅层土壤水分融化过程中积雪覆盖对沼泽的影响大于草甸的。

表 3.7　有无雪盖高寒沼泽、草甸浅层土壤不同深度土壤融升冻降幅度参数

深度		5cm			10cm			15cm		
参数		T_s/月-日	T_r/天	$\triangle W_s$	T_s/月-日	T_r/天	$\triangle W_s$	T_s/月-日	T_r/天	$\triangle W_s$
沼泽	有雪	4-16	35	2.99	5-1	20	0.95	5-6	15	0.53
	无雪盖	4-16	28	1.19	4-30	14	0.26	5-3	11	0.07
草甸	有雪盖	4-16	35	1.3	4-19	31	1.18	5-3	18	1.32
	无雪盖	4-16	39	0.56	4-20	24	0.94	5-3	12	0.67
深度		5cm			10cm			15cm		
参数		T_d/月-日	T_z/天	$\triangle W_d$	T_d/月-日	T_z/天	$\triangle W_d$	T_d/月-日	T_z/天	$\triangle W_d$
沼泽	有雪盖	10-22	5	0.8	10-24	4	0.62	10-27	2	0.29
	无雪盖	10-22	5	0.84	10-24	4	0.54	10-27	2	0.16
草甸	有雪盖	10-17	10	0.49	10-21	7	0.66	10-25	6	0.71
	无雪盖	10-15	12	0.6	10-20	8	0.68	10-25	5	0.65

　　在土壤冻结阶段，从不同覆盖类型土壤水分冻结历时和变化幅度来看，同一土地类型不同深度有无积雪覆盖土壤冻结历时几乎相同，且与融升历时相比，所用时间明显缩短。土壤水分冻降幅度变化与融升幅度相比，其变化的范围小。沼泽土壤在 5cm、10cm、15cm 深度有、无积雪覆盖土壤水分冻降幅度差值分别为 -0.04、0.08、0.13，草甸土壤有、无积雪覆盖水分冻降幅度差分别为 -0.11、-0.02、0.06。此阶段地表的积雪尚未形成，也说明了积雪对土壤冻融过程中水分变化过程的影响。

　　无论高寒沼泽还是高寒草甸，无积雪覆盖的浅层土壤与有积雪覆盖的土壤相比，土壤水分变化速率略小，积雪起了促进水分变化速率的作用。由于积雪覆盖，使得秋季冻结过程和夏季融化过程浅层土壤水分的动态变化较冻结降温过程和春季升温过程更为显著。另外，在两种不同的植被类型下，积雪对浅层土壤冻结后水分的影响小于土壤未冻结时，并且对融化过程的影响较冻结过程明显。

3.4　植被与积雪的相互作用

3.4.1　植被与积雪相互关系概述

　　积雪与植被的相互作用是指植被群落或丛群对积雪累积、消融等过程的影响以及反过来积雪对植被生长、分布等的影响。植被与积雪的互馈作用关系主要体现在两方面：一是积雪分布、累积过程与格局以及消融过程与动态受控于植被群落结构和空间组织形态；二是积雪堆积和融化格局作用于植被生长、繁衍与分布。积雪与植被间的这种互馈作用关系既发生在较小尺度，也广泛存在于积雪与植被共同存在的多种地理环境中。一种极端的实例就是在大风和积雪丰富的地区，在相对呈岛状零星分布的树木可形成在不

到 100m 的水平距离内从 0.5m 到 5m 厚度差别的积雪分布状况(Billings，2000)。

3.4.1.1　植被对积雪的作用

植被对积雪的作用主要通过冠层对积雪的截留、能量的重新分布、改变植被内部和周边风动力场性质等，从而影响积雪的累积、分布以及消融过程等。与降雨的植被冠层截留类似，积雪的观测截留量以及滞留时间与冠层的结构和叶面积指数等关系密切。常绿乔木与灌木林在冬季因植物叶片的存在而增大冠层内植物枝叶密度(或郁闭度)，增大了植被的水平面积，可以较大幅度拦截降雪并能保留较长时间。对于落叶乔灌木而言，就刚好相反，落叶导致冠层内部郁闭度减小、水平交织面积也减少，因而减少截留的积雪量和滞留时间；同时，无叶枝干的相对光滑表面更有利于风将积雪吹离树冠。另外，植物枝条的硬度或刚性条件也对积雪截留具有较大影响，这个因素决定了植被可以截留负担的积雪量和持久时间。

在寒区，冬季风一般十分盛行，风吹雪是积雪迁移和分布变化的主要驱动因素，在这种环境中，植被在积雪的空间分布和积累格局中扮演了十分重要的作用。有一个植被的"持雪深度"概念(或称之为积雪的阻滞深度)，指的就是植被结构内部或背风面可捕捉并固定的最大积雪深度(Liston et al.，2006)，这一深度是植被高度、冠层结构以及植被空间组成结构等因素的函数。因此，一般而言，较为高大的乔木所捕捉和固定的积雪深度要远远大于草本植被或苔原灌丛；相同高度下，具有较高郁闭度或叶面积指数的冠层相比稀疏冠层植被可阻滞较大深度的积雪；同样，多种植被分布形成的较高盖度植被区域比稀疏植被区可阻滞更多积雪。如果被植物群落所阻滞的积雪深度小于植被的"持雪深度"，风对积雪的影响将被遏制，积雪也将难以在空间上出现新的再分布格局，从这个意义上来说，积雪厚度不存在超越植被"持雪深度"的格局，一旦出现，将被风吹雪再度调整。在较大区域尺度上，由于不同植被群丛或群落的"持雪深度"不同，因而积雪厚度随优势植被类型而不断变化。镶嵌在高寒草甸植被区的稀疏森林植被，提供了分散分布的北风条件，形成点状分布的不同厚度积雪区。这些不同厚度的积雪以及融化时间的差异对植被分布格局、组成结构、生长状况以及生态系统过程等多方面产生深刻影响(Hiemstra et al.，2006)。

植被的上述积雪作用，被很多地区用来进行积雪管理。如在较大冬季降雪和冬季风较大的地区，风吹雪对公路交通带来较大灾害性影响。为此，在易受风吹雪影响路段的上风向构筑由乔灌木分带组成的活体雪栅栏，可有效减弱风吹雪作用，保障道路通畅。在北美一些农田，有意识地在作物收割后留一定高度作物残茬，一方面阻滞和持留大量积雪，另一方面较大厚度积雪保障了来年春耕土壤墒情，可以说一举多得。如第二章所述，植被覆盖影响土壤温度场及其动态，因此，植被结构与覆盖状况改变积雪-土壤界面的热通量以及土壤与雪堆表面间温度梯度分布格局，而这一温度梯度直接决定了雪堆在整个冬季的可能形变特征。另外，在热量交换方面，凸出在积雪外面的植被组分(叶片或枝干)，吸收短波辐射加热植被，同时，可通过长波辐射散发而融化植被周围积雪，因而嵌套于积雪中的植被叶片、枝干等具有传导热量进入积雪或向大气散失的作用。不同植被类型、冠层结构以及盖度(或郁闭度)形成不同积雪厚度分布，两者协同影响下伏土壤温度场及其动态；反过来，土壤-积雪界面热通量以及在土壤-积雪间的温度梯度，对积雪的形变和消融等具有较大影响(Liston，1995；Hiemstra et al.，2006)。正是植被对积雪的这些作用，北极地区灌丛大幅度北移取代原有苔原植被，导致积雪融化时间平均提前了 11 天(Strack et al.，2007)。

　　然而，植被覆盖增加并不总是加速积雪融化。在致密植被冠层情况，特别是密闭的森林植被覆盖区，冠层拦截了积雪上覆大量短波辐射，从而延迟积雪消融；这种植被覆盖不仅较大幅度捕获风吹雪而增大积雪量，同时可显著降低积雪升华作用。综上所述，植被覆盖影响土壤温度、积雪分布格局、积雪消融以及升华等多个过程，从而对积雪融水或融雪径流具有较大作用，植被对积雪的影响不仅改变陆面能量平衡，而且决定区域水分循环过程以及流域水量平衡状态。

3.4.1.2　积雪对植被的作用

　　一个地区的积雪空间分布格局(厚度、融化时间等)在多年时间序列上相对一致，由此形成相对稳定的生境条件，从而塑造了典型或特有的生态系统特性的空间变化规律。积雪对生态系统特性的影响或塑造体现在多个方面，包括植被生长季长度、物候、土壤或冻土地温(Zhang，2005)，并显著影响凋落物或腐殖质分解(Gilmanov et al.，2004)、物种组成与群落结构(Billings，2000)以及生态系统初级生产力(Bowman and Fisk，2001)等。大量观测数据表明，积雪厚度与时间和植被生长之间具有极强的相关性(Jonas et al.，2008)。如果冬季融雪过早，植被再缺乏积雪覆盖保护而在严冬气候条件下易于遭受损坏。一般来讲，高山带或寒区植被分布格局是积雪、风以及地形位置等共同作用的结果，如高山带或寒区常见的带状森林分布格局，就是由背风面积雪限制森林生长而形成的。在降雪较大的地区，冬春季发生的雪崩和暴雪灾害则往往对植被造成较大破坏，在高山林线带经常可以看到因雪灾死亡的林灌木残体。在北极地区，因灌丛扩张而增加的地表积雪厚度有效地保护了植被免受冬季干旱和寒风伤害，也潜在地缩短了生长季长度，并提高了土壤温度。土壤温度升高有利于有机质分解和氮素矿化，因而反过来促进灌丛植被生长(Sturm et al.，2001)。

　　在寒区，一般在土壤温度不低于-6℃时就会产生土壤呼吸，低于这一温度值，认为由于未冻结水分含量很少而导致微生物停止活动。在北极地区的观测结果表明，当灌丛带积雪厚度增加 30cm 以上时，土壤温度增加 3℃以上，且相比无灌丛地带，冬季土壤温度高于-6℃的时间增加 50 天左右，其结果是灌丛带冬季 CO_2 排放速率显著增大(Sturm et al.，2001)。在北极苔原和北方森林带，冬季 CO_2 排放通量占全年的 10%～30%，相当于夏季生态系统吸收量的 33%～90%(Nilsson et al.，2008；Nobrega et al.，2007)。尽管冬季 CO_2 排放的绝对重要性在不同生态系统间存在较大差异，但 CO_2 排放对季节性积雪变化的高度敏感性却较为一致。不同积雪厚度的野外模拟观测试验和实验室分析结果都表明，积雪增加可增大冬季异氧呼吸和 CO_2 排放通量，这种变化与积雪增加能增大不稳定性碳源有关(Groffman et al.，2001；Neilson et al.，2001)。积雪变化对寒区生态系统整体的碳源汇影响存在较大不确定性，主要原因之一就是冬春季增加的土壤碳排放与下级地上植被生物量增加捕获的碳之间的差值，在不同地区和不同生态系统类型间存在较大差异。

　　积雪变化的另一个显著影响在于生态系统的能水平衡方面，高大植被捕获和固定较大积雪可以大幅度减少风吹雪升华的水分损失，这将增加春季融雪径流量；但年度水量平衡变化还取决于土壤水分储量变化以及夏季蒸散发变化。同样地，积雪增加可减少冬季感热损失（如北极灌丛带冬季积雪增加减少的感热通量可以达到 $30\% \sim 60\%$），但年度能量平衡还取决于植被冠层遮阴以及夏季能量交换（Sturm et al.，2001）。

3.4.2　森林对积雪遮断作用

在北半球的冬季，中高纬度的高山与地面的大部分地区被积雪所覆盖。大多数的积雪覆盖区或多或少都会有植被覆盖，相对于森林，草本植被对积雪过程影响相对简单。众多研究表明，森林覆被对冠层下的融雪过程有非常显著的影响（Price，1988；Ohta et al.，1993；Hashimoto et al.，1994；Hardy et al.，1997；Yamazaki et al.，1992；Koike et al.，1995；Marks et al.，1998；Suzuki et al.，1999；Woo et al.，2000）。首先，森林通过遮断作用，对降雪进行再分配；其次，森林层间结构影响辐射传导过程；而且森林通过遮断作用和能量平衡影响积雪消融的速率。

森林对积雪遮断作用，一般是通过冠层储雪量的描述进行定量化研究的。Lundberg 和 Halldin（2001）描述了目前对于冠层上降雪截留量的估算所面临的问题。他们指出最主要的问题在于，在不同叶面积指数和不同树种的条件下如何进行冠层储雪量的最大值与覆盖有积雪的冠层表面空气动力学粗糙度的估算。以往相关的研究都是在不同的野外环境和不同的冠层条件下进行的。然而，很难去比较不同森林冠层和森林类型的冠层储雪量的差异。Koivusalo 和 Kokkonen（2002）改进了一个冠层积雪模型用于冠层储雪量与冠层下积雪量的估算。他们的模型需要冠层的最大储雪量作为输入参数之一，并且为了能够使得该模型同样适用于其他森林，有必要将最大冠层储雪量参数化为冠层结构的函数。对一个森林的任何一点，冠层储雪量的变化可表示为

$$\Delta I = W_I - E_I - D \tag{3.4}$$

式中，ΔI 为储雪量的变化值，$mm \cdot h^{-1}$；W_I 为某一积累时间段内所截留的降雪量，$mm \cdot h^{-1}$；D 为冠层释放量或融化量，$mm \cdot h^{-1}$；E_I 为截留降雪中蒸发损耗量，$mm \cdot h^{-1}$。

Aston（1979）利用 8 棵小树检验了累计降雨量与冠层储水量间的关系，并改进了降雨截留模型。而后，Koivusalo 和 Kokkonen（2002）将该模型应用在了降雪截留中，并建立冠层储雪量与累计降雪量间的函数关系式：

$$I_A = C_{max}(1 - e^{-k_I P_{cum}/C_{max}}) \tag{3.5}$$

式中，I_A 为冠层储雪量，mm；C_{max} 为最大冠层储雪量，mm；k_I 为模型参数（无量纲）；P_{cum} 为累计降雪量，mm。

Aston 模型最初只是为了某一暴雨事件而建立的。Aston（1979）指出，从概念上来讲，k_I 等同于 $(1-p)$，p 为穿过冠层投影面积的降水比率。因此，式（3.5）也可写成：

$$I_A = C_{max}[1 - e^{-(1-p)P_{cum}/C_{max}}] \tag{3.6}$$

Koivusalo 和 Kokkonen（2002）进一步将 Aston 模型应用在了自然森林条件下多次降雪事件中：

$$W_I = (C_{max} - I_0) - (C_{max} - I_0)e^{-(1-p)(1-f_s)P_{cum}/C_{max}} \tag{3.7}$$

式中，W_I 为某一积累时间段内所截留的降雪量，$mm \cdot h^{-1}$；I_0 为计算开始时初始的冠层积雪量，$mm \cdot h^{-1}$；f_s 为天空视角系数；P 为降水量，$mm \cdot h^{-1}$。

f_s 理论上应该是天空视角系数。因为其中一部分的冠层储雪量会被升华掉，因此，计算期内冠层储雪量的变化可表示如下：

$$\Delta I = W_I - E_I \tag{3.8}$$

式中，E_I 为某一时间步长内截留量中蒸发损耗量(mm，水当量)。

这里，忽略冠层释放量或融化量。因此在某一给定时间段后，冠层储雪量为

$$I_A = I_0 - \Delta I \tag{3.9}$$

为了估算 E_I，我们使用基于彭曼方程的 Koivusalo 和 Kokkonen(2002)所采用的计算方法：

$$E_I = \frac{\delta R_{nc} - \rho_a C_P (e_S - e_a)/r_a}{\lambda_V (\delta + \gamma)} \tag{3.10}$$

式中，δ 为饱和水汽压-温度曲线的变化梯度，$h \cdot Pa \cdot K^{-1}$；R_{nc} 为冠层的净辐射量，$W \cdot m^{-2}$；ρ_a 为空气密度，$kg \cdot m^{-3}$；C_P 为空气比热容，$J \cdot kg^{-1} \cdot K^{-1}$；$e_S$ 为饱和水汽压，$h \cdot Pa$；e_a 为实际水汽压，$h \cdot Pa$；r_a 为水汽传输的空气动力学阻抗，$s \cdot m^{-1}$；λ_V 为蒸发的潜热通量，$J \cdot kg^{-1}$；γ 为湿度常量，$h \cdot Pa \cdot K^{-1}$。

此外：

$$r_a = \frac{1}{\kappa^2 u_r} \ln\left(\frac{Z_r - d}{Z_0}\right) \ln\left(\frac{Z_r - d}{h - d}\right) + \frac{h}{n K_h} \left[e^{n - n(Z_0 + d)/h} - 1 \right] \tag{3.11}$$

$$K_h = \frac{u_r \kappa^2 (h - d)}{\ln\left(\dfrac{Z_r - d}{Z_0}\right)} \tag{3.12}$$

式中，κ 为冯·卡门常数(0.4)；u_r 为参考高度 Z_r 处的风速，$m \cdot s^{-1}$；d(0.63h)为零平面位移高度，m；Z_0(0.13h)为冠层的粗糙长度，m；h 为植被高度，m；n 为消光系数(无量纲)；K_h 为冠层顶部的对数扩散系数，$m^2 \cdot s^{-1}$。

Lundberg 等(1998)和 Lundberg 等(2001)指出，当积雪存在于冠层内部时，空气动力阻抗最多可增大一个量级，这是因为覆盖积雪的冠层，其光滑的表面降低了粗糙度并增大了空气动力阻挡。当气温小于 0℃时，我们按照 Koivusalo 和 Kokkonen(2002)的方法将 r_a 乘以 15。

表 3.8　冷杉和岳桦树的冠层积雪模型参数的估算

树种	编号	叶面积指数	植物区指数	C_{max}/mm	k_1
	1	6.6	6.6	7.4	0.99
	2	5.1	5.1	4.9	0.44
	3	7.4	7.4	4.5	0.49
库页冷杉	4	6.9	6.9	7.4	1.10
	5	3.6	3.6	1.6	0.28
	6	3.6	3.6	4.2	0.45

续表

树种	编号	叶面积指数	植物区指数	C_{max}/mm	k_1
岳桦	1	0	0.76	1.0	0.41
	2	0	1.02	1.2	0.51
	3	0	1.91	3.1	0.38

Suzuki(2006)利用野外观测，滤定模型的参数(表3.8)，分别研究冷杉和白桦树森林对积雪的遮断作用，发现冠层储雪量一般是随累计降雪量的增加而增加(图3.9)。最初的冠层积雪深度与累计降雪量呈现线性正相关。随后冠层积雪大量释放，积雪深度降到最低。该时间点之后，冠层储雪量再次以与最初相同的速率增加。

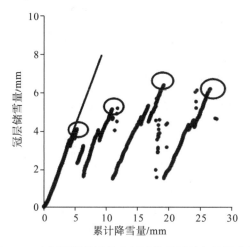

图3.9 冷杉冠层储雪量和累计降雪量的相关性曲线

图3.10为6个测点冷杉的冠层储雪量和累计降雪量之间关系的模拟与观测结果(模型参数见表3.8)。回归系数大于0.9，表明数据拟合良好。Hedstrom 和 Pomeroy(1998)估算的冠层的积雪荷载，松树最大为3.5mm，云杉最大为7mm，我们模拟的云杉的结果(表3.8)与其结果相似。

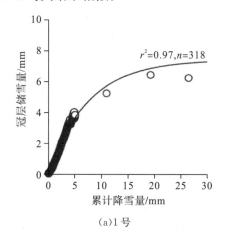

(a)1号

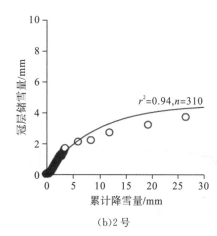

(b)2号

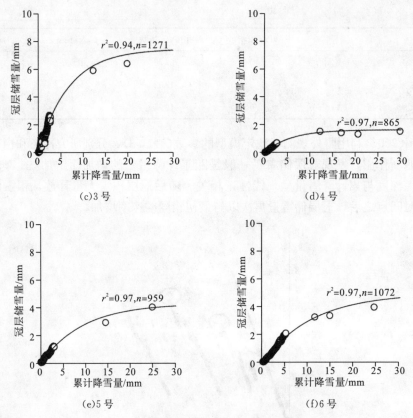

图 3.10　冷杉的冠层储雪量与累计降雪量的关系

注：实线为利用式(3.6)拟合的曲线，r^2 是拟合曲线的确定性系数。

　　图 3.11 中 1~3 号表示 3 个测点白桦树冠层储雪量与累计降雪量之间的关系，白桦树 2 号[图 3.11(b)]确定性系数较低(0.36)，因此可能存在一定的差异。荷载单元的分辨率是导致其差异的一个原因，如前所述，分辨率最小约为 6g。白桦树 2 号的树冠投影面积约为 52cm²，因此该树的冠层储雪分辨率约 1mm。白桦树 2 号中大部分冠层储雪分辨率均小于荷载单元的分辨率。然而，白桦树 1 号和 3 号利用式(3.6)将其数据拟合得很好(确定性系数大于 0.8)。

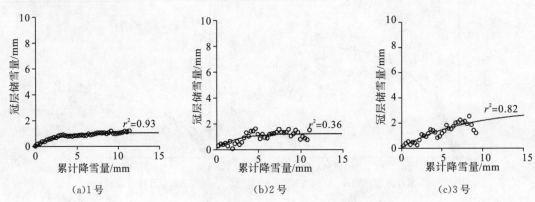

图 3.11　白桦树冠层储雪量与累计降雪量的关系

注：实线为利用式(3.6)拟合的曲线，r^2 是拟合曲线的确定性系数。

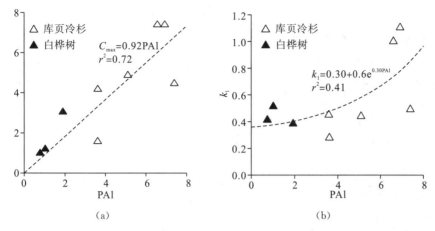

图 3.12　(a)表示参数C_{max}与 PAI 的关系，(b)表示参数k_1与 PAI 的关系(虚线为回归曲线)

Lundberg 和 Halldin(2001)表明，冠层积雪参数与森林冠层因子有关，例如天空视角系数和叶面积指数 LAI。我们检测了实验模型参数与 PAI 的关系。使用冠层最大储雪量C_{max}和表 3.8 中的模型参数k_1分别测定出云杉和岳桦树对应的C_{max}(图 3.12)与 PAI 的关系和k_1(图 3.12)与 PAI 的关系。当k_1大于 1 时，令$k_1=1$。因为我们假定树的 PAI 会因树枝(已有积雪覆盖)重新覆盖新的雪花而增加。

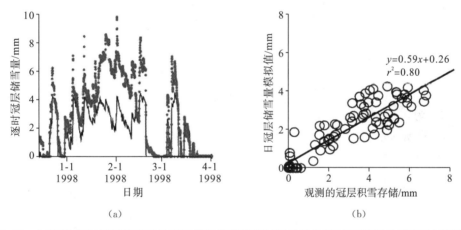

图 3.13　(a)图为逐时冠层储雪量的观测值和模拟值随时间的变化(灰点和实线分别表示冠层储雪量的观测值与模拟值)；(b)图为日冠层储雪量模拟值与观测值的对比图(黑色实线为线性回归曲线)

根据以上讨论，冠层储蓄量最大值C_{max}和冠层模型参数k_1分别与 PAI 的关系如下：

$$C_{max} = 0.92\text{PAI} \tag{3.13}$$
$$k_1 = 1 - p = 0.30 + 0.06\,\mathrm{e}^{0.30\text{PAI}} \tag{3.14}$$

C_{max}和k_1与 PAI 拟合关系式的确定性系数都比较好[式(3.13)的确定性系数为 0.72，式(3.14)的确定性系数为 0.41]，因此我们相信上述参数化方案对于冠层储雪量的估算是有效的。又因以上两个树种的关系式相差不大，因此，该参数化方案也适用于其他树种。且由以上关系式计算得出，每单位 PAI 内的最大积雪荷载为 0.92mm。Jansson(2001)报告指出，瑞典的森林冠层每单位 LAI 最大积雪荷载是 1mm。另一方面，Mellander 等(2005)的报告指出，苏格兰的松树冠层每单位 LAI 最大积雪荷载是 3mm。

3.4.3 森林对积雪表面能量平衡的影响

积雪的能量平衡可表达为

$$Q_M = R_N + H + LE + Q_G \tag{3.15}$$

式中，Q_M 为融雪能量，$W \cdot m^{-2}$；R_N 为净辐射通量，$W \cdot m^{-2}$；H 为感热通量，$W \cdot m^2$；LE 为潜热通量，$W \cdot m^{-2}$；Q_G 为积雪的热存储量。

感热与潜热通量由以下公式中模拟得出：

$$H = C_P \rho C_H (T_Z - T_S) U_Z \tag{3.16}$$

$$LE = L_\rho C_E (q_z - q_s) U_Z$$

$$= L_\rho C_E [(1 - RH) q_{SAT}(T_Z) - q_s] U_Z \tag{3.17}$$

式中，ρ 为空气密度，$kg \cdot m^{-3}$；C_P 为空气比热，$J \cdot K^{-1} \cdot kg^{-1}$；$L$ 为蒸发潜热，$J \cdot kg^{-1}$；T、U、q 分别为气温(℃)、风速($m \cdot s^{-1}$)、比湿；RH 为相对湿度；C_H，C_E 为感热通量与潜热通量的传输系数；下标 Z 为相对于积雪表层的参考高度(大约为1.3m)；S 代表积雪高度，m。

我们将 Kondo 和 Yamazaki(1990)的融雪模型嵌入内部，得出以下形式：

$$\frac{1}{2} C_s \rho_S [ZF(T_O - T_S) - ZF_n(T_O - T_{sn})] + W_O \rho_S l_f(ZF - ZF_n) + Q_M \Delta t = Q_G \Delta t \tag{3.18}$$

$$\varepsilon(L \downarrow - \delta T_{s_n}^4) - H - LE + \lambda_S \frac{T_O - T_{S_n}}{Z F_n} = 0 \tag{3.19}$$

式中，这里 $T_O = 0$，℃；C_s 为积雪的热容($2.173 \times 10^3 J \cdot m^{-3} K^{-1}$)；$\rho_S$ 为积雪密度；OP 处的平均值为 $3.9 \times 10^2 kg \cdot m^{-3}$；ZF 为冰点深度，m；$W_O$ 为积雪的最大水容量；λ_S 为积雪的传导率，$W \cdot m^{-1} \cdot K^{-1}$；$\varepsilon$ 为积雪发射率($\varepsilon = 1.0$)；T_s 为积雪表面温度，℃；下标 n 代表第 n 个离散时间间隔。

Kondo(1988)将 λ_S 定义为

$$\lambda_S = 4.187 \times 10^{-2}(1.17 + 20P + 35P^8)$$

$$P = \frac{\rho_S}{\rho_I} \tag{3.20}$$

式中，ρ_I 为冰的密度(ρ_I 为 $9.17 \times 10^2 kg \cdot m^{-3}$)，输入参考高度处的气象要素值就可以模拟出 Q_M、T_S、Z_F。

入射短波辐射与下行长波辐射的估算如下(Male et al.，1981；Hashimoto et al.，1994)：

$$I_F \downarrow = V_H I_S \downarrow + V_S I_D \downarrow \tag{3.21}$$

$$L_F \downarrow = V_H L_0 \downarrow + (1 - V_H)\sigma (T_a + 273.15)^4 \tag{3.22}$$

式中，$L_F \downarrow$ 与 $I_F \downarrow$ 为森林站点处总的太阳辐射和下行长波辐射，$W \cdot m^{-2}$；$I_S \downarrow$ 与 $I_D \downarrow$ 为冠层上方的散射辐射与直接辐射，$W \cdot m^{-2}$；V_H 为半球视角因子；V_S 为未经冠层阻断的沿太阳路径的视角因子；$L_0 \downarrow$ 为开阔处的下行长波辐射，$W \cdot m^{-2}$；σ 为斯蒂芬-玻尔兹曼常数，$5.6 \times 10^{-8} W \cdot m^{-2} \cdot K^{-4}$；$T_a$ 为参考高度处的空气温度，℃。

当使用式(3.21)时，散射辐射与直接辐射必须都得提前估算才行，所以为了方便起见，不再细分为 $I_S\downarrow$ 与 $I_D\downarrow$，因为在多云与晴天天气条件下，入射短波辐射的日传输量并无明显差异，如图 3.14 所示。根据之前的观测（Hashimoto et al.，1997），我们认为，森林处的逐日入射短波辐射的空间差异很小，若一天内直接辐射与散射辐射累加计算的话，$V_S\cong V_H$，式(3.21)可以简化为

$$I_F\downarrow = V_H\,I_O\downarrow \tag{3.23}$$

式中，$I_O\downarrow$ 为开阔处总的太阳辐射，$W\cdot m^{-2}$。

为了讨论热平衡与落叶林密度的关系，需建立 PAI 对气象条件的影响表达式。使用最小二乘法，在误差允许的范围内获取描述 a 与 PAI 关系的方程式。

我们发现，反照率 a 不会随落叶林密度的增大而改变，但 b 会随落叶林密度的增大而减小，因此积雪反照率可以利用 b，采用最小二乘法获取。这些函数关系式如图 3.14。PAI 与冠层下气象变量的关系式为

冠层下入射短波辐射：

$$I_F\downarrow = I_O\downarrow\,e^{-0.75PAI} \tag{3.24}$$

冠层下风速：

$$U_F = U_O\,e^{-1.39PAI} \tag{3.25}$$

冠层下反照率：

$$\alpha_F = \alpha_0 - 0.0686\,PAI^{0.674} \tag{3.26}$$

式中，$I\downarrow$ 为入射短波辐射，U 为风速，α 为冠层下的积雪反照率，下标 O 和 F 分别代表开阔站点和森林站点。因此 $V_H = e^{0.75PAI}$。

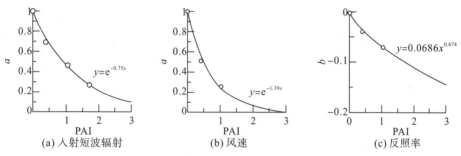

图 3.14　开阔站点处与森林处的日均气象要素间的关系可表示为：$M_F = a*M_O + b$，这里 M_O 为开阔站点处的气象变量，M_F 为稀疏森林站点或浓密森林站点处的日均气象变量，a 和 b 为利用最小二乘法计算得出的系数：(a)冠层下入射短波辐射(b)冠层下风速(c)冠层下反照率(Suzuki et al.，2003)

净辐射是由长、短波辐射的平衡值组成，所以森林分别通过长、短波辐射传输影响净辐射。Suzuki 和 Ohta(2003)利用西伯利亚泰加林的观测结果比较了开阔地(OP)和森林覆盖(LF)地长、短波辐射的关系，发现 OP 处的入射短波辐射与 LF 处的线性相关(图 3.15)。然而，LF 处的平均入射短波辐射比 OP 处的少 62%，这表明冠层的遮挡减少 LF 处的短波辐射(Suzuki et al.，1999)。然而，冷日 LF 处平均净辐射比 OP 处的要大(表 3.10)，这表明当积雪反照率高的时候，冠层发射的长波辐射造成了净辐射的差异。两地的日净长波辐射值呈现线性相关。此外，净长波辐射的回归曲线的斜率与开阔地区和树木稀疏的地区(PAI 指数相似)(Suzuki et al.，1999)下行长波辐射的回归曲线斜率相似，这表明斜率可以用下行长波辐射的差异来解释。

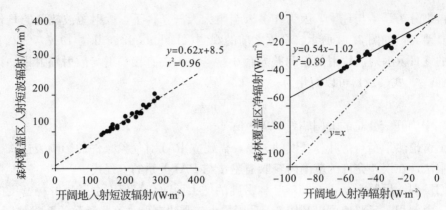

图 3.15   开阔地(OP)和森林覆盖区(LF)入射短波辐射(a)和净辐射(b)的对比

　　图 3.16 是开阔地(OP)和森林覆盖(LF)能量平衡组分及其时空变化。隆冬季节，两地的地表至积雪面的热通量均为正，且在 OP 处呈现日变化，而在 LF 则未有日变化。该结果与 Granger 和 Male 之前的研究结果相吻合。另外，在融雪日里，两地的地表热通量有着很大的差别。据推测，这是由于高的地表热通量进入土壤之后使土壤温度增加，加之融水在冻结的地表土壤中重新冻结的时候，释放出潜热所导致的，但是对于融水的再冻结并没有数据支持这一点。

　　净辐射为能量平衡最重要的贡献因素，特别是在融雪期，且与积雪融化的时间变化相一致。图 3.16 显示几乎整个的积雪融化期内，感热通量相比于净辐射都占了很小的比例，这是因为日均温逼近零点。相反，在冷日里，LF 处的积雪能量是比 OP 处的要大，可能这是由于森林冠层下高的反照率和增长的长波辐射造成的(Suzuki et al.，2003)。因此，积雪消融的能量主要来自于潜热通量，冷日里 OP 处与 LF 处雪消融的差异是两地潜热通量的差异造成的。当 OP 处的净长波辐射增加时，例如多云天气时，两地之间的差异会变小。即使当晴天的时候，OP 处净长波辐射的增加会造成两地净辐射差异的减少。这个结果表明，在冷天时段内，LF 处冠层发射的长波辐射会使到达积雪表面的长波辐射增加，而且与 OP 处相比，造成净辐射的增加。但是，由于长波辐射并未测量，冠层发射的长波辐射所起的作用并没有办法确定。

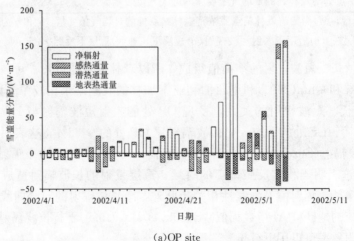

(a)OP site

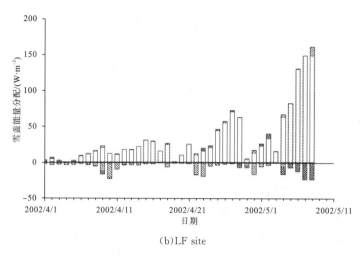

(b)LF site

图 3.16　开阔地(OP)和森林覆盖(LF)能量平衡组分及其时空变化

众多研究表明，造成开阔地与森林辐射平衡差异的根本原因依然是反射率。Melloh (2001)认为与开阔地的相比，森林中积雪表面的凋落物会降低积雪反射率。斜率比较小的可能是因为积雪表面出现了凋落物。Ohta(1995)采用了 Kojima 的数据，计算得出一个线性方程用来表示积雪反照率和雪面密度的关系(图 3.17)。Ohta 的研究表明，方程的截距比此次研究中两地的回归线的要低，但斜率几乎相同。因为札幌是一个城市区，低斜率的原因可能是积雪表面覆盖的烟尘或其他污染物造成的。

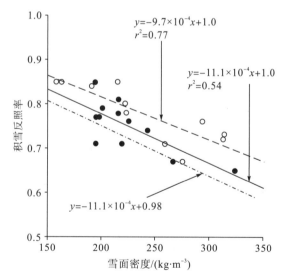

$y=-9.7\times10^{-4}x+1.0$
$r^2=0.77$

$y=-11.1\times10^{-4}x+1.0$
$r^2=0.54$

$y=-11.1\times10^{-4}x+0.98$

图 3.17　雪面密度为 $150\sim350kg/m^3$，其与积雪反照率的关系

注：长虚线、实线、虚点线分别是 OP 处、LF 处和 Ohta 的回归线。

Warren(1982)的研究表明，雪面密度可能取决于雪粒大小，因为密度通常随着雪粒的增大而增大。Nakamura(2001)的研究表明，积雪表面 3cm 内的雪粒大小决定了雪的反照率。然而，在野外，如此高分辨率地观测雪粒的大小也是非常困难的。雪层的液态水含量与雪的密度也有很大联系，但是由于积雪中的液态水含量会增加雪粒大小和雪的密度，所以分离出液态水含量的影响也是很困难的。雪层中液态水含量在本书中并没有测量，所以其影响无法评估。未来的研究会集中于凋落物覆盖，雪粒大小和雪层液态水含量的多少对积雪反照率的影响。

　　净辐射受每日实际的日照时长与可能的最大日照时长的比值 R_s 与积雪反照率的影响非常大。前人的研究大部分集中于天气状况对净辐射的影响，而对于反照率对净辐射影响的研究则甚少。积雪反照率主要受雪粒大小，太阳高度角以及大气中悬浮的煤烟颗粒的影响。例如，在春季融雪期，高纬度地区由于工厂少，空气中煤烟颗粒少，加之太阳高度较高（如西伯利亚地区）导致积雪反照率非常高。Sokolov 和 Vuglinsky（1997）的研究结果表明，春季融雪期，西伯利亚针叶林带（55.28N，124.28E））的开阔地区的月均反照率为 0.72；相比之下，Suzuki 等（1999）发现 1994 年、1995 年、1996 年 3 月中旬至 4 月末西伯利亚非森林覆盖区域的日均反照率为 0.57。

　　图 3.18(a)至(e)为基于不同的积雪反照率与 R_s 条件下模拟的净辐射量与 PAI 间的变化关系，其中净辐射模拟所输入的气象要素值如表 3.10 所示。该图中，PAI 由 0～3 不断变化，晴朗天气条件下，由于净短波辐射量随 PAI 的增加而降低，导致净辐射量随 PAI 的增加而降低。尤其是当反照率的值很低但 R_s 很高的时候，净辐射随 PAI 的增加而降低的程度更大。但是在多云的条件下，即当 R_s 较低时，随 PAI 的增加，净辐射量的改变程度很小，呈现微弱的递增趋势。之前的模拟研究表明（Nakabayashi et al.，1999），当反照率大于 0.8 时，净辐射随 PAI 的变化程度非常显著。

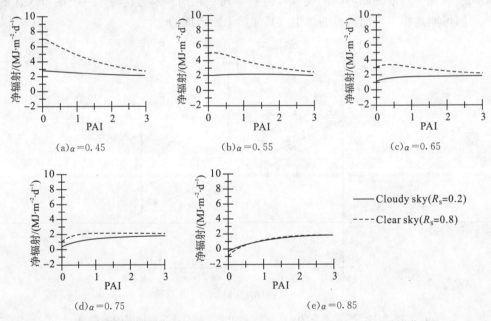

图 3.18　不同的积雪反照率的条件下模拟的净辐射量与 PAI 的关系曲线
（虚线，R_s =0.8；实线，R_s =0.2）

3.4.4　植被对积雪积累-消融过程的影响

　　融雪的定义是融化的水从积雪底部排出的过程。因此，如果表面融水没有到达积雪的底部，就认为没有融雪事件发生。依地面积雪量的变化，积雪期可分为积累期和消融期。积累期森林对积雪的影响已经在 3.4.1 节讨论过。消融期内，地面积雪量随融雪和升华过程的进行而不断变化。表 3.9 为西伯利亚开阔地和北方林覆盖条件下消融/积累期消融、融雪、升华和雪消融能量平衡组分的结果对比（Suzuki et al.，2003）。积累期开阔地和森林融雪量为零，总消融量由升华量决定，升华量仅仅相差 1mm，表明尽管二者积雪量过程差别很大（3.4.1 节），但积累期的损耗相差无几；而相应的能量平衡结构差别很大，森林覆盖独特的长波辐射过程，导致净辐射和能量收支大大高于开阔地，林内的静稳大气运动，使得感热低于开阔地。开阔地处日融雪量总是要比森林处多的。森林处积雪消失的时间比开阔地处晚三天，该滞后是由两地最初雪水当量和融雪比率的差异造成的。

表 3.9 西伯利亚开阔地和北方林覆盖条件下消融/积累期消融、融雪、升华和雪消融能量平衡组分的结果对比

期间	站点	总消融/mm	融雪/mm	升华/mm	能量收支/(W·m^{-2})	净辐射/(W·m^{-2})	感热/(W·m^{-2})	潜热/(W·m^2)	热传导/(W·m^{-2})
消融期	开阔地	95.6	93.6	2.0	46.7	57.8	2.9	−6.0	−7.9
	森林	73.7	72.7	1.0	36.0	40.8	0.4	−3.8	−0.6
积累期	开阔地	5.9	0.0	5.9	2.7	3.6	6.0	−8.6	1.7
	森林	4.8	0.0	4.8	7.0	12.9	0.4	−6.6	0.3

注：据（Suzuki et al.，2003）

相同植被类型下，升华对于消融过程的贡献大小也与气候条件相关，如表 3.10 所示，西伯利亚北方林积雪的升华占积雪消融量的 8.5%，表明该地区升华是积雪消融的一个重要组成要素；相反，在温带日本的落叶林带内升华的贡献量在 33 天内只占积雪消融量的 0.4%（Suzuki et al.，1999）。不同的气候条件决定了森林植被积雪的积累时间和消融时间不同，也决定了辐射能量的不同，从而导致升华作用的显著差异。

表 3.10 不同气候体系下寒带和温带落叶林处的升华量的比较

站点	升华/mm	总消融/mm	升华在总消融的比率/%	研究时段	参考文献
西伯利亚北方林	6.8	78.5	8.5	2002.4.1～2002.5.4	Suziki 等（2003）
日本北部温带针叶林	2.8	668.3	0.4	1994.3.23～1994.3.26	Suziki 等（1999）

概括起来，植被-积雪相互作用的水热效应对区域碳循环和水循环具有较大影响，表现在如下几方面（Sturm et al.，2001；Swann et al.，2010；Brooks et al.，2011）。

（1）碳循环问题。植被盖度增加，或植被高度增加，如灌丛取代苔原或草地，森林植被取代灌丛等，伴随植被的高度和盖度增加，可显著提高植被的积雪捕捉能力，增大积雪厚度。积雪厚度超过一定阈值，将显著增加土壤温度，积雪深度与土壤温度呈正相关。土壤温度升高并伴随土壤湿度增加，可促进土壤有机质分解，从而产生更多的植被可利用养分，促进夏季植被生长；但同时也能大幅度增大冬季积雪时期土壤呼吸碳释放速率。积雪-植被的这种作用，是促进生态系统碳累积还是碳释放，取决于夏季增加的植被生物

量碳固持量与冬季土壤碳排放量之间的差值，与区域气候、土壤有机质含量以及植被生长状况等诸多因素有关，是全球气候变化背景下，寒区生态系统碳平衡动态变化的核心问题之一，其区域差异性、机制及其模拟等，是全球变化研究的前沿热点。

(2)地表反照率变化与水汽蒸腾效应。虽然积雪厚度随植被盖度和高度增加而增加，但是随灌丛取代苔原或草地植被，森林扩张取代灌丛或苔原，地表反照率将较大幅度减小，地表吸收的太阳净辐射增加。同时，由于植被生产力增大，夏季生长季的蒸散发量（特别是植被蒸腾量）增大，从而增加了空气的水汽含量，反过来有可能将增大大气的温室效应。增加的蒸散发 ET 会冷却地表，但与地表吸收净辐射的增加而形成的热效应以及空气水汽增加的热效应相比，有可能微不足道，因而将进一步促进增温变化。如Sturm 等(2001)就发现，灌丛因增加的积雪覆盖厚度可比苔原感热损失小 30%~60%。地面蒸散发 ET 的增大是植被蒸腾大幅度增加的结果，土壤蒸发量可能会略有减小。总之，植被-积雪的互馈作用，将显著改变季节能量平衡状态，年度能量平衡如何变化，取决于冬季和夏季不同能量平衡变化的增减幅度。由此形成的年度能量平衡状态及其变化决定活动层土壤的冻融深度，也就是活动层土壤的厚度变化。

(3)径流与土壤水分含量变化。森林和灌丛植被相比苔原和草地，均能显著降低积雪的升华损失，因此积雪厚度增加伴随积雪升华减少，将必然增加春季融雪径流。但是，另一方面，由于高大植被降低了近地表风速，使得积雪相对均匀，且积雪厚度增加了土壤温度，这些因素均有利于增加积雪融水入渗而促进土壤水分含量增大，有可能因此而减小融水径流。植被-积雪互馈作用的水文效应，取决于土壤水分状况和降水与蒸散发的差值(P-ET)。

参 考 文 献

陈仁生，康尔泗，吴立宗，等. 2005. 中国寒区分布探讨. 冰川冻土，27(4)：469-476.

高荣，韦志刚，董文杰. 2004. 青藏高原冬春积雪和季节冻土年际变化差异的成因分析. 冰川冻土，26(2)：153-158.

高卫东，魏文寿，张丽旭. 2005. 近 30a 来天山西部积雪与气候变化——以天山积雪雪崩研究站为例. 冰川冻土，27(1)：68-73.

焦剑，谢云，林燕，等. 2009. 东北地区融雪期径流及产沙特征分析. 地理研究，28(2)：333-343.

李宝富，陈亚宁，陈忠升，等. 2012. 西北干旱区山区融雪期气候变化对径流量的影响. 地理学报，67(11)：1461-1470.

李元寿. 2007. 青藏高原典型多年冻土区高寒草甸覆盖变化对水循环影响的试验研究. 北京：中国科学院.

刘伟，周华坤，周立. 2005. 不同程度退化草地生物量的分布模式. 中国草地学报，27(2)：9-15.

吕爱锋，贾绍凤，燕华云，等. 2009. 三江源地区融雪径流时间变化特征与趋势分析. 资源科学，31(10)：1704-1709.

陶娜，张馨月，曾辉，等. 2013. 积雪和冻结土壤系统中的微生物碳排放和碳氮循环的季节性特征. 微生物学通报，40(1)：146-157.

田静，陈晓飞. 2003. 积雪对地面热状况的影响. 水土保持科技情报，(5)：27-29.

武启骞，吴福忠，杨万勤，等. 2015. 冬季雪被对青藏高原东缘高海拔森林凋落叶 P 元素释放的影响. 生态学报，35(12)：4115-4127.

杨梅学，姚檀栋，何元庆. 2002. 青藏高原土壤水热空间分布特征及冻融过程在季节转换中的作用. 山地学报，20(5)：553-558.

郑照军，刘玉洁，张炳川. 2004. 中国地区冬季积雪遥感监测方法改进. 应用气象学报，(S1)：75-84.

周幼吾，郭东信，程国栋等. 2000. 中国冻土. 北京：科学出版社.

朱玉祥，丁一汇，刘海文. 2009. 青藏高原冬季积雪影响我国夏季降水的模拟研究. 大气科学，33(5)：903-915.

Adam J C, Hamlet A F, Lettenmaier D P. 2009. Implications of global climate change for snowmelt hydrology in the 21st century. Hydrologic Processes，23：962-972.

Aston A. 1979. Rainfall interception by eight small trees. Journal of Hydrology，42，383-396.

Baker J M, Baker D G. 2002. Long-term ground heat flux and heat storage at amid-latitude site. Clim. Change，54：295-303.

Barnett T P, Dumenil L, Schleses U, et al. 1989. The effect of Eurasian snow cover on regional and global climate variation. J. Atmos. Sci.，46：661-685.

Beier C M, Sink S E, Hennon P E, et al. 2008. Twentieth-century warming and the dendroclimatology of declining yellow-cedar forests in southeastern Alaska. Canadian Journal of Forest Research，38：1319-1334.

Billings W D. 2000. Alpine vegetation. In Barbour, M. G., and Billings, W. D. (eds.), North American Terrestrial Vegetation. Cambridge：Cambridge University Press.

Bokhorst S, Bjerke J W, Tömmervik H, et al. 2009. Winter warming events damage sub-Arctic vegetation：consistent evidence from an experimental manipulation and a natural event. Journal of Ecology，97：1408-1415.

Bowman W D, Fisk M F. 2001. Primary production. In：Bowman, W. D &Seastedt, T. (eds.) Structure and function of an alpine ecosystem. Oxford University Press, Oxford, UK. 177-197.

Brooks P D, Grogan P, Templer P H, et al. 2011. Carbon and nitrogen cycling in snow-covered environments. Geography Compass，5(9)：682-699.

Callaghan T V, Johansson M, Brown R D, et al. 2011. Multiple Effects of Changes in Arctic Snow Cover. AMBIO，40：32-45.

Cohen J, Entekhabi D. 2001. The influence of snow cover on Northern Hemisphere climate variability. Atmosphere-Ocean，39(1)：35-53.

Cohen J. 1994. Snow cover and climate. Weather，49：150-156.

Davies T D. 1994. Snowcover-Atmosphere interactions. In Jones H. G. et al (Eds.) Snow and Ice Covers：interactions with the atmosphere and Ecosystems. IAHS Publication No. 223，IAHS Press，Wallingford，UK：3-13.

Euskirchen E S, Mcguire A D, Chapin III F S. 2007. Energy feedbacks of northern high-latitude ecosystems to the climate system due to reduced snow cover during 20th century warming. Global Change Biology，13：2425-2438.

FitzGibbon J T Dunne. 1983. Influence of subarctic vegetation cover on snowmelt. Physical Geography，4：61-70.

Fletcher C G, Kushner P J, Hall A, et al. 2009. Circulation responses to snow albedo feedback in climate change. Geophysical Research Letters，36：L09702.

Gilmanov T G, Johnson D A, Saliendra N Z, et al. 2004. Winter CO_2 fluxes above sagebrush-steppe ecosystems in Idaho and Oregon. Agricultural and Forest Meteorology，126：73-88.

Groffman P M, et al. 2001. Effects of mild winter freezing on soil nitrogen and carbon dynamics in a northern hardwood forest. Biogeochemistry，56(2)：191-213.

Groisman P Y, Karl T R, Knight R W, et al. 1994. Observed impacts of snow cover on the heat balance and the rise of the continental spring temperatures. Science，263：198-200.

Gustafsson D, Stahli M, Jansson P E. 2001. The surface energy balance of a snow cover：comparing measurements to two different simulation models. Theoretical and Applied Climatology，70：81-96.

Gutzler D S, Rosen R D. 1992. Internnual variability of wintertime across the Northern Hemisphere. J. Climate，5：1441-1447.

Hardy J, Davis R, Jordan R, et al. 1997. Snow ablation modeling at the stand scale in a boreal jack pine forest. Journal of Geophysical Research：Atmospheres(1984−2012)，102：29397-29405.

Hashimoto T, Ohta T, Fukushima Y, et al. 1994. Heat balance analysis of forest effects on surface snowmelt rates. IAHS Publications-Series of Proceedings and Reports-Intern Assoc Hydrological Sciences，223：247-258.

Hashimoto T，T Ohta T Nakamura．1997．Spatial representativeness of downward radiation and snowmelt rates in a forest based on the three dimensional forest structure(1)estimated method．J．Japan Soc．Hydrol．Water Resour，10：524-536．

Hedstrom N J，Pomeroy．1998．Measurements and modelling of snow interception in the boreal forest．Hydrological Processes，12：1611-1625．

Hiemstra C A，Liston G E，Reiners W A．2006．Observing，modelling，and validating snow redistribution by wind in a Wyoming upper treeline landscape．Ecological Modelling，197：35-51．

Hinkel K M，Bockheim J G，Peterson K M，et al．2003．Impact of snow fence construction on tundra soil temperatures at Barrow，Alaska．Permafrost，Phillips，Springman & Arenson：401-405．

Inouye D W，McGuire A D．1991．Effects of snowpack on timing and abundance of flowering in delphinium nelsonii (ranunculaceae)：implications for climate change．American Journal of Botany，78(7)：997-1001．

Jansson P E，Karlberg L．2008．Coupled heat and mass transfer model for soil-plant-atmosphere system．Royal Institute of Technology，Sweden．

Jansson P-E．2001．Coupled heat and mass transfer model for soil-plant-atmosphere systems．

Jonas T，Rixen C，Sturm M，et al．2008．How alpine plant growth is linked to snow cover and climate variability．Journal of Geophysical Research-Biogeosciences，113，G03013．

Jones A E，Weller R，Wolff E W．2000．Speciation and rate of photo-chemical NO and NO$_2$ production in Antarctic snow．Geophysical Research Letter，27：345-348．

Jones H G，Pomeroy J W，Walker D A．2001．Snow ecology：a interdisciplinary examination of snow cover ecosystems．Cambridge University Press：264．

Koike M，Koike T，Hayakawa I V，et al．1995．Comparative study of snow surface budget under various forest cover conditions．J．Japan Soc．Hydrol．Water Resour，8：389-398．

Koivusalo H T，Kokkonen．2002．Snow processes in a forest clearing and in a coniferous forest．Journal of Hydrology，262：145-164．

Kondo J T，Yamazaki．1990．A prediction model for snowmelt，snow surface temperature and freezing depth using a heat balance method．Journal of applied meteorology，29：375-384．

Ling F，Zhang T J．2007．Modeled impacts of changes in tundra snow thickness on ground thermal regime and heat flow to the atmosphere in Northernmost Alaska．Global and Planetary Change，57：235-246．

Liston G E，Elder K．2006．A distributed snow-evolution modeling system（snow model）．Journal of Hydrometeorology，7：1259-1276．

Liston G E．1995．Local advection of momentum，heat，and moisture during the melt of patchy snow covers．Journal of Applied Meteorology，34：1705-1715．

Lundberg A，I Calder R Harding．1998．Evaporation of intercepted snow：measurement and modelling．Journal of Hydrology，206，151-163．

Lundberg A S，Halldin．2001．Snow interception evaporation．Review of measurement techniques，processes，and models．Theoretical and Applied Climatology，70：117-133．

Male D，Granger R．1981．Snow surface energy exchange．Water Resources Research，17：609-627．

Marks D，Kimball J，Tingey D et al．1998．The sensitivity of snowmelt processes to climate conditions and forest cover during rain on snow：a case study of the 1996 pacific Northwest flood．Hydrological Processes，12：1569-1587．

Mellander P-E，Laudon H，Bishop K．2005．Modelling variability of snow depths and soil temperatures in Scots pine stands．Agricultural and Forest Meteorology，133：109-118．

Melloh R A，Hardy J P，Davis R E，et al．2001．Spectral albedo/reflectance of littered forest snow during the melt season．Hydrological Processes，15：3409-3422．

Menard E，Allard M，Michaud Y．1998．Monitoring of ground surface temperatures in various biophysical micro-environments near Umiujaq，eastern Hudson Bay，Canada，in Proceedings of the 7th International Conference on Permafrost，June 23-27，1998，Yellowknife，Canada，Nordicana，vol．57，edited by A．G．Lewkowicz and M．

Allard, pp. 723-729, Univ. Laval, Quebec, Que. , Canada.

Nakabayashi H, Ishikawa N, Kodama Y. 1999. Radiative characteristics in a Japanese forested drainage basin during snowmelt. Hydrological processes, 13: 157-167.

Nakamura T, Abe O, Hasegawa T, et al. 2001. Spectral reflectance of snow with a known grain-size distribution in successive metamorphism. Cold Regions Science and Technology, 32: 13-26.

Neilson C B, et al. 2001. Freezing effects on carbon and nitrogen cycling in northern hardwood forest soils. SoilScience Society of America Journal 65(6): 1723-1730.

Nilsson M, et al. 2008. Contemporary carbon accumulation in a boreal oligotrophic minerogenic mire-a significant sink after accounting for all C-fluxes. Global Change Biology, 14: 1-16.

Nobrega S, Grogan P. 2007. Deeper snow enhances winter respiration from both plant associated and bulk soil carbon pools in birch hummock tundra. Ecosystems, 10: 419-431.

Ohta T, Hashimoto T, Ishibashi H. 1993. Energy budget comparison of snowmelt rates in a deciduous forest and an open site. Annals of Glaciology, 18: 53-59.

Ohta T. 1995. A distributed snowmelt prediction model in mountain areas based on an energy balance method. International Journal of Rock Mechanics and Mining Sciences and Geomechanics Abstracts: 145.

Osterkamp T E, Romanovsky V E. 1997. Freezing of the active layer on the coastal plain of the Alaskan Arctic. Permafrost Periglacial Proc, , 8, 23-44.

Pomeroy J W, Bewley D S, Essery R L H. 2006. Shrub tundra snowmelt. Hydrological Processes, 20(4): 923-941.

Robinson D A, Dewey K F, Heim R R. 1993. Global snow cover monitoring - an update. Bulletin of the American Meteorological Society, 74: 1689-1696.

Romanovsky V E, Osterkamp T E, Duxbury N S. 1997. An evaluation of three numerical models used in simulations of the active layer and permafrost temperature regime. Cold Regions Science and Technology , 26(3): 195-203.

Price A. 1988. Prediction of snowmelt rates in a deciduous forest. Journal of hydrology, 101: 145-157.

Sokolov B V, Vuglinsky. 1997. Energy and water exchange in mountain Taiga in the south of east Siberia. State Hydrological Institute, St. PeteRsburg.

Sokratov S A, Barry R G. 2002. Intraseasonal variation in the thermoinsulation effect of snow cover on soil temperatures and energy balance, J. Geophys. Res. , 107(D10): 4093.

Strack J E, Pielke Sr, R A, Liston G E. 2007. Arctic tundra shrub invasion and soot deposition: consequences for spring snowmelt and near-surface air temperatures. Journal of Geophysical Research, 112.

Sturm M, Mcfadden J P, Liston G E, et al. 2001. Snow-Shrub Interactions in Arctic Tundra: A Hypothesis with Climatic Implications. Journal of Climate, 14: 336-344.

Suzuki K, Kubota J, Zhang Y, et al. 2006. Snow ablation in an open field and larch forest of the southern mountainous region of eastern Siberia. Hydrological sciences journal, 51: 465-480.

Suzuki K, Ohta T, Kojima A, et al. 1999. Variations in snowmelt energy and energy balance characteristics with larch forest density on Mt Iwate, Japan: Observations and energy balance analyses. Hydrological Processes, 13: 2675-2688.

Suzuki K, Ohta T. 2003. Effect of larch forest density on snow surface energy balance. Journal of Hydrometeorology, 4: 1181-1193.

Swann A L, Fung I Y, Levis S, et al. 2010. Changes in Arctic vegetation amplify high-latitude warming through the greenhouse effect. PNAS, 107(4): 1295-1300.

Tape K, Sturm M, Racine C. 2006. The evidence for shrub expansion in Northern Alaska and the Pan-Arctic. Global Change Biology, 12: 686-702.

Walker D A, Halfpenny J C, Walker M D, et al. 1993. Long-term studies of snow-vegetation interactions. Biology Science, 43: 287-301.

Walker M D, Ingersoll R C, Webber P J. 1995. Effects of interannual climate variation on phenology and growth of two alpine forbs. Ecology, 76: 1067-1083.

Walsh J E. 1987. Large-scale effects of seasonal snow cover. In Large Scale Effects of Seasonal Snow Cover, B. E. Goodisom, R. G. Barry, and J. Dozier(Eds.). IAHS Press, Wallingford, UK, 1987, 3-14.

Walsh J W, Jasperson H, Ross B. 1985. Influences of snow cover and soil moisture on monthly air temperature. Monthly Weather Review, 113: 756-769.

Wang G X, Hongchang H, Guangsheng L, et al. 2009. Impacts of changes in vegetation cover on soil water heat coupling in an alpine meadow of the Qinghai-Tibet Plateau, China. Hydrology and Earth System Sciences, 13: 1-15.

Wang G X, Liu G S, Li C J, et al. 2012. The variability of soil thermal and hydrological dynamics with vegetation cover in a permafrost region. Agricultural and Forest Meteorology, 162-163: 44-57.

Warren S G. 1982. Optical properties of snow. DTIC Document.

Wipf S, Rixen C. 2010. A review of snow manipulation experiments in Arctic and alpine tundra ecosystems. Polar Research, 29: 95-109.

Woo M K MA Giesbrecht. 2000. Simulation of snowmelt in a subarctic spruce woodland: 1. Tree model. Water Resources Research, 36: 2275-2285.

Yamazaki T J Kondo. 1992. The snowmelt and heat balance in snow-covered forested areas. Journal of Applied Meteorology, 31: 1322-1327.

Zhang L, Potter N, Hickel K, et al. 2008. Water balance modeling over variable time scales based on the Budyko framework—Model development and testing. Journal of Hydrology, 360: 117-131.

Zhang T J, Osterkamp T E, Stamnes K. 1997. Effects of climate on the active layer and permafrost on the North Slope of Alaska, U. S. A., Permafrost Periglacial Processes, 8: 45-67.

Zhang T J. 2005. Influence of the seasonal snow cover on the ground thermal regime: An overview. Rev. Geophys., 43, RG4002.

Zhang Y, Munkhtsetseg E, Ohata T. 2005. An observational study of ecohydrology of a sparse grassland at the edge of the Eurasian cryosphere in Mongolia. J. Geophys. Res: 110.

第4章　寒区冰雪与植被覆盖变化
的陆面蒸散发过程

蒸散发是水文循环过程中尤为重要的环节，每年通过蒸散发进入大气的水分约占全年平均降水的 60%（Trenberth et al.，2007）。蒸散发作为重要的水循环要素，是水资源高效利用、生态环境评价和水平衡维持的重要依据（Katul et al.，2012）。因此，蒸散发是陆面过程研究中的重要内容之一，但蒸散发的研究迄今仍然是陆面水文水循环研究中的薄弱点（Jung et al.，2011；Wang 和 Dickinson，2012）。由于环境的限制和试验的困难性，对寒区蒸散发过程的研究也十分薄弱。

植被通过改变陆表的物理特征，调节着陆气间的水分和能量循环（Igarashi et al.，2015；Kool et al.，2014；Zhang et al.，2011）：植被的反照率小于裸土，可以吸收更多能量；冠层高低改变陆表面的粗糙度，影响陆气间能量与动量传输；叶片通过直接蒸发截留的降水或者蒸腾根部吸收的水分，增加了陆面蒸发的途径。植被对蒸散发的作用表现在两方面：一方面可以涵养水源，降低土壤表面的蒸发；另一方面植被本身的生长会消耗一定水量，即蒸腾。简而言之，植物通过蒸腾作用直接参与蒸散发过程，植被覆盖能够有效地影响地表反射率、地表温度和地表粗糙度，进而影响土壤蒸发和植物蒸腾（Katul et al.，2012；Wang et al.，2014a；Zhang et al.，2001）。

水循环与生态水文关联，深入和系统地研究植被的水循环调控机理是水循环在生态方面的主要研究问题和方向之一。寒区气候干旱、寒冷，且风大，辐射强，气候条件恶劣，生态环境极为脆弱，随着气候变化正经历着草地退化的生态困境；同时，冻融过程因其热量和水分的交互作用，显著改变陆面蒸散发过程。一方面，对于寒区陆面蒸散发规律的认知相比其他地区更加不足，既缺乏系统观测，也没有相对可靠的定量模式，极大地限制了寒区水循环理论和流域水文模型的发展；另一方面，气候变化驱动下的寒区生态系统变化在多大程度上和如何影响区域水循环与水文过程，二者存在何种耦合作用关系，长期困扰寒区水文学、生态学和陆面过程的研究，迫切需要从蒸散发角度取得突破。在此背景下，研究寒区草原植被蒸腾在蒸散发中的贡献及蒸散发对植被变化的响应程度意义深刻：①有助于寒区水循环理论的发展和生态水文学规律的认知；②探索植被变化对水循环中关键环节——蒸散发影响的本质与可能的量化方法，为寒区生态水文模型发展奠定重要基础；③为系统理解寒区生态与水循环间的耦合关系，从而制定科学的寒区环境保护提供理论指导。

4.1 地表蒸散发的有关概念与估算方法

4.1.1 地表蒸散发的一些概念

1802 年，Dalton(1802)综合了风、空气温度和湿度对蒸散发的影响，提出了道尔顿蒸发定律，奠定了近代蒸散发研究的理论基础。随着相关学科的发展，许多学者开展了诸多蒸散发的观测和理论估算研究，为进一步理解蒸散发过程及其物理机制提供了基础。然而关于蒸散发，初学者常混淆实际蒸散发、土壤蒸发、植被蒸腾、潜在蒸散发、参考蒸散发、蒸发皿蒸发、水面蒸发等概念。所以，在此有必要先厘清有关蒸散发的若干概念。

4.1.2 实际蒸散发

一般而言，除了研究对象为水体或者裸土以外，地表实际蒸散发由土壤蒸发、植物蒸腾和植物叶片蒸发构成。其中，植被蒸发指植被叶片或根茎上的降水截留水分直接从液态变为气态的过程，其量级一般小于土壤蒸发和植被蒸腾，且持续时间较短，故在植被盖度较低的生态系统，植被蒸发通常忽略不计。

(1)土壤蒸发。土壤蒸发(soil evaporation)是指土壤中的水分沿土壤孔隙以水气的形式逸入大气的过程。土壤在太阳辐射、风、湿度等因素的作用下，表层土壤的水分得到超过分子间内聚力和土壤对水分子吸力的能量时，水分子开始进入大气中。土壤表面水分逸出后，下层水分必须通过土壤输送到蒸发面，蒸发才能继续进行。根据土壤含水量的变化，土壤蒸发过程可分为三个阶段(Brutsaert，2005)：①当土壤含水量饱和或趋近饱和时，土壤表层的蒸发消耗能得到充分补给，蒸发率达最大且稳定，土壤水分的蒸发量趋近于相同气象条件下的蒸发力，但是这一阶段持续时间短暂，主要发生在土壤含水量近田间持水量时；②随着土壤蒸发对土壤水分的不断消耗，土壤含水量渐低，土壤的蒸发率也渐小，这种情况下的土壤蒸发常见于在降水结束后的一两天内；③当土壤表层干化时，土壤中的液态水无法输送到土壤表层，土壤蒸发基本不能在土壤表面进行，此时土壤中水分发生汽化，经分子扩散作用通过土壤表面进入大气中，随着水分散失逐步加深，水分子向外扩散速度逐渐变慢，土壤蒸发也逐渐微弱，这一阶段是土壤蒸发的主要阶段，也是持续时间最长的阶段，蒸发率小且稳定。除了气象因素，土壤含水量变化会受到植被根系吸水的影响，随着植被变化，土壤蒸发也发生变化。

(2)植被蒸腾。植被蒸腾(plant transpiration)是水分从活的植物体表面(以叶片为主)以水蒸气状态散失到大气中的过程(Jones 和 Tardieub，1998)。其主要作用方式有两种，一是通过角质层的蒸腾，即角质蒸腾；二是通过植被气孔的蒸腾，即气孔蒸腾。与土壤蒸发不同，蒸腾作用不仅受外界环境条件的影响，而且还受植物本身的调节和控制，因此它是一种复杂的生理过程。从植物生理学角度而言，蒸腾作用是植物对水分的吸收和运输的一个主要动力，特别是高大的植物。与此同时，因矿质盐类要溶于水中才能被植物吸收和在体内运转，故蒸腾作用可使得矿物质随水分的吸收和流动而被吸入并分布到植物体各部分中。除此之外，蒸腾作用能够降低叶片的温度。太阳光照射到叶片上时，大部分能量转变热能，如果叶子没有降温的本领，叶温过高，叶片会被灼伤。蒸腾作用能降低叶片的温度。从更大的空间尺度而言，植被的蒸腾作用是下垫面影响局地气候的一个重要途径。因此，探讨植被蒸腾在地表总蒸散发中的比例不仅有助于理解不同地区水循环特征与机理，还对理解植被变化与全球气候变化的贡献有关键作用。全球平均而言，在湿润区的森林生态系统，植被蒸腾约占总蒸散的 70%，而在干旱半干旱地区这一比例下降到 51%（Schlesinger 和 Jasechko，2014）。

4.1.2.1　潜在蒸散发

潜在蒸散量（potential evapotranspiration）的概念最早是由 Thornthwaite（1948）在其经典的气候学分类研究中提出，其是指在空间尺度无限大、植被生长旺盛、供水充足的下垫面的蒸散发。其中"空间无限大"是为了避免平流作用。但是，Thornthwaite（1948）并未给出具体的空间尺度大小。因此，潜在蒸散的定义自从被提出以来一直较为"含糊"（Brutsaert，2005）。具体包括以下两点：第一，由于下垫面热力性质的差异引起的"绿洲效应"局地平流会影响下垫面的能量平衡，故任何通过仪器观测的足够湿润但空间上非足够大的下垫面蒸散发通常并非真正意义的潜在蒸散。因此，Brutsaert（2005）建议使用"虚拟潜在蒸散量（apparent evapotranspiration）"来表示这一现象。最为典型的虚拟潜在蒸散的例子即为蒸发皿蒸发。第二，即便是供水足够充分的植被下垫面，其蒸散发亦不同于水面，因为前者的气孔开闭过程会影响地气间的水气传输。但此二者的量级应极为接近，因为植被下垫面的粗糙度略大于水面，同等风速条件下水气传输系数前者大于后者，一定程度上弥补了因气孔阻抗作用而减小的足够湿润的植被下垫面的蒸散能力。

潜在蒸散发的估算形式多样亦是导致不同学者对潜在蒸散的描述存在差异的原因之一。目前，最为普遍使用的是 Penman（1948）方法或 Priestley 和 Taylor（1972）方法，然而其中的参数存在较大的区域变异，通常需结合实际的观测数据进行校验方可使用。例如，不同学者针对 Penman（1948）方法中的风速函数进行了广泛研究，发现其原始参数在不同下垫面条件的适用性有显著差异（Lim et al.，2012；Linacre，1993；Ma et al.，2015b）。

早期 Penman（1948）方法往往被应用于实际蒸散量的估算，亦即所谓的 Penman 正比理论，此时研究者需结合特定的环境干湿指数（例如基于水桶模式的土壤水分函数（Seneviratne et al.，2010））以估算实际蒸散量。为了进一步接近植被下垫面的实际情况，Monteith（1965）引入了经典的表面阻抗（bulk surface resistance）的概念，并提出了 Penman-Moneith 模型用以估算不同下垫面的实际蒸散发。但是，Penman-Moneith 模型中的表面阻抗受诸多环境与生物物理因素（如土壤湿度、饱和气压差和叶面积指数等）的影响（Baldocchi et al.，2004；Wever et al.，2002；Wilson 和 Baldocchi，2000），难以预先测算，导致 Penman-Moneith 模型的适用性受到限制。1998 年，联合国粮农组织基于一个"假想下垫面"（供水充足、反照率为 0.23、植被高度 12cm），并根据叶面积指数的

经验关系预设定了 $70s \cdot m^{-1}$ 的表面阻抗，提出了参考蒸散量(reference evapotranspiration)的概念(Allen et al.，1998)。可见，参考蒸散量是潜在蒸散量的一个特例，其真正的意义是上述"假想下垫面"的实际蒸散量。严格而言，参考蒸散量难以通过实际观测来验证(因满足上述"假想下垫面"条件的观测场并不普遍)，但参考蒸散量的概念使得不同地区的潜在蒸散量得以标准化，进而可以探讨气候要素对不同地区蒸发力的影响，为不同地区的水循环对气候变化的响应提供了较好的条件。除此之外，参考蒸散量的另一个用途是基于作物系数法估算实际蒸散量(Yang 和 Zhou，2011)，为农田水利灌溉研究提供了有效的手段。

4.1.2.2　蒸发皿蒸发

事实上，学术界关于地表实际蒸散发的认识最早借助于蒸发皿，然后结合地表实际干湿程度进行转化。Halley(1687)在英国伦敦的 Gresham 学院开展了较早的蒸发皿蒸发观测。现在，不同国家或地区蒸发皿类型有所差异。中国蒸发皿主要分为两种类型，即 D 20 蒸发皿和 E 601B 蒸发皿，前者在 20 世纪 50 年代以来在中国气象局下属气象站被广泛使用，21世纪以来，20cm 蒸发皿逐渐被 E 601B 蒸发皿替代(Xiong et al.，2012)。D 20 蒸发皿的口径为 20cm，深度为 10cm，观测时其被置于距离地面 70cm 高的平台；E 601B 蒸发皿口径为61.8cm，深度 68.7cm，观测时蒸发皿的一部分被埋于土壤中，蒸发皿口高于地面约 30cm。按世界气象组织的分类，D 20 蒸发皿属于地上蒸发皿，E 601B 蒸发皿属于埋藏蒸发皿(Ma et al.，2015b)。除了中国常使用的这两种蒸发皿外，美国、澳大利亚等地多利用 A 型蒸发皿，其口径为 121cm，深度为 25.5cm，观测时其被置于 15cm 高且底部镂空的木质平台上(Lim et al.，2013)。蒸发皿蒸发量的观测主要是基于给定时间内蒸发皿中水位的变化，并结合降水资料，推算蒸发量。就地上蒸发皿而言，由于局地的平流作用和侧壁辐射所致的蒸发皿内水体热储作用，其观测的蒸发量远大于其周围陆地环境的潜在蒸散量；就埋藏型蒸发皿而言，尽管其侧壁辐射作用较为微弱，然而其局地平流作用仍然存在，所以其蒸发量亦大于周围陆地环境的潜在蒸散量(Ma et al.，2015b)。

按 Clausius-Clapyeron 方程，全球变暖将使得大气湿度增加(Del Genfo et al.，1991)，进而水循环过程会加剧(Huntington，2006)，降水也将增加。Allen 和 Ingram(2002)的模拟结果显示，随着温度每升高 1℃，降水会增加大约 3.4%。在过去 50 年或100 年间，全球大部分地区的降水观测亦显示降水的确在增大(Dai et al.，1997)，从而印证了水文循环加剧的预测。从全球水量平衡来看，降水增加必然导致全球实际蒸散发的增加，然而过去 50 年来，全球许多地区的蒸发皿蒸发量却在显著减小。这一现象首先被 Peterson 等(1995)报道，其指出美国和苏联的蒸发皿观测值在 20 世纪下半叶呈显著下降趋势。之后在北半球如加拿大(Burn 和 Hesch，2007)、印度(Chattopadhyay 和Hulme，1997)、意大利(Moonen et al.，2002)、以色列(Cohen et al.，2002)、泰国(Tebakari et al.，2005)、澳大利亚(Roderick 和 Farquhar，2004)和新西兰(Roderick 和Farquhar，2005)等的研究皆表明蒸发皿蒸散发皆伴随着气候变暖而呈减小趋势。在中国，蒸发皿蒸发除了在东北地区略有增大外，其他地区也呈显著地减小(Cong et al.，2009，Yang 和 Yang，2012)，其中尤以 20 世纪 60 ~90 年代为甚。总之，就这种理论而言，蒸发应随全球变暖而增大，但实际观测的蒸发皿蒸发却减少的现象被称为"蒸发悖论"。

4.1.2.3　水面蒸发与湖泊蒸发

广义而言，水体蒸发即指所有水体由液态向气态的转变过程。其中湖泊蒸发因在流域水循环中的重要作用而被广泛关注，特别是内流的湖泊流域，湖泊蒸发是其水循环环节中唯一的输出项，对揭示湖泊自身及其所在流域的水量平衡尤为关键。与前文提及的潜在蒸散发和蒸发皿蒸发不同，湖泊蒸发与湖泊特性有直接关系。除了冰冻期长短和湖泊盐度会直接影响湖泊蒸发的总量外，不同湖泊的深度可能导致湖泊水体的热储有显著变异。较深的湖泊内水体的热存储可能还具有明显的季节效应，使得湖泊的能量平衡不仅仅受控于净辐射和平流的作用。其次，湖泊因处于下垫面热力性质差异较大的环境下，一般具有明显的冷岛效应，这种情况下湖泊的蒸发从岸边至湖心呈逐渐减小的趋势。整体而言，目前学术界关于湖泊蒸发的研究还较为薄弱，尽管不同蒸发模型被广泛应用（Rosenberry et al.，2007），但其输入数据大多源自湖泊周围的陆地环境下观测资料，难以代表湖泊的真实情况，加之使用的模型难以反映湖泊的实际情况。因此，近年来利用涡度相关系统或大孔闪烁仪对湖泊蒸发进行直接观测，例如美国密西西比州的 Ross Barnett 水库（Liu et al.，2009）、加拿大西北部的 Great Slave 湖（Blanken et al.，2000）、以色列北部的 Eshkol 水库（Tanny et al.，2008）、澳大利亚昆士兰的 Logan 水坝、法国南部 Thau 泻湖（Bouin et al.，2012）、中国的太湖（Lee et al.，2014；Wang et al.，2014b）、洱海（Liu et al.，2015）、纳木错（Biermann et al.，2014）和鄂陵湖（Li et al.，2015）等地皆有广泛报道，这些研究不仅有助于揭示不同性质的湖泊蒸发特征及其机理，还为未来发展适于湖泊环境的蒸发模型提供了有效的基础数据。

4.1.3　地表蒸散发的观测与估算方法概述

一般而言，蒸发和蒸散的决定因素是不同的，蒸发取决于冠幅上的水分分布及干湿部分的能量交换；而蒸散取决于干旱冠幅的表面的抵抗力。因此，蒸散发测定与计算分析涉及对土壤水分运动、植物水分传输、蒸发面与大气间的水气和热量交换等各个环节的系统认识，是水文学和生态学领域尚未完全解决的难题之一。目前，蒸散法的测定、估算较常见的方法主要分为：水文学法、微气象学法、植物生理学法、遥感方法以及 SPAC 综合模拟法。其中，实测法有：水文学法、风调室法、气孔计法、快速称重法、涡动相关法、热脉冲法、同位素示踪法、能量平衡法等。估算法有：波文比法、能量平衡空气动力学综合法、SPAC 法、经验公式法、遥感方法等。各类方法其适用对象和精度不同，对仪器设备观测要求和参数等方面也存在较大差别，在实际应用中，需要根据具体要求和条件选用合适的分析方法。本节主要介绍现阶段最为常用且精度较高的少数方法。

4.1.3.1　地表蒸散发的主要观测方法

（1）蒸渗仪法。蒸渗仪是一种设在野外或有控制降雨设施的试验场内（人工模拟自然环境）装满土壤的大型仪器，通过蒸渗仪内布设的测仪器测定或计算出蒸渗仪内的蒸散发量。蒸渗仪可分为非称重式和称重式。目前，称重式蒸渗仪测定精度较高，最高可达0.01~0.02mm，而且通过建造大尺寸蒸渗仪以减小尺寸影响与边界效应，蒸渗仪内增加多种现代化测量设备，蒸渗仪与数据处理仪器结合使用（如使用各种传感器、电子设备、计算机）等措施，使其测量更加精确，应用更加广泛。理论而言，蒸渗仪应当是蒸发观测中最准确的方法，避开了微气象学领域的所有假设。不过蒸渗仪亦有一定不足，其时间分辨率较小（难以精确到小时值），且需要长期的人员专门维护。除此之外，蒸渗仪往往依靠挖地下数米深度方可安装，对于当地土壤性质有破坏作用。

（2）波文比能量平衡法。1926年，Bowen提出了波文比的概念，波文比即感热通量与潜热通量之比。波文比能量平衡方法要求测量地面以上两个高度之间的空气温差以及同样高度间水气压差。关于波文比法的具体计算方案可参阅Allen等（2011）。简单而言，波文比法有两点关键要求：一是因为波文比法是基于能量平衡所测，故其要求局地平流必须非常小，否则能量平衡关系难以满足；二是波文比法对温度和湿度的测量精度要求甚高，否则难以确定仪器的系统误差会如何影响两层温度/湿度之差。事实上，2000年后的波文比系统大多采用自动（一般每隔15分钟）换臂装置来减小仪器所测量误差（Irmak et al.，2008），不过这种波文比在中国的应用相对少于西方发达国家。该法估算潜热能量（即蒸发或凝结）与显热通量的理论基础是地面能量平衡方程与近地层梯度扩散理论，并假设热量和水气的扩散系数相等的条件下，根据它们推导出用波文比计算蒸发的方法（Allen et al.，2011）。

（3）涡度相关法。涡度相关方法20世纪60年代开始发展，在20世纪80~90年代数据存储这一问题被克服后，利用水气分析仪和三维超声风速仪组成的涡度相关法已然成为学术界公认的最为准确的地表蒸散发测量方法（Baldocchi，2014a）。这也是全球通量观测网（FLUXNET）公认的首选方法（Baldocchi et al.，2001）。关于涡度相关方法的具体计算方案可参考文献（Foken和Wichura，1996），关于其仪器维护和数据处理可参考文献（Burba，2013）。涡度相关技术的优点是能通过测量各种属性的湍流脉动值来直接测量通量，不受平流条件限制。诚然，涡度相关法亦有一系列不足，最为显著的当属"能量不闭合"（即可利用能量不等于湍流通量之和）（Foken，2008；Wilson et al.，2002）。涡度相关另外一个难点是数据的处理，目前常用的软件有爱丁堡大学开发的EddyRe，拜罗伊特大学开发的TK2和LI-COR公司自主开发的EddyPro等，不同软件处理数据之过程存在一定的差异。涡度相关的第三个难点当属湍流通量数据的插值，理论而言，不能通过稳定检验和整体性检验（Mauder和Foken，2004）的数据皆许剔除，降水期间数据亦不可使用，而数据插值方法的选择对于理解生态系统长期地气间水热交换尤为关键（Falge et al.，2001）。

（4）闪烁仪法。闪烁通量仪种类较多，但它们的原理基本相同，仅在孔径或电磁波波长上有所区别。闪烁仪包含一个发射器和一个接受器，两者之间有一定路径，由发射器发射辐射电磁波，由接受器接受。与涡度相关不同的是：涡度相关系统是直接测量湍流通量，而闪烁通量仪是建立在Monin-Obukhov的半经验相似理论基础上。闪烁仪最大的优点是所测空间尺度可以达5km左右，这对于像元尺度蒸散发的观测有很大帮助。目前大多研究中使用的都是大孔闪烁仪。例如，2012年在黑河开展的"黑河流域生态-水文过程综合遥感观测试验"的专题试验——"非均匀下垫面地表蒸散发的多尺度观测试验：

通量观测矩阵"即利用此类闪烁仪(Xu et al.，2013)。需要指出，大孔闪烁仪事实上只能观测感热，其潜热通量是通过能量平衡得到，所以对于均质性较差的区域，大孔闪烁仪的可信度还需深入讨论方可。不过，最近几年微波闪烁仪开始逐渐发展，其与大孔闪烁仪联合应用(即组成双波长闪烁仪)可同时观测感热通量和潜热通量，这一技术将为未来学术界更全面地认识非均质下垫面中尺度的地气相互作用提供良好契机。

4.1.3.2　地表蒸散发的估算方法

区域蒸散发的估算方法与计算的时间尺度、空间尺度以及所掌握的水文气象数据及植被土壤参数均有很大关系。估算区域地表蒸散发的主要方法可以分为两类：基于物理过程类方法和基于经验类方法。基于物理过程类方法则主要体现在三代陆面过程模型的发展中，Sellers 等(1997)已然进行了详实的综述，故不在本章赘述。基于经验类方法包括区域水平衡法、彭曼综合法、蒸散互补法等。

(1)区域水平衡法。区域水平衡法是通过水文监测确定降水、径流、地下水补给以及土壤水存储等其他水循环要素，用余项法推求区域耗水量。区域尺度的水量平衡法不受下垫面和气象条件限制，可以计算较大时间尺度和空间尺度的腾发量。该方法的不足主要体现在：①不能解释腾发的动态变化过程及其物理意义；②由于区域尺度下垫面极其复杂，区域水平衡法难以得到详细的腾发量空间分布；③由于一些水均衡要素很难精确测量，因而不得不简化求解，这使得水均衡各项的估算误差以及测量手段的误差都集中到余项蒸散发上，影响了估算精度。

(2)彭曼综合法。基于能量平衡和质量传输理论，Penman(1948)首次提出利用标准气象观测数据(包括辐射、温度、湿度和风速)计算开阔水面的蒸发量。自彭曼公式发表以来，许多科研人员对其进行了大量的修订及改进工作，形成了多种形式的修正彭曼公式。最为经典的是 1965 年 Monteith 提出的考虑边界层阻力的作物腾发量计算模型，即 Penman-Monteith 公式。整体而言，Penman-Monteith 方法假定作物冠层为一片"大叶"，作物潜热交换发生在"大叶"面上，得出计算植被覆盖地表的实际蒸散量的"自上而下"的模型。该模型既考虑了空气动力学和辐射项的作用，又涉及作物的生理特征，具有很好的物理基础和较高计算精度，能清楚地表达腾发的变化过程及其影响机制，为非饱和下垫面腾发量计算开辟了新途径，计算公式如下：

$$\mathrm{ET_a} = \frac{1}{\lambda} \frac{\Delta(R_n - G) + \rho C_p D / r_a}{\Delta + \gamma(1 + r_s / r_a)} \tag{4.1}$$

式中，$\mathrm{ET_a}$ 为实际蒸散量，R_n 为净辐射，G 为地表热通量，Δ 为饱和水气压-气温曲线斜率，ρ 为空气密度，C_p 为空气比热，γ 为干湿常数，r_s 为表面阻抗，r_a 为空气动力学阻抗，D 为饱和差，λ 为蒸发潜热。

采用 Penman-Monteith 模型计算作物腾发量时，不仅需要收集相关气象数据，还需考虑作物表面阻抗的取值。蒸发面表面阻抗受作物高度、地面盖度、叶面积指数和土壤水分状况等多种因素影响，准确获取存在一定困难，这在一定程度上限制了该模型推广应用。为避免该问题，并使计算公式统一化、标准化，联合国粮农组织提出利用一个预设的表面阻抗(70s·m⁻¹)先计算参照作物蒸散量(Allen et al.，1998)，再利用作物系数进行修正，计算公式如下：

$$ET_a = K_c * ET_{ref} \tag{4.2}$$

式中，ET_{ref} 为参考作物蒸散量，K_c 为作物系数。

事实上，这种通过先计算足够供水面蒸发（即潜在蒸散量），然后再通过某种折算计算（例如作物系数法里的作物系数）地表实际蒸散量的方法被学界称为"两步法"（Shuttleworth，2007）。类似的方法还有通过广泛应用于第一代陆面过程模型中的水桶模式。但是必须指出，任何一种所谓的"折算系数"其实皆不具有物理意义，因此，尽管"两步法"得到了较好的推广（Casa et al.，2000；Ko et al.，2009），但部分学者仍认为其物理基础甚微而不被提倡（Shuttleworth，2007；Lhomme et al.，2015；Ma et al.，2015a）。所以，严格意义的 Penman-Monteith 方法应利用合适的参数化方案获取准确的表面导度[例如经典的 Javis 表面导度方案（Jarvis，1976）]，然后直接一步求解地表实际蒸散量。

基于 Penman 模型的另外一个方向的重要发展是 Shuttleworth-Wallace 模型（简称 S-W 模型），该模型是 1985 年由 Shuttleworth 和 Wallace 对 Penman-Monteith 模型进行扩展后以估算稀疏植被和土壤蒸散发的双源模型（Shuttleworth 和 Wallace，1985）。S-W 模型的理论基础非常完善，其将土壤和植被冠层看作上下叠加的两层，各层之间有连续的湍流源。在模型运行时，将植被冠层和土壤分别进行能量平衡计算，并将叶面积指数和土壤水分状况对蒸散发的影响考虑其中。然而 S-W 模型中所需参数比 Penman-Monteith 模型多，特别是冠层内部阻抗的估算尤为困难，在资料稀缺区难以获得较为准确的输入，一定程度上限制了 S-W 模型的广泛应用。

（3）蒸散互补法。蒸散互补理论（Complementary Relationship，CR）最早由 Bouchet（1963）提出，核心点为受平流影响较小的均匀下垫面的实际蒸散发 ET_a 和潜在蒸散发 ET_p 之间的互馈机制。具体而言，当一定空间尺度上的可利用能量为常数时，在地表水分供给充足条件下，$ET_a = ET_p = ET_w$，其中 ET_w 指湿润环境蒸散量。这里需特别注意，ET_w 的定义不同于 ET_p（Brutsaert，2005）。随着蒸发的进行，地表水分供给逐渐减小时，ET_a 逐渐减小，从而释放出更多的能量成为显热，大气对陆面的反馈作用使其上空湍流加强、温度升高、湿度降低，从而导致潜在蒸散发增加。所以，原本由潜热消耗的能量转为被感热消耗，而使得 ET_p 增大，即

$$ET_p - ET_w = \varepsilon(ET_w - ET_a) \tag{4.3}$$

式中，ET_a 为实际蒸散发，ET_p 为潜在蒸散发，ET_w 为湿润环境蒸散发。

系数 ε 是用于表述感热使得 ET_p 增大的程度。当 ET_a 的减小量等于 ET_p 的增大量时（即 $\varepsilon = 1$），此时 CR 表现为对称；经典的 Advection-Aridity（AA）模型（Brutsaert 和 Stricker，1979）即是基于对称的互补蒸散理论，亦即 $ET_a = 2ET_w - ET_p$。但是，如果实际的蒸发面太小或者此蒸发面受显著的平流作用影响时，ET_a 的减小量不等于 ET_p 的增大量（即 $\varepsilon \neq 1$），此时 CR 呈不对称之势。相对于蒸散互补法在估算实际蒸散发的应用，蒸散互补理论更大的贡献当属对经典的"蒸发悖论"的解释。Brutsaert 和 Parlange（1998）较早地运用蒸散互补理论解释了 20 世纪 90 年代 Peterson 等（1995）报道的"蒸发悖论"现象，并且后来得到了 Jung 等（2010）基于全球通量观测网数据之研究结果的支持。在蒸散互补理论的框架下，其只依靠常规气象要素即可估算地表实际蒸散发，故在资料稀缺区的应用价值尤为广阔（Ma et al.，2015b；McMahon et al.，2013；Szilagyi et al.，2001)，已在流域尺度(Liu et al.，2006；Szilagyi 和 Jozsa，2008；Wang et al.，2011)和单点尺度(Han et al.，2014；Huntington et al.，2011；Kahler 和 Brutsaert，2006；Ma et al.，2015b)得到了广泛应用。

4.2　寒区陆面蒸散发过程及其与冻融循环的关系

区别于其他区域，寒区的地表过程以受温度季节变化的冻融循环为显著特点。冬季积雪覆盖，地表冻结，大气-地表间的水气交换以升华的固-气态转换方式进行(图 4.1)。春末夏初，天气回暖，积雪融化，融水深入地表，形成短期的"地表饱和状态"，导致显著的土壤蒸发峰值。另一部分积雪融水深入地下，形成潜水面。随着气温上升，潜水面随冻结面下降，植被返青，植被对地-气水热交换产生影响。至秋末冬初，土壤自地表开始冻结。冻土及其高寒草甸草地生态系统是高寒地区下垫面的主要特征。土壤的冻融过程一方面改变了地表、植被与大气间的感热、潜热、动量交换和长波辐射对区域气候的影响；另一方面改变了土壤自身的水力性质，直接影响其水分运移过程。反过来，气候变化也能引起土壤冻融过程的改变。因此，研究地表-植被-大气之间的关系对了解气候变化，尤其对研究区域气候的变化和区域环境变化有着十分重要的意义。

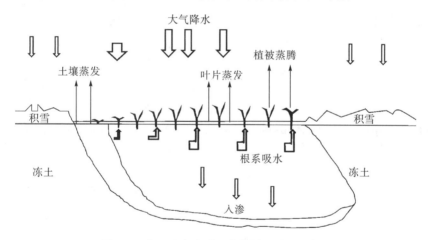

图 4.1　寒区地表冻融、水分循环过程示意图

在降雪较少的青藏高原干旱或半干旱高寒草原，根据土壤温度将时段划分为：冻土期(frozen soil period，简称 F)，指 0cm 土壤温度小于 0℃的时期；雨季(rainy period，简称 R)，指年内降水的主要发生时期；过渡期(transition period，简称 T)，指土壤融化但降水仍较少的时期。由图 4.2 可见，高寒草原地表蒸散发在冻土期和过渡期皆较小，而雨季较大。具体而言，冻土期冬季因降雪稀少，日升华量为 0.1~1.4mm・d^{-1}，2012 年和 2013 年升华总量分别为 16.5mm 和 12.1mm。与此同时，因土壤冻结作用，无积雪覆盖日的蒸散量多小于 0.3mm・d^{-1}。时至过渡期，土壤融化，地表蒸散发略有增大，平均日蒸发约 0.9mm。随着季风爆发带来的充沛降水，有效补给了土壤水分含量，雨季蒸散发显著增大，日均蒸散发可达 2.1mm。2012 年和 2013 年最大日蒸发分别为 4.1mm・d^{-1} 和 4.2 mm・d^{-1}。就全年而

言，高寒草原年蒸散发与升华总量约分别为 362.9mm 和 353.4mm，其中雨季占71.5%～72.6%，过渡期占 11.9%～14.1%，冻土期占 14.4%～15.5%。

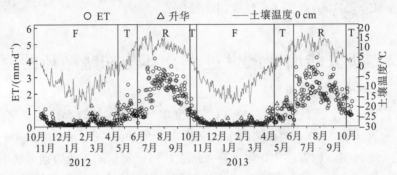

图 4.2　青藏高原双湖高寒草原 2011 年 10 月 16 日～2013 年 10 月 15 日
蒸散发(ET)、升华(Sublimation)变化及其与地表温度的关系

注：R：雨季；T：过渡期；F：冻土期

图 4.3a 给出了青藏高原多年冻土区风火山一带的地表辐射及其年内分布格局，可以看出在 3 月份总辐射就超过 15MJ・m^{-2}・d^{-1}，在 4 月份就已经达到接近峰值水平(25～30MJ・m^{-2}・d^{-1})，直至 6 月初。从 4.3(b)所示的能量组分比例来看，LE/Rn 自 4 月份增加，到 6 月份达到峰值。辐射能量的这种分布，决定了青藏高原多年冻土区自 4 月份开始，便具有了较高的地表蒸散发能力，但在 4～6 月份初期，地表土壤由冻结逐渐融化，大量辐射能量消耗于冻土融化与水分相变，从而使得表层土壤水分较高情况下实际蒸散发量并不大。同样，在秋季 9 月下旬～10 月间的冻结过程，感热比例(H/Rn)急剧增大，用于蒸散发的潜热比例(LE/Rn)迅速减少，地表冻结显著减少了水分蒸发耗散。这就体现了冻土在融化过程中由于冻土因素存在遏制蒸散发量的作用，形成了春季与夏季初期和秋冬季相对于高原辐射能量而言的低蒸散发水平。结合图 4.2 的观测结果，青藏高原高寒草地区域年内地表蒸散发峰值与雨季基本同期，也是植被生长最旺期，植被生长消耗增大了地表蒸散发量，该期间也是活动层融化深度最大时期，土壤水分的平衡状态容易受到降水条件的影响，并对高寒草地生态系统的稳定性产生较大影响。

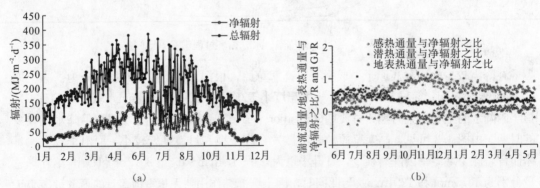

(a)　　　　　　　　　　　　　　　　　　(b)

图 4.3　青藏高原风火山地区(a)辐射能量分布及其(b)地表能量分配的季节动态

为了进一步说明多年冻土区土壤冻融循环对地表蒸散发季节动态的影响，以青藏高原多年冻土区典型的高寒草甸为对象，对比那曲、风火山和祁连山等不同地区观测试验

结果，如表 4.1 所示。总体而言，蒸散发强度随地温升高而增大，雨热同期峰值时段也是蒸散发高值时段，活动层完全融化的 7 月下旬~9 月初的蒸散发量占据全年的 51％以上，但是该期间较高的蒸散发值伴随年内最低的 E/P（E：地表蒸散发；P：降水量）值，大部分地区小于 74％。在春季融化过程，大部分地区的地表蒸散发量是年内仅次于夏季的第二高值期，且纬度越高，该时段蒸散发量越大；尽管 E 远小于夏季完全融化期，但是春季融化过程的 E/P 较高，大部分地区在 120％以上，在较低纬度的那曲地区高达 300％。在秋季冻结过程，地表蒸散发 E 相对较小，但具有全年最大的 E/P 值，大部分地区超过 380％。上述现象表明，由于土壤冻结极大地遏制了春秋季地表蒸散发强度，使得寒区地表蒸散发量显著集中于完全融化的雨季，该期间丰沛的降水量不仅满足蒸散发需要，且有较大余额补充土壤水分或形成径流，这就在很大程度上维持了高寒生态系统的稳定与发展；在春秋季，较大的 E/P 值表明该期间容易产生土壤水分的较大亏损，特别是春季融化期，降水量不能满足蒸散发需要，如果土壤水分亏损较大，则不利于植被返青与生长。

表 4.1　青藏高原多年冻土区高寒草甸蒸散发与土壤冻融过程及降水量的关系

观测时段 蒸发及其与降水之比	那曲高寒草甸		风火山高寒草甸		祁连山高寒草甸	
	E/mm	E/P	E/mm	E/P	E/mm	E/P
冻结过程	42	3.8	39.1	1.7	43.5	4.3
完全冻结	6	1	12.3	1.1	22.2	1.9
融化过程	40	2.9	73.7	1.2	150.7	1.2
完全融化	330	0.73	196.5	0.7	223.5	0.74

4.3　蒸散发季节动态与土壤水分平衡变化

地球系统的陆-气能量与物质交换决定全球及区域尺度的气候特征，与此同时，地球能量来源的"净辐射"在感热和潜热的分配上又主要受控于不同生态系统的气候特征、下垫面状况、边界层发展、水与生物循环过程等的影响（Baldocchi，2014b；Jung et al.，2011；Oncley et al.，2007）。因此，理解地气间热量交换过程中各项的能量分配是揭示地表蒸散发季节动态的前提。图 4.4 展示了位于青藏高原中部的双湖高寒草原 2011~2013 年能量分配过程，可以发现，在非季风期，地气间的能量交换以感热为主，日均值为 54.8W/m²；而在季风期，地气间的能量交换以潜热为主。这是因为季风期丰沛的降水使得地土壤湿度显著大于非季风期，尤以 7 月、8 月为甚。地表热通量年积分约为 0，季风期日均值整体大于 0，非季风期土壤则以释放热量为主。事实上，这种能量分配在不同的季节中分别主要以感热与潜热消耗的现象已然被广泛报道，在青藏高原东北部的海北（Gu et al.，2005）和昌都（Bian et al.，2002）、高原北部的唐古拉山地区（Yao et al.，2008）和高原中部的那曲（Ma et al.，2005）的观测结果皆显示非季风区地气能量交换以感热为主、季风期的地气能量交换以潜热为主。需要指出，这种能量分配的季节转换在青藏高原西部的荒漠草原却并未出现，其主要原因系当地降水极为稀少。Li 等

(2003)在年降水量不足 100 mm 的西藏阿里地区观测发现,该区地气间能量交换一年中一直以感热为主。上述点尺度定位观测的地气间能量交换支持最近 Ma 等(2014)利用遥感卫星数据建立的高原尺度的地表能量分配空间特征,亦即 8 月高原的中东部潜热交换明显大于感热交换,而高原西部则与之相反。

　　蒸散发作为地球系统水循环的重要环节,是热量与水量平衡的关键参数,在生物圈-水圈-大气圈中发挥着不可或缺的作用,与降水共同决定着区域的干湿状况,并直接影响着全球与区域尺度的水量平衡和气候变化(Gao et al.,2014;Yin et al.,2013)。在年际尺度上,在干旱区地表蒸散发主要受控于土壤可蒸发水量,后者又主要受控于地下水埋深(Yuan et al.,2014)和大气降水(Ma et al.,2014);在湿润区,由于大气降水尤为充分,故而地表蒸散发主要受控于大气蒸发力(Yang et al.,2006)。而在季节尺度上,由于我国大多处于雨热同期的地区,亦即降水多发生于暖季,而此期间蒸发力亦大于其他季节。

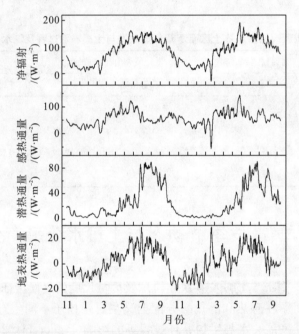

图 4.4　青藏高原双湖高寒草原 2011 年 10 月 16 日～2013 年 10 月 15 日日均净辐射(R_n)、
　　　　感热通量(H)、潜热通量(λE)和地表热通量(G)的变化

　　为了厘清辐射和空气动力学项对蒸散发的影响,可依据(Jarvis 和 McNaughton,1986)公式:

$$\mathrm{ET}_a = \mathrm{ET}_{\mathrm{rad}} + \mathrm{ET}_{\mathrm{aero}} = \Omega \mathrm{ET}_{\mathrm{eq}} + (1 - \Omega)\mathrm{ET}_{\mathrm{im}} \tag{4.4}$$

式中,$\mathrm{ET}_{\mathrm{eq}}$ 是 Priestley 和 Taylor(1972)平衡蒸散发,仅取决于可利用能量;$\mathrm{ET}_{\mathrm{im}}$ 则反映了周围的大气需求。

　　Ω 是去耦因子,可以通过式(4.5)求解:

$$\Omega = (\Delta/\gamma + 1)/(\Delta/\gamma + 1 + G_a/G_s) \tag{4.5}$$

式中,G_a 为空气动力学导度,G_s 为表面导度,γ 是干湿常数,Δ 是饱和水气压-温度曲线斜率,其分别可以通过下式计算(Monteith 和 Unsworth,2013):

$$\frac{1}{G_a} = \frac{U}{U_*^2} + 6.2U_*^{-2/3} \tag{4.6}$$

$$\frac{1}{G_s} = \frac{1}{G_a}\left(\frac{\Delta}{\gamma}\beta - 1\right) + \frac{\rho_a C_p \text{VPD}}{\gamma \lambda E} \tag{4.7}$$

$$\text{ET}_{eq} = \frac{\Delta}{\lambda(\Delta + \gamma)}(R_n - G) \tag{4.8}$$

$$\text{ET}_{im} = \frac{\rho C_p D G_s}{\lambda \gamma} \tag{4.9}$$

式中，ρ 为空气密度；C_p 为空气的定压比热容；VPD 为饱和差；Δ 是饱和水气压曲线斜率；U 是水平风速；U^* 为摩擦风速；λ 为蒸发潜热，R_n 为净辐射，G 为地表热通量。

Ω 为 0～1，若 Ω 越接近于 0，暗示地表蒸散发越受控于辐射；若 Ω 越接近于 1，暗示地表蒸散发越受控于表面导度和饱和差(Baldocchi et al.，2007)。

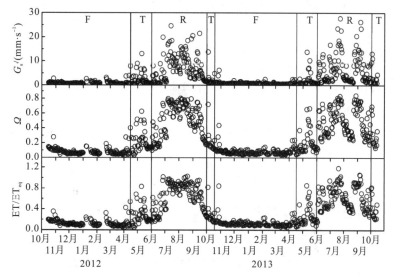

图 4.5　青藏高原双湖高寒草原 2011 年 10 月 16 日～2013 年 10 月 15 日日间平均的表面导度(G_s)、去耦因子(Ω)和平衡蒸散发比(ET/ET$_{eq}$)的变化

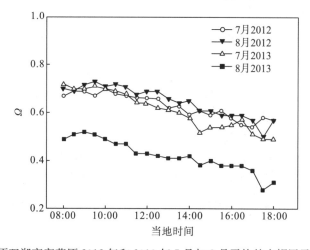

图 4.6　青藏高原双湖高寒草原 2012 年和 2013 年 7 月与 8 月平均的去耦因子 Ω 的平均日变化

图 4.5 展示了青藏高原双湖高寒草原于 2011 年 10 月 16 日~2013 年 10 月 15 日日间平均(当地时间 10 点~15 点)的表面导度 G_s、去耦因子 Ω 和平衡蒸散发比 ET/ET_{eq} 变化,可以发现,10 月中下旬~次年 4 月中旬表面导度甚小,一般小于 1mm/s;同样 Ω 一般低于 0.2,ET/ET_{eq} 一般低于 0.3,暗示此期间蒸散发主要受控于较低的土壤含水量。随着 4 月下旬~次年 5 月土壤的融化和少许降水事件的出现,土壤含水量略有增大,此时地表蒸散发亦略有增大,故而可以发现 Ω 和 ET/ET_{eq} 波动中略有增大,而在 6 月~9 月,Ω 显著增大,2012 年和 2013 年中分别有 35 天和 26 天的 $\Omega>0.7$,表明太阳辐射在季风期高寒草原的地表蒸发过程中扮演了尤为重要的角色。事实上,地表蒸散发主控因子的这种转换不仅体现在季节尺度上,图 4.6 展示了 7 月~8 月平均的去耦因子 Ω 的平均日变化,可以发现在早晨时因为太阳辐射较小,故而地表蒸散发主要受控于辐射(Ω 可达 0.7 左右),而随着气温的逐渐升高,时至午后气温和饱和差皆较早晨显著增大,Ω 的减小暗示此时表面导度和饱和差在影响地表蒸散发的过程中扮演了更为重要的角色。

需要指出,季风期并不意味着大气降水一直尤为频繁,例如在观测期 2013 年的 7 月 28 日~8 月 15 日的 19 天期间,仅发生了一次 5.7mm 的降水事件。在此 19 天之前,去耦因子整体较高,亦即地表蒸散发与太阳辐射有紧密关系,然而,因土壤水分在较大的蒸发力作用下逐渐减小,故而可见至 8 月初,去耦因子已然降至约 0.3,暗示此时太阳辐射对蒸发已然作用甚微,而因土壤湿度减小导致的较小的表面导度才是决定蒸散发的主要因素。不过在 8 月 15 日以后,降水再次增多,土壤水分得到有效补给,表面导度逐渐增大,故而地表蒸散发逐渐增大(图 4.5)。

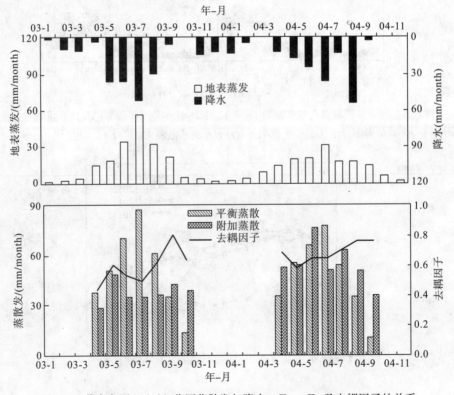

图 4.7 蒙古高原 Nalaikh 草原蒸散发与降水、E_{eq}、E_{im} 及去耦因子的关系

图 4.7 显示了 2003～2004 年蒙古高原 Nalaikh 草原生长季期间蒸散发与降水、ET_{eq}、ET_{im} 及去耦因子 Ω 的关系。可以发现，与青藏高原的高寒草原类似，Nalaikh 草原地表蒸散发在年尺度上主要决定于降水量，2003 年无积雪期总蒸散发和总降水分别为 170.0mm 和 170.3mm，而 2004 年无积雪期总蒸散发和总降水分别为 128.6mm 和 142.8mm。从季节尺度而言，去耦因子、平衡呈现相似的季节变化，亦即夏季（如 7 月）降水较为充沛时，地表日蒸散发可达约 2.2m/d，此时期内土壤水分相对充分，太阳辐射对蒸散发的影响甚为重要；然在降水较少的月份，土壤水分含量较少，表面导度对蒸散发有决定作用。为了更深入地揭示太阳辐射对蒸散发的作用，图 4.8 统计了生长季 Nalaikh 草原去耦因子 Ω 的频率和相应的地表实际蒸散量，可以发现，Ω 的频率整体随着 Ω 的增大而增大。观测期间，54.4% 的去耦因子大于 0.8，表明超过 1/2 的观测日内地表蒸散发主要受控于太阳辐射。与此同时，去耦因子越大，蒸散发则越大，进一步证明了该区太阳辐射对草原蒸散发显著的控制作用。

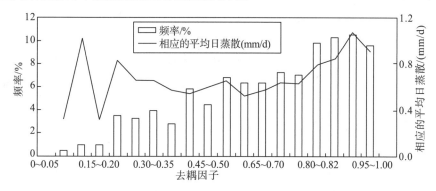

图 4.8　不同去耦因子的频率及其相应的地表蒸散量对比

降水、蒸散发与土壤的水分储存之间存在相互依存、相互作用的反馈关系。表 4.2 是青藏高原北部多年冻土区 1999 年地表至 2m 水量平衡（Pr 为降水，E 为蒸散发，θ 为土壤水分变化，WFV 为径流，Δ 为水量平衡）。Δ 的数值表明研究区水量收支不平衡。由于观测资料匮乏，暂未考虑侧向径流的贡献，这可能是解释水量不平衡最重要的证据。一般而言，野外观测点建立在平坦、开阔地区，但青藏高原因其特殊的地形特征，其平坦地带多分布于山谷底部。伴随消融期开始，周边地区的融雪融水、地表土壤水将汇集于低洼地带，这些水分显著地增加水分储存，该推断已被研究区 5 月份 Δ 为负值所证实。Zhang 等（2006）曾指出，多年冻土的存在限制了浅层活动层内部地下径流系统的形成。Carey 和 Woo（1999）也报道了亚北极多年冻土区的某坡面存在地下径流过程，该径流与土壤融化过程紧密相关。

侧向径流的形成不仅取决于地形特征，也可能与浅层融化层的异质分布有关。例如，河流附近的研究区域（如沱沱河）的消融过程存在滞后性。潜水面的相对坡度差异会引起侧向径流过程的形成。由于目前暂未监测到研究区融化层的空间分布状况，故尚无证据支持该假说。表 4.2 中水量不平衡的部分原因可能与冻结水的不确定性有关，这也是多年冻土区水文研究的主要瓶颈。时域反射仪探头测量的土壤含水量校正是假定土壤冻结前后的含水量一致，在冻结期无水分补充。不过，Zhao 和 Gray（1999）曾报道融雪融水可能在冻结初期和冻结末期渗入冻土。表 4.2 中水量不平衡的第三个原因可能与观测降水获取难度有关。Yang 和 Ohata(2001)亦指出，亚北极地区固态降水观测的系统误差十分显著。冬季 Δ 出现负平衡，可能表明蒸发并未因降水达到平衡，而与观测降水偏差密切相关。遗憾的是，由于研究区没有野外雨量筒降水观测校正试验，观测降水引起的系统误差难以定量评估。

表 4.2　青藏高原北部多年冻土区地表至 2m 水量平衡

年/月		97/9	97/10	97/11	97/12	98/1	98/2	98/3	98/4	98/5	98/6	98/7	98/8	合计
D 66	Pr									7.0	14.8	48.6	48.6	
	E	10.6	2.9	2.0	1.1	2.0	2.1	4.4	4.8	13.2	16.5			
	ΔW	−11.1	−13.5		−0.9	0.0	0.0	0.0	12.2	13.1	5.7	10.8	7.4	7.7
	WFV	11.1	5.5	1.4	0.0	0.0	0.0	0.0	0.0	0.6	0.2	3.3	2.2	24.3
	Wimb									19.9	−7.9			
Tuotuohe	Pr	42.2	8.1	7.1	1.0	1.5	6.1	1.5	4.6	14.0	34.8	94.7	71.4	287.0
	E	11.5	6.4	6.7	2.4	8.9	4.7	4.4	9.0	28.6	26	22.3	27.4	158.4
	ΔW	22.9	−28.3	−15.2	−0.7	0.0	0.0	0.0	1.8	4.0	−6.5	79.2	54.6	111.8
	WFV	10.6	12.9	12.7	5.1	0.0	0.0	0.0	0.0	0.0	0.0	2.9	1.1	45.9
	Wimb	−2.7	17.0	2.9	−5.8	−7.4	1.4	−2.9	−6.2	−18.7	14.8	−9.6	−11.7	−29.0
Amdo	Pr	45.2	22.1	8.4	5.6	0.0	3.0	3.6	2.5	0.3	13.5	90.4	152.2	346.8
	E									34	47.5	58.6	41.4	
	ΔW	27.3	−16.0	1.5	−3.0	−0.1	0.0	0.0	−49.5	43.7	−7.4	51.8	37.9	86.2
	WFV	12.2	13.3	9.2	9.9	2.3	0.0	0.0	0.0	0.0	11.7	14.8		76.4
	Wimb									−77.4	−29.6	−31.7	58.1	
MS 3608	Pr	98.8	36.8	10.4	8.4	2.3	2.8	7.1	13.0	3.8	63.8	165.9	203.2	616.3
	E									38.4	73.6	71.9	119.0	
	ΔW	44.6	−10.1	−46.4	−55.0	0.2	2.0	−4.0	20.2	35.4	39.7	42.9	55.5	125.0
	WFV	6.7	18.9	22.7	24.4	2.9	2.9	1.5	0.0	1.0	5.2	9.4	9.9	105.5
	Wimb									−71.0	−54.7	41.7	18.8	

蒸散主要受输入的能量、近地表空气湍流、土壤水以及植被要素的影响（Wang 和 Dickinson，2012）。实际蒸散与潜在蒸散的比值 E/E_p 或者说是蒸发效率，均可用来表征地表状况对蒸发的控制程度。为了确定蒸发效率是如何响应土壤水含量的，Kondo 等 (1990)发现 E/E_p 存在一个相似的临界值，并指出对于土壤来讲，当其土壤水含量达到 28%时，蒸发效率变为 1。在寒区不同典型地区观测结果，如图 4.9 所示，显示了 E/E_p 随土壤水含量变化的共性规律曲线，对于大部分土壤而言，存在 E/E_p 的临界值。

图 4.9 所示，不同站点处 E/E_p 随土壤水含量的变化曲线差异十分明显。天山站点处，当土壤水含量小于 40%时，E/E_p 随其增长而线性增加，但超过 40%时无增长趋势。该结果强调了 40%的临界值具有重要的意义。当小于 40%时，蒸散过程受限于土壤可提供的水量。青藏高原东部站点处，地表土壤水含量很少超过 30%，但当低于 30%时，

E/E_p 减小；但在 TiKsi，在观测到的土壤含水量的变化范围内（小于 60％）除了随其增加而增加之外，E/E_p 的变化曲线并未表现出明确的相关性。该现象可以归因于：Tiksi 地区土壤层的结构较为特殊。在 Tiksi 的苔原冻土带，土壤中有机质较多（主要来自于苔藓）。有机质含量高就会导致土壤空隙增多，该地区 $0\sim5cm$ 的土壤体积密度为 $0.21g/cm^3$。这说明该地土壤几乎不会达到饱和，从而限制了蒸发。

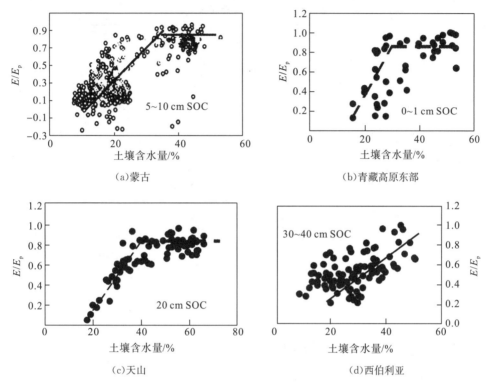

图 4.9　蒙古、天山、青藏高原东部、西伯利亚 Tiksi 站点处 E/E_p 的值随土壤含水量的变化曲线

　　这里需要指出的是，上述现象还反映了一个十分重要的机制，就是土壤性状，特别是表层土壤有机质含量对 E/E_p 的影响。图 4.9 中数字标注表述有机质层厚度，在青藏高原东部观测点以高寒草原为主要生态类型，土壤有机质厚度较薄，一般不足 3cm；在蒙古观测点，土壤有机质厚度在 5cm 以上，但小于 10cm，天山和西伯利亚苔原观测点土壤有机质含量较高，有机质层厚度在 20cm 以上，特别是西伯利亚苔原点的有机质层厚度超过 30cm。由此可以看出一个重要的规律，随土壤有机质厚度增加，E/E_p 阈值增大，且 E/E_p 阈值出现的土壤水分临界值亦随之增大。在青藏高原高寒草原区，E/E_p 阈值在土壤水分不足 30％时即出现，且阈值小于 0.7；在天山土壤有机质厚度达到 20cm 时，E/E_p 阈值大于 0.8，且土壤水分临界值在 40％左右。当土壤有机质厚度超过 30cm 时，在所观测的 60％土壤水分含量范围内，未见明显的 E/E_p 阈值。这种现象除了印证上述有关土壤水理性质的差异以外，有机质含量还直接与土壤热传导与温度变化有关。

　　表 4.3 为青藏高原东部、天山山脉、东西伯利亚的 Tiksi、祁连山脉四处研究站点的地表日蒸发量的观测结果。除祁连山脉处为季节性冻土，其余的均为永久性冻土。青藏高原东部地区的日均蒸散发为 $0.8\sim3.5mm/d$。5 月份，随着冻土消融加深，蒸发量减

少。1989~1992 年，日均蒸散量为 1.7mm，1993 年为 0.8mm。值得注意的是，6 月份的日均蒸散量年际间变化很大，1989 年为 3.5mm/d，1993 年则为 2.1mm/d。而在 1989 年，尽管空气温度与饱和差都相对较低，但平均风速为 3.9m/s，因此日均蒸散量与日均潜在蒸散量吻合较好，表明该结果主要是受到了风速的影响。

表 4.3　站点处的日均蒸发量(E)、日均潜在蒸发量(E_p)、日均蒸散量与日均潜在蒸散量的比值(E/E_p)、气温(T)、风速(U)、饱和水气差(D)

观测点	植被状况	观测时段 /(年/月)	实际蒸散 /(mm·d^{-1})	潜在蒸散 /(mm·d^{-1})	实际蒸散与潜在蒸散之比	土壤含水量/%	气温 (a)	风速/ (m·s^{-1})	饱和差 /(hPa)
青藏高原东部	稀疏草原	1989/5	1.7				−1.4	3.1	1.7
		1989/6	3.5	4.9	0.71		−0.9	3.9	
	稀疏草原	1992/5	1.7	4.8	0.35				
		1992/10	1.4	3.9	0.36				
		1993/5	0.8	2.5	0.32	43	0.1	2.3	
		1993/6	2.1	3.3	0.64	40	2.3	1.4	
	稀疏草原	1993/7	2.7	3.4	0.79	46	5.1	1.2	
		1993/8	2.5	3.6	0.69	46	4.9	1.2	
		1993/9	1.8	3.0	0.60	47	2.0	1.3	
	高寒草甸	1997/8	2.2	4.6	0.48		12.9	0.9	
		1997/9	1.2	4.6	0.26		8.4	1.1	
祁连山		1997/10	0.4	3.3	0.12		2.7	1.3	
	林下草本	1997/8	0.7						
		1997/9	0.5						
		1997/10	0.3						
祁连山	高寒草甸	1986/6	2.7	3.3	0.82	47	2.9	2.4	2.3
		1986/7	3.2	3.4	0.94	54	6.8	2.3	3.4
		1986/8	2.6	3.7	0.70	47	5.4	2.4	3.6
西伯利亚东部 Tiksi	苔原	1999/7	2.1	4.3	0.49	35	10.0	3.6	3.3

　　青藏高原东部与天山山脉两处研究站点的日均潜在蒸散量(E_p)尤为相似，但 E/E_p 比率却明显不同，E_p 为 0.64~0.79，E/E_p 为 0.70~0.94，主要因为受到地表土壤水分的限制，前者的日均蒸散量较低。而在东西伯利亚该影响更为显著，当气温为 10.0℃、风速 3.6mm/s、饱和差 0.33kPa，按照公式计算而来的潜在蒸散量值为 4.3mm·d^{-1}，但 E/E_p 值却仅为 0.49，主要受到了地表土壤水分的限制(35%)。

　　可能亦是由于风速较低，季节性冻土的日蒸散量正常要比多年冻土的低。8 月份，祁连山脉处的平均风速为 0.9m·s^{-1}，但天山山脉的为 2.4mm/s，青藏高原东部为 1.2mm/s。此外，祁连山站点处的结果显示，由于森林对降水的截留作用限制了蒸散过程，使得该处月尺度的日均蒸散量与开阔草地处的值差异明显。8 月份开阔草地处高于祁连山站点处 3 倍，9 月份 2 倍，而 10 月份由于受到季风气候的影响，降水次数减少，两处蒸散量相差不大。

4.4　植被覆盖变化对寒区陆面蒸散发的影响

在干旱半干旱地区，低矮植被的叶面截留形成的水分蒸发尤为微弱，故其地表实际蒸散发主要来源于植被蒸腾与土壤蒸发两部分。然而，从总蒸散中定量区分植被蒸腾和土壤蒸发是学术界一直以来的研究热点问题（Kool et al.，2014）。目前已有的研究（Jasechko et al.，2013；Kool et al.，2014；Wang et al.，2014a）成果显示，在全球尺度上应用气候模型估算陆生生态系统中植被蒸腾占蒸散发的比例为 20%～65%。然而在观测仪器受到限制时，陆面过程模型为土壤蒸发和植被蒸腾的区分提供了有效的手段。Flerchinger 和 Saxton（1989）提出的水热耦合（simultaneous heat and water model，SHAW）模型对系统各层结构之间的物质能量传输的物理过程有清晰的数学描述，对多种作物冠层中蒸腾作用和水气传输有成熟的模拟过程，是土壤-植被-大气传输系统通量模型中较有代表性的模型之一，被广泛应用于各种生态系统的水热循环研究中（Flerchinger et al.，2009）。

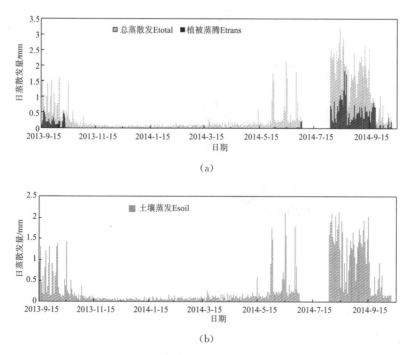

图 4.10　SHAW 模型模拟的青藏高原高寒草原逐日（a）总蒸散、植被蒸腾和（b）土壤蒸发
（2013 年 9 月 15 日～2014 年 10 月 10 日，缺 2014 年 7 月）

在 SHAW 模型中，依据蒸腾与蒸发的不同机制建立相应的模拟过程，可将植被蒸腾与土壤蒸发进行分离。图 4.10 为 2013 年 9 月 15 日～2014 年 10 月 10 日（2014 年 7 月缺

失部分驱动数据)总蒸散发、植被蒸腾［图 4.10(a)］与土壤蒸发［图 4.10(b)］的日值。为了证明本模拟过程中 SHAW 模型在地表蒸散发模拟以及土壤蒸发和植被蒸腾区分中的准确性,本书从两个方面利用观测结果对模拟结果进行验证。首先,运用波文比能量平衡法观测的蒸散发对 SHAW 模型模拟的蒸散发进行评估,如图 4.11 和图 4.12 所示,模拟的蒸散发(ET-SHAW 模拟)与观测计算(ET-Bowen 测算)的变化趋势、峰谷值基本一致,两者的相关系数达 0.86,通过信度为 0.01 的显著性检验;具体而言,8～9 月的模拟值与观测值尤为一致,模拟值较观测值偏低,然 6 月与 10 月的模拟值略偏低于观测值,这是因为模拟过程中需有准确的降水的输入,然此两个月内观测仪器限制对固态降水难以较准确地观测。

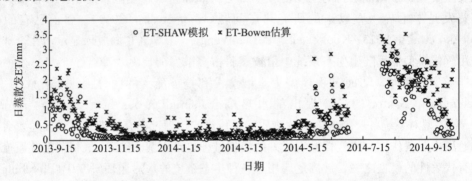

图 4.11　青藏高原中部双湖高寒草原 SHAW 模型模拟与波文比能量平衡法测算的总蒸散发日值

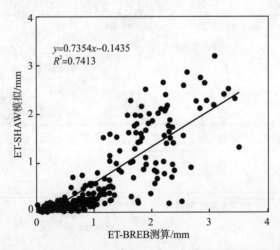

图 4.12　青藏高原高寒草原 SHAW 模型模拟与 EREB 法测算的日蒸散发结果比较

其次,用土壤水分指标(extractable soil water,ESW)可以有效地反映与土壤蒸发有密切联系的土壤水分。故理论而言,日尺度的土壤蒸发速率应与 ESW 呈正相关关系。ESW 的计算公式如下:

$$ESW = \frac{\theta - \theta_{WILT}}{\theta_{FC} - \theta_{WILT}} \tag{4.10}$$

式中,θ 为土层的土壤体积含水量;θ_{FC}、θ_{WILT} 分别为其田间持水量、凋萎系数。

本书中使用 20cm 土层的 TDR 土壤体积含水量数据来计算,其田间持水量与凋萎系数由实验获得,分别为 13.93%、2.68%。SHAW 模型模拟的土壤蒸发与 20cm 土层

ESW 的关系如图 4.13 所示，可以发现，模拟的土壤蒸发随着 ESW 的增大而增大，呈现较好的正相关，说明 SHAW 模型中对总蒸散发的分离（即植被蒸腾和土壤蒸发）结果较为可信。

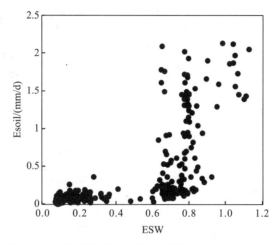

图 4.13　青藏高原高寒草原土壤蒸发与 ESW 的关系

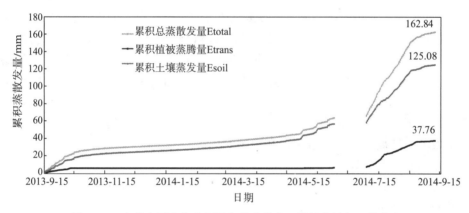

图 4.14　青藏高原高寒草原累积总蒸散发、植被蒸腾与土壤蒸发
（2013 年 9 月 15 日～2014 年 10 月 10 日，缺 2014 年 7 月）

在上述对 SHAW 模型模拟地表总蒸散发和植被蒸腾的可信度验证之后，运用统计分析手段分析可揭示青藏高寒草原植被蒸腾、土壤蒸发分别所占地表总蒸散发的比例（图 4.14 和图 4.15）。总体而言，2013 年 9 月 15 日～2014 年 10 月 10 日（缺 2014 年 7 月）累积总蒸散、累积土壤蒸发和累积植被蒸腾分别为 162.84mm、125.08mm 和 37.76mm，亦即青藏高寒草原植被蒸腾对地表年实际蒸散发的贡献率达 23.2%。以 2014 年的生长季具体分析蒸散发对植被季节变化的响应。从图 4.14 和图 4.15 中可知，大致的蒸腾变化规律为：6 月～10 月中旬，随着植被生长变化，植被蒸腾先增大，后减小，在 8 月中旬出现峰值。6 月初植被返青，植被蒸腾量较为微弱，在总蒸散发中所占比例甚小（1.49%～5.57%）；时至 6 月底，植被生物量和 LAI 明显增大，植被蒸腾所占总蒸散比例也有所增大，达 10.39%；8 月中旬，植被生物量、LAI 达年内最大值，植被蒸腾达最大，占总蒸散发的 46.72%。随后，伴随着植被的逐渐枯萎，植被蒸腾所占比例逐渐减

小，9 月中旬将至 37.8%；时至 9 月底，植被蒸腾所占比例已降至 20.1%。

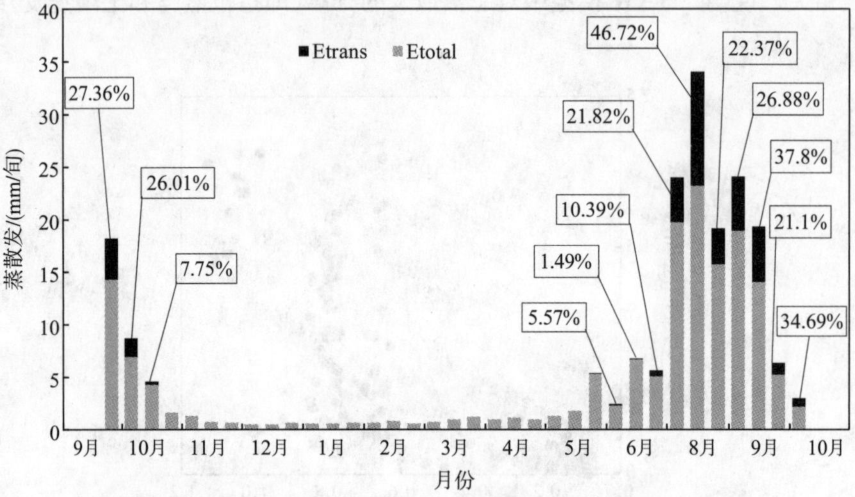

图 4.15 青藏高原高寒草原旬总蒸散发、植被蒸腾以及植被蒸腾所占比例
(2013 年 9 月 15 日～2014 年 10 月 10 日)

在 SHAW 模型中，LAI 是描述植被覆盖情况的主要参数，也是模型计算地表植物生理过程(植被蒸腾、根系吸水等)的重要变量。在本试验中，以 LAI 作为植被变化指标进行敏感性试验，探讨青藏高寒草原蒸散发对植被变化的响应程度；具体操作为其他参数不变，仅改变 LAI 的大小，分析对应变化下蒸散发的变化情况。LAI 的变化设置为 −75%、−50%、−25%、+25%、+50%、+75%、+100%，该区植被较稀疏，当 LAI 降低 75% 时，地表已经接近裸地。图 4.16(a)显示了不同 LAI 条件下，青藏双湖高寒草原总蒸散发量、植被蒸腾、土壤蒸发在模拟期内的总量，可以发现，随着 LAI 的增大，总蒸散发量与植被蒸腾量增大，而土壤蒸发量略微减小。图 4.16(b)进一步清晰地展示了总蒸散发、植被蒸腾、土壤蒸发、0.2m 土层土壤湿度对 LAI 变化的响应。可以发现，植被蒸腾对 LAI 变化的响应最大，当 LAI 增大 100% 时，植被蒸腾增加了 50%，当 LAI 减小 −75% 时，植被蒸腾减小约 −70%；其次是总蒸散发，当 LAI 增大 100% 时，总蒸散发增加了 10%，当 LAI 减小 −75% 时，总蒸散发减小了 11%；当 LAI 变化时，土壤蒸发呈现与总蒸散发、植被蒸腾相反的变化，LAI 增大 100% 时，土壤蒸发减小 2%，LAI 减小 −75% 时，土壤蒸发增加 6%。

鉴于前文植被变化对地表蒸散发的变化敏感性分析仅是基于一个生长季内进行，Zhang 等(2011)利用蒙古 Nalaikh 草原 2003～2006 年连续的常规气象与蒸散发观测数据，分析了年尺度上植被变化对地表蒸散发的影响。早期该区的观测显示，除了叶面积指数以外，40cm 深处(与根系深度有直接联系)的土壤湿度对植被蒸腾作用明显亦非常突出，并且指出，20% 的土壤湿度是影响生长季植被蒸腾总量年际变化的关键阈值(Zhang et al.，2011)。基于 SHAW 模型，以年尺度植被变化对地表总蒸散发影响为目标进行敏感性分析(图 4.17)，结果显示，当 LAI 增大 100% 时，蒙古 Nalaikh 草原土壤蒸发增大 20%；而当 LAI 减小了 −75% 时，土壤蒸发减小 −25%。植被蒸腾在 LAI 翻倍时增加了 80%，而当 LAI 减小 1/2 时，植被蒸腾减小了 92%。当 LAI 进一步减小了 −75% 时，植被蒸腾近似等于 0，暗示 LAI 继续减小时，植被对蒸散发即没有显著作用。观测结果表明，Nalaikh 草原年内植被蒸腾总量不超过 80mm，大约占年内地表总蒸散发的 30％（Zhang et al.，2005）。结合前文中植被蒸腾对 LAI 敏感性，可以推断该区植被对地表实际蒸散发的最大影响为$-22\%\sim17\%$。

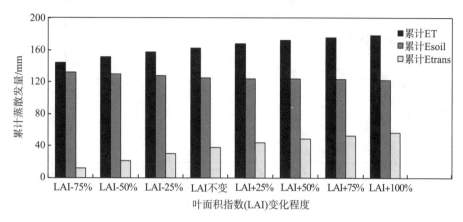

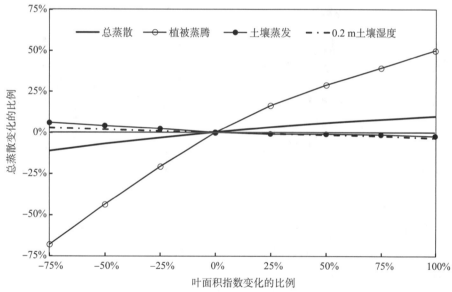

图 4.16　青藏高原高寒草原总蒸散发、植被蒸腾、土壤蒸发与 0.2m 土壤湿度对 LAI 变化的响应

上述利用模型模拟分析了植被覆盖变化对陆面蒸散发量的影响，在青藏高原风火山地区，利用小型蒸渗仪设施，开展了不同植被盖度的观测。结果表明，以高寒草甸植被为例，植被盖度不同，蒸散发量及其季节分布格局也不同。如图 4.18(a)所示，在春季融化期，即植物生长初期，表现为随植被盖度降低，日均蒸散量和总蒸散量均呈现逐渐增大的趋势，30％盖度蒸散发比 93％盖度植被高 18.5％。在完全融化期，亦即植物生长旺盛期，不同盖度下高寒草甸蒸散发均达到一年中的最大值，该时期蒸散量占到全年总蒸散量的 68％以上；总体上看，在这一时期，随着植被盖度的降低，日均蒸散量和总蒸散量随之减小。在秋季冻结过程，也即植物生长后期，虽然随着植被盖度降低，日均蒸散量、总蒸散量也随之呈现逐渐减小，但在冻结过程后期（10 月～11 月初），不同植被盖度

间蒸散发差异很小甚至出现低盖度蒸散发略高于高盖度草地情况。简单地基于降水量与蒸散发总量间的差值分析水分盈亏，如图 4.18(b)所示，春季融化初期、夏季以及秋季冻结过程后期等容易产生土壤水分的亏损。

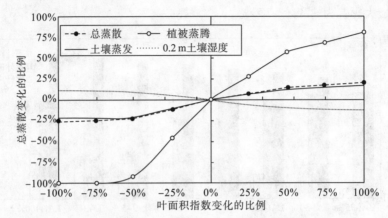

图 4.17　蒙古 NaLAIkh 草原总蒸散发、植被蒸腾、土壤蒸发与 0.2m 土壤湿度对 LAI 变化的响应

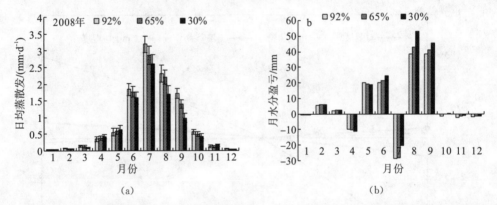

图 4.18　高寒草甸不同植被盖度蒸散发(a)和水分盈亏(b)E-P 的月变化过程

因此，寒区植被盖度变化的蒸散发影响规律，可以归纳为：在植物生长旺盛的夏季(7~9 月)，与其他非冻土区一致，植被盖度越高蒸散发越大，且蒸散发与降水差值 E-P 与植被盖度成反比；与非冻土区不同，在植物生长初期的春季(4~6 月)，受表层土壤水分随融化过程的变化，蒸散发量与植被盖度成反比，盖度越高蒸散发量越小；在植物生长后期的秋季末(10~11 月)，植被盖度与蒸散发量之间也出现反比现象，不过其显著性低于春季。

4.5　不同植被盖度下的积雪升华过程

长期的积雪覆盖是寒区下垫面尤为重要的特点，此时期内地气的水分交换以固-汽态(即升华)为主要表现形式。研究显示，在不同植被盖度条件下升华量显著不同。Zhang 等(2008)曾在蒙古 Nalaikh 的平坦草地(FP)、Terelj 流域的坡向朝南的草地(MSS)和坡向朝北的森林(MNS)地区进行了三年的积雪升华观测。图 4.19 为 2003 年 11 月~2006

年 3 月观测期间不同植被盖度下积雪升华日变化散点图，如图所示，其变化范围为 0～1.2 mm/d，表示水气传输以升华为主，未观测到凝结。在冬季期间的部分观测日，夜晚的潜热通量可为负，即有凝结发生，然其发生频率及其每次的凝结量甚微。

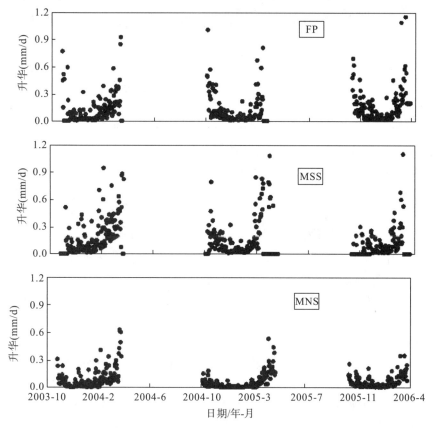

图 4.19　不同观测点积雪升华日变化（FP 代表平地，MSS 和 MNS
分别代表南坡和北坡）（Zhang et al.，2008）

不同植被盖度观测点积雪升华显示出了相似的季节变化，且变化大体同步。观测显示，升华峰值基本都出现在 11 月初或 2 月初，亦即积雪覆盖初期和末期的升华量较多；而在隆冬时节，升华量相对较少。在平坦草地，2～4 月的积雪升华量占观测期间总升华量的 63%，该值在南坡草地和北坡森林两个观测点达到了 75%。在隆冬季节，由于存在大气逆温，稳定的大气条件抑制了由积雪表面向上的水气通量，升华量相对较小。在整个研究期，平坦草地和北坡森林的日均升华量为 0.08mm，南坡草地为 0.16mm。表 4.4 所示为冬季初期（11 月）、冬季中期（12 月～次年 1 月）、冬季末期（2 月）不同植被盖度下总积雪升华量（E_s）、4m 和 1m 垂直气温差（$AT_{4m} - AT_{1m}$）、2m 风速（WS_{2m}）的对比情况。结果表明，平坦草地和南坡草地的升华量之差异是由两地的大气逆温程度的差异引起的，即前者逆温更为明显，故而升华量减少。南坡草地的升华量远大于北坡森林的升华量，是因为后者垂直温差更大、风速更低所致。

表 4.4　不同观测点积雪升华量（E_s）、4m 和 1m 气温差（$AT_{4m}-AT_{1m}$）和 2m 风速（WS_{2m}）
对比（Zhang et al.，2008）

观测时段＼不同地形观测点升华与气候要素	FP（平地）			MSS（南坡）			MNS（北坡）		
	升华量 /(mm/d)	4m 和 1m 处气温差	2m 处风速	升华量 /(mm/d)	4m 和 1m 处气温差	2m 处风速	升华量 /(mm/d)	4m 和 1m 处气温差	2m 处风速
11 月 30 日以前	0.13	0.58	2.4	0.12	0.20	1.6	0.07	0.60	0.4
12 月 1 日－1 月 31 日	0.02	0.88	1.6	0.07	0.25	1.1	0.02	0.68	0.3
2 月 1 日以后	0.24	0.49	3.1	0.28	0.14	1.9	0.09	0.54	0.5
观测期平均	0.13	0.65	2.4	0.16	0.20	1.5	0.06	0.61	0.4

　　Hood 等（1999）认为升华是一种阶段性的现象，但常被短时间的升华事件加强，在这些升华事件期间，升华速度会达到 0.4 mm/d。为了解释不同强度升华事件对总升华量的贡献，以日升华量划分强（≥0.4）、中（0.1～0.4）、弱（<0.1）三个不同的等级。按此标准，将日内升华分类统计，列于表 4.5。在整个观测期内，平坦草地、南坡草地和北坡森林的总积雪升华量分别为 19.5、68.2 和 46.8 mm；强升华事件分别发生了 15 天、58 天和 22 天，即占总观测期频率的 6%、14% 和 4%；这些强升华事件的总升华量占观测期间总升华量的 30%、43% 和 22%；弱升华事件频率百分比约 53%～77%，而这些弱升华事件总升华量占整个观测期总升华量的 11%～27%；中升华事件频率百分比为 19%～33%，但其升华总量占整个观测期总升华量的 50%。不同观测点总积雪升华量由强升华事件的发生频率决定，而强升华事件的频率则由气象条件驱动。强升华事件发生时，不同观测点的气温均最高，分别为平坦草地、南坡草地和北坡森林分别高出其各自于整个观测期间气温平均值的 11.9℃、10.0℃ 和 14.9℃；相反，弱升华事件时的平均气温明显偏低。地表和大气的水气通量大小，通常表现为蒸发或升华，受到蒸汽压差和风速的影响。强升华事件和气温的关系用蒸汽压差和气温的关系来解释，蒸汽压差随气温升高而增加间接反映了增加的积雪升华与升温的关系。平坦草地的观测结果反映了风速对升华的影响，该观测点地表植被稀疏，强升华期平均风速最高，为 2.5m/s；北坡森林观测场由森林覆盖，地表平均风速最低，为 0.4m/s，则可能是其总升华量仅为南坡草地升华量一半的主要原因。总而言之，不同下垫面风速的差异是引起其升华量差异的重要因素。

　　类似地，Zhang 等（2004）对比了俄罗斯 Amur 地区 2002 年 3 月～4 月期间不同地形的森林与草原升华观测结果，发现该区日升华量呈现出两个空间特点。首先，初春季节，尽管植被有所差异，谷坡和谷底积雪升华速率显著不同。这表明在大气逆温条件下，森林覆被并不会影响蒸发过程。其次，在中性大气条件下，开阔地带有时升华现象更为显著。在中性大气条件下，森林覆盖对积雪升华的影响十分明显，由此导致森林和开阔地的升华量差异明显。

表 4.5　不同观测点每日积雪升华统计（Zhang et al.，2008）

站点分类	FP（平地）			MSS（南坡）			MNS（北坡）		
	强升华	中等升华	弱升华	强升华	中等升华	弱升华	强升华	中等升华	弱升华
日升华范围 (mm/d)	$E_s \geq 0.4$	$0.1 \leq E_s < 0.4$	$E_s < 0.1$	$E_s \geq 0.4$	$0.1 \leq E_s < 0.4$	$E_s < 0.1$	$E_s \geq 0.4$	$0.1 \leq E_s < 0.4$	$E_s < 0.1$
频率(days)	15	80	163	58	138	223	22	106	427
ΣE_s/mm	5.8	10.5	3.2	29.3	32.1	6.8	10.3	23.8	12.5
升华天数占总升华天数的比例/%	30	54	16	43	47	11	22	51	27
平均气温/℃	−9.8	−17.2	−25.0	−5.9	−12.7	−18.0	−1.8	−14.7	−18.0
平均饱和差(hPa)	0.8	0.4	0.2	0.8	0.6	0.4	2.9	1.2	0.4
平均风速/(m/s)	2.5	2.4	1.5	2.5	2.3	1.0	0.9	0.6	0.5

森林应通过影响热量平衡以及气候要素，如风速和湿度，影响升华。以上的观测得出的净辐射为负值，可见这种影响在稳定大气条件下并不适用。随着大气稳定性降低和净辐射变为正值，森林覆被对积雪升华的影响变得显著。同时，森林和开阔地带风速的差异变大。森林覆被对积雪升华的影响还体现在参数化的潜热体积传输系数方面，该传输系数代表了实际的蒸发效率。对于落叶松林、坡上的落叶松林和开阔地带来讲，该系数分别为 0.0053、0.0020 和 0.0019（Zhang et al.，2004）。

图 4.20 总结了不同植被盖度条件下年升华量、降雪量随纬度空间分布的观测结果（Zhang et al.，2003，2004，2008）。随着纬度升高，降雪量增加，在北纬 50°~60° 出现了一个非规律性峰值（大致位于西伯利亚北部）。然而，积雪升华并未显示随纬度升高的趋势。非森林覆盖的年积雪升华在北纬 32°（青藏高原）达到 50mm，随后向北减少，在北纬 60° 左右最低。随后向北持续增加。

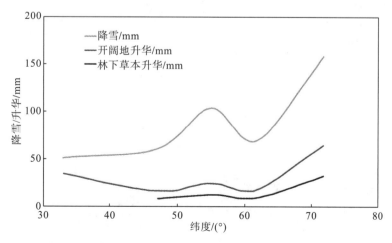

图 4.20　不同植被盖度条件下年升华量的空间分布（Zhang et al.，2003，2004，2008）

　　需要指出，除植被覆盖外，升华过程显然与气候条件密切相关。图 4.21 是同为草地植被条件下蒙古乌兰巴托和 Terel 月升华量的观测结果，以及相应的平均风速和水气压饱和差(Zhang et al.，2008)。尽管隆冬季节具有强风的气候条件，但是三个地点的月升华量的峰值均出现于秋末、初春。Zhang 等(2004)的研究表明，当风速小于 2.0m/s 时，饱和水气差在升华过程中起主导作用，而当风速大于 2.0m/s 时升华量急剧增大。

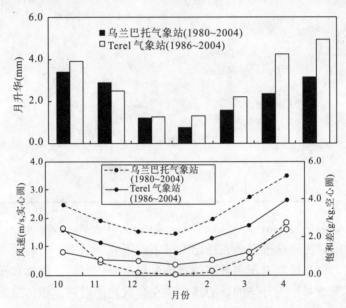

图 4.21　草地植被条件下月升华量的变化(Zhang et al，2008)

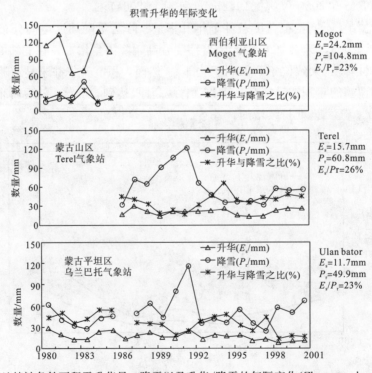

图 4.22　草地植被条件下积雪升华量、降雪以及升华/降雪的年际变化(Zhang et al.，2004，2008)

积雪升华的研究意义之一是量化其在水分循环中的作用。Beaty(1975)指出，在极为干旱的怀特山地区春季积雪的 50%~80% 消耗于升华或蒸发。Vuille(1996)的研究表明，北美安第斯山的升华量可占季节性降雪量的 30%~90%。相反，在湿润环境下，Braun和 Lang(1981)认为积雪升华/蒸发仅仅在短时期内对水量平衡有影响。例如，阿尔卑斯山脉的积雪升华对季节尺度的水量平衡估算影响甚小(Lang，1981)。图 4.22 综合了草地植被条件下的西伯利亚 Mogot、蒙古的乌兰巴托和 Terelj 的 1980 年来的积雪升华量、降雪以及升华/降雪的年际变化(Zhang et al.，2004；2008)。尽管三地的平均年降雪差别较大(49.9~104.8mm)，但是其雪面升华量差别甚微(11.7~24.2mm)。Ulan Bator 站的多年平均升华量为 11.7mm，年均值变化为 4.9~19.3mm，Terelj 站多年平均升华量为15.7mm，年均值变化为 9.8~22.8mm。与此同时，尽管各站降雪的年际变化尤为显著，但升华的年际变化并不明显。平均而言，年升华/降雪为 23%~26%，表明每年大约 1/4的降雪以升华方式返回大气。

4.6　凝结水及其对蒸散发模拟的影响

寒区具有较大的日温差和地气温差，蒸发水气的再凝结过程较活跃，水分凝结是蒸散发的逆过程，大部分蒸散发计算模式中，没有能够很好地考虑凝结水的形成及其对蒸散发量的影响，是寒区陆面蒸散发估算中误差及不确定性的主要来源之一。本书在利用Microlysimeter 基础上，自行设计的凝结水观测设施，通过不同植被盖度下连续观测，获得了如下研究进展。①如表 4.6，高寒草甸植被生长期凝结水量较大，一般为 3.3~8.6mm，占同期蒸散发量的 7%~12.5%。不同植被盖度具有显著不同的凝结水量，总体上，植被盖度越高，凝结水量也越大。未退化的高寒草甸(93%盖度)生长期凝结水量平均高出严重退化草地(30%盖度)14%~47%。②在植物生长的 5~10 月，受地气温差变化影响，同一盖度植被的凝结水量在不同时期也存在较大差异，一般在生长旺盛的 8~9 月份最大，融化过程和冻结过程相对较小。③凝结水占蒸散发量的比率，93%盖度草地为8.7%~12.5%，65%盖度草地为 9.1%~11.6%，均是 9 月份最高；30%盖度为7.1%~11.2%，5 月份最高，7 月份最低。就凝结水占蒸散发比率而言，融化过程和冻结过程是盖度越低，凝结水比率越大。

表 4.6　不同退化程度的高寒草甸的蒸发量与凝结水量月均值/mm

植被盖度	5 月		6 月		7 月		8 月		9 月		10 月	
	蒸发	凝结	蒸发	凝结	蒸发	凝结	蒸发	凝结	蒸发	凝结	蒸发	凝结
93%	74.2	6.5	72.1	6.9	74.3	8.4	71.2	8.6	67.8	8.5	39.4	4.6
65%	68.2	6.2	67.1	6.4	67.2	7.2	62.6	7.1	56.3	6.0	36.4	3.4
30%	50.1	5.6	53.6	4.9	55.2	4.5	52.9	3.8	48.3	3.5	31.7	3.3

高寒草甸土壤表层凝结水来源与构成如表 4.7 所示，包气带水气上移后再凝结是凝结水的主要来源，占总凝结的比重分别为：未退化草甸为 67%，中度退化草甸为 73%，

严重退化草甸为85％。来源于空气水气凝结的水量次之，未退化、中度退化和严重退化高寒草甸空气中水气形成的凝结水占总凝结水的比重则分别为：32％、26％和14％。随着高寒草甸的退化，植被盖度降低，来源于空气中的凝结水量呈现持续减少的趋势，来源于包气带的水气凝结呈现持续增加的趋势。据此可以推算，植被盖度由93％退化到67％和30％时，地表凝结水量分别减少19.7％和29.8％；其中从大气中获得的吸湿凝结水量分别减少12.5％和11％。其中，包气带土壤凝结水的形成深度主要集中在0~5cm土壤剖面，形成深度最深可至40cm，但在10~40cm深度内的凝结水量较少。土壤地温梯度、热扩散系数与土壤本身的物理性质、结构以及土壤含水量等因素均与凝结水形成有关。凝结水在不同季节形成的特征不同，在暖季常以液态凝结水的形式出现，而在寒季霜降是凝结水生成的主要方式。凝结水的形成与空气动力学和热力学性质密切相关，与近地表地温、气温、空气相对湿度、风速等气象要素紧密相关（Beysens et al.，2007）。天空晴朗少云，地面散失热量的速度较快，地气温差较大，有利于凝结水的生成。特别是吸湿性凝结水一般发生在近地土壤表层，凝结水量与近地面气温、地温日较差具有相同的变化趋势，近地面气温、地温日较差越大，凝结量越多。因此，高原多年冻土区较大的地气温差、地温日较差造就了较大的凝结水。

表 4.7　不同退化程度高寒草甸 0~5cm 土壤凝结水来源及比重

凝结水来源	退化程度	日均凝结量/(mm·d^{-1})	占日均总凝结量的比重/％
包气带	93％	0.21	67％
	65％	0.18	73％
	30％	0.18	85％
大气	93％	0.10	32％
	65％	0.06	26％
	30％	0.03	14％

正是由于寒区陆面凝结水的存在，常用的蒸散发模拟计算方法如 FAO-Penman-Monteith、ASCE Penman-Monteith、Priestley-Taylor 以及基于水气压差和能量平衡的一些方法等所计算的蒸散发量，与采用 Microlysimeter 实际观测值之间存在相对较大的误差，或低估或高估。大部分情况下是高估，如在天山多年冻土区的计算与实测值之间相比，计算值比观测值平均高估15％以上（Zhang et al.，2003）。利用 Microlysimeter 观测的蒸散发量，实际上已经较为准确地扣除了凝结水量的影响，因此，除了其他气象因子产生的误差外，基于能量平衡或空气动力学的蒸散发估算模型中未能充分体现凝结水因素，就是这些误差的最大来源之一。表 4.6 是基于微型蒸渗仪观测结果，区分了凝结水和蒸散发过程，从水分通量角度，观测到的未退化高覆盖草甸地表凝结水通量为0.32mm，占同期蒸发水分通量的12.5％；植被盖度下降到30％时，凝结水通量减小为0.22mm，占比蒸散发通量也降低为6.9％。在植物生长期内，凝结水量占据蒸散发量的7％~13％，植被盖度越高，占比越大。也就是说，在不扣除凝结水影响，由此引起的高覆盖草地的蒸散发估算误差在10％~13％。

寒区凝结水除了影响蒸散发的估算以外，其生态意义是需要高度关注的问题。凝结过程前后土壤表层 0~5cm 水分有明显增加的现象，说明凝结过程可以增加表层土壤含水量，可为浅根耐干旱植物提供最低限度的水分条件。叶面上凝结水也可以被一些植被直接利用，从而自然发生的凝结水对干旱条件下植物的水分关系和光合作用具有重要意义。凝结水能被植物吸收利用，增强植物的光合作用，凝结水的另一个作用是可以减小水气压亏缺，保持作物叶片气孔开放，从而有效增加光合作用的强度，有利于植物有机质的合成(Agam et al.，2006)。一些研究表明：凝结水不仅可以有效阻止植物夜间的呼吸作用，并且可以降低白天的蒸腾作用，因而可以减少植物机体水分消耗，并且有效降低土壤总蒸发量。凝结水不仅是浅根植被重要的水分来源，也是寒区土壤微生物的重要水分来源，土壤微生物主要集中在 0~5cm 的土壤剖面内，这部分水量对于他们的生存也是至关重要的。

参 考 文 献

Allen M R，Ingram W J. 2002. Constraints on future changes in climate and the hydrologic cycle. Nature，419：224-232.

Allen R G，Pereira L S，Raes D，et al. 1998. Crop Evapotranspiration-Guidelines for Computing Crop Water Requirements. Rome. Italy：Food and Agriculture Organization.

Allen R G，Pereira L S，Howell T A，et al. 2011. Evapotranspiration information reporting：I. Factors governing measurement accuracy. Agricultural Water Management，98：899-920.

Agam N. Berliner P R. 2006. Dew formation and water vapor adsorption in semi-arid environment - A review. Journal of Arid Environments，65：572-590.

Baldocchi D D. 2014a. Measuring fluxes of trace gases and energy between ecosystems and the atmosphere - the state and future of the eddy covariance method. Global Change Biology，20：3600-3609.

Baldocchi D D. 2014b. Biogeochemistry：Managing land and climate. Nature Climate Change，4：330-331.

Baldocchi D D，Xu L. 2007. What limits evaporation from Mediterranean oak woodlands-The supply of moisture in the soil，physiological control by plants or the demand by the atmosphere? Advances in Water Resources，30：2113-2122.

Baldocchi D D，Xu L，Kiang N. 2004. How plant functional-type，weather，seasonal drought，and soil physical properties alter water and energy fluxes of an oak-grass savanna and an annual grassland. Agricultural and Forest Meteorology，123：13-39.

Baldocchi D D，Falge E，Gu L，et al. 2001. FLUXNET：A new tool to study the temporal and spatial variability of ecosystem-scale carbon dioxide，water vapor，and energy flux densities. Bulletin of the American Meteorological Society，82：2415-2434.

Beaty C B. 1975. Sublimation or melting：observations from the White Mountains，California and Nevada，USA. Journal of Glaciology，14：275-286.

Beysens D，Clus O，Mileta M，et al.，2007. Collecting dew as a water source on small islands：the dew equipment for water project in Bisevo(Croatia). Energy，32(6)：1032-1037.

Bian L，Gao Z，Xu X，et al. 2002. Measurements of turbulence transfer in the near-surface layer over the southeastern Tibetan Plateau. Boundary-Layer Meteorology，102：281-300.

Biermann T，Babel W，Ma W，et al. 2014. Turbulent flux observations and modelling over a shallow lake and a wet grassland in the Nam Co basin，Tibetan Plateau. Theoretical and Applied Climatology，116：301-316.

Blanken P，et al. 2000. Eddy covariance measurements of evaporation from Great Slave Lake，Northwest Territories，Canada. Water Resouces Research，36：1069-1077.

Bouchet R J. 1963. Evapotranspiration réelle et potentielle，signification climatique. IAHS Publ，62：134-142.

Bouin M，Caniaux G，Traullé O，et al. 2012. Long-term heat exchanges over a Mediterranean lagoon. Journal of

Geophysical Research, 117.

Braun L N, Lang H. 1986. Simulation of snowmelt runoff in lowland and lower Alpine regions of Switzerland. Modelling snowmeltinducedprocesses. IAHS Publication No. 155, International Association of Hydrological Sciences: 125-140.

Brutsaert W. 2005. Hydrology: An Introduction. New York. : Cambridge University Press.

Brutsaert W, Stricker H. 1979. An advection-aridity approach to estimate actual regional evapotranspiration. Water Resources Research, 15: 443-450.

Brutsaert W, Parlange M B. 1998. Hydrologic cycle explains the evaporation paradox. Science, 396: 30.

Burba G. 2013. Eddy Covariance Method for Scientific, Industrial, Agricultural and Regulatory Applications: A Field Book on Measuring Ecosystem Gas Exchange and Areal Emission Rates. Lincoln: LI-COR Biosciences.

Burn D H, Hesch N M. 2007. Trends in evaporation for the Canadian Prairies. Journal of Hydrology, 336: 61-73.

Casa R, Russell G, Lo Cascio B. 2000. Estimation of evapotranspiration from a field of linseed in central Italy. Agricultural and Forest Meteorology, 104: 289-301.

Carey S K, Woo M K. 1999. Hydrology of two slopes in subarctic Yukon, Canada. Hydrological Processes, 13: 2549-2562.

Chattopadhyay N, Hulme M. 1997. Evaporation and potential evapotranspiration in India under conditions of recent and future climate change. Agricultural and Forest Meteorology, 87: 55-73.

Cohen S, Ianetz A, Stanhill G. 2002. Evaporative climate changes at Bet Dagan, Israel, 1964-1998. Agricultural and Forest Meteorology, 111: 83-91.

Cong Z, Yang D, Ni G. 2009. Does evaporation paradox exist in China? Hydrology and Earth System, 13: 357-366.

Dai A, Fung I Y, Del Genio A D. 1997. Surface observed global land precipitation variations during 1900-88. Journal of Climate, 10: 2943-2962.

Dalton J. 1802. Experimental essays on the constitution of mixed gases: on the force of steam or vapor from waters and other liquids, both in the Torricellean vacuum and in air, on evaporation; and on the expansion of gases by heat. Proc. Manchester Lit. Philos. Soc. , 5: 535-602.

Del Genfo A D, Lacis A A, Ruedy R A. 1991. Simulations of the effect of a warmer climate on atmospheric humidity. Nature, 351: 382-385.

Falge E, et al. 2001. Gap filling strategies for long term energy flux data sets. Agricultural and Forest Meteorology, 107: 71-77.

Flerchinger G N, Saxton K E. 1989. SHAW model of a freezing snow residual-soil system II. Field verification. TASAE, 32: 573-578.

Flerchinger G N, Xiao W, Sauer TJ, et al. 2009. Simulation of within-canopy radiation exchange. NJAS - Wageningen Journal of Life Sciences, 57: 5-15.

Foken T. 2008. The energy balance closure problem: an overview. Ecological Applications, 18: 1351-1367.

Foken T, Wichura B. 1996. Tools for quality assessment of surface-based flux measurements. Agricultural and Forest Meteorology, 78: 83-105.

Gao Y, Cuo L, Zhang Y. 2014. Changes in moisture flux over the Tibetan Plateau during 1979-2011 and possible mechanisms. Journal of Climate, 27: 1876-1893.

Gu S, Tang Y, Cui X, et al. 2005. Energy exchange between the atmosphere and a meadow ecosystem on the Qinghai-Tibetan Plateau. Agricultural and Forest Meteorology, 129: 175-185.

Halley E. 1687. An estimate of the quantity of vapour raised out of the sea by the warmth of the sun; derived from an experiment shown before the royal society, at one of their late meetings: by E. Halley. Philosophical Transactions, 16: 366-370.

Han S, Xu D, Wang S, et al. 2014. Similarities and differences of two evapotranspiration models with routinely measured meteorological variables: application to a cropland and grassland in northeast China. Theoretical and Applied Climatology, 117: 501-510.

Hood E, Williams M, Cline D. 1999. Sublimation from a seasonal snowpack at a continental, mid-latitude alpine site. Hydrological Processes, 13: 1781-1797.

Huntington J L, Szilagyi J, Tyler S W, et al. 2011. Evaluating the complementary relationship for estimating evapotranspiration from arid shrublands. Water Resources Research, 47.

Huntington T G. 2006. Evidence for intensification of the global water cycle: review and synthesis. Journal of Hydrology, 319: 83-95.

Igarashi Y, Katul G G, Kumagai T, et al. 2015. Separating physical and biological controls on long-term evapotranspiration fluctuations in a tropical deciduous forest subjected to monsoonal rainfall. Journal of Geophysical Research: Biogeosciences, 120.

Irmak S, Istanbulluoglu E, Irmak A. 2008. An evaluation of evapotranspiration model complexity against performance in comparison with Bowen ratio energy balance measurements. Trans. ASABE, 51: 1295-1310.

Jarvis P G. 1976. The interpretation of the variations in leaf water potential and stomatal conductance found in canopies in the field. Philosophical Transactions of the Royal Society of London. B, Biological Sciences, 273: 593-610.

Jarvis P G, McNaughton K G. 1986. Stomatal control of transpiration: scaling up from leaf to region. 15: 1-49.

Jasechko S, Sharp Z D, Gibson J J, et al. 2013. Terrestrial water fluxes dominated by transpiration. Nature, 496: 347-350.

Jones H G, Tardieub F. 1998. Modelling water relations of horticultural crops: a review. Scientia Horticulturae, 74: 21-46.

Jung M, et al. 2011. Global patterns of land-atmosphere fluxes of carbon dioxide, latent heat, and sensible heat derived from eddy covariance, satellite, and meteorological observations. Journal of Geophysical Research, 116.

Jung M, et al. 2010. Recent decline in the global land evapotranspiration trend due to limited moisture supply. Nature, 467: 951-954.

Kahler D M, Brutsaert W. 2006. Complementary relationship between daily evaporation in the environment and pan evaporation. Water Resources Research, 42.

Katul G G, Oren R, Manzoni S, et al. 2012. Evapotranspiration: A process driving mass transport and energy exchange in the soil-plant-atmosphere-climate system. Reviews of Geophysics, 50.

Ko J, Piccinni G, Marek T, Howell T. 2009. Determination of growth-stage-specific crop coefficients(Kc)of cotton and wheat. Agricultural Water Management, 96: 1691-1697.

Kool D, Agam N, Lazarovitch N, et al. 2014. A review of approaches for evapotranspiration partitioning. Agricultural and Forest Meteorology, 184: 56-70.

Kondo J, Saigusa N, Sato T, 1990. A parameterization of evaporationfrom bare soil surfaces. Journal of Applied Meteorology, 29: 385-389.

Lang H. 1981. Is evaporation an important component in high alpine. Nordic Hydrology, 12: 217-224.

Lee X, et al. 2014. The Taihu eddy flux network: An observational program on energy, water, and greenhouse gas fluxes of a large freshwater lake. Bulletin of the American Meteorological Society, 95: 1583-1594.

Lhomme J P, Boudhina N, Masmoudi M M, et al. 2015. Estimation of crop water requirements: extending the one-step approach to dual crop coefficients. Hydrology and Earth System Sciences, 19: 3287-3299.

Li G, Duan T, Wu G. 2003. The intersity of surface heat source and surface heat balance on the Western Qinghai-Xizang Plateau. Scientia Geographica Sinica, 23: 13-18.

Li Z, Lyu S, Ao Y, et al. 2015. Long-term energy flux and radiation balance observations over Lake Ngoring, Tibetan Plateau. Atmospheric Research, 155: 13-25.

Lim W H, Roderick M L, Hobbins MT, et al. 2013. The energy balance of a US Class A evaporation pan. Agricultural and Forest Meteorology, 182-183: 314-331.

Lim W H, Roderick M L, Hobbins M T, et al. 2012. The aerodynamics of pan evaporation. Agricultural and Forest Meteorology, 152: 31-43.

Linacre E T. 1993. Data-sparse estimation of lake evaporation, using a simplified Penman equation. Agricultural and

Forest Meteorology, 64: 237-256.

Liu H, Zhang Y, Liu S, et al. 2009. Eddy covariance measurements of surface energy budget and evaporation in a cool season over southern open water in Mississippi. Journal of Geophysical Research, 114.

Liu H Z, Feng J, Sun J, et al. 2015. Eddy covariance measurements of water vapor and CO_2 fluxes above the Erhai Lake. Science China: Earth Sciences, 58: 317-328.

Liu S, Sun R, Sun Z, et al. 2006. Evaluation of three complementary relationship approaches for evapotranspiration over the Yellow River basin. Hydrological Processes, 20: 2347-2361.

Ma N, Wang N, Zhao L, et al. 2014. Observation of mega-dune evaporation after various rain events in the hinterland of Badain Jaran Desert, China. Chinese Science Bulletin, 59: 162-170.

Ma N, Zhang Y, Xu C Y, et al. 2015a. Modeling actual evapotranspiration with routine meteorological variables in the data-scarce region of the Tibetan Plateau: Comparisons and implications. Journal of Geophysical Research: Biogeosciences, 120.

Ma N, Zhang Y, Szilagyi J, et al. 2015b. Evaluating the complementary relationship of evapotranspiration in the alpine steppe of the Tibetan Plateau. Water Resources Research, 51: 1069-1083.

Ma Y, Fan S, Ishikawa H, et al. 2005. Diurnal and inter-monthly variation of land surface heat fluxes over the central Tibetan Plateau area. Theoretical and Applied Climatology, 80: 259-273.

Ma Y, et al. 2014. Combining MODIS, AVHRR and in situ data for evapotranspiration estimation over heterogeneous landscape of the Tibetan Plateau. Atmospheric Chemistry and Physics, 14: 1507-1515.

Mauder M, Foken T. 2004. Documentation and instruction manual of the Eddy-Covariance software package TK3: Universität Bayreuth, Abt. Mikrometeorologie.

McMahon T A, Peel M C, Lowe L, et al. 2013. Estimating actual, potential, reference crop and pan evaporation using standard meteorological data: a pragmatic synthesis. Hydrology and Earth System Sciences, 17: 1331-1363.

Monteith J, Unsworth M. 2013. Principles of Environmental Physics: Plants, Animals, and the Atmosphere. Oxford: Elsevier.

Monteith J L. 1965. Evaporation and environment. Symposia of the Society for Experimental Biology. Cambridge: Cambridge University Press: 205~234.

Moonen A, Ercoli L, Mariotti M, et al. 2002. Climate change in Italy indicated by agrometeorological indices over 122 years. Agricultural and Forest Meteorology, 111: 13-27.

Oncley S P, Foken T, Vogt R, et al. 2007. The energy balance experiment EBEX-2000. Part I: overview and energy balance. Boundary-Layer Meteorology, 123: 1-28.

Penman H L. 1948. Natural evaporation from open water, bare soil and grass. Proceedings of the Royal Society A: Mathematical, Physical and Engineering Sciences, 193: 120-145.

Peterson T, Golubev V, Groisman P Y. 1995. Evaporation losing its strength. Nature, 377: 687-688.

Priestley C H B, Taylor R J. 1972. On the assessment of surface heat flux and evaporation using large-scale parameters. Monthly Weather Review, 100: 81-92.

Roderick M L, Farquhar G D. 2004. Changes in Australian pan evaporation from 1970 to 2002. International Journal of Climatology, 24: 1077-1090.

Roderick M L, Farquhar G D. 2005. Changes in New Zealand pan evaporation since the 1970s. International Journal of Climatology, 25: 2031-2039.

Rosenberry D O, Winter T C, Buso D C, et al. 2007. Comparison of 15 evaporation methods applied to a small mountain lake in the northeastern USA. Journal of Hydrology, 340: 149-166.

Schlesinger W H, Jasechko S. 2014. Transpiration in the global water cycle. Agricultural and Forest Meteorology, 189-190: 115-117.

Sellers P J, et al. 1997. Modeling the exchanges of energy, water, and carbon between continents and the atmosphere. Science, 275: 502-509.

Seneviratne S I, Corti T, Davin E L, et al. 2010. Investigating soil moisture-climate interactions in a changing climate: A review. Earth-Science Reviews, 99: 125-161.

Shuttleworth W J. 2007. Putting the 'vap' into evaporation. Hydrology and Earth System Sciences, 11: 201-244.

Shuttleworth W J, Wallace J S. 1985. Evaporation from sparse crops-an energy combination theory. Quarterly Journal of the Royal Meteorological Society, 111: 839-855.

Szilagyi J, Jozsa J. 2008. New findings about the complementary relationship-based evaporation estimation methods. Journal of Hydrology, 354: 171-186.

Szilagyi J, Katul G G, Parlange M B. 2001. Evapotranspiration intensifies over the conterminous United States. Journal of Water Resources Planning and Management, 127: 361-370.

Tanny J, Cohen S, Assouline S, et al. 2008. Evaporation from a small water reservoir: direct measurements and estimates. Journal of Hydrology, 351: 218-229.

Tebakari T, Yoshitani J, Suvanpimol C. 2005. Time-space trend analysis in pan evaporation over Kingdom of Thailand. Journal of Hydrologic Engineering, 10: 205-215.

Thornthwaite C W. 1948. An approach toward a rational classification of climate. Geographical Review, 38: 55-94.

Trenberth K E, Smith L, Qian T, et al. 2007. Estimates of the global water budget and its annual cycle using observational and model data. Journal of Hydrometeorology, 8: 758-769.

Vuille M. 1996. Zur raumzeitlichen dynamik von schneefall und ausaperung im bereich des sudlichen Altiplano, Sudamerika. Geographica Bernensia, 45: 118.

Wang K, Dickinson R E. 2012. A review of global terrestrial evapotranspiration: observation, modeling, climatology, and climatic variability. Reviews of Geophysics, 50.

Wang L, Good S P, Caylor K K. 2014a. Global synthesis of vegetation control on evapotranspiration partitioning. Geophysical Research Letters, 41: 6753-6757.

Wang W, et al. 2014b. Temporal and spatial variations in radiation and energy balance across a large freshwater lake in China. Journal of Hydrology, 511: 811-824.

Wang Y, Liu B, Su B, et al. 2011. Trends of calculated and simulated actual evaporation in the Yangtze River basin. Journal of Climate, 24: 4494-4507.

Wever L A, Flanagan L B, Carlson P J. 2002. Seasonal and interannual variation in evapotranspiration, energy balance and surface conductance in a northern temperate grassland. Agricultural and Forest Meteorology, 112: 31-49.

Wilson K, et al. 2002. Energy balance closure at fluxnet sites. Agricultural and Forest Meteorology, 113: 223-243.

Wilson K B, Baldocchi D D. 2000. Seasonal and interannual variability of energy fluxes over a broadleaved temperate deciduous forest in North America. Agricultural and Forest Meteorology, 100: 1-18.

Xiong A, Liao J, Xu B. 2012. Reconstruction of a daily large-pan evaporation dataset over China. Journal of Applied Meteorology and Climatology, 51: 1265-1275.

Xu Z, Liu S, Li X, et al. 2013. Intercomparison of surface energy flux measurement systems used during the hiwater-musoexe. Journal of Geophysical Research: Atmospheres, 118: 13140-13157.

Yang D, Ohata T. 2001. A bias-corrected Siberian regional precipitation climatology. Journal of Hydrometeorology, 2: 122-139.

Yang D, Sun F, Liu Z, et al. 2006. Interpreting the complementary relationship in non-humid environments based on the budyko and penman hypotheses. Geophysical Research Letters, 33.

Yang F, Zhou G. 2011. Characteristics and modeling of evapotranspiration over a temperate desert steppe in inner Mongolia, China. Journal of Hydrology, 396: 139-147.

Yang H, Yang D. 2012. Climatic factors influencing changing pan evaporation across China from 1961 to 2001. Journal of Hydrology, 414-415: 184-193.

Yao J, Zhao L, Ding Y, et al. 2008. The surface energy budget and evapotranspiration in the Tanggula region on the Tibetan Plateau. Cold Regions Science and Technology, 52: 326-340.

Yin Y, Wu S, Zhao D, et al. 2013. Modeled effects of climate change on actual evapotranspiration in different eco-geographical regions in the Tibetan Plateau. Journal of Geographical Sciences, 23: 195-207.

Yuan G, Zhang P, Shao M-a, et al. 2014. Energy and water exchanges over a riparian Tamarix spp. stand in the lower Tarim River basin under a hyper-arid climate. Agricultural and Forest Meteorology, 194: 144-154.

Zhang L, Dawes W R, Walker G R. 2001. Response of mean annual evapotranspiration to vegetation changes at catchment scale. Water Resources Research, 37: 701-708.

Zhang Y, Ohata T, Ersi K, et al. 2003. Observation and estimation of evaporation from the ground surface of the cryosphere in eastern Asia. Hydrological Processes, 17: 1135-1147.

Zhang Y, Suzuki K, Kadota T, et al. 2004. Sublimation from snow surface in southern mountain taiga of eastern Siberia. Journal of Geophysical Research, 109.

Zhang Y, Munkhtsetseg E, Kadota T, et al. 2005. An observational study of ecohydrology of a sparse grassland at the edge of the Eurasian cryosphere in Mongolia. Journal of Geophysical Research, 110.

Zhang Y, Ishikawa M, Ohata T, et al. 2008. Sublimation from thin snow cover at the edge of the Eurasian cryosphere in Mongolia. Hydrological Processes, 22: 3564-3575.

Zhang Y, Ohata T, Zhou J, et al. 2011. Modelling plant canopy effects on annual variability of evapotranspiration and heat fluxes for a semi-arid grassland on the southernperiphery of the Eurasian cryosphere in Mongolia. Hydrological Processes, 25: 1201-1211.

Zhang Z, Kane D L, Hinzman L D. 2006. Development and application of a spatial-distributed Arctic hydrological and thermal process model. Hydrological Processes, 14: 1591-1611.

Zhao L, Gray D M. 1999. Estimating snowmelt infiltration into frozen soils. Hydrological Processes, 13: 1824-1842.

第5章 寒区生态水循环关键伴生过程与影响

5.1 概 述

水循环过程及其演变从根本上制约着流域或区域的水化学过程、生态过程和水沙过程形成与变化。因而，始终伴随一些关系密切、相互作用，并在区域生态安全、环境安全与可持续发展等方面具有十分重要影响的关键过程。一方面，现代水文水资源研究认为，要科学识别区域水循环的演变过程与机理，并进行综合调控，需要将水循环及其伴生过程进行综合分析与定量表达，以评价其综合效应(王浩等，2010)。另一方面，水循环伴生的水化学、水生态和水沙过程是流域或区域尺度水环境管控、生态系统保护与重建以及水土流失防治等方面的科学基础，这些突出的区域环境问题的综合防治与可持续管理，均需要将水循环及其上述关键的伴生过程相结合，从整体的系统性角度，探索其机理和反馈效应。

从前述几章内容中，不难发现寒区水循环与生态过程、水沙过程(土壤侵蚀)以及物质迁移转化(生源要素、金属离子以及有机污染物等)的相互作用关系更为密切而复杂，这是因为大气-植被-活动层土壤-冻土系统密切的水热耦合过程是寒区一切生态过程、水循环过程以及土壤过程的绝对控制性因素，当然也是水循环过程的决定因素，从而使得寒区的水循环过程的变化必然引起生态过程(包括生命体的生长繁衍与系统内部或系统间的物质循环)、土壤侵蚀产沙-河流水文与水环境等过程的改变。实际上，寒区水循环的下垫面条件，如生态系统(植被、凋落物等)、冻土等，从水分和能量两个循环途径耦合作用于水循环，因此具有比非冻土流域更为突出的作用。反过来，水循环演变协同的能量传输变化，对下垫面生态、冻土等产生反馈作用，必然对土壤稳定性和原有的系统间物质交换过程产生较大影响。为此，从系统认知寒区水循环过程与演变机理角度，就需要对其关键的伴生进行分析，本章主要探讨以下几个方面。

(1)生态过程。包括陆地和河湖水生生态系统，涉及生态系统的多个重要过程。在泛北极地区，伴随气候变化而产生的植被类型、分布格局与生产力方面的显著变化(如灌丛大面积取代苔原、泰加林带部分森林演变为沼泽湿地等)，是气温和降水改变及其驱动的冻土水热条件变化的直接结果，但反过来对区域水循环必然产生较大反馈。因此，从与水循环互馈作用角度，需要解决的核心问题是上述生态系统变化如何且在多大程度上影响区域水循环。这一问题解决的理论基础是生态系统的水碳耦合过程原理，将生态系统NPP变化与水循环改变相连接的环节，就是生态系统水碳耦合关系，可用来阐释生态系统生产力变化对水分传输的影响。在本节中，通过系统分析青藏高原特别是冻土发育较好的江河源区高寒草地生态系统 NDVI 指数和 NPP 的多年变化特征，研究水分利用效率的时空变化规律，探索大气-植被间的水分交换随 NDVI 的变化过程。

(2)碳氮循环过程。寒区生态系统的碳氮循环是全球变化研究高度关注的焦点，也是区域碳平衡和氮循环变化最为剧烈的区域之一。在气候变化驱动的植被-冻土间的水热交换过程变化影响下，冻土环境变化形成的生态系统格局与生产力变化、冻土老碳随有机质分解释放过程以及植被碳的归还与表层碳的迁移等以及如何作用于碳平衡动态并形成碳的源汇格局变化及其未来演变趋势，是需要系统探索的核心问题。碳氮耦合关系密切，碳循环和碳平衡改变必然导致氮迁移转化过程的变化；同时，氮循环改变也在很大程度上作用于碳循环和碳平衡动态。碳氮循环变化过程是寒区水(能)循环过程十分重要的伴生过程，水碳氮耦合循环机理与数值模型的研究是陆地生态系统研究的前沿重点，这一过程在寒区则更为复杂并对变化环境高度敏感，植被-冻土间的水热交换与传输过程直接参与到水碳氮循环过程中，其相互作用的机理与数值模式的发展是寒区陆面过程模式、水文模式和生态模式等共同关注的问题。本节从两个方面重点探讨上述问题，一是冻融循环作用下的活动层土壤碳氮迁移过程；二是生态系统呼吸，分析土壤水热过程与生态系统呼吸和碳氮迁移的关系。

(3)生源要素的径流迁移过程。河流径流的生源要素输移与转化，不仅是河流水环境过程及其动态变化的关键因素，也是影响流域或区域碳氮平衡的重要环节或组成要素；同时，也是对流域径流汇入单元如湖泊或海洋极为重要的生源要素输入通道，制约着这些水域的水生生态系统。因此，这一个过程是水文过程极为重要的伴生过程，因气候变暖对寒区冰冻态物质(如冰盖、冰川和冻土等)的不断融化，大量原本处于冻结状态的生源要素迁移进入河流，这也是冰冻圈响应气候变化的重要反馈效应之一。本节将基于在青藏高原典型冻土流域(风火山流域)观测试验分析结果，探讨冻土流域碳氮输移特征、时空动态及其影响因素等。

5.2 寒区生态系统的水碳通量耦合过程与变化及影响因素

陆地生态系统碳循环和水循环是陆地表层系统物质能量循环的核心，是地圈-生物圈-大气圈相互作用的纽带(于贵瑞等，2006)，也是陆地生态系统相互耦合的重要生态学过程，更是全球变化科学研究的核心问题。陆地生态系统碳储存和碳循环的过程机制是分析气候变化机制、预测气候变化、制定气候变化适应性政策的科学基础。全球气候变化背景下，寒区温度和降水变化尤为剧烈，因此气候变化背景下寒区陆地生态系统碳循环和水循环时空分布格局对科学评价寒区生态安全和水资源安全有十分重要的意义。

影响陆地生态系统碳通量是生态系统中重要的特征量，是表征陆地生态系统与大气之间碳交换的物理量。碳循环研究中，净初级生产力(NPP)、土壤异养呼吸(HR)和净生态系统生产力(NEP)是衡量碳收支变化的重要指标。净初级生产力反映植物对自然资源的利用能力，是生物地球化学循环的关键环节，也是评价陆地生态系统可持续发展的重要生态指标。其变化受环境因子、气候因子、土壤条件、植被类型和认为活动影响。净生态系统生产力是净初级生产力与土壤异养呼吸的差值，是陆地生态系统和大气圈之间的碳净交换量，是衡量陆地碳收支平衡的定量指标，也是衡量生态系统可持续发展的重要指标之一。由于土壤呼吸对温度的较高敏感性，气候变化导致的土壤呼吸变化，会直接影响陆地生态系统的碳源、汇格局。蒸散发是生态系统水分平衡和能量平衡的重要组分，同时与生态系统的生产力具有密切的关系（Law et al.，2002；Scott et al.，2006）。地球表面和大气之间的水循环包括水分交换和物质交换，水分蒸发需要消耗大量的能量，进而促进能量交换的发生（Bonan，2008）。水热平衡的各通量值是研究气候形成和分析气候特征的基本因子，是研究气候变化对生态系统功能和组成影响的重要基础。生态系统碳储量增加会促使高效固碳植物的生长和影响其位置，但是这种结果往往会促进蒸散发的增加，进而导致流域水资源量的减少（王根绪等，2010）。因此水分和能量交换的研究，与植物的生长密切相关，需要科学认识不同生态系统生物固碳和耗水之间的关系。本节内容利用 AVIM2 模型，模拟 1981~2000 年青藏高原碳、水、能量通量的时空变化格局，并分析碳、水变化格局的主要影响机制，揭示青藏高原碳、水关系的演变规律及变化趋势。

5.2.1　青藏高原碳通量变化格局

5.2.1.1　1981~2000 年碳通量时间变化格局

1981~2000 年青藏高原地区年均总 NPP 为 0.44GtC/a。从 1981~2000 年青藏高原的年均 NPP 变化趋势来看（图 5.1），该区净初级生产力呈现增加趋势。但是由于年际年波动较大，增加趋势并不显著。根据 NOAA/AVHRR 卫星归一化植被指数和 CASA 模型计算结果也表明，青藏高原地区植被盖度增加，净初级生产力呈上升趋势（李文华等，2013）。由于土壤呼吸对温度的敏感性较高，因此随着青藏高原气温的升高，土壤异养呼吸速度自 1981~2000 年显著增加（图 5.1），年均总土壤异养呼吸释放碳量为 0.43GtC/a。青藏高原地区 NPP 增加的速率略高于土壤异养呼吸的增加速率，根据模拟结果，青藏高原年均总 NEP 值大于 0（图 5.2），因此自 1981~2000 年，青藏高原属于碳汇区域。Piao 等（2009）在利用年际尺度上，NEP 变化趋势基本不变，但是年际间波动较大的基础上，研究认为，全球气候变遥感法、生态模型和大气反演三种方法估算了中国的碳收支，发现青藏高原为碳汇区域。

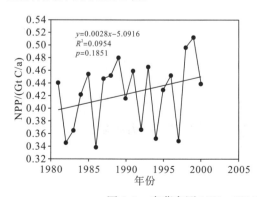
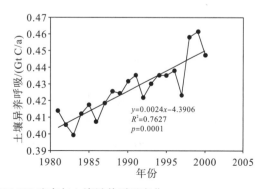

图 5.1　青藏高原 1981~2000 年 NPP 速率与土壤异养呼吸变化

　　研究认为，全球气候变暖将加快低温地区植物的生长和土壤有机氮的矿化速率，进而显著提升植物生产力和固碳能力（Melillo et al.，2002）。而生产力和呼吸速率对温度响应的差异，将会导致高纬度地区生态系统发生碳源汇的转变（Oechel et al.，2000）。气候便驱动青藏高原植被总体上变好，但是在海拔较高、生态较脆弱的藏北高原、西藏"一江两河"和三江源的部分地区，高寒草原和高寒荒漠出现较严重的草地退化现象，其对碳源汇功能将造成较大影响。

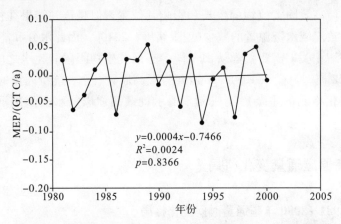

图 5.2　青藏高原 1981～2000 年 NEP 速率随时间变化

5.2.1.2　高寒草原和高寒草甸碳通量变化格局

　　青藏高原草地面积占高原陆地面积的 48％（李文华，1998）。青藏高原草地生态系统对该区域生态系统碳平衡动态贡献巨大，对维持区域碳平衡起着极为重要的作用。高寒草原和高寒草甸是青藏高原占面积比例最大的两种植被类型，其中高寒草甸面积约为 710km²，高寒草原面积约为 579km²（Zhang et al.，2014），青藏高原草地生态系统碳循环因不同植被类型会表现出不同的碳源/汇特征。

　　利用 AVIM2 模型，模拟高寒草原和高寒草甸碳循环通量。结果表明，高寒草原生态系统 NPP 自 1981～2000 年增加较显著，年均 NPP 为 99.3gC/（m²·a）（图 5.3）。高寒草甸生态系统 NPP 自 1981～2000 年期间有增加趋势，但是趋势并不显著（图 5.3）。高寒草甸的年均 NPP 为 231.0gC/（m²·a），净初级生产能力高于高寒草原。该值均高于 Zhang 等（2015）利用 CASA 模型模拟的 1981～2009 年的高寒草原和高寒草甸的分别为 55.9gC/（m²·a）和 188.799.3gC/（m²·a）的净初级生产力。高寒草原和高寒草甸土壤异养呼吸均表现为逐年显著增加的变化趋势，而高寒草甸土壤异养呼吸速率的增加速度要大于高寒草原（图 5.4）。高寒草原和高寒草甸年均土壤异养呼吸速率分别为 94.0gC/（m²·a）和 236.9gC/（m²·a）。因此，青藏高原的高寒草原属于较弱的碳汇区域，而高寒草甸属于较弱的碳源。由于土壤异养呼吸速率的差异，导致高寒草原碳汇能力逐渐加强，而高寒草甸碳源则逐渐增大，但是碳源汇的变化趋势并不显著（图 5.4）。

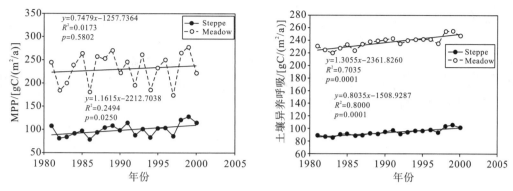

图 5.3　1981～2000 年高寒草原和高寒草甸 NPP 和土壤异养呼吸变化趋势

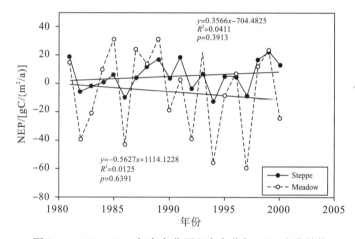

图 5.4　1981～2000 年高寒草原和高寒草甸 NEP 变化趋势

5.2.2　青藏高原水热通量变化格局

5.2.2.1　1981～2000 年水热通量变化格局

净辐射通量是地表面收入的太阳辐射能量和支出的有效辐射能量的插值，决定地表与近地层之间的温度分布与变化。在全球气候变化背景下，青藏高原显著变暖，且增温趋势高于同纬度其他区域。高原热通量状况是影响大气环流和气候变化的重要因子。1981～2000 年青藏高原总净辐射通量表现为非显著性的减小趋势，年均净辐射通量为 81.6W/m² (图 5.5)。大量的研究结果表明，高原大气热源表现为持续减弱趋势(阳坤等，2010)，这种变化主要与地表风速的持续减弱有关，而风速减弱与全球变暖导致环流的变化密切相关。

潜热通量与感热通量之和为净辐射通量。潜热主要用于地表水分的蒸散发，是地表能量平衡中的一个主要分量。感热主要由于陆地表层与底层大气的温度不相等，进而产生的地表与大气之间的感热交换，是地表能量平衡中的另一个主要分量。1981～2000 年，青藏高原潜热通量逐渐增加，表明该区域地表水体的蒸散发在逐渐增强，年均潜热通量为 34.3W/m² (图 5.5)。其年均蒸散发量为 443.7mm/a。同期内，青藏高原感热通量表现为显著性减小趋势(图 5.5)，年均感热通量为 $49.7\mathrm{W/m^2}$。根据青藏高原中东部 71 个气象站资料，高原地区感热减弱持续发生，在春季表现尤为显著，潜热通量持续增加，春、夏季节增加较多(王美蓉等，2012)。由于潜热通量逐渐增加，感热通量逐渐减少，因此净辐射通量中，潜热通量消耗的能量比例也在逐年增加。气温的变暖趋势由于潜热通量的增加，会受到一定程度的制约。

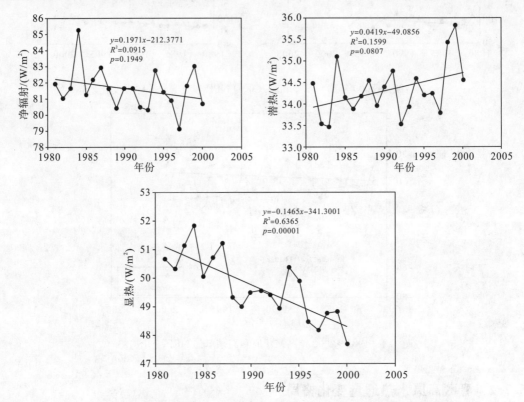

图 5.5　青藏高原 1981～2000 年净辐射、潜热以及显热通量变化趋势

5.2.2.2　高寒草原和高寒草甸水热通量变化格局

1981～2000 年，高寒草原和高寒草甸净辐射通量均表现为非显著的减小趋势，而高寒草原平均净辐射通量要高于高寒草甸，其年均值分别为 $87.1\mathrm{W/m^2}$ 和 $76.7\mathrm{W/m^2}$ (图 5.6)。高寒草原与高寒草甸年均潜热通量分别为 $23.0\mathrm{W/m^2}$ 和 $26.6\mathrm{W/m^2}$，相应地，其年蒸散发量分别为 $297.4\mathrm{mm/a}$ 和 $344.0\mathrm{mm/a}$。高寒草甸的年蒸散发量要高于高寒草原生态系统。年际尺度上，自 1981～2000 年，两种生态系统潜热通量均表现为增加趋势(图 5.6)，高寒草原的潜热通量增加幅度更大。与青藏高原整个区域变化趋势相似，高寒草原和高寒草甸感热通量在 1981～2000 年均表现为显著的减小趋势(图 5.6)，高寒草原感热通量减小的幅度更大，进而也说明了高寒草原用于蒸散发的能量损失在逐渐增加。

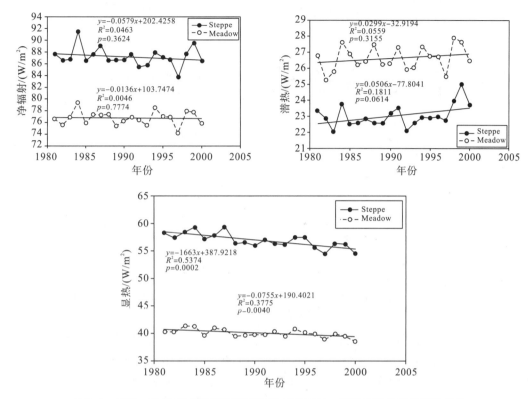

图 5.6　1981~2000 年高寒草原和高寒草甸净辐射、潜热和显热通量变化趋势

5.2.3　青藏高原水分利用效率变化格局及影响机制

水分利用效率（WUE）是指植物消耗单位质量水分所固定的 CO_2（或生产的干物质）的量。水分利用效率是深入理解生态系统水碳循环及耦合关系的重要指标，揭示生态系统 WUE 的变异特征及其机制有助于分析和预测气候变化对生态系统水过程、碳过程的影响。一般来说，森林和农田生态系统的 WUE 整体高于草地、荒漠和冻原生态系统（胡中民等，2009）。由于不同研究尺度和研究目的，WUE 的计算存在一定的区别，而其机理也有较大的差异。本研究水分利用效率定义为生态系统水平 NPP 与蒸散发量的比值（NPP/ET）。由于生态系统水平固碳和耗水过程包括了复杂的反馈过程，使其控制机制变得更加复杂。

如图 5.7 所示，自 1981~2000 年，青藏高原 WUE 总体呈现非显著性的增加趋势，多年平均 WUE 为 $3.5mgCO_2/gH_2O$。高寒草原和高寒草甸 WUE 也呈增加趋势，其中高寒草甸显著性增加，其年均 WUE 分别为 $1.2mgCO_2/gH_2O$ 和 $2.5mgCO_2/gH_2O$。Law 等（2002）总结了 FLUXNET 主要生态系统生长季月平均 WUE，发现主要草地生态系统的 WUE 值分布范围为 $0.1~6.0mgCO_2/gH_2O$。胡中民（2008）发现我国内蒙古和青藏高原地区草地生态系统的 WUE 为 $0.8~4.8mgCO_2/gH_2O$。AVIM2 模拟结果表明，高寒草原和高寒草甸的 WUE 介于 Law 等（2002）和胡中民（2008）的研究结果之间。

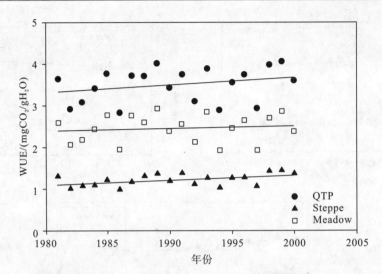

图 5.7　1981～2000 年青藏高原地区(QTP)，高寒草原(Steppe)和高寒草甸(Meadow)水分利用效率年际变化特征

注：QTP：$y=0.0184x-33.0853$，$R^2=0.0735$，$p=0.2477$；Steppe：$y=0.0052x-7.7982$，$R^2=0.0087$，$p=0.7657$；Meadow：$y=0.0113x-21.2366$，$R^2=0.2146$，$p=0.0397$。

相关分析结果表明，高寒草原和高寒草甸 WUE 主要受到叶面积指数、年均温和年降水量影响，与净辐射的相关性不显著。胡中民(2008)通过分析也发现，决定季节和年际尺度上 WUE 变化的主要因子是叶面积指数。其原因是叶面积指数增加会抑制地表水分蒸发，植物生长消耗的水分比例增加，进而促进 WUE 的增加。另外，由于叶面积指数增加，地表反照率减少，植物的光合作用能力增强，也在一定程度上促进 WUE 的增加。尽管叶面积指数是 WUE 年际尺度上最重要的影响因素，但是温度和降水同样控制水分利用效率的年际变异过程。根据多元回归法相对权重因子分析，高寒草原温度对 WUE 的影响最小，而高寒草甸降水对 WUE 的影响最小(图 5.8)。

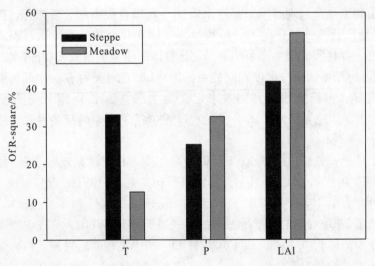

图 5.8　基于多元回归法的年降水、年均温和净辐射通量对 NPP 影响的相对权重

5.2.4　青藏高原水碳通量耦合作用及影响机制

5.2.4.1　高寒草原和高寒草甸 NPP 变化的影响因子

利用相关关系法、多元回归法，分别分析了高寒草原和高寒草甸生态系统 NPP 与年降水量(p)、年均温度(t)和年净辐射的关系。发现高寒草原生态系统年 NPP 的变化主要受到降水和温度的控制，与净辐射的相关关系不显著［图 5.9(a)］。同时，高寒草甸生态系统年 NPP 的变化也主要受到降水和温度的控制，净辐射对净初级生产力的影响较小［图 5.9(b)］。但是，不同草地生态系统类型间，温度和降水对 NPP 的影响程度并不相同。

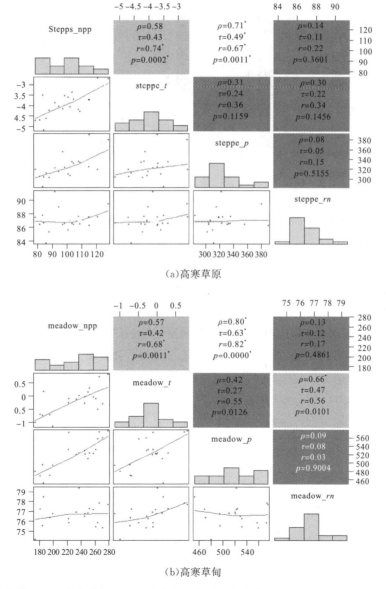

(a)高寒草原

(b)高寒草甸

图 5.9　高寒草原(a)和高寒草甸(b)NPP 与年均温度(*t*)，年降水量(*p*)和年净辐射通量(*r n*)的相关关系

　　对于高寒草原生态系统，温度和降水对 NPP 影响的权重分别为 32.1％和 63.9％（图 5.10）。而对高寒草甸生态系统，温度和降水的影响权重分别为 54.4％和 43.1％。青藏高原地区温度呈现逐年升高，但是降水量的变化并不显著，因此未来气候变化情境下，温度变化对高寒草甸生态系统的 NPP 影响可能会高于高寒草原生态系统。青藏高原东部草甸、部分草原区暖湿化明显，草地生产力提高。总体上，气候变化是驱动草地生态系统变化的主导因子(李文华等，2013)。

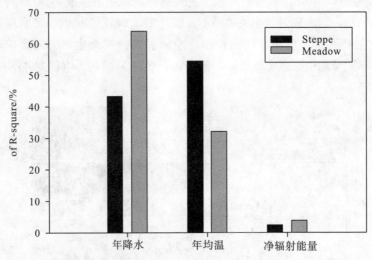

图 5.10　基于多元回归法的年降水、年均温和净辐射通量对 NPP 影响的相对权重

5.2.4.2　高寒草原和高寒草甸水热通量变化的影响因子

　　分析潜热通量与年均温度、年降水量、叶面积指数和 NPP 的关系，发现高寒草原生态系统，潜热通量与年均温度、叶面积指数和 NPP 的相关关系较显著，受降水的影响较小 [图 5.11(a)]。同样，高寒草甸生态系统潜热通量也主要受到年均温度、叶面积指数和 NPP 的影响 [图 5.11(b)]。所有贡献变量中，年均温度与潜热通量的关系最密切(图 5.12)，一方面是由于温度升高会促进蒸散发过程；另一方面，年均温度与感热通量息息相关，感热通量的变化必将影响潜热通量的变化。高寒草原受叶面积指数的影响也较大，叶面积指数的变化与净初级生产力的相关性较好，说明草地生态系统植物生长能力的增强，会促进叶面积指数的增加，进而会导致蒸散发潜力的增大。由于气候变暖导致的植物生长能力的增强，也必将会促进更多的能量通过蒸散发过程而损失，而蒸散发能力增强，在净辐射减小的趋势下，将会导致青藏高原草地生态系统类型区域的升温速度在一定程度上降低。同时，蒸散发能力的持续增加，也会导致该区域内的有效水资源量减少，对水资源的安全利用提出了一定的挑战。

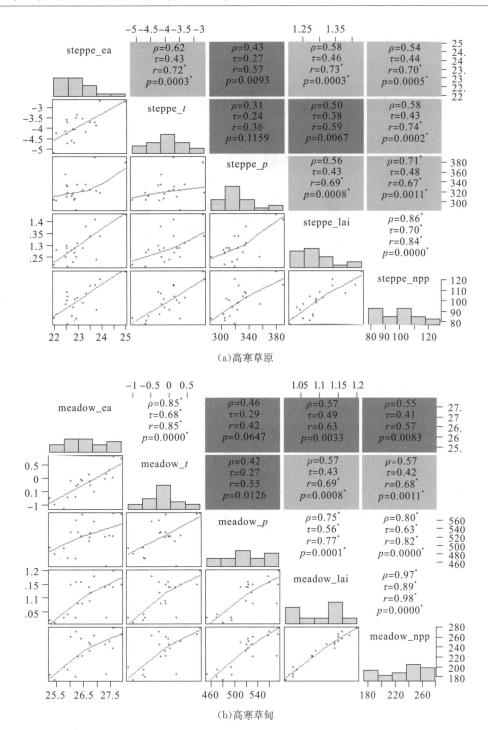

图 5.11　高寒草原(a)和高寒草甸(b)潜热通量与年均温度(t)，年降水量(p)，
叶面积指数(LAI)和 NPP 的相关关系

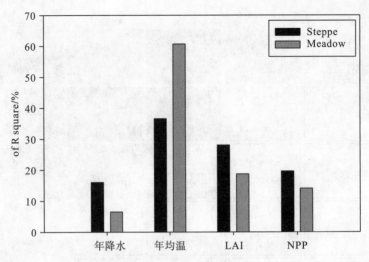

图 5.12 年降水、年均温叶面积指数和 NPP 对潜热通量影响的相对权重

5.2.5 小结

(1)在 1981~2000 年，青藏高原地区 NPP 增加的速率略高于土壤异养呼吸的增加速率，使得高原高寒草地区域整体呈现碳汇，主要是温度增加和植被叶面积指数增加驱动的结果，降水变化也起到较大作用。

(2)在净辐射通量递减背景下，潜热通量显著增大，促使感热通量递减，其中高寒草原区的能量变化幅度较高寒草甸区大。温度升高和高寒草地盖度(叶面积指数)增加，促使蒸散发通量增加，高寒草地生态系统通过增大水分利用效率应对这种变化，并维持了 NPP 的增加，也即未出现明显的水碳权衡格局。

(3)传统上，认为处于高原西北部高寒和干旱条件下的高寒草原生态系统对降水变化的敏感性高于温度，而本文研究结果揭示的现象正好相反，影响高寒草原 NPP 的主要因素是温度，对高寒草甸生态系统 NPP 作用较大的因素是降水，这就解释了在 1981~2000 年，藏北高原不显著的降水波动增加导致高寒草原植被指数增加幅度超过东南部的高寒草甸区。

5.3　高寒草地生态系统碳氮过程与水热耦合关系

多年冻土主要分布在高山及北半球高纬地区（周幼吾等，2000；Bockheim，2015）。由于长期的低温环境，多年冻土积累了大量的有机碳。据测算，北半球高纬冻土区表土 1m 深度内土壤有机碳储量为 495Pg，3m 内储量达 1024Pg，约占全球 3m 深度土壤有机碳储量的 44%(Tarnocai et al.，2009)。全球高山多年冻土分布面积约为 $3.5 \times 10^{6}\,km^{2}$，有机碳储量约为 66Pg，其中青藏高原是高山冻土的主要分布区(周幼吾等，2000；Bockheim et al.，2014)。最新调查表明，青藏高原多年冻土分布面积约为 $1.04 \times 10^{6}\,km^{2}$，表土 1m 深度土壤有机碳储量约为 17.3Pg，约占全球高山多年冻土碳储量 26%，占我国 1m 土壤有机碳储量 (Xie et al.，2007；Yang et al.，2007)的 19%~25%(Mu et al.，2015）。然而，在当前及今后相当一段时期内，多年冻土区面临着快速增温的事实（Graversen et al.，2008；Rangwala 和 Miller，2012；Qin et al.，2015；Wang et al.，2016）。在此背景下，多年冻土碳库可能发生的微小变化就可以对区域、全球碳循环以及碳收支评估产生重大影响，因此全球变暖对多年冻土碳库的影响及其反馈作用受到各国学术界和政府的高度关注。

全球变暖对多年冻土区碳储量的影响主要表现在两个方面：一方面增温可以显著提高冻土区植被生产力和碳储量（gross primary productivity，GPP）（Li et al.，2011；Natali et al.，2012），增加土壤碳输入；另一方面，增温也极大地促进了土壤微生物的活性，从而增加土壤碳，尤其是老碳（Old carbon）的呼吸排放损失（Dorrepaal et al.，2009；Schuur et al.，2009；Vogel et al.，2009；Hicks Pries et al.，2016）。因此，多年冻土区碳输入与输出对增温的响应差异决定了其碳源-汇的变化方向与程度。例如，北极冻土区苔原研究表明，轻度退化冻土由于植被碳增加大于碳呼吸损失表现为碳汇，而重度退化冻土土壤碳损失进一步增加而大于植被碳吸收，表现为碳源（Schuur et al.，2009；Vogel et al.，2009）。然而，植被生产力对增温的响应还与土壤氮素储量和供给有关。短期内，增温可以增加土壤有机质分解的氮素供给以及冻结层融化的氮素供给，促进植被生长（Hobbie et al.，1998；Keuper et al.，2012）；但在长期增温情况下，依据氮素渐进限制理论（Progressive N limitation）（Luo et al.，2004），土壤氮素供给趋于下降而不足以满足植被生产力的持续增加。因此，土壤氮库及其供给在增温下的变化是准确评估多年冻土区碳库变化的重要方面。本文通过检测土壤氮储量及 ^{15}N 在 OTC 增温下的变化研究增温对青藏高原多年冻土土壤氮储量及氮循环的影响。

此外，不同于其他区域，除了细根碳输入、表土有机碳淋溶输入以及土壤动物扰动混合作用三种机制外，冻融扰动作用（cryoturbation，指反复冻-融过程中不同土壤层的混合作用）被认为是多年冻土区土壤下层有机碳积累的重要甚至是主要机制（Bockheim，2007；Kaiser et al.，2007；Bockheim，2015）。例如，在北极多年冻土区，由于冻融扰动作用的影响，部分下层土壤碳含量与表土接近甚至高于表土，下层土壤由冻融扰动作用累积的碳约占整个活动层碳储量的 55％（Bockheim，2007；Kaiser et al.，2007）。同样，冻扰作用也广泛存在于青藏高原多年冻土区（Smith et al.，1999；Bockheim，2015）。然而，全球变暖背景下，冻融扰动作用的变化规律及其对土壤碳垂直分布的作用缺乏认识，影响了对多年冻土区土壤碳库变化的评估。

通过对比北极冻土区土壤剖面放射性碳同位素 ^{14}C 组成和历史时期气候资料，Bockheim（2007）认为在全新世温暖期冻融作用得到增强且促进了土壤碳的深层分布与积累，并由此推测在未来增温背景下冻融作用同样会增强，促进土壤碳的下层分布进而减缓土壤碳的呼吸损失。然而，目前仍缺乏冻融作用对增温的响应及其对土壤碳垂直迁移影响的直接证据，在青藏高原多年冻土区的相关研究更是处于空白。如何检测冻融作用在较短时期内变化及其对土壤迁移的影响则是当前亟需解决的难点。本文针对冻融作用对土壤影响的特点，即土壤粗颗粒趋向于表层分布，而黏粉粒等细颗粒趋于下层迁移的规律（Bockheim，2015），利用土壤 ^{137}Cs（注：^{137}Cs 主要吸附于土壤黏粉粒表面而很少被植物吸收利用）活度的剖面分布规律在增温下的差异来反映冻融作用的变化，进而评估其对土壤碳库再分布的影响。

5.3.1　冻融扰动作用对增温的响应及其对土壤碳迁移的影响

依托风火山典型多年冻土区的开顶式(open-top-Chamber，OTC)增温实验(2008 建立于地势较平坦的地段)，于 2014 年对增温(年均增温幅度 3.6℃)和对照样地土壤剖面进行了取样和测定，发现不管在对照还是增温处理下，表土 5cm 以下的全土(Bulk soil)有机碳、全氮含量及 C∶N 随土壤深度变化不大，而土壤黏粉粒(<0.053mm)和团聚体(包括 2~8mm，0.25~2mm 和 0.053~0.25mm 三个粒径组成)组分的有机碳、全氮含量及 C∶N 在整个 60cm 剖面内变化均很小(图 5.13 和图 5.14)，这与北极多年冻土区土壤碳氮的剖面分布规律较为一致(Kaiser et al.，2007；Bockheim，2015)，而不同于其他区域或生态系统土壤碳氮随土壤深度增加呈指数递减的格局(Rumpel et al.，2010)。多年冻土区土壤剖面碳氮分布变异较小，或者说下层土壤碳氮含量较高的原因可能与其较低的分解速率(这与 C∶N 剖面差异较小相一致)以及剖面冻融扰动迁移作用有关。

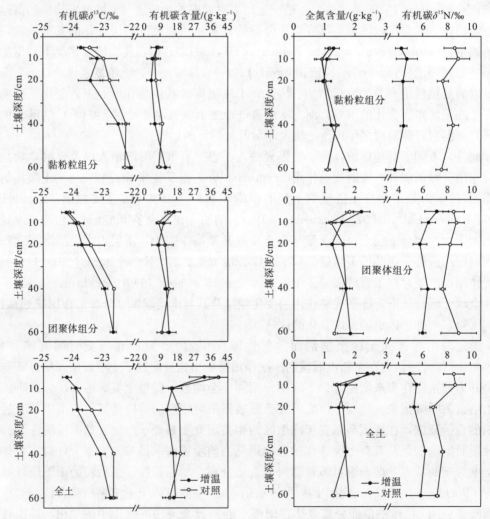

图 5.13　不同土壤组分土壤有机碳、全氮含量及碳氮稳定碳同位素组成的剖面分布规律

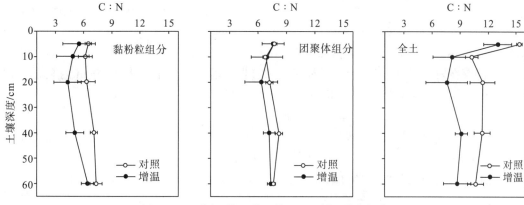

图 5.14　不同土壤组分土壤 C∶N 剖面分布规律

比较对照和增温处理土壤[137]Cs 活度的剖面分布发现，在对照样地，[137]Cs 活度的峰值出现在表土，并随土壤深度增加而迅速下降，在 10～20cm 检测到的活度很低（约 1Bq/kg），但在增温处理下，[137]Cs 活度峰值出现在下层 5～10cm，且在 10～20cm 检测的活度值较高（约 5Bq/kg，图 5.15）。然而，整个土壤剖面（0～60cm）[137]Cs 含量在对照和增温处理下差异很小（$p=0.7$，图 5.15 中内图），这说明土壤[137]Cs 在增温下总量没有发生变化而仅发生了下层迁移，同时也表明增温促进了多年冻土的冻扰作用及其对土壤的深层分布作用。

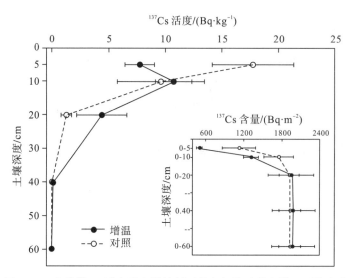

图 5.15　土壤[137]Cs 活度及含量的剖面分布规律及其在增温下的变化

同时利用土壤有机碳[13]C 同位素组成（$\delta^{13}C$）的剖面分布格局在增温下的变化可以进一步反映冻扰作用对土壤碳的迁移影响。土壤有机碳的 $\delta^{13}C$ 值与植被碳的 $\delta^{13}C$ 值（该值与大气 CO_2 的 $\delta^{13}C$ 值及植被光合作用型等因素有关）以及土壤碳分解过程中的分馏作用有关，一般认为有机碳分解过程的分馏会产生[13]C 富集，增大土壤有机碳 $\delta^{13}C$ 值（Natelhoffer et al.，1988；于贵瑞等，2005；Garten et al.，2007；Menichetti et al.，2014）。在本研究以及其他多数地区的研究中，土壤有机碳的 $\delta^{13}C$ 值随土壤深度增加而增大(图 5.13)，其原因一方面是因为随土壤深度增加土壤有机碳分解程度增加而产生^{13}C富集，另一方面与工业革命以来化石燃料燃烧排放的大量^{13}C 贫化的 CO_2 有关，即 Suess效应(the Suess effect)(于贵瑞等，2005；Menichetti et al.，2014)。但是 Suess 效应的作用大小仍存在较大争议(Menichetti et al.，2014)。增温处理下，表土 10cm 内全土、黏粉粒和团聚体的土壤有机碳 δ^{13}C 值变化很小，但在下层 10~40cm 土层中三者的 δ^{13}C 值出现较明显降低(图 5.13)，可能是与以下 3 个因素有关。其一，北极多年冻土区的研究表明，增温会导致下层土壤老碳呼吸损失加剧(Hicks Pries et al.，2016)，而老碳的 δ^{13}C值较高(Garten et al.，2007)，进而可能造成下层土壤有机碳的^{13}C 贫化；其二，尽管增温作用下植被的地上及地下部分的 δ^{13}C 值显著增高，但相对于土壤碳，植被碳的 δ^{13}C 值仍较低(较负，表 5.1)，而在增温作用下植被生长力增加(Li et al.，2011)，^{13}C 贫化的植被碳输入显著提高，从而降低土壤碳的 δ^{13}C 值，但是随土壤深度增加植被碳输入快速下降(Rumpel et al.，2010)，其稀释作用在下层土壤中可能表现较弱；其三，除了植被碳的混合降低作用外，下层土壤有机碳 δ^{13}C 值降低也可能是在增强的冻扰作用下上层土壤碳(δ^{13}C 值较低)的混合作用造成的，也就是说在多年冻土区土壤有机碳^{13}C 组成的剖面分布规律可能同时受冻扰作用影响，并且在全球变暖背景下，其影响更大。

表 5.1　土壤有机碳、全氮储量及植被碳稳定同位素比值在增温下的变化

处理	0~60cm 土壤有机碳储量/(kg·m^{-2})			0~60cm 土壤全氮储量/(kg·m^{-2})			植被 δ^{13}C/‰	
	团聚体组分	黏粉粒组分	全土	团聚体组分	黏粉粒组**	全土*	地上	地下
对照	1.85±0.14	2.73±0.30	15.22±1.16	0.27±0.03	0.35±0.04	1.31±0.03	−26.31	−25.63
增温	1.96±0.24	3.44±0.28	14.28±0.91	0.24±0.10	0.54±0.04	1.53±0.08	−25.76	−25.35

注：表中 * 和 * * 分别表示显著水平为 0.05 和 0.01，检验方法为一般线性模型(General linear model)。

上述研究表明，增温促进了青藏高原多年冻土区的冻扰作用，而增强的冻扰作用则促进了不同组分土壤碳的下层迁移，进而影响土壤碳对增温的响应。

5.3.2　增温对多年冻土区土壤氮循环的影响

土壤氮循环过程很复杂(图 5.16)，且影响因素众多，对其监测与量化较为困难，但是前人通过大量的研究揭示了土壤^{15}N 同位素组成(δ^{15}N)与土壤氮循环的关系，可以通过测定土壤 δ^{15}N 值变化反映土壤氮循环过程 (Robinson，2001；Evans，2007)。自然生态系统中土壤氮素主要来源大气干湿沉降以及生物固氮，二者平均 δ^{15}N 值分别是−3‰ (范围在−7‰~+4‰)和 0‰ (范围在−2‰~+2‰) (Robinson，2001；Evans，2007)，氮素在进入土壤后发生的一系列循环过程均会产生不同程度的分馏，从而影响土壤氮的 δ^{15}N值(图 5.17)。氮循环过程中分馏程度可以用氮同位素的分馏系数(fractionation factor，ε)来表示(表 5.2，图 5.17)。概述之，当土壤氮输出不变，大气来源氮输入增加，或者氮输入增加高于土壤氮的输出时，土壤氮储量趋于增加并且其 δ^{15}N 值趋于下降；反之，如果氮输入不变，氮输出增加，或是土壤氮矿化、硝化、反硝化作用增加幅度更高时，土壤氮储量降低其 δ^{15}N 值增高。也就是说土壤氮循环更封闭时(输入大于输出)，土壤δ^{15}N 值降低，而当土壤氮循环趋于更开放时(循环更快，输出更多)，土壤 δ^{15}N 值升高。

因此，土壤 δ^{15}N 值变化可以作为氮循环的指示指标，并且得到广泛应用（Robinson，2001；Wang et al.，2014；Fang et al.，2015）。

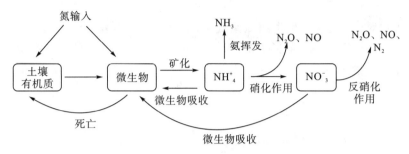

图 5.16　土壤氮素主要循环过程概图（引自 Evans，2007）

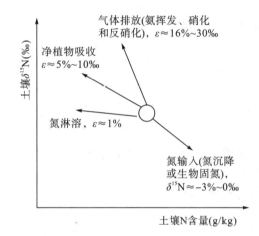

图 5.17　生物固氮输入及主要氮输入的分馏作用对土壤稳定氮同位素组成
和氮库的影响（引自 Wang et al.，2014）

表 5.2　土壤氮素主要循环过程的分馏系数

循环过程	分馏系数（ε）/‰
有机氮矿化	0～5
氨挥发	29，40～60
硝化作用	15～35，35～60
反硝化作用	28～33
净植物吸收	5～10
淋溶	1

注：表中数据来源于 Robinson（2001），Evans（2007），Wang 等（2014）。

　　本书研究显示，增温作用下，多年冻土土壤不同组分的 δ^{15}N 值均显著下降（图 5.13），依据上述理论推论增温作用下大气氮输入增加且大于土壤氮的气体损失。大气氮输入途径中，由于对照与增温样地毗邻，可以认为大气氮沉降输入在对照和增温处理间没有差异，因此生物固氮则可能是增温下多年冻土土壤氮增量的唯一来源。为了深入分析生物固氮增量以及土壤氮输出变化，根据同位素质量平衡原理建立式（5.1），推算在土壤氮输出不变的情况下，不同土壤组分 $\delta^{15}N$ 值实际下降所需的最小氮增量。

$$\delta^{15}N_{otci} = \frac{m_{cki} \times \delta^{15}N_{cki} + M_i \times \delta^{15}N_{Nitf}}{m_{cki} + m_i} \tag{5.1}$$

式中，m_{cki} 表示对照样地第 i 层土壤氮储量，$g\ N/m^2$；$\delta^{15}N_{cki}$，$\delta^{15}N_{otci}$ 分别表示对照和增温处理第 i 层土壤 $\delta^{15}N$ 值，‰；$\delta^{15}N_{Nitf}$ 表示生物固氮输入的 $\delta^{15}N$ 值，取其均值 0‰；m_i 为土壤氮输出不变的情况下，第 i 层土壤 $\delta^{15}N$ 值实际下降所需的最小氮增量，$g\ N/m^2$。

式 5.1 可推导出式 5.2，进行计算。

$$\frac{m_{cki} \times (\delta^{15}N_{cki} - \delta^{15}N_{otci})}{\delta^{15}N_{otci}} = m_i \tag{5.2}$$

式中，参数见上。

估算结果表明，在不考虑土壤氮输出变化时，不同深度不同组分土壤 $\delta^{15}N$ 值下降所需的最小生物固氮输入量均大于其实际的氮增量（即增温与对照样地的差量，图 5.18）。例如，0~60cm 内全土、黏粉粒和团聚体的土壤全氮储量在增温下分别显著增加了 225 g $N/m^2(p<0.05)$，187g $N/m^2(p<0.05)$ 和 30g $N/m^2(p=0.21)$，但同深度内 $\delta^{15}N$ 值降低所需的最小氮增量分别为 415g N/m^2，343g N/m^2 和 57g N/m^2。也就是说，增温下生物固氮的增加并不能完全解释土壤 $\delta^{15}N$ 的降低，土壤氮输出下降可能同样发挥了部分作用。在土壤氮素输出中，淋溶作用对土壤氮分馏作用较小（图 5.17），且由于增温下土壤水分下降（Li et al.，2011），淋溶作用可能趋于减弱，对土壤 $\delta^{15}N$ 值降低影响有限。此外，植物对土壤氮素吸收与返回在增温下仍处于动态平衡，其净吸收分馏作用变化不大。因此，增温下土壤 $\delta^{15}N$ 值的变化可能更多受生物固氮输入以及氮素气体排放损失或循环影响（图 5.18）。

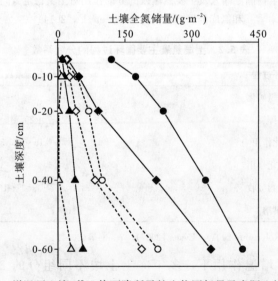

图 5.18　增温下土壤 $\delta^{15}N$ 值下降所需的生物固氮量及实际土壤氮增量

注：图中圆点、菱形、三角形分别表示全土、黏粉粒组分及团聚体组分，其中实心表示估算的需求量，而空心表示实际增量。

生物固氮作用在增温作用下的提高可能与以下机制有关。土壤固氮酶的活性在

25℃最高，而在5℃以下骤减，5~20℃其活性呈增加趋势（Fowler et al.，2015）。本研究的长期土壤温度监测显示增温处理下土温大于5℃的日期较对照增加近60天，而且增温处理下生长季平均土温显著高于对照，推测增温处理提高了冻土土壤生物固氮效率。此外，生物量调研数据显示固氮植物的地上生物量在增温处理下约增加了50%，表明植物固氮作用增强。因此，增温促进了青藏高原多年冻土土壤大气生物固氮的输入，进而部分降低其土壤δ^{15}N值。

增温下土壤氮输出降低或氮循环过程减弱可能与以下几个过程相关联。有证据显示，增温并未显著促进青藏高原高寒草地土壤氮的矿化作用（Wang et al.，2012），即来源于土壤氮矿化的NH_4^+供给可能并没有显著增加。同时由于植物和微生物在增温下对NH_4^+以及NO_3^-吸收增加（表现为生物量大幅提高，Li et al.，2011），土壤NH_4^+和NO_3^-含量或供给降低（图5.19），土壤硝化和反硝化作用由于其反应底物（即NH_4^+和NO_3^-）减少而减弱。这与增温作用下多年冻土区土壤N_2O（硝化和反硝化产物）排放并未显著增加的证据相一致（Morishita et al.，2014；Wei et al.，2014）。土壤水分的增加对土壤反硝化促进较为明显（Smith et al.，2003；Hu et al.，2015），但增温处理下本研究区土壤含水量趋于下降（Li et al.，2011），可能进一步限制了土壤的反硝化作用。此外，增温作用下由于冻扰对土壤氮的迁移，也可能影响微生物对土壤氮的分解。因此，多年冻土区土壤氮素循环在增温作用下趋于减弱，从而降低了对土壤氮库的分馏作用，减小氮库的δ^{15}N值。

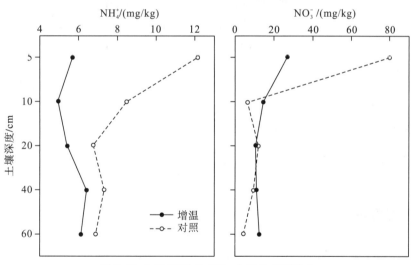

图5.19　土壤NH_4^+和NO_3^-含量的剖面分布

土壤碳氮存在很强的耦合关系，碳库的增加依赖于氮库的提高（Luo et al.，2004）。本研究发现，增温作用下，整个剖面内土壤全土和团聚体有机碳库变化不大，但黏粉粒碳库显著增加，这可能与黏粉粒氮库的增加有关（表5.1），同时也说明土壤碳、氮输入更多被黏粉粒吸附而促进了碳氮的稳定与增加。此外，从土壤全土和黏粉粒组分C：N在增温下降低（图5.14），可以推断出土壤全土和黏粉粒氮库的增加幅度较碳库更高。

上述结果验证了增温可以促进土壤的冻融扰动作用，同时也表明土壤^{137}Cs剖面变化可以用来表征冻土的冻融扰动变化。研究结果发现增温并没有增加土壤碳、氮的分解损失，而是促进了土壤黏粉粒组分有机碳和全氮的固持与增加，这可能与冻融扰动迁移作用有部分关系。

5.4 土壤呼吸与土壤水热关系

5.4.1 概述

土壤呼吸指土壤中因生物呼吸与生命活动而消耗吸收氧气和产生释放二氧化碳的过程。土壤呼吸是陆地生态系统 CO_2 排放的重要来源之一，是生态系统呼吸的重要组成部分，可占到生态系统呼吸的 $60\%\sim90\%$（Kuzyakov，2006）；因此，土壤呼吸在研究寒区生态系统碳循环中至关重要。土壤呼吸主要由自养呼吸和异养呼吸两部分组成；自养呼吸源于土壤中植物的根系呼吸，异养呼吸主要来自于土壤中微生物活动。自养呼吸约占土壤呼吸的 50%，所占比例因生态系统而异，从 10% 到 90% 不等（Bond-Lamberty et al.，2004；Hanson et al.，2000）。由此可见，不同组分土壤呼吸占比存在很大的不确定性。

土壤呼吸主要受土壤水热的影响，在绝大多数研究中，温度是控制土壤呼吸的决定性因子；一般用 Q_{10} 表示土壤呼吸的温度敏感性，即温度每升高 $10\,^{\circ}\mathrm{C}$，土壤呼吸增加的倍数。全球 Q_{10} 平均值为 2.4，但不同区域和生态系统类型差异巨大，一般高纬度地区 Q_{10} 高于低纬度地区。例如，温带地区 Q_{10} 为 $1.3\sim3.3$，而北极地区 Q_{10} 为 $2\sim8.8$，甚至更高。Q_{10} 随温度的升高而降低，过高温度会降低土壤酶活性，从而降低土壤呼吸温度敏感性。土壤含水量是影响土壤呼吸的另一重要因子，一般而言，在干旱环境中土壤呼吸会受到限制，在适宜的土壤水分环境中最大，而在土壤水分过高时又会降低土壤含氧量，从而限制土壤呼吸。土壤水分主要通过影响根和微生物的生理过程及底物和氧气扩散影响土壤呼吸。此外土壤呼吸还受土壤有机质含量、土壤质地、pH、植被类型、细根和GPP 等因素影响。虽然土壤呼吸主要受温度影响，但通常受多因素的交互作用影响。

5.4.2 研究方法

本研究区位于青藏高原风火山典型多年冻土区，于 2012 年 6 月分别选取该区典型高寒草甸和高寒沼泽草甸进行围栏禁牧。土壤呼吸组分区分采用壕沟法（Moyano et al.，2007）。2012 年 6 月，在两种草地类型样地内随机选取 4 个植被均匀平整的样方，每个样方大小为 50cm×50cm。在样方周围挖出 60cm 深沟，将直径为 0.038mm 的尼龙网放入沟中，回填土壤，然后齐地面剪掉样方内植物。在 2012 年生长季，每 10 天剪一次草，以防止样方内植物生长，从而阻断向根系输送营养物质。经过一个生长季剪草，样方内根系基本枯死，样方内无植物活动，土壤呼吸即为微生物异养呼吸。在 2012 年生长季末期土壤冻结前将直径 20cm，高 5cm 的 PVC 管插入各样方，地上部分保留 2cm，测定呼吸代表土壤异养呼吸；同时在每个样方周围插入 PVC 管，并在测定前剪掉地上植物部分，在剪植被时尽量避免扰动地表凋落物，测定值代表土壤总呼吸；自养呼吸为土壤呼吸和异养呼吸差值。

土壤呼吸观测采用 Li-8100a 便携式土壤呼吸测定仪器（LI-COR Inc. Lincoln，NE，USA）。测定时间从 2013 年 1 月到 12 月，根据植被物候变化将观测时间分成生长季和非生长季，生长季为 5 月末～9 月中旬，非生长季包含冬季(11 月～4 月中旬)和冻融前期(9月中旬～10 月和 4 月中旬～5 月末)。在测定土壤呼吸的同时，在冻融前期和生长季测定土壤异养呼吸。生长季每月测定 6 次，冻融前期每周测定 2～3 次，冬季每月测定 2 次；日变化日间 7：00～19：00 每 2h 测定一次，夜间 19：00～7：00 每 3h 测定一次。测定土壤呼吸的同时，利用 LI-8100a 自带温湿度探针测定 PVC 管附近土壤 5cm 温湿度；此外，利用土壤温湿度传感器分别测定两种草甸土壤 5cm 温湿度(Decagon 5TM 和 EC-TM 传感器，美国)，每 10 分钟测定一次，并计算每天平均值。在土壤积雪期间，运用较长的PVC 管连接到已插入的基座上，并用防水胶带粘合以防止漏气，待风力作用下，积雪重新填满 PVC 管后再进行测定(Elberling，2007)。

土壤呼吸与土壤温度关系采用如下方程计算（Zhang et al.，2015）：

$$SR = a\,e^{bST} \tag{5.3}$$

$$Q_{10} = e^{10b} \tag{5.4}$$

式中，SR 表示土壤呼吸；ST 表示土壤 5cm 温度；a 和 b 为恒定系数；Q_{10} 为土壤呼吸温度敏感性，表示温度每升高 10℃，土壤呼吸升高倍数。

土壤呼吸累积 CO_2 排放量采用下式计算：

$$SR = \sum\nolimits_{k=1}^{n-1} R_{m,k}\Delta t_k \tag{5.5}$$

式中，SR 表示土壤呼吸累积排放量；$\Delta t_k = t_{k+1} - t_k$ 表示两次测定间隔天数；$R_{m,k}$ 表示每个间隔时间测定的土壤呼吸平均值。

各处理间比较采用 T 检验，用 LSD 方法检验处理间差异性，基于 $P = 0.05$ 水平。

5.4.3　土壤呼吸日变化特征

对高寒草甸和沼泽草甸两种典型草甸类型不同季节土壤呼吸进行观测。结果表明，两种草甸类型土壤呼吸日变化趋势相似，均呈单峰曲线变化，与土壤 5cm 温度变化趋势一致(图 5.20)。非生长季以 4 月 25 日 7：00 到次日 7：00 为例，高寒草甸和沼泽草甸土壤呼吸速率最大值均出现在 15：00～17：00，分别为 $0.46\mu mol \cdot m^{-2} \cdot s^{-1}$ 和 $0.81\mu mol \cdot m^{-2} \cdot s^{-1}$；最小值均出现在 4：00～7：00，分别为 $0.08\mu mol \cdot m^{-2} \cdot s^{-1}$ 和 $0.25\mu mol \cdot m^{-2} \cdot s^{-1}$；土壤呼吸日变异系数分别为 0.62 和 0.41，表明高寒草甸非生长季土壤呼吸速率的日变化较大。生长季以 8 月 22 日 7：00 到次日 7：00 为例，与非生长季相同，高寒草甸和沼泽草甸土壤呼吸速率最大值出现在 15：00～17：00，分别为 $3.72\mu mol \cdot m^{-2} \cdot s^{-1}$ 和 $5.51\mu mol \cdot m^{-2} \cdot s^{-1}$；最小值出现在 7：00～9：00，分别为 $1.80\mu mol \cdot m^{-2} \cdot s^{-1}$ 和 $3.58\mu mol \cdot m^{-2} \cdot s^{-1}$，日变异系数分别为 0.29 和 0.17，可见生长季土壤呼吸日变化幅度小于非生长季。

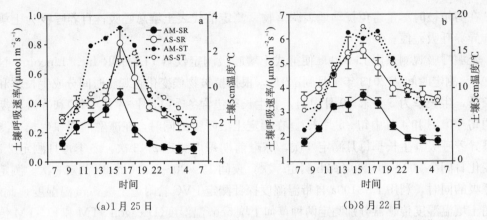

(a)1月25日　　　　　　　　　　　　(b)8月22日

图 5.20　高寒草甸(AM)和沼泽草甸(AS)土壤呼吸(SR)与温度(ST)日变化

　　日变化中，土壤水分基本保持不变，所以土壤呼吸主要受土壤温度影响，土壤 5cm 温度可以解释 $40\%\sim68\%$ 的日变化，且沼泽草甸土壤呼吸与温度相关性(R^2：$0.60\sim0.68$)高于高寒草甸(R^2：$0.40\sim0.51$)(图 5.21)。高寒草甸和沼泽草甸非生长季土壤呼吸温度敏感性(Q_{10})分别为 8.96 和 7.43，生长季分别为 1.62 和 1.46，非生长季 Q_{10} 分别是生长季的 5.08 倍和 5.52 倍，且高寒草甸 Q_{10} 高于沼泽草甸(图 5.22)。

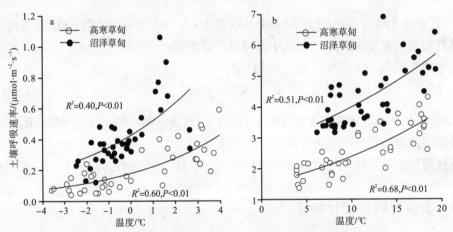

图 5.21　高寒草甸和沼泽草甸土壤呼吸日变化与温度相关性

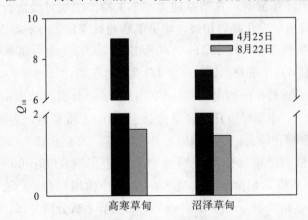

图 5.22　高寒草甸和沼泽草甸土壤呼吸日变化温度敏感性

5.4.4　土壤呼吸季节变化特征

高寒草甸和沼泽草甸土壤呼吸季节变化趋势相似，且与土壤 5cm 温度季节变化密切相关，随土壤温度的升高而逐渐增加(图 5.23)。在 2013 年整个观测期间，两种草甸生长季土壤呼吸显著高于非生长季。高寒草甸和沼泽草甸生长季土壤呼吸平均速率分别为 $1.70\mu mol \cdot m^{-2} \cdot s^{-1}$ 和 $2.53\mu mol \cdot m^{-2} \cdot s^{-1}$；冬季平均土壤呼吸为 $0.11\mu mol \cdot m^{-2} \cdot s^{-1}$ 和 $0.23\mu mol \cdot m^{-2} \cdot s^{-1}$，分别占生长季的 7% 和 9%；冻融前期平均土壤呼吸速率分别为 $0.38\mu mol \cdot m^{-2} \cdot s^{-1}$ 和 $0.54\mu mol \cdot m^{-2} \cdot s^{-1}$，分别占生长季的 22% 和 21%。不同时期沼泽草甸土壤呼吸均显著高于高寒草甸(图 5.24)。

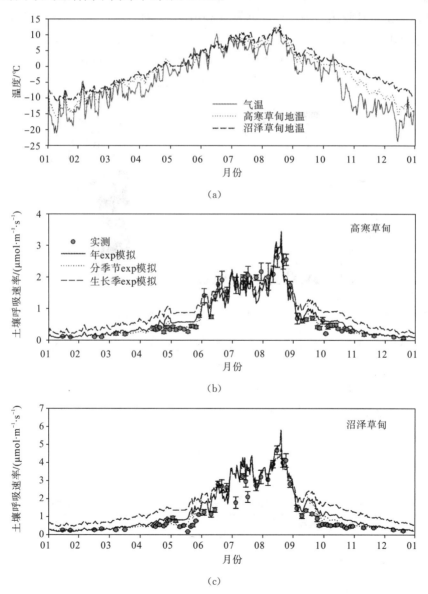

图 5.23　高寒草甸和沼泽草甸土壤呼吸与温度季节变化

在冬季，土壤温度小于 0℃，土壤处于完全冻结状态，所以土壤呼吸速率极低，最低值出现在 12 月（去除高寒沼泽草甸 5 月 19 日水淹特殊情况），高寒草甸和沼泽草甸分别为 $0.06\mu mol \cdot m^{-2} \cdot s^{-1}$ 和 $0.16\mu mol \cdot m^{-2} \cdot s^{-1}$（图 5.23 和图 5.24）。到 4 月中旬，气温逐渐升高，表层冻结土壤开始融化，土壤微生物增加，随着融化厚度不断增加，土壤中可利用有机碳也增加，土壤异养呼吸增强，所以土壤呼吸逐渐升高。但到 5 月中旬，土壤呼吸速率降低，与此段时间极端降雪有关。积雪厚度和持续时间影响表层土壤温度，从而影响土壤呼吸的变化（Elberling，2007）。通常情况下，由于强烈的太阳辐射，降雪快速融化，研究区域非生长季少有积雪覆盖，但 5 月持续极端大雪使积雪厚度达 30cm 以上，阻碍了热量向土壤传递，土壤温度出现下降而后保持稳定［图 5.23(a)］，导致土壤呼吸降低。到 6 月，生长季开始，植被开始返青生长，土壤温度逐渐达到最高，植被根系生长活跃，土壤呼吸达到最大；高寒草甸和沼泽草甸排放速率最高值出现在 8 月，分别为 $2.62\mu mol \cdot m^{-2} \cdot s^{-1}$ 和 $4.63\mu mol\ m^{-2}s^{-1}$。生长季末期，植被枯黄，土壤呼吸快速下降，直到冬季土壤完全冻结，土壤呼吸趋于稳定［图 5.23(b)和(c)］。

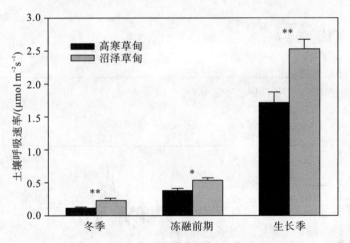

图 5.24　高寒草甸和沼泽草甸不同季节土壤呼吸速率（＊表示 $P<0.05$，＊＊表示 $P<0.01$）

土壤呼吸季节变化主要受土壤温度控制，土壤温度可解释 76%～83% 的土壤呼吸季节变化；与日动态相似，高寒草甸土壤呼吸与土壤温度相关性高于沼泽草甸（表 5.3）。土壤呼吸与土壤温度相关性因季节而异，表明不同季节土壤呼吸还受其他因素的影响。Q_{10} 随季节的变化差异巨大，在冬季和生长季均低于 3，而在冻融前期达到 5.67～9.43，除冬季外，沼泽草甸 Q_{10} 均大于高寒草甸。土壤水分对土壤呼吸影响较小，可解释 22%～27% 的土壤呼吸季节变化（表 5.4），表明土壤温度是土壤呼吸季节变化的主要控制因素。

表 5.3　高寒草甸和沼泽草甸土壤呼吸与土壤 5cm 温度指数相关性

季节	高寒草甸					沼泽草甸				
	a	b	R^2	P	Q_{10}	a	b	R^2	P	Q_{10}
冬季	0.36	0.11	0.45	$P<0.01$	2.99	0.51	0.10	0.42	$P<0.01$	2.68
冻融前期	0.38	0.17	0.40	$P<0.01$	5.67	0.49	0.22	0.42	$P<0.01$	9.43

续表

季节	高寒草甸					沼泽草甸				
	a	b	R^2	P	Q_{10}	a	b	R^2	P	Q_{10}
生长季	0.83	0.10	0.69	$P<0.01$	2.65	1.29	0.10	0.47	$P<0.01$	2.81
全年	0.53	0.14	0.85	$P<0.01$	4.00	0.75	0.16	0.76	$P<0.01$	5.05

表 5.4　高寒草甸和沼泽草甸土壤呼吸与土壤 5cm 水分相关性

草地类型	模式	R^2	P
高寒草甸	$CO_2\,flux=-0.73+14.54SM-28.40SM^2$	0.22	<0.01
沼泽草甸	$CO_2\,flux=-0.55+14.92SM-22.80SM^2$	0.27	<0.01

　　植被类型也是影响土壤呼吸的重要因素之一；不同植被类型，其地上生物量、细根、土壤有机质可利用性及土壤微环境等生态因子存在差异，所以土壤呼吸强度也不同。此外，植被高度、盖度以及掉落物厚度等也会影响土壤的温湿度，从而影响土壤呼吸。通过两种不同草甸类型研究发现，各季节沼泽草甸土壤呼吸速率及年排放量均显著高于高寒草甸(图 5.24 和表 5.5)。Elberling (2007)研究发现，土壤有机质质量和数量上的差异是北极冻原不同植被类型土壤呼吸差异的主要原因之一。本研究区域，沼泽草甸地上生物量、根生物量、土壤有机碳及微生物碳含量均高于高寒草甸(Li et al.，2011)，从而使土壤自养呼吸和异养呼吸均高于高寒草甸。另一方面，沼泽草甸土壤含水量高于高寒草甸，巨大的根生物量也增加了土壤持水力，且沼泽草甸植被高度和凋落物厚度均高于高寒草甸，对沼泽草甸起到了保温作用，使其全年土壤温度均高于高寒草甸 [图 5.23(a)]，从而维持较高的土壤呼吸。

表 5.5　土壤呼吸影响因子分析

因子	双因素方差分析		单因素方差分析[a]	
	F	P	F	P
草地类型(T)	21.45	0.0002	12.19	0.013
季节(S)	198.15	<0.0001		
T * S	7.05	0.0055		

[a]注释：表示不同草地类型对土壤呼吸年排放的影响。

5.4.5　不同季节土壤呼吸 CO_2 排放量估算

　　虽然土壤呼吸是青藏高原草地生态系统碳循环的重要组成部分，但以往研究多集中在生长季，对非生长季土壤呼吸研究较少，且大多研究在非冻土地区，对多年冻土区研究非常少。一般认为，非生长季土壤呼吸极低，可忽略不计，但已有研究表明，非生长季土壤 CO_2 排放在年排放中占有重要比例，甚至超过 50%，所以非生长季土壤呼吸不可忽视。根据实际测定值线性内插法计算得出，高寒草甸和沼泽草甸土壤 CO_2 年排放分别为 903gCO_2・m^{-2} 和 1359 gCO_2・m^{-2}，沼泽草甸排放量显著高于高寒草甸(表 5.6)。虽然生长季排放量显著高于非生长季，但高寒草甸和高寒沼泽草甸非生长季排放占比分别达 25.2% 和 26.3%，因此估算此区域土壤 CO_2 排放时，非生长季排放量不可忽视。

表 5.6   高寒草甸和沼泽草甸不同季节土壤 CO_2 排放量（单位：$gCO_2 \cdot m^{-2}$）

草地类型	冬季	冻融前期	生长季	全年
高寒草甸	94.34±13.36	133.51±10.76	675.25±69.56	903.10±93.52
沼泽草甸	165.11±16.82	192.48±13.86	1001.09±63.80	1358.69±91.01

根据土壤呼吸与土壤温湿度的关系可以预测土壤呼吸 CO_2 排放量，但由于温度、水分、植物物候和底物供应等存在季节差异性，运用单一时段（季节）Q_{10} 预测土壤呼吸年变化可能导致结果偏高或偏低，使青藏高原土壤 CO_2 排放的预测面临诸多不确定性。通过不同季节土壤呼吸的研究，分析不同季节土壤呼吸与其影响因子的关系，可以更精确地预测土壤 CO_2 排放量。根据土壤呼吸的温度敏感性（Q_{10}）模拟得出，高寒草甸和高寒沼泽草甸土壤呼吸 CO_2 年排放量分别为 939～1239 $gCO_2 \cdot m^{-2}$ 和 1667～2214 $gCO_2 \cdot m^{-2}$

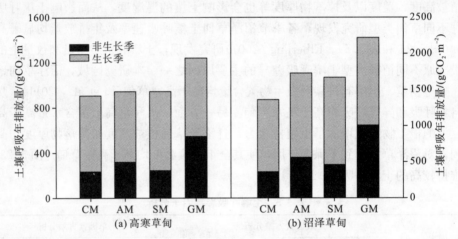

图 5.25   土壤呼吸年排放（CM 为累加法，AM 为年 exp 模拟，SM 为分季节 exp 模拟，GM 为生长季 exp 模拟）

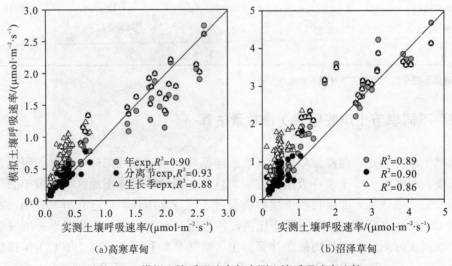

图 5.26   模拟土壤呼吸速率与实测土壤呼吸速率比较

（图 5.25）。分季节 exp 模拟土壤呼吸速率最接近实测土壤呼吸速率，其次为年 exp 和生长季 exp 模拟速率（图 5.26）。分季节、年和生长季 exp 模拟非生长季土壤呼吸排放量占年排放的比例分别为 26%～27%、32%～34% 和 44%～45%；其中分季节模拟值与实测值（25%～26%）基本相同，而通过单一生长季 exp 模拟非生长季土壤呼吸则会大大高估非生长季土壤呼吸，从而高估全年排放量（图 5.25）。

5.4.6　土壤呼吸不同组分特征

由图 5.27 可见，土壤自养呼吸和异养呼吸均呈明显的季节变化，土壤异养呼吸在土壤融化前期和冻结前期变化趋势和土壤呼吸一致，且呼吸速率比较接近，而自养呼吸变化较平稳。在生长季初期，自养呼吸开始增加，直到 9 月生长季末期，自养呼吸迅速降低，而后趋于平稳（图 5.27）。异养呼吸在融化前期均高于自养呼吸，到生长季初期，开始出现土壤自养呼吸高于异养呼吸；在整个观测期间（52 天），高寒草甸自养呼吸有 6 天高于异养呼吸 ［图 5.27(a)］，沼泽草甸自养呼吸有 4 天高于异养呼吸 ［图 5.27(b)］，且均发生在 6～8 月，其余观测时间异养呼吸均高于自养呼吸。整个观测期间，高寒草甸土壤自养呼吸最小值发生在 4 月 25 日，为 $0.02\mu\text{mol}\cdot\text{m}^{-2}\cdot\text{s}^{-1}$，最大值发生在 7 月 16 日，为 $1.18\mu\text{mol}\cdot\text{m}^{-2}\cdot\text{s}^{-1}$，平均值为 $0.44\mu\text{mol}\cdot\text{m}^{-2}\cdot\text{s}^{-1}$；异养呼吸最小值发生在 5 月 22 日，为 $0.10\mu\text{mol}\cdot\text{m}^{-2}\cdot\text{s}^{-1}$，最大值发生在 8 月 16 日，为 $1.62\mu\text{mol}\cdot\text{m}^{-2}\cdot\text{s}^{-1}$，平均值为 $0.60\mu\text{mol}\cdot\text{m}^{-2}\cdot\text{s}^{-1}$。沼泽草甸自养呼吸最小值发生在 10 月 22 日，为 $0.00\mu\text{mol}\cdot\text{m}^{-2}\cdot\text{s}^{-1}$，最大值发生在 8 月 12 日，为 $1.91\mu\text{mol}\cdot\text{m}^{-2}\cdot\text{s}^{-1}$，平均值为 $0.64\mu\text{mol}\cdot\text{m}^{-2}\cdot\text{s}^{-1}$；异养呼吸最小值发生在 10 月 15 日，为 $0.29\mu\text{mol}\cdot\text{m}^{-2}\cdot\text{s}^{-1}$，最大值发生在 8 月 16 日，为 $2.76\mu\text{mol}\cdot\text{m}^{-2}\cdot\text{s}^{-1}$，平均值为 $0.89\mu\text{mol}\cdot\text{m}^{-2}\cdot\text{s}^{-1}$。沼泽草甸自养呼吸和异养呼吸均高于高寒草甸，分别比高寒草甸高 45.45% 和 48.33%。将各月土壤呼吸平均可以看出，高寒草甸土壤自养呼吸从 4 月开始，逐渐增加，到 7 月达到最大，8 月和 7 月相同，而后逐渐下降 ［图 5.28(a)］；沼泽草甸自养呼吸从 4 月开始逐渐增加，到 8 月达到最大，而后下降 ［图 5.28(b)］。两种草甸类型异养呼吸变化趋势相同，4 月和 5 月保持不变，而后逐渐增加，到 8 月达最大，然后下降。

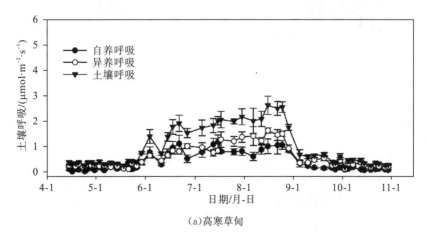

(a)高寒草甸

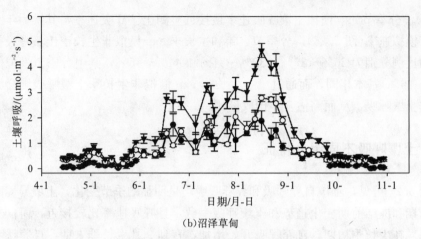

(b)沼泽草甸

图 5.27　高寒草甸和沼泽草甸不同土壤呼吸组分季节变化

由图 5.29 可见，两种草甸类型自养呼吸占土壤呼吸比例（R_a/R_s）波动较大，但总体趋势均为生长季高于冻融前期。高寒草甸 R_a/R_s 最小值为 3.75%，最大值为 73.95%；沼泽草甸 R_a/R_s 最小值为 2.03%，最大值为 63.18%。将各月 R_a/R_s 平均发现，高寒草甸 R_a/R_s 4 月最低，为 23.11%，而后逐渐升高，到 6 月生长季初期达最大（47.24%），而后逐渐下降［图 5.28(a)］；沼泽草甸 R_a/R_s 比 4 月最低，为 17.29%，到 6 月达最大，为 50.60%，而后开始降低，但在 9 月有升高趋势［图 5.28(b)］。整个观测期高寒草甸和沼泽草甸平均 R_a/R_s 分别为 36.91% 和 34.91%，高寒草甸比沼泽草甸高 5.74%，但差异不显著（$P>0.05$），表明虽然两种草甸类型植物组成和土壤理化性质差异巨大，但在相同的气候因子驱动下，两种草甸 R_a/R_s 响应一致。

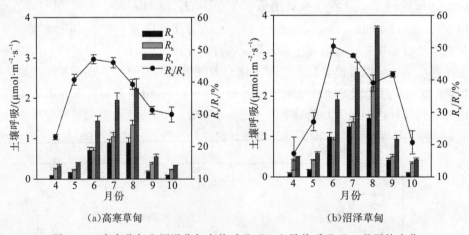

(a)高寒草甸　　　　　　　(b)沼泽草甸

图 5.28　高寒草甸和沼泽草甸自养呼吸（R_a）和异养呼吸（R_h）月平均变化

整个观测期间，土壤呼吸各组分与土壤 5cm 温度呈显著的指数相关关系（$P<0.05$）（表 5.7），土壤 5cm 温度可解释高寒草甸异养呼吸、自养呼吸和土壤呼吸分别为 67.28%、75.12% 和 82.97% 和沼泽草甸分别为 67.88%、55.07% 和 72.73% 的季节变化。高寒草甸和沼泽草甸土壤呼吸及其各组分 Q_{10} 变化趋势一致，自养呼吸对土壤温度最敏感，异养呼吸温度敏感性最低，其变化趋势为自养呼吸（4.91~5.17）＞土壤呼吸（3.99~5.01）＞异养呼吸（3.42~4.88）。沼泽草甸异养呼吸、自养呼吸和土壤呼吸 Q_{10} 值

均高于高寒草甸，分别高 42.69％、5.30％和 25.56％，其可能原因是沼泽草甸植物地下生物量以及土壤有机质含量均高于高寒草甸，使其对温度更敏感。

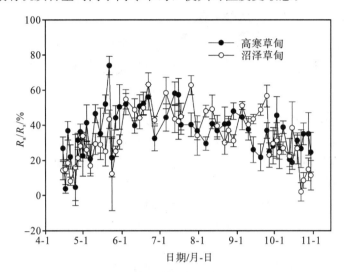

图 5.29　高寒草甸和沼泽草甸土壤自养呼吸（Ra）占土壤呼吸（Rs）比例

表 5.7　高寒草甸和沼泽草甸土壤呼吸各组分与土壤 5cm 温度关系

组分	高寒草甸				沼泽草甸			
	a	b	R^2	Q_{10}	a	b	R^2	Q_{10}
异养呼吸	0.34	0.12	0.67	3.42	0.45	0.16	0.68	4.88
自养呼吸	0.20	0.16	0.75	4.91	0.31	0.16	0.55	5.17
土壤呼吸	0.53	0.14	0.83	3.99	0.76	0.16	0.73	5.01

5.4.7　小结

综上所述，青藏高原风火山多年冻土区草地生态系统土壤呼吸呈很强的季节变化。土壤呼吸在生长季最高，非生长季冻融前期显著高于冬季。土壤 5cm 温度是土壤呼吸主要影响因子，可解释 76％～85％的土壤呼吸季节变异，而土壤含水量对土壤呼吸影响较小。不同季节土壤呼吸温度敏感性存在差异，冻融前期 Q_{10} 高于生长季和冬季。土壤呼吸还受草甸类型影响，沼泽草甸土壤呼吸显著高于高寒草甸，其年排放量比高寒草甸高50.45％。一般认为非生长季土壤呼吸很小，在估算全年碳排放时可忽略不计，而本研究发现非生长季土壤呼吸可占到全年的 25％～26％，不可忽视。通过分季节、全年和生长季指数方程模拟发现，分季节指数方程模拟土壤呼吸年排放量与实测排放量最接近，且模拟土壤呼吸速率与实测值相关性最高，说明分季节指数方程能够相对准确地估算土壤呼吸年碳排放，而运用单一生长季指数方程会高估非生长季土壤呼吸。土壤呼吸各组分也呈明显的季节变化，沼泽草甸自养呼吸和异养呼吸均高于高寒草甸，分别比高寒草甸高 45.45％和 48.33％。两种草甸类型自养呼吸占土壤呼吸比例（R_a/R_s）波动较大，但总体上生长季高于冻融前期。整个观测期高寒草甸和沼泽草甸平均 R_a/R_s 分别为 36.91％

和 34.91%，高寒草甸比沼泽草甸高 5.74%，但差异不显著，表明虽然两种草甸类型植被组成和土壤理化性质差异巨大，但在相同的气候因子驱动下，两种草甸 Ra/Rs 相似，与 Cahoon 等(2016)在北极冻原研究结果一致。

5.5 冻土流域径流碳氮输移过程

河流连接着地球上两个最重要的碳库——陆地碳库和海洋碳库，是全球生物地球化学循环的一个关键环节。河流碳循环是指发生在河流系统中的碳元素的生物地球化学循环过程，即区域内各种来源的碳元素在外力作用下以各种形式进入河流系统并随河流迁移的全过程(姚冠荣等，2005)。在河流碳输出过程中，记录了流域地表发生的水文过程、生态过程以及地貌过程，更为重要的是人为干扰(比如过度放牧、机械耕作、排水灌溉、水库建设等)对地表自然过程的影响在一定程度上也反映了河流碳的输出特征。近年来，在全球持续变暖的影响下，随着人类活动对流域地表扰动的增加，河流输出的碳在数量、组成以及性质上均发生或正发生着显著的变化(高全洲，2003)。考虑到河流碳在全球碳循环中的作用，大量的研究目前主要集中在密西西比河、亚马逊河等全球比较大的河流系统，在我国也主要集中在长江、黄河出口，以及受工业化高度发展、面源污染严重的珠江流域等地。研究内容方面，主要涉及河流碳的输出浓度、通量的季节变化特征以及控制因素。受全球气候变暖的影响，储存在北极、泛北极地区土壤中的碳随冻土的退化和冻土活动层的加深而缓慢释放，在全球尺度上影响和改变着碳循环的格局。毫无疑问，由全球变暖引发的植被、温度、水文等环境因子的改变将深刻影响着河流碳的化学组成和产生机制。因而，在最近 10 年来，在全球气候变暖大背景下，多年冻土区河流碳的相关研究也成为科学家们比较关注的热点领域之一。

相关研究表明，青藏高原正经历着比泛北极地区更大幅度的温度增加，由此引发的冻土温度增加、活动层加厚、植被演替、土壤沙化等一系列环境问题也势必导致青藏高原地区碳循环的改变。目前大多数的国内研究主要集中在气候变暖背景下陆地生态系统(如高寒草地)CO_2、CH_4、N_2O 等温室气体的排放(王根绪等，2002；秦彧等，2012)，然而青藏高原河流广泛分布，是黄河、长江、澜沧江、雅鲁藏布江等亚洲河流的发源地，被誉为"亚洲水塔"，每年有大量的物质通过河流搬运出去，包括通过多种途径进入河流的碳氮磷等生源要素物质。这部分被河流搬运的碳是该区域碳循环中不可或缺的重要组成部分，但现阶段缺乏对这一过程的深入和系统研究，相关通量及其影响因素与机理等均没有明确认识。基于此，本研究选取青藏高原多年冻土区风火山流域为研究对象，通过分析水样中溶解有机碳(DOC)和溶解无机碳(DIC)浓度，结合研究期内的水文气象资料，揭示多年冻土区典型小流域内河流溶解碳输出浓度、通量的季节动态及其影响因素。相关研究有助于加深对寒区水循环关键伴生过程的理解，也可以进一步深化对多年冻土区碳循环的认识。

5.5.1　河流碳的基本概念

河流碳循环是发生在河流系统中的碳元素的生物地球化学循环，指流域中不同源的碳元素在机械、生化及人类活动等作用下以各种不同形式进入河网系统并随河流输移的全过程。仅就碳在河流中的输移通量而言，其在全球碳循环大系统中扮演的角色可与植物光合固碳、土壤呼吸释放碳及海洋生物泵沉积碳等作用类比，其作用在于连接全球几大碳库（大气、海洋、陆地生态系统、岩石圈），在碳库界面处进行碳交换，且具有定向性和不可逆性，总是从一个碳库流向另一个碳库，是全球碳循环中重要的流通途径。

河流碳主要以四种形式存在，包括颗粒有机碳（POC）、溶解有机碳（DOC）、颗粒无机碳（PIC）和溶解无机碳（DIC）。每年由河流向海洋输送的碳为 $1Pg(1Pg=10^{15}g)$，其中溶解有机碳（DOC）和颗粒有机碳（POC）分别为 $0.22Pg$ 和 $0.18Pg$，约占总输送量的 40%；其余 60% 是无机碳形式，包括 $0.43Pg$ 溶解无机碳（DIC），$0.17Pg$ 颗粒无机碳（PIC）（Probst J L et al.，1994）。实际上，在天然水体中颗粒大小的分布是连续的，颗粒态与溶解态的划分也是相对的。根据"CAMERX"的定义：颗粒态分粗、细两个粒级，粗颗粒为 $63\mu m\sim2mm$、细颗粒为 $0.45\sim63\mu m$；溶解态$<0.45\mu m$，涵盖真正溶解的单个分子以及胶状矿物和有机体组织。在河流水化学研究中，实验室一般以 $0.45\mu m$ 作为划分颗粒态与溶解态的边界标准（姚冠荣等，2005；张永领，2012）。

依据来源的不同，可以将河流碳分为自源和异源两类，流域陆地侵蚀产物构成河流异源碳的主体，水-气界面处垂直方向上碳交换也产生一部分源于大气的河流碳，现在所指的河流异源碳主要集中于陆源含碳物质。不同形式的碳的来源不同（表5.8）：PIC 主要源于陆地碳酸盐岩及含碳沉积岩（如页岩、泥板岩和黄土等）的机械侵蚀，水体内部碳酸钙的沉淀析出（$Ca^{2+}+2HCO_3^-=CaCO_3+CO_2+H_2O$）也提供一部分自源 PIC（如黄河）；DIC 一部分由大气 CO_2 直接溶解于水生成，其余绝大部分由陆地基岩化学风化消耗大气和土壤空气中的 CO_2 生成，此外，化石有机碳的缓慢氧化也可能提供少量 DIC；POC 主要源于流域土壤和有机岩的机械侵蚀、陆地植物残屑以及人类生产生活的有机废弃物，河水中的叶绿体经光合作用也产生一部分自源 POC；DOC 主要是土壤有机质的降解产物及人类生产生活有机废弃物，还有部分为河湖自生浮游植物的代谢分泌物（姚冠荣等，2005）。

表 5.8　河流碳的存在形式、来源以及对气候变化的敏感度（姚冠荣等，2005；Meybeck M et al.，1993）

存在形式	来源	作用机制	年龄/a	通量 /(10^{12}g/a)	对全球变化的敏感度					
					A	B	C	D	E	F
PIC	陆地基岩	机械侵蚀	$10^4\sim10^8$	170	√					√
	自源	淀析作用	$10^0\sim10^3$	/		√				
DIC	陆地基岩	化学风化	$10^4\sim10^8$	140	√	√				√
		氧化作用	$10^4\sim10^8$	/		√	√			√
	大气/土壤 CO_2	化学风化	$10^0\sim10^2$	245	√	√				√
		溶解作用	0	$20\sim80$	√	√	√			

存在形式	来源	作用机制	年龄/a	通量 /(10^{12}g/a)	对全球变化的敏感度					
					A	B	C	D	E	F
DOC	土壤	土壤侵蚀	$10^0 \sim 10^3$	200			√			√
	污染物	人类排污	$10^{-2} \sim 10^{-1}$	15					√	
	自源	光合作用	10^{-2}	/				√		√
POC	土壤	机械侵蚀	$10^0 \sim 10^3$	100	√					√
	自源	光合作用	10^{-2}	<10				√		√
	污染物	人类排污	$10^{-2} \sim 10^0$	15					√	
	陆地基岩	机械侵蚀	$10^4 \sim 10^8$	80	√					√

备注：A=土壤侵蚀，B=化学风化，C=气候变暖，D=富营养化，E=有机污染，F=流域管理，表中"/"表示该机制作用下的全球碳通量尚未见相关报道。

5.5.2 多年冻土区河流碳的研究进展

目前，河流碳的研究主要集中在流域尺度上，主要探讨河流中以不同形式存在的碳的通量、来源、归宿及其输移过程中理化性质的变异。在多年冻土区，由于冻土层的隔水性，加之多年冻土较高的土壤导水率、较低的矿物质含量、较低的DOC吸附能力，加速了土壤可溶性物质从陆地向河流中的转运速度。特别是近年来，随着全球气温持续增加和泛北极地区多年冻土退化，造成存储在多年冻土层中的碳的释放（图5.30），从而引起一系列新的科学问题。与流入其他海洋相比，河流搬运到北冰洋的陆源碳是全球平均水平的10倍（McGuire et al.，2009）。这就足以说明多年冻土区河流水平排放碳的能力。Frey等（2005）研究发现在北极地区，如果年均温度升高到超过−2℃，将导致河流中DOC浓度增加700%，输移到北冰洋的DOC通量增加29%～46%。但也有研究认为，冻土融化并不一定必然导致河流DOC通量增加，因为增温引起的土壤有机碳矿化增强而平衡掉部分DOC，这从一些北极河流如Yukon流域观测到夏秋季河流DOC减少而DIC增加相一致，表明可能趋于碳汇（Humborg et al.，2010）。由此，一个亟需明确的问题是未来气候持续增温变化，伴随降水格局变化，冻土区域流域碳输移通量的响应规律、形成机制和未来趋势，对区域冻土-生态系统碳平衡将产生的影响等。国际上相关研究主要集中在西伯利亚Lena、Yenisei、Ob河流域，阿拉斯加Yukon河流域，侧重于时间尺度上的浓度与通量变化、河流-地下水碳氮之间的交互影响（Benner R et al.，2004；Alvarez-Cobelas M et al.，2012）。

国内的相关研究主要集中在受人类活动比较剧烈的珠江流域、江河口岸（张连凯等，2013；Wang X et al.，2012）。青藏高原多年冻土分布广泛，作为全球气候变暖敏感的地区之一，其河流碳输出特征及影响因素目前鲜有报道，本研究通过在长江源多年冻土区典型小流域尺度上连续采样分析，结合水文、气象、植被等资料试图揭示青藏高原多年冻土区河流碳氮输移通量、特征及其主要的影响因素。

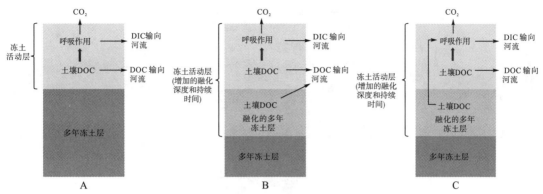

图 5.30　多年冻土退化或活动层融化过程中 DIC/DOC 输出示意图
（A-初始状态；B-增温模式 1；C-增温模式 2）（Striegl R G et al.，2005）

5.5.3　风火山流域河流溶解碳浓度特征

　　风火山流域及其支流断面出口 DIC 和 DOC 浓度统计特征值见表 5-9。就 5 个观测断面而言，DIC 的平均浓度为 $16.65 \sim 19.90 \, mg \cdot L^{-1}$，DOC 的平均浓度为 $3.64 \sim 6.01 \, mg \cdot L^{-1}$。DIC 浓度大小依次表现为：5♯＞4♯＞2♯＞1♯＞3♯，DOC 浓度大小表现为 5♯＞4♯＞1♯＞3♯＞2♯，结果显示风火山流域河流系统中 DIC 和 DOC 的浓度含量表现出一致的空间差异。就整个风火山流域而言，DIC 浓度为 $7.84 \sim 30.90 \, mg \cdot L^{-1}$，DOC 浓度为 $2.33 \sim 6.38 \, mg \cdot L^{-1}$，其平均值分别为 $17.75 \, mg \cdot L^{-1}$ 和 $4.05 \, mg \cdot L^{-1}$。DIC 和 DOC 浓度的变异系数为 $15.43\% \sim 38.83\%$，属于中等变异，说明在整个观测期内风火山流域河流系统中 DIC 和 DOC 浓度波动相对稳定，没有很大差异。

表 5-9　风火山流域各观测断面 DIC 和 DOC 浓度统计特征

采样点	变量	N	最小值 /(mg·L⁻¹)	最大值 /(mg·L⁻¹)	平均值 /(mg·L⁻¹)	标准差	变异系数/%	偏度	峰度
1♯	DIC	40	7.84	30.90	17.75	6.89	38.83	0.04	−1.40
	DOC	40	2.33	6.38	4.05	0.90	22.22	0.32	0.12
2♯	DIC	32	7.80	28.62	18.80	6.48	34.47	−0.40	−1.03
	DOC	32	2.51	5.28	3.64	0.73	20.02	0.34	−0.59
3♯	DIC	32	5.64	26.31	16.65	5.93	35.62	−0.18	−0.99
	DOC	32	2.75	6.14	3.84	0.86	22.52	0.77	0.18
4♯	DIC	32	7.54	30.27	19.88	6.82	34.31	−0.22	−1.14
	DOC	32	2.59	7.42	4.81	1.07	22.27	0.25	0.41
5♯	DIC	32	8.82	32.12	19.90	7.17	36.03	−0.06	−1.23
	DOC	32	4.13	8.28	6.01	0.93	15.43	0.18	−0.09

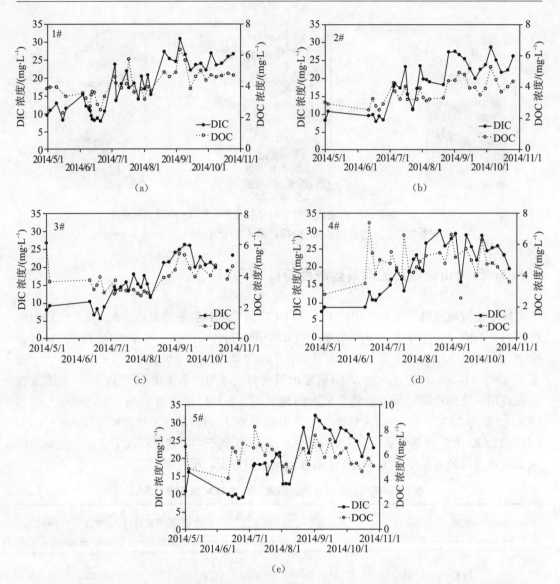

图 5.31　风火山流域各观测断面 DIC 和 DOC 浓度变化趋势(1♯~5♯分别代表第 1 至第 5 号子流域采样断面)

　　图 5.31 给出了风火山流域各支流观测断面的 DIC 和 DOC 浓度随时间的变化趋势。从中可以看出观测期内风火山流域各支流的 DIC 和 DOC 浓度表现出一致的变化趋势:以流域出口 1♯ 断面为例,DIC 和 DOC 浓度在 2014 年 5 月~10 月发生了两次跳跃式的增加,一次发生在 6 月底到 7 月初,另一次发生在 9 月中旬,DIC 和 DOC 浓度在 9 月初达到观测期内最大值后开始下降,在 9 月底到 10 月份保持相对稳定的趋势。我们对比 DIC 和 DOC 浓度在风火山流域 4 个径流阶段的差异可以看出,在秋季退水期(9 月 11 日~10 月 31 日)DIC 和 DOC 浓度最大,依次是夏季洪水期(7 月 18 日~9 月 10 日)和夏季退水期(6 月 28 日~7 月 17 日),春季融雪期(5 月 1 日~6 月 27 日)河水中 DIC 和 DOC 浓度含量最低。上述结果说明,风火山流域河水中 DIC 和 DOC 浓度表现出强烈的时间变异性,各支流随径流的变化特征表现出一致的规律。在风火山流域各支流中表现出的 DIC 和 DOC 浓度差异则集中反映了青藏高原河流碳输出的空间差异性。

5.5.4　风火山流域河流溶解碳输出通量特征

风火山流域各支流对应的径流及利用径流、浓度计算得到的 DIC 和 DOC 输出总量和通量列于表 5.10。风火山流域年径流输出总量为 $18.16 \times 10^6 \mathrm{m}^3$，2♯至 4♯支流径流输出量分别占到流域总输出量的 23.0%、48.7%、5.9% 和 14.1%。径流深代表了各支流的产流能力，表现为 2♯>3♯>1♯>4♯>5♯，反映了不同支流下垫面条件对降水的响应能力，其中 1♯ 和 3♯ 产流能力基本一致。风火山流域及其 4 个支流的 DIC 和 DOC 数据说明，DIC 的输出总量约为 DOC 输出总量的 3.8~4.9 倍，说明在风火山流域河流溶解碳的主要输出形式是无机碳，约占 80%。在 5 个不同的流域尺度上，DIC 的输出通量为 $2.02~4.86 \mathrm{g\,C} \cdot \mathrm{m}^{-2} \cdot \mathrm{a}^{-1}$，大小顺序依次为 2♯>1♯>3♯>4♯>5♯；而 DOC 的输出通量为 $0.48~0.89 \mathrm{g\,C} \cdot \mathrm{m}^{-2} \cdot \mathrm{a}^{-1}$，大小顺序依次为 2♯>1♯>3♯>5♯>4♯，说明 DIC 和 DOC 输出通量在不同的支流之间表现出一致的变化趋势。

表 5.10　风火山流域各支流产流量、DIC 和 DOC 的输出

采样点	径流量 /$\times 10^6 \mathrm{m}^3$	径流深 /mm	DIC 输出 /$(\times 10^6 \mathrm{g\,C})$	DOC 输出 /$(\times 10^6 \mathrm{g\,C})$	DIC 通量 /$(\mathrm{g\,C} \cdot \mathrm{m}^{-2} \cdot \mathrm{a}^{-1})$	DOC 通量 /$(\mathrm{g\,C} \cdot \mathrm{m}^{-2} \cdot \mathrm{a}^{-1})$
1	18.16	161.40	400.10	81.73	3.56	0.73
2	4.17	234.35	86.51	15.86	4.86	0.89
3	8.84	162.17	174.15	35.57	3.20	0.65
4	1.07	98.16	24.42	5.22	2.24	0.48
5	2.56	87.27	59.04	15.42	2.02	0.53

就整个风火山流域而言，2014 年 5~10 月份大约有 161.40mm 径流、$400.10 \times 10^6 \mathrm{g}$ DIC 和 $81.73 \times 10^6 \mathrm{g}$ DOC 从陆地搬运到河流系统中。为了区分径流不同阶段内径流量、DIC 和 DOC 的输出贡献，我们计算了各阶段输出量占全年输出总量的百分比，如表 5.11 所示。径流量在春季融雪期(SSP)、夏季退水期(SRP)、夏季洪水期(SFP)和秋季退水期(ARP)等四个阶段的贡献量为 12.15mm、8.15mm、77.84mm 和 63.27mm，分别占全年径流输出量的 7.53%、5.05%、48.23% 和 39.20%。从表 5.11 中可以看出，在春季融雪期和夏季退水期，DIC 和 DOC 的输出量较低，各自占到全年输出量的 7.4% 和 10%，在夏季洪水期和秋季退水期，DIC 和 DOC 的输出量约占到全年输出量的 92.6% 和 90%。这说明在径流的不同阶段内，DIC 和 DOC 输出量显示出很大差异，输出主要发生在夏季洪水期，秋季退水期次之，而春季融雪期和夏季退水期输出量很少；DIC 和 DOC 的输出特征与径流输出特征是一致的，说明风火山流域河流 DIC 和 DOC 的输出量受河水径流量控制。

表 5.11　风火山流域径流 4 个阶段溶解碳的输出

径流过程	径流深/mm	径流占全年比例/%	DIC 占全年比例/%	DOC 占全年比例/%
SSP	12.15	7.53	3.48	5.44
SRP	8.15	5.05	3.89	4.56

径流过程	径流深/mm	径流占全年比例/%	DIC占全年比例/%	DOC占全年比例/%
SFP	77.84	48.23	50.38	50.07
ARP	63.27	39.20	42.25	39.93

5.5.5　风火山流域河流碳输出的影响因素

5.5.5.1　径流对河流溶解碳输出的影响

通过前面的分析可知，径流作为 DIC 和 DOC 从陆地到河流系统中的运输载体，在河流碳输出过程中起重要的决定性作用。在不同的季节或是径流的不同阶段，DIC 和 DOC 在输出总量和通量上的差别也主要是由径流差异造成的。风火山流域中径流对 DIC 和 DOC 浓度和通量的影响见图 5.32。在图 5.32(a)中，我们选取 1♯ 观测断面的实测 DIC 和 DOC 浓度与对应的实测流量做了分析，可以看出 DIC 和 DOC 浓度和径流量变化为显著的正相关关系(R^2 分别为 0.15 和 0.11，P 值均小于 0.05)，而且 DIC 的线性斜率要大于 DOC 的线性斜率，这说明 DIC 浓度对径流量的响应程度更大。在图 5.32(b)中，我们对比了风火山流域和 4 个支流的 DIC、DOC 通量与径流深之间的关系，从图中可知，在风火山流域内不同的空间尺度内单位面积上 DIC 和 DOC 的输出量与对应的径流深均表现出一致的正相关(R^2 分别为 0.98 和 0.94，P 值均小于 0.01)，说明溶解碳的输出严格地受控于径流。

在本研究中 DIC 和 DOC 的浓度和通量与径流量均表现出正相关关系，这与很多学者的研究结果是一致的(Alvarez-Cobelas et al.，2012)。然而，Prokushkin 等(2011)和 Lloret 等(2013)分别在西伯利亚中部高原和法国火山岩山区流域的研究结果表明，DOC 浓度会随着径流的增加而增加，而 DIC 浓度随径流的增加呈现减小的趋势；也有的研究表明 DIC 和 DOC 浓度会随着径流的增加均减小。这说明径流对 DIC 和 DOC 浓度的影响在不同的地区，甚至不同的时间是不一致的，没有统一的趋势。实际上，径流作为载体，在河流碳从陆地到河流系统的输出过程中起着双重作用：一方面，径流增大，径流对地表的冲刷能力加强，径流的携带能力也会加强，这很可能会导致陆地上更多的碳进入河流以 DIC 和 DOC 的形式被输送出去，使得 DIC 和 DOC 浓度增加；另一方面，在河流碳输出过程中径流可以起到稀释的作用，特别是在大的降水事件中，降水直接、快速地形成径流汇入河流，降低了和土壤相互作用的时间，使得陆地上的 DIC 和 DOC 尚未来得及溶解从而导致 DIC 和 DOC 浓度降低。一般而言，在河流碳输出过程中，径流的这两种作用是同时存在的。径流机械侵蚀作用较大时，DIC 和 DOC 浓度随径流增加而增加；稀释作用较强时，DIC 和 DOC 浓度随径流增加而降低。在风火山流域 DIC 和 DOC 浓度与径流的正相关关系表明径流的机械侵蚀能力大于其稀释能力，径流的机械侵蚀作用对 DIC 输出的影响大于对 DOC 输出的影响。

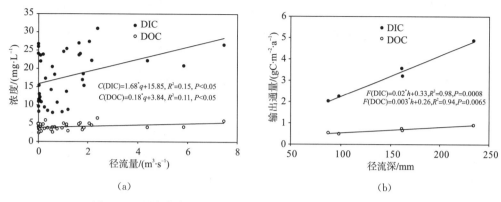

图 5.32　研究期内径流对 DIC 和 DOC 浓度(a)和通量(b)的影响

5.5.5.2　植被覆盖对河流溶解碳输出的影响

如图 5.33 所示,在研究中,我们在不同的空间尺度上分析了风火山流域植被覆盖与 DIC 和 DOC 输出浓度和通量的关系。图 5.33(a)显示 DIC 和 DOC 年平均浓度与植被盖度呈明显的正相关关系,即植被盖度越大,DIC 和 DOC 的输出浓度也就越大。通常情况下,植被覆盖越高的地区,枯枝落叶和地表腐殖质含量也就越高,在微生物的活动下加速了凋落物的分解和土壤的矿化速率,使得土壤中有机质含量明显提高。在地表产流过程中,地表土壤中储存的溶解性物质会随着水-土相互作用而溶解到地表水或土壤水中进入河流系统,形成河流碳。相比于浓度而言,DIC 和 DOC 的通量随着植被盖度的增加表现出不一样的趋势 [图 5.33(b)]:DIC 的输出通量随植被盖度的增加表现为抛物线下降

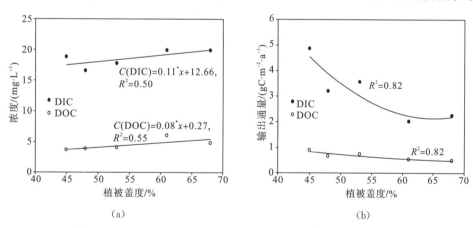

图 5.33　植被盖度对 DIC 和 DOC 输出浓度(a)和通量(b)的影响

的趋势,当植被盖度超过 60%时,DIC 的输出通量基本维持相对稳定的水平;而 DOC 的输出通量随植被盖度增加表现为线性下降趋势,整体趋势相对稳定。综上分析可知,随着植被盖度的增加,河流碳输出浓度表现为增加的趋势,而其输出通量却呈现下降的趋势。主要的原因在于,植被的截留作用增加了地表土壤对降水的蓄持能力,削弱了地表的产流能力,从而导致风火山流域和 4 个支流在 DIC 和 DOC 浓度增加的情况下出现通量降低的现象。

5.5.6 冻融过程对河流溶解碳输出的影响

5.5.6.1 青藏高原风火山地区冻土过程与河流溶解碳输出的关系

在大的区域尺度上，多年冻土的分布格局和覆盖情况决定了河流碳输出的径流路径（Petrone et al.，2006）。长期以来，因气候变暖引起的多年冻土退化和冻土活动层加厚势必会加速区域的生物地球化学过程，使冻结封存在多年冻土中的那部分 DIC 和 DOC 释放出来，形成河流碳的新的输入源。另外，多年冻土层的融化将会增加溶解碳在土壤中的滞留时间，使得土壤中的部分溶解碳通过入渗进入到浅层地下水；另外冻结活动层土壤温度的增加也会刺激微生物活性，增强了土壤中微生物的矿化能力（Strieg et al.，2005）。然而，这些气候变暖引起的多年冻土的改变都是非常缓慢的过程，需要在一定的历史时期内才能反映出一定的变化趋势。从年内的变化规律来看，冻土活动层土壤的冻结过程和融化过程对年内径流的产生和分布、植被生长等都会产生重要的影响（Wang et al.，2012）。

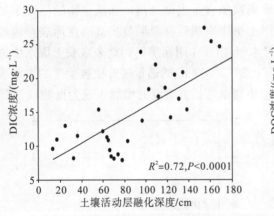 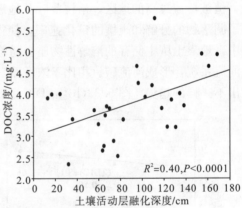

图 5.34   风火山流域 DIC 和 DOC 浓度与土壤活动层融化深度之间的关系

风火山流域土壤活动层的冻结过程持续时间短，特别是河流中径流的大小对大气温度和土壤地表冻结的响应非常强烈；再者，土壤活动层冻结过程开始时（10 月中旬），河流的退水过程也已基本完成，因此活动层的冻结过程对河流碳输出的影响可以忽略不计。与冻结过程不同，土壤活动层的融化过程不仅对地表径流产生重要影响，同时活动层的加深使得水在土体中的滞留时间增加，解冻的土壤中的溶解碳才会在水-土的相互作用下释放出来，因此可以说，在多年冻土区 DIC 和 DOC 的释放和输出是随着土壤活动层的缓慢融化而进行的（Kawahigashi et al.，2004）。图 5.34 为风火山流域出口（1♯断面）DIC 和 DOC 输出浓度与土壤活动层融化深度之间的关系，从中可以看出 DIC 和 DOC 浓度与土壤融化深度均表现为显著的线性正相关关系（R^2 分别为 0.72 和 0.40，P 值均小于 0.0001）。图 5.35 给出了 DIC 和 DOC 输出通量与土壤活动层融化深度的关系，从中可以看出 DIC 和 DOC 的日输出通量与土壤融化深度表现为显著的指数正相关关系（R^2 分别为 0.73 和 0.68，P 值均小于 0.0001）。综合上面分析可知，在土壤活动层融化过程中河流碳的输出与活动层融化深度呈显著正相关。

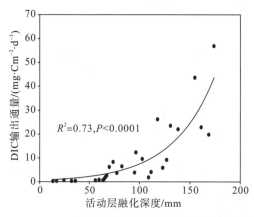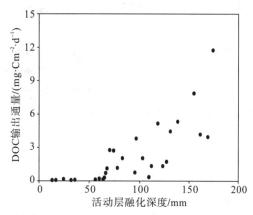

图 5.35 风火山流域 DIC 和 DOC 通量与土壤活动层融化深度之间的关系

5.5.6.2 多年冻土区河流碳输出的比较

风火山流域地处青藏高原多年冻土区，受冻土活动层和径流过程的影响，河流碳输出表现出明显的季节特征。以 DOC 输出通量为例，对比了世界上主要的多年冻土区河流 DOC 输出的季节特征值。文中各大流域 DOC 输出总量数据来自 Wickland 等（2012），通过计算得到的各流域 DOC 输出通量列于表 5.12。5~6 月为春汛，径流主要由冰雪融水补给；7~10月为夏汛，径流由降水补给；11~来年 4 月为冬季，径流为夏季降水的退水过程。从表中可以看出，Kolyma、Yukon、Yenisey 和 Lena 流域中春汛期 DOC 输出通量最大，分别占年输出通量的 55.1%、53.2%、62.9%和 49.6%，而 Mackenzie 和 Ob 流域中夏汛期 DOC 输出量最大，各占年输出量的 44.7%和 53.2%。由于径流作为河流碳输出的载体，DOC 的输出通量是由径流量决定的，DOC 输出通量季节性的差异直接反映了流域径流的季节差异。大多数的北极圈多年冻土区河流（包括 Kolyma、Yukon、Yenisey 和 Lena）春汛明显强于夏汛，河流 DOC 输出主要发生在春汛季节。在风火山流域中，大约 90%的 DOC 输出发生在夏季洪水期和秋季退水期，这主要是由风火山地区的年内径流特征分布决定的。一方面风火山地区冬季（11 月~来年 4 月）风大，风吹雪和升华作用强烈，很难在大范围内形成积雪；另一方面该区域冬季降水（降雪）量很小，大约为全年降水量的 5%左右，因此在春季气温上升时，由冰雪融水引起的春汛过程不明显。

表 5.12 北极圈多年冻土区河流 DOC 通量的季节变化（单位：$t \cdot km^{-2} \cdot y^{-1}$）

流域	Kolyma	Yukon	Mackenzie	Ob	Yenisey	Lena
面积/万 km²	64.4	85	180.5	260	260.5	249
全年	1.27	1.73	0.76	1.58	1.78	2.28
5~6 月	0.7	0.92	0.27	0.51	1.12	1.13
7~10 月	0.51	0.6	0.34	0.84	0.45	0.94
11 月~4 月	0.06	0.21	0.15	0.23	0.21	0.2

5.5.7　风火山流域河流碳输出与陆地生态系统气态碳输出的比较

流域碳输出包括呼吸（respiration）、挥发（volatilization）、径流输出（runoff discharge）等三部分。有时候，也存在外界干扰因素诸如火烧、采伐以及动物迁徙等移出流域的碳量。在不考虑外界干扰因素作用下，流域碳输出一般以生态系统呼吸为主导，包括植物呼吸和土壤呼吸；其中植物呼吸又分为生长呼吸、维护呼吸和养分吸收三部分。一般维护呼吸占植物总呼吸的一半左右，与植物活细胞蛋白质更新、转换活动密切相关，与生物体内蛋白质浓度成正比，因而植物组织内氮含量越高，植物生物量越大、维护呼吸就越高。养分吸收一般占据植物根系呼吸的 25%~50%。在生态系统呼吸中，土壤呼吸占据优势，是生物圈对大气 CO_2 的主要贡献途径，分为异氧呼吸和自养呼吸两部分。不同生态系统之间，无论是土壤呼吸还是植物呼吸均存在较大差异。河流输出碳指的是以颗粒态和溶解态进入流域的河流系统，被河流带走的那部分碳（包括无机碳和有机碳），是碳水平方向上的输出分量。据 Meybeck（1993）等估测，全球通过河流从陆地输入海洋的总碳量为 542 TgC·a^{-1}，其中 DOC、DIC 和 PC 分别占 37%、45% 和 18%。河流碳在搬运过程中，以 CO_2 和 CH_4 的形式从水面排放，然后以碳酸氢盐（HCO_3^-）和碳酸盐（CO_3^{2-}）的形式流入海洋或湖泊并隐藏较长时间（Humborg et al.，2010）。

本节通过青藏高原风火山典型小流域观测试验，从土壤呼吸和河流的径流碳输出两个角度系统分析冻土流域碳输出状态及其主要影响因素。风火山流域出口断面控制面积为 112.5km²，高寒草甸和沼泽草甸是流域内两种典型的覆被类型，其中高寒草甸、沼泽草甸和裸地分别占流域总面积的 48%、5% 和 47%。利用前述 5.4 节和 5.5 节观测试验结果，分析典型冻土流域碳输出各分量及其季节动态。

（1）流域碳的呼吸排放。由于风火山山顶基岩裸露，裸地多以页岩、片石覆盖为主，几乎没有植被生长，在长期严酷寒冷的成土环境下，土壤发育缓慢，处于原始的粗骨土形态，土壤碳含量很低，因此该部分土壤呼吸对整个流域生态系统碳排放的贡献量可忽略不计。利用实测的高寒草甸和沼泽草甸生态系统呼吸值（参见 5.4 节），通过面积加权的方法，计算得到风火山流域单位面积的碳排放量为 153.22g C·m^{-2}·a^{-1}。

（2）河流径流碳输出。河流溶解碳（TDC）输出为 4.28g C·m^{-2}·a^{-1}，其中溶解无机碳（DIC）输出量为 3.55g C·m^{-2}·a^{-1}，溶解有机碳（DOC）输出量为 0.73g C·m^{-2}·a^{-1}，分别占 TDC 输出量的 82.9% 和 17.1%。可以看出，在多年冻土河源集水小流域尺度，DIC 是径流碳输出的主要组分（本实验研究未进行 PC 的采样分析），其比例远高于全球平均水平。对于森林流域，由于土壤有机质含量较大和地表腐殖质以及凋落物大量覆盖，河流中 DOC 所占的比例可能更高，这是风火山冻土流域以高寒草地为主要生态类型的流域中，DOC 比例较低的主要原因。计算可知，在风火山流域尺度上，河流碳输出量只占到陆地生态系统碳排放的 2.79%，说明青藏高原多年冻土区通过大气交换的垂直方向上碳的气态输出量远远大于通过河流搬运的水平方向上的碳的输出量。

（3）流域两种碳输出通量间的关联性分析。风火山流域陆地生态系统碳排放量与河流输出量的季节动态见图 5.36 和图 5.37，分别给出了径流总溶解碳（TDC）和可溶性生态系统呼吸碳排放通量间的分布。从图中可以看出，风火山流域碳的日输出量在垂直方向上和水平方向上均表现出强烈的变异性和季节动态特征。陆地生态系统碳的日排放量为 0.05～1.52g C·m^{-2}，最大值和最小值分别发生在 1 月中旬和 8 月中旬左右；生长季5～10月份碳累计排放量为 135.56g C·m^{-2}，约占年度排放量的 88.5%。由于河流碳的输出是以径流为载体的，其输出通量受径流控制，所以 TDC 和 DOC 输出表现出一致的变化趋势。河流碳的输出主要发生冰雪融水主导的春汛期和强降水主导的夏汛期，TDC 和 DOC 的最大日输出通量分别为 184.42mg C·m^{-2} 和 32.52mg C·m^{-2}，均发生在 9 月 10 日(日径流量最大)。

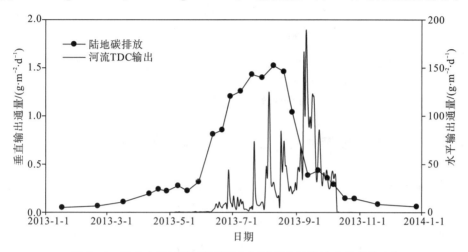

图 5.36　风火山流域陆地碳排放与河流碳(TDC)输出的季节动态

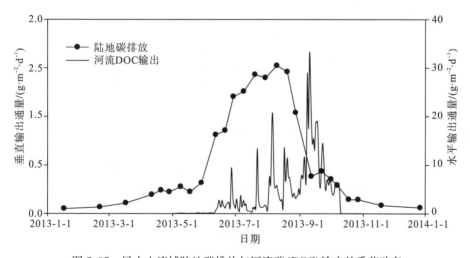

图 5.37　风火山流域陆地碳排放与河流碳(DOC)输出的季节动态

为了进一步在小流域尺度上揭示陆地生态系统碳排放与河流碳输出之间的内在联系，我们将生长季内(5～10 月)风火山流域垂直方向上的碳排放通量和水平方向上的碳输出通量绘于图 5.36 和图 5.37。从中可以看出，出现部分极大值点不规则散布在散点图中，通过分析我们发现极大值出现的时间当日或提前 1～3 天正好对应着强的降水过程，因此我们认为这些散布的极大值点代表的河流 TDC(或 DOC)的日通量，完全是由强降水引发的洪水过程导致的，是偶然事件。剔除这些强降水过程的影响，我们发现在正常径流状态下，风火山流域河流碳 TDC(或 DOC)的日输出通量与陆地生态系统碳的日排放通量表现出显著的线性正相关关系（R^2 为 0.60 和 0.69，P 值均小于 0.01），说明在多年冻土区生长季内，陆地生态系统在垂直方向上（大气交换）和水平方向上（溶解搬运）释放的碳是同步增加的（图 5.38）。

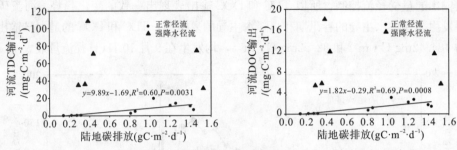

图 5.38　风火山流域陆地碳排放与河流碳（DOC 和 TDC）输出之间的关系

5.5.8　风火山流域河流溶解氮输出特征及影响因素

与河流碳一样，河流中氮素的搬运和迁移也是区域氮素地球化学循环的重要环节。河流的污染及保护已逐渐成为我国河流面临的重要问题，过量的氮输入会造成河流水体酸化、富营养化等副作用，甚至危害河流生态系统平衡，是导致河流水环境问题的主要因素之一。在青藏高原地区，由于严酷的环境条件，人类活动比较单一（放牧为主），对河流氮的影响也主要是以动物粪便为主。风火山流域地处可可西里无人区，没有工业污染和生活污水，加之该区域放牧强度不大，因此该区域的河流输出的氮主要来源是动植物残体的分解和矿物风化作用，甚至包含部分的大气沉降，因此可以认为风火山流域河流输出的氮是纯自然条件下河流氮的背景值。通过分析河水样中氮的浓度，结合研究期内的水文气象资料，分析了青藏高原多年冻土区小流域河流氮输出浓度、通量的季节动态及其影响因素。

5.5.8.1　风火山流域河流总氮输出特征

表 5.13 中给出了风火山流域及其支流断面河水中总氮的浓度值。5 个断面总氮浓度水平为 1.72～2.38 mg·L^{-1}，其中 2♯断面的总氮浓度值最大，依次是 5♯、1♯、4♯ 和 3♯，说明风火山流域河流总氮输出存在较大的空间变异。就整个风火山流域而言，河流输出总氮的浓度为 0.92～3.67 mg·L^{-1}，平均浓度为 1.99 mg·L^{-1}。从变异系数的角度看，总氮浓度的变异系数为 0.30～0.43，属于中等弱变异，说明在采样期 5 月～10 月风火山流域河水中的总氮浓度保持一定程度的时间稳定性。图 5.39 给出了风火山流域出口1♯断面采集河水样中总氮的时间变化趋势，可以看出，河流总氮浓度表现出先增加后减小，然后平稳波动的整体变化趋势，浓度最大值出现在 6 月 11 日，而最小值出现在 9 月 15 日，最大值和最小值的出现可能与径流过程有关。

表 5.13　风火山流域各观测断面总氮浓度统计特征

采样点	N	最小值	最大值	平均值	标准差	变异系数	偏度	峰度
1#	40	0.92	3.67	1.99	0.59	0.30	0.99	1.60
2#	32	1.20	4.26	2.38	0.81	0.34	0.52	−0.61
3#	31	0.99	4.46	1.72	0.64	0.37	2.78	11.10
4#	32	0.66	4.39	1.77	0.77	0.43	1.43	3.02
5#	32	1.19	4.46	2.10	0.71	0.34	1.57	3.05

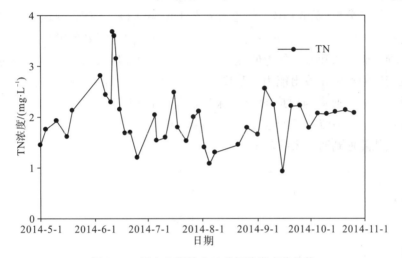

图 5.39　风火山流域出口总氮浓度变化趋势

利用风火山流域及其各支流 6～10 月的径流量和河水总氮浓度,我们计算了 2014 年风火山流域 5 个控制断面上的总氮输出量和通量(表 5.14)。就总氮输出量而言,2#～4# 支流的输出量分别占到流域输出总量的 32.3%、45.1%、3.5% 和 14.8%,总计为 97%,其余 3% 的部分由流域中未观测的小的支流贡献。在不同的空间尺度上,河流总氮的输出通量显示出明显的差别,输出通量为 $0.28\mathrm{g\ N\cdot m^{-2}\cdot a^{-1}}$、$0.57\mathrm{g\ N\cdot m^{-2}\cdot a^{-1}}$、$0.26\mathrm{g\ N\cdot m^{-2}\cdot a^{-1}}$、$0.19\mathrm{g\ N\cdot m^{-2}\cdot a^{-1}}$ 和 $0.16\mathrm{g\ N\cdot m^{-2}\cdot a^{-1}}$,大小顺序依次是 2#＞1#＞3#＞4#＞5#;其中 2# 支流的 TN 通量明显大于 1#(约为两倍),为风火山整个流域河流氮素的主要贡献者,3# 支流域河流总氮通量和 1# 差不多,说明 3# 支流基本可以代表整个流域的平均水平,而 4# 和 5# 支流河水总氮通量明显低于 1#,说明其对流域氮素的贡献量较低。

表 5.14　风火山流域各支流总氮的输出

采样点	径流量 /×10⁶m³	径流深/mm	TN 输出 /×10⁶ g N	TN 通量 /(g N·m⁻²·a⁻¹)
1#	18.16	161.4	31.13	0.28
2#	4.17	234.35	10.07	0.57
3#	8.84	162.17	14.04	0.26

采样点	径流量 /×10^6 m³	径流深/mm	TN 输出 /×10^6 g N	TN 通量 /(g N·m⁻²·a⁻¹)
4#	1.07	98.16	1.48	0.19
5#	2.56	87.27	4.62	0.16

5.5.8.2　风火山流域河流总氮输出的影响因素

(1)径流对河流总氮输出的影响。将风火山流域出口观测期内河水总氮的浓度和通量与径流的关系做了分析(图5.40)，结果显示与 DIC 和 DOC 不同，总氮的浓度与河水径流量表现为显著的线性负相关($R^2=0.11$，$P<0.05$)，在河流氮素输出过程中径流的稀释作用占主导，而侵蚀和搬运能力明显有所弱化，说明在风火山流域河流总氮的产生和输出能力低于碳的产生和输出能力。从图5.40(b)中可以看出，风火山流域不同空间尺度上河流总氮的输出通量与对应的径流深是显著的正相关关系($R^2=0.89$，$P<0.05$)，即径流增大后，尽管河流氮素的浓度有所下降，但输出通量是增加的，说明径流仍然是影响河流总氮从陆地到河流系统输出的控制因素。

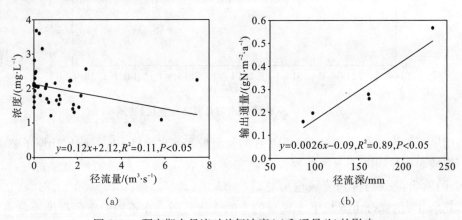

$$y=0.12x+2.12, R^2=0.11, P<0.05$$

$$y=0.0026x-0.09, R^2=0.89, P<0.05$$

(a)　　　　　　　　　　　　　　(b)

图5.40　研究期内径流对总氮浓度(a)和通量(b)的影响

(2)植被覆盖对河流总氮输出的影响。风火山流域地处可可西里无人区，河流中氮的来源比较单一，主要来自矿物风化、土壤微生物和动植物残体分解以及大气沉降等自然过程。氮素是植物生长的必需元素，在植物生长和分解过程中，氮素的含量和组分比例会出现较大的变化，同时微生物的硝化过程和反硝化过程也是陆地上最重要的地球生物化学过程之一。因此，陆地上植被的生长、分布等也会深刻影响河流中氮素的数量和组分。图5.41中，我们分析了植被盖度对风火山流域河流系统中总氮浓度和通量的影响，可以看出在不同的空间尺度上河流总氮的浓度随着植被盖度的增加有一定的下降趋势，主要是因为植物生长需要氮素作为营养元素，植被盖度越高对氮素的消耗也就越多，致使从河流中输出的那部分氮素会减少。而植被盖度与河流总氮的输出通量显示出先减少再增加的趋势［图5.41(b)］，一方面是因为植被的截留作用降低了流域内径流的产生，另一方面植被盖度越高意味着越多的枯枝落叶和腐殖质，径流的减少降低了稀释能力，同时增加了径流在陆地的滞留时间，使得更多的可溶解含氮物质进入河流系统中，所以河流中总氮输出量是植被和径流相互作用、相互影响的结果。

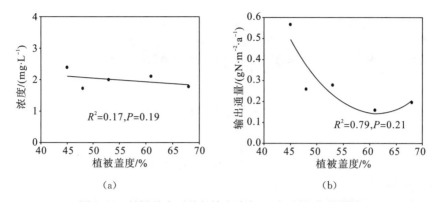

图 5.41 植被盖度对总氮输出浓度(a)和通量(b)的影响

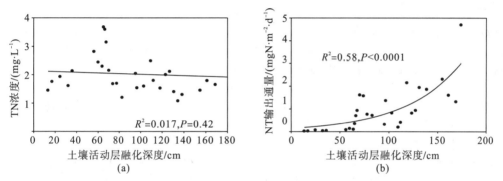

图 5.42 风火山流域总氮浓度(a)和通量(b)与土壤活动层融化深度之间的关系

(3)冻融过程对河流总氮输出的影响。通过前面的分析可知,冻融过程控制着多年冻土区地表产流的形式和能力。同样,冻融过程对风火山流域河流总氮输出的影响也是不可忽视的。图 5.42(a)给出了多年冻土活动层融化深度与河流总氮输出浓度之间的关系,可以看出活动层融化深度对河流总氮浓度的影响是微弱的($R^2 = 0.017$,$P = 0.42$)。在 0~60cm 土层内,河流总氮的输出浓度随着活动层融化深度增加有非常明显的增加趋势;当融化过程继续进行(融化深度超过 70cm),活动层融化深度与河流总氮浓度波动之间没有特定的规律可循。主要的原因是风火山流域中的氮素主要储存在 0~60cm 的土层中,随着多年冻土的融化,氮素缓慢释放和浸出,当融化深度超过 70cm,深层土壤(包括地下水)并不能提供更多的氮,所以其总氮浓度保持稳定的波动,主要受径流的稀释作用的影响。图 5.42(b)给出了多年冻土融化深度与河流总氮输出通量之间的关系,可以看出两者呈显著的指数正相关关系($R^2 = 0.58$,$P < 0.0001$),合理的解释是因为活动层融化深度深刻影响着流域的径流过程,这一点与融化过程对 DIC 和 DOC 输出通量的影响是一致的。

参 考 文 献

胡中民,于贵瑞,王秋凤,赵风华. 2009. 生态系统水分利用效率研究进展. 生态学报,29(3):1498-1507.

胡中民. 2008. 中国草地杨代典型生态系统水分利用效率的时空变异特征研究. 中国科学院研究生院,博士学位论文.

李文华，赵新全，张宪洲，石培礼，王小丹，赵亮. 2013. 青藏高原主要生态系统变化及其碳源/汇功能作用. 自然杂志，35(3)：172-178.

李文华，周兴民. 1998. 青藏高原的生态系统和可持续经营方式. 广州：广东科技出版社.

秦彧，宜树华，李乃杰，等. 2012. 青藏高原草地生态系统碳循环研究进展. 草业学报，21(6)：275-285.

王根绪，李元寿，王一博，等. 2010. 青藏高原河源区地表过程与环境变化. 北京：科学出版社.

王浩，严登华，贾仰文，胡东来，王凌河. 2010. 现代水文水资源学学科体系及研究前沿和热点问题. 水科学进展，21(4)：479-489.

王美蓉，周顺武，段安民. 2012. 近30年青藏高原中东部大气热源变化趋势：观测与再分析资料对比. 中国科学，57：178-188.

阳坤，郭晓峰，武炳义. 2010. 青藏高原地表感热通量的近期变化趋势. 中国科学，40：923-932.

姚冠荣，高全洲. 2005. 河流碳循环对全球变化的相应与反馈. 地球科学进展，24(5)：50-60.

叶笃正，高由禧，周明煜，等. 1979. 青藏高原气象学. 北京：科学出版社.

于贵瑞，孙晓敏. 2006. 陆地生态系统通量观测的原理与方法. 北京：高等教育出版社.

于贵瑞，王绍强，陈泮勤，李庆康. 2005. 碳同位素技术在土壤碳循环研究中的应用. 地球科学进展，20，568-577.

岳广阳，赵林，赵拥华，李元寿. 2010. 青藏高原草地生态系统碳通量研究进展. 冰川冻土，3(1)：166-174.

张连凯，覃小群，杨慧，等. 2013. 珠江流域河流碳输出通量及变化特征. 环境科学，34(8)：3025-3034.

张永领. 2012. 河流有机碳循环研究综述. 河南理工大学学报(自然科学版)，31(3)：344-351.

周幼吾，郭东信，邱国庆，程国栋，李树德. 2000. 中国冻土. 北京：科学出版社.

Alvarez-Cobelas M，et al. 2012. A worldwide view of organic carbon export from catchments. Biogeochemistry，107(1-3)，275-293.

Benner R，et al. 2004. Export of young terrigenous dissolved organic carbon from rivers to the Arctic Ocean. Geophysical Research Letters，31(5).

Bockheim J G，Munroe J S. 2014. Organic carbon pools and genesis of alpine soils with permafrost：A review. Arctic，Antarctic，and Alpine Research，46，987-1006.

Bockheim J G. 2007. Importance of cryoturbation in redistributing organic carbon in permafrost-affected soils. Soil Science Society of America Journal，71，1335-1342.

Bockheim J G. 2015. Cryopedology. Springer，Cham Heidelberg New York Dordrecht London.

Bond-Lamberty B，Wang C K，Gower S T. 2004. A global relationship between the heterotrophic and autotrophic components of soil respiration? Global Change Biology，10(10)：1756-1766.

Bonna G B. 2008. Ecological climatology：principles and applications，2nd edition. Cambridge University Press，Cambridge.

Cahoon S M P，et al. 2016. Limited variation in proportional contributions of auto- and heterotrophic soil respiration，despite large differences in vegetation structure and function in the Low Arctic. Biogeochemistry，127(2)：339-351.

Dorrepaal E，et al. 2009. Carbon respiration from subsurface peat accelerated by climate warming in the subarctic. Nature，460，616-619.

Elberling B. 2007. Annual soil CO_2 effluxes in the High Arctic：The role of snow thickness and vegetation type. Soil Biology and Biochemistry，39(2)：646-654.

Evans R D. 2007. Soil nitrogen isotope composition. Blackwell Publishing.

Fang Y，et al. 2015. Microbial denitrification dominates nitrate losses from forest ecosystems. Proceedings of the National Academy of Sciences，112，1470-1474.

Fiedler S，et al. 2008. Particulate organic carbon (POC) in relation to other pore water carbon fractions in drained and rewetted fens in Southern Germany. Biogeosciences，5(6)：1615-1623.

Fowler D，et al. 2015. Effects of global change during the 21st century on the nitrogen cycle. Atmos. Chem. Phys.，15，13849-13893.

Frey K E，Smith L C. 2005. Amplified carbon release from vast West Siberian peatlands by 2100. Geophysical Research

Letters，32(9)，doi：10. 1029/2004GL022025.

Garten C T，et al．2007．Natural 15N-and 13C-abundance as indicators of forest nitrogen status and soil carbon dynamics．Blackwell Publishing.

Graversen R G.，et al．2008．Vertical structure of recent Arctic warming．Nature，451，53-56.

Hanson P J，et al．2000．Separating root and soil microbial contributions to soil respiration：A review of methods and observations．Biogeochemistry，48(1)：115-146.

Herbert B，Bertsch P．1995．Characterization of dissolved and colloidal organic matter in soil solution：a review．Carbon Forms and Functions in Forest Soils：63-88.

Hicks Pries，C. E，et al．2016．Old soil carbon losses increase with ecosystem respiration in experimentally thawed tundra．Nature Clim. Change，6，214-218.

Hobbie S E，et al．1998．The response of tundra plant biomass，aboveground production，nitrogen，and CO_2 flux to experimental warming．Ecology，79，1526-1544.

Hu H-W，Chen D，He J -Z．2015．Microbial regulation of terrestrial nitrous oxide formation：understanding the biological pathways for prediction of emission rates．FEMS Microbiology Reviews，39，729-749.

Humborg C，MÖRTH C，Sundbom M，et al．2010．CO_2 supersaturation along the aquatic conduit in Swedish watersheds as constrained by terrestrial respiration，aquatic respiration and weathering．Global Change Biology，16(7)：1966-1978.

Kaiser C，et al．2007．Conservation of soil organic matter through cryoturbation in arctic soils in Siberia．Journal of Geophysical Research：Biogeosciences，112，G02017.

Kawahigashi M，Kaiser K，Kalbitz K，et al．2004．Dissolved organic matter in small streams along a gradient from discontinuous to continuous permafrost．Global Change Biology，10(9)：1576-1586.

Keuper F，et al．2012．A frozen feast：thawing permafrost increases plant-available nitrogen in subarctic peatlands．Global Change Biology，18，1998-2007.

Kuzyakov Y．2006．Sources of CO_2 efflux from soil and review of partitioning methods．Soil Biology and Biochemistry，38(3)：425-448.

Law BE，et al．2002．Environmental controls over carbon dioxide and water vapor exchange of terrestrial vegetation．Agricultural and Forest Meteorology，113：97-120.

Liang B，et al．1997．Management induced change in labile soil organic matter under continuous com in eastern Canadian soils．Biology and Fertility of Soils，26(2)：88-94.

Li N，et al．2011．Plant production，and carbon and nitrogen source pools，are strongly intensified by experimental warming in alpine ecosystems in the Qinghai-Tibet Plateau．Soil Biology and Biochemistry，43(5)：942-953.

Lloret E，Dessert C，Pastor L，et al．2013．Dynamic of particulate and dissolved organic carbon in small volcanic mountainous tropical watersheds．Chemical Geology，351：229-244.

Luo Y，et al．2004．Progressive nitrogen limitation of ecosystem responses to rising atmospheric carbon dioxide．BioScience，54，731-739.

McGuire A D，et al．2009．Sensitivity of the carbon cycle in the Arctic to climate change．Ecological Monographs，79：523-555.

Melillo JM，et al．2002．Soil warming and carbon-cycle feedbacks to the climate system．Science，298：2173-2176.

Menichetti L，et al．2014．Increase in soil stable carbon isotope ratio relates to loss of organic carbon：results from five long-term bare fallow experiments．Oecologia，177，811-821.

Meybeck M．1993．Riverine transport of atmospheric carbon：Sources，global typology and budget．Water，Air，& Soil Pollution，70(1)：443-463.

Michalzik B，Stadler B．2005．Importance of canopy herbivores to dissolved and particulate organic matter fluxes to the forest floor．Geoderma，127(3-4)：227-236.

Morishita T，et al．2014．CH_4 and N_2O dynamics of a Larix gmelinii forest in a continuous permafrost region of central Siberia during the growing season．Polar Science，8，156-165.

Moyano F E , et al. 2007. Response of mycorrhizal, rhizosphere and soil basal respiration to temperature and photosynthesis in a barley field. Soil Biology and Biochemistry, 39(4): 843-853.

Mu C , et al. 2015. Editorial: Organic carbon pools in permafrost regions on the Qinghai-Xizang (Tibetan) Plateau. The Cryosphere, 9, 479-486.

Natali S M , et al. 2012. Increased plant productivity in Alaskan tundra as a result of experimental warming of soil and permafrost. Journal of Ecology, 100, 488-498.

Natelhoffer K J, Fry B. 1988. Controls on Natural Nitrogen-15 and Carbon-13 Abundances in Forest Soil Organic Matter. Soil Science Society of America Journal, 52.

Oechel WG, et al. 2000. Acclimation of ecosystem CO_2 exchange in the Alaskan Arctic in response to decadal climate warming. Nature, 406: 978-981.

Petrone KC, Jones JB, Hinzman LD, Boone RD. 2006. Seasonal export of carbon, nitrogen, and major solutes from Alaskan catchments with discontinuous permafrost. Journal of Geophysical Research: Biogeosciences (2005-2012), 111.

Piao SL, et al. 2009. The carbon balance of terrestrial ecosystems in China. Nature, 458: 1009-1013.

Probst J L , Mortatti J , Tardy, Y. 1994. Carbon river fluxes and weathering CO_2 consumption in the Congo and Amazon river basins. Applied Geochemistry, 9(1): 1-13.

Prokushkin A S, Pokrovsky O S, Shirokova L S, et al. 2011. Sources and the flux pattern of dissolved carbon in rivers of the Yenisey basin draining the Central Siberian Plateau. Environmental Research Letters, 6(4): 045212.

Qin D , Ding Y , Mu M. 2015. Climate and Environmental Change in China: 1951-2012. Springer. Verlag Berlin Heidelberg.

Rangwala I, Miller J R. 2012. Climate change in mountains: a review of elevation-dependent warming and its possible causes. Climatic Change, 114, 527-547.

Robinson D. 2001. δ15N as an integrator of the nitrogen cycle. Trends in Ecology & Evolution, 16, 153-162.

Rumpel C, Kögel-Knabner I. 2010. Deep soil organic matter—a key but poorly understood component of terrestrial C cycle. Plant and Soil, 338, 143-158.

Schuur EA, et al. 2008. Vulnerability of permafrost carbon to climate change: Implications for the global carbon cycle. BioScience, 58: 701-714.

Schuur E A G. , et al. 2009. The effect of permafrost thaw on old carbon release and net carbon exchange from tundra. Nature, 459, 556-559.

Scott RL, et al. 2006. Partitioning of evapotranspiration and its relation to carbon dioxide exchange in a Chihuanhuan Desert shrubland. Hydrolical Processes, 20: 3227-3243.

Smith, K. A. , et al. 2003. Exchange of greenhouse gases between soil and atmosphere: interactions of soil physical factors and biological processes. European Journal of Soil Science, 54, 779-791.

Smith C A S , et al. 1999. Characterization of selected soils from the Lhasa region of Qinghai-Xizang Plateau, SW China. Permafrost and Periglacial Processes, 10, 211-222.

Striegl R G, et al. 2005. A decrease in discharge-normalized DOC export by the Yukon River during summer through autumn. Geophysical Research Letters, 32(21).

Tarnocai C, et al. 2009. Soil organic carbon pools in the northern circumpolar permafrost region. Global Biogeochemical Cycles, 23, GB2023.

Vogel J , Schuur E A G. , Trucco C, Lee H. 2009. Response of CO_2 exchange in a tussock tundra ecosystem to permafrost thaw and thermokarst development. Journal of Geophysical Research: Biogeosciences, 114, G04018.

Wang C , et al. 2014. Aridity threshold in controlling ecosystem nitrogen cycling in arid and semi-arid grasslands. Nat Commun, 5.

Wang Q , Fan X, Wang M. 2016. Evidence of high-elevation amplification versus Arctic amplification. Scientific Reports, 6, 19219.

Wang S , et al. 2012. Effects of warming and grazing on soil N availability, species composition, and ANPP in an alpine meadow. Ecology，93，2365-2376.

Wang X ，Ma H ，Li R ，Song Z ，Wu J. 2012. Seasonal fluxes and source variation of organic carbon transported by two major Chinese Rivers：The Yellow River and Changjiang（Yangtze）River. Global Biogeochemical Cycles，26（2）.

Wei D ，Xu R ，Liu Y ，Wang Y，Wang Y. 2014. Three-year study of CO_2 efflux and CH4/N_2O fluxes at an alpine steppe site on the central Tibetan Plateau and their responses to simulated N deposition. Geoderma，232-234，88-96.

Wickland K P，Aiken G R，Butler K，et al. 2012. Biodegradability of dissolved organic carbon in the Yukon River and its tributaries：Seasonality and importance of inorganic nitrogen. Global Biogeochemical Cycles，26，GB0E03，doi：10. 1029/2012GB004342.

Xie Z ，et al. 2007. Soil organic carbon stocks in China and changes from 1980s to 2000s. Global Change Biology，13，1989-2007.

Yang Y ，et al. 2007. Storage，patterns and environmental controls of soil organic carbon in China. Biogeochemistry，84，131-141.

Zhang T ，et al. 2015. Non-growing season soil CO2 flux and its contribution to annual soil CO_2 emissions in two typical grasslands in the permafrost region of the Qinghai-Tibet Plateau. European Journal of Soil Biology，71：45-52.

Zhang Yili，et al. 2014. Spatial and temporal variability in the net primary production of alpine grassland on the Tibetan Plateau since 1982. Journal of Geographical Sciences.

第6章　寒区坡面产汇流过程的生态作用

降水至地表，一部分通过入渗进入土壤成为土壤水分或地下水的补给成分，一部分通过蒸散发返回大气，剩余的部分则通过植被截留、填洼而形成地表径流。在这个过程中，与其他区域一样，寒区的陆面生态过程具有重要影响，表现在植被截留、生态系统对水分入渗与坡面产流等的影响。不同的是，在寒区，植被覆盖变化还与土壤温度和冻融过程密切相关，特殊的温度与植被覆盖对降水-产流具有十分重要的协同作用。坡面尺度是我们认知生态水文过程的重要空间尺度，这是由一般陆地水文学水循环和水文过程机理认知尺度所决定的，在这个尺度上，可以从机理上判识产流形成、水分循环以及降水分配等方面生态系统的作用。本章以青藏高原风火山实验流域中典型坡面降水径流观测结果为核心，从上述几方面阐述所取得的相关进展。

6.1　不同高寒草地的植被截留

植被的降水截留是水循环中十分重要的环节和水循环量，其对土壤水分收支平衡、地表径流形成等都有十分重要的作用，对正确估算大气环流模式(GCM)的下垫面参数化过程亦不可回避。一般而言，降雨截留也是蒸散发过程中的一部分，但在当前大部分的草地生态系统水量平衡计算中，由于草地降雨截留量观测的局限性，往往只对植被和土壤的蒸发量以及土壤入渗量进行计算，而忽略了草地植被的截留降雨损失。显然，这种处理不仅难以满足精细化研究草地水循环过程，而且最为重要的是，寒区植被截留量不仅影响水循环，而且也显著影响能量平衡。在青藏高原高寒草地生态系统中，长期以来，也总是认为降雨截留损失在整个水循环过程中的比例和比重都相对较小，在实际的水量平衡计算中，草甸的降雨截留损失常常被忽略，或者是作为一个比例常量运用于寒区的水量平衡计算之中(程慧艳，2007)。Bello 等(1989)曾对北极苔原植被做过降水截留试验，发现夏季苔藓苔原植被的降水截留率可达 39%，同时植被覆盖状况还直接与夏季的凝结水量密切相关，因此具有十分重要的水循环作用。但迄今为止，青藏高原高寒草地植被的降水截留鲜有实际观测，不清楚实际的截留规律及其在水循环中的作用。为此，选择典型高寒嵩草草甸和青藏苔草沼泽草甸两种植被类型，通过构建有效的降水截留装置，在风火山实验流域开展了系统的观测试验。

6.1.1　实验方法

针对草地植被降雨截留的试验观测，近年来国内外相继提出了一些富有成效的技术和方法，早在 1956 年，就有人提出把从草地上剪下的草块放置在铁丝网上，然后在铁丝网上方模拟人工降雨，通过测量铁丝网降雨前后重量的差值反映截留量(Van Dijk et al.，2001)，在 1961 年左右，Corbett 等(1961)提出了采用橡胶封住地面，首先测量橡胶封面上的径流量，然后通过水量平衡的方法计算截留量。借鉴这些方法的成功经验和技术思路，针对高寒草甸植被的特性，本书研发了一套测定装置，如图 6.1 所示，由小型模拟降雨设施、截留实验试桶以及水量观测设施三部分组成。高寒草甸和高寒沼泽实验中所采用小型针孔滴水式模拟降雨机，由稳压桶、供水桶、降雨头、围板和支架组成，降雨高度可由支架自由调节，降雨强度通过稳压桶水位形成的压力差调节，雨滴的大小可变换针孔的大小来调节。截留实验试桶的设计实施：将一直径为 300mm 的金属圆环均匀砸入土壤层之中，让金属圆环上缘露出地面 30mm，然后将土块整体上移出地面 60～80mm 以便进行降雨截留实验。将筛选好的细石英砂均匀平铺在土壤的表面，使得土壤的表层形成一个规则的斜坡面，便于截留过程中排水，坡度控制在 5%～10%。然后在贴近砂层表面，均匀地喷洒上氯丁橡胶乳液，等待乳液凝固后就会形成一个质量稳定的隔水层，可以阻隔截留过程中水分的下渗。实验过程中，通过测量降雨量与排水口出流质量的差值来确定高寒草甸和高寒沼泽截留量的大小。按照不同降雨历时(1min、3min、5min、7min、10min 和 15min)，在高寒草甸和高寒沼泽 6 个实验场分别进行人工降雨截留实验。为避免截留过程中大量的蒸发损耗，影响实验结果的准确性，实验过程中选择 20mm/h 和 40mm/h 两种较大降雨强度，以最大限度地降低蒸发损失。植被盖度的测定方法可分为目测估算法、垂直照相法、多光谱相机法及遥感解译分析法，本书中草甸植被盖度的测算采用照相法，然后利用监督分类程序对植被盖度进行分类(White et al.，2000)，实验采用 SPSS 13.0 和 Sigmaplot 11.0 统计软件对降雨量、雨强、植被盖度和截留量进行拟合和相关分析。

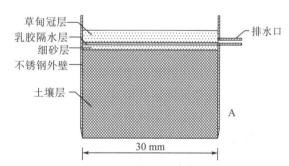

草甸冠层
乳胶隔水层
细砂层
不锈钢外壁
排水口
土壤层
A
30 mm

图 6.1　高寒草甸植被降水截留自动观测系统装置

高寒沼泽和高寒沼泽类型在青藏高原分布十分广泛，也是江河源区最为重要的水循环影响植被类型，在畜牧业经济、水源涵养以及固碳等关键生态服务功能方面是青藏高原多年冻土区的主体生态类型。为此，本书分别选取高寒沼泽和高寒草甸两种草甸类型进行人工降雨截留实验研究。

6.1.2　降水截留观测结果

植被盖度、降雨历时、降雨量及降雨强度等都是十分重要的降水截留过程的影响因素。基于植被生长季 6~9 月间开展的降水截留观测试验，结果如图 6.2 和图 6.3 所示。对于高寒沼泽草甸植被，由图 6.2 可以发现，在降雨强度为 20mm/h 和 40mm/h 时，随着高寒沼泽植被盖度的增加，降雨截留量也呈现不断增加的趋势，并随着降雨量的增大而呈现增加趋势，9 min 左右达到相对稳定量值，以后截留量增加较小，两种降水强度下的降水截留过程十分相似。降水截留随降水强度增加而增大，在观测试验的两种降水强度下，随强度由 20mm/h 增加到 40mm/h，相同植被盖度的降水截留量增加 18%~25%。降水截留的季节差异较大，对于高覆盖植被，在较大降水强度下(40mm/h)，6 月份高寒沼泽的最大截留量是 0.15mm，7 月份是 0.19mm，8 月份是 0.26mm，9 月份是 0.27mm，随着生长季的向后推移，最大截留量呈现出持续增加的趋势。6 月份高寒沼泽的稳定截留率是 1.55%，7 月份是 1.87%，8 月份是 2.61%，9 月份是 2.66%，随着生长季的向后推移，稳定截留率呈现出持续增加的趋势。降水截留的这种季节变化与植被叶面积指数的季节变化有关，且随降水强度增加，降水截留的季节差异就越明显。

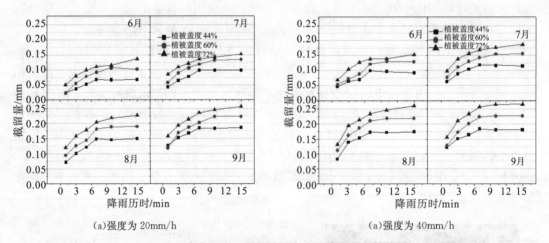

图 6.2　高寒沼泽不同植被盖度下的降水截留量特征

高寒草甸植被的降水截留特征与高寒沼泽一样，如图 6.3 所示，随着高寒草甸植被盖度的增加，植被的降雨截留量、截留率都呈现不断增加的趋势。在降雨强度为 20mm/h 情形下，高寒草甸植被不同盖度的截留量随着降雨历时的进行，出现相对稳定截留的时间有所不同，对高覆盖草地植被，一般是 6~7 月到达 8min 后趋于相对稳定，8~9 月是 9min 时稳定；而对于较低植被盖度草地，6~7 月大致在 7min 就已接近稳定，在 8~9 月也提前到 8min 时接近稳定。如图 6.3(b)所示，类似的现象也发生在 40m/h 强度下，高覆盖草地植被在 6~7 月一般在 9min 达到稳定，在 8~9 月要持续到将近 10min 时达到稳定。也就是说，稳定截留的时间拐点随植被盖度降低而提前，随降水强度增加而滞后。在降水强度为 40mm/h 情形下，高寒草甸植被最大截留量的季节变化也十分显著，以高覆盖草地为例，6 月份为 0.17mm，7 月份增加到 0.3mm，8 月和 9 月则进一步增到 0.5

~0.61mm。对比图 6.2 和图 6.3 可以看出，高寒草甸植被的降水截留量在 7 月份以后显著高于高寒沼泽植被，盖度越高，这种差异就越显著。高寒沼泽和高寒草甸随着植被盖度的增加，降雨截留量的增加的幅度是不同的，高寒草甸截留量随植被盖度增加的幅度要明显地大于高寒沼泽随植被盖度增加的幅度。表明高寒草甸中嵩草具有比沼泽中青藏苔草更大的截留能力。

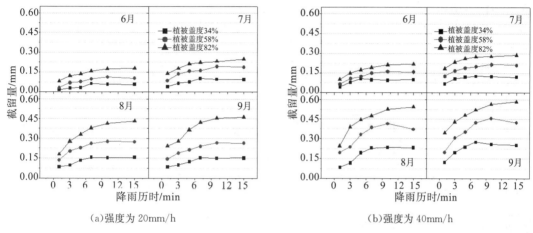

(a)强度为 20mm/h　　　　　　　　　　　(b)强度为 40mm/h

图 6.3　高寒草甸不同植被盖度下的降水截留量的特征

高寒沼泽和高寒草甸植被在降雨强度为 20mm/h 和 40mm/h 两种降雨强度情况下的降水截留率，如图 6.4 所示。相同植被类型和植被盖度下，降雨截留率与降雨强度成反比，无论是高寒沼泽还是高寒草甸，20mm/h 下的植被截留率总是显著高于 40mm/h 情形；且伴随植被生长季节截留率逐渐增大。在降雨强度为 20mm/h 时，高覆盖高寒沼泽植被的最大降雨截留率在 6 月份为 15%，8 月份急剧增大到 36%，在生长季末期的 9 月份达到 48%。植被盖度由 77% 减少到 44%，8、9 月份最大降水截留率分别减少 64% 和 34%。在降雨强度为 40mm/h 时，高覆盖高寒沼泽植被的生长季截留率分别是 10%(6月)、15%(7 月)、20%(8 月)和 24%(9 月)。因此，降水强度越大，截留率越小，且季节间的变幅显著减小。另一个需要关注的指标就是达到稳定截留率的时间和稳定截留率大小，如图 6.4(a)和(b)所示，总体而言，6~7 月稳定截留率相似，8~9 月相当；随降雨强度增加，稳定截留率显著减小。

高寒草甸植被的降水截留率总体动态格局特征与高寒沼泽相似，不同的是，高寒草甸植被的最大截留率显著高于高寒沼泽植被。对于降雨强度为 20mm/h 时的最大截留率，高覆盖高寒草甸植被(盖度 82%)比高覆盖沼泽植被高 50%~67%；在降水强度为 40mm/h 时，高寒草甸植被降雨截留率要比高寒沼泽植被高出 50%~112.5%。也就是说，高寒草甸植被的降水截留量和截留率远高于高寒沼泽植被，且降水强度越大，两者的差距就越大。在稳定截留率方面，20mm/h 强度下，高寒草甸植被不同盖度的稳定截留率(9 月份)分别是 5%(低覆盖)、7%(中覆盖)和 11%(高覆盖)，显著高于对应的高寒沼泽植被(分别仅有 3%、4% 和 7%)。

总结以上试验结果，可以得出以下结论：①典型未退化的高寒草地，如较高盖度的高寒沼泽和高寒草甸植被，生长季最大降雨截留率在 25%~30% 以上，最高可达 71%，因此高寒草地植被降水截留作用具有十分重要的水循环影响，在青藏高原半干旱多年冻土区，其作用与森林植被的截留能力相近，需要给予高度重视；②高寒草地植被伴随生长季冠层与叶面积指数等的季节变化，植被降雨截留量与截留率存在较大的季节变化，生长季末期的 9 月间降水截留率达到一年中的最大值；③伴随植被退化，群落盖度减小，植被降雨截留量和截留率均减少，且在生长末期的减少幅度最大；④不同草地类型的植被降雨截留率和截留量相差较大，如青藏苔草为优势种的高寒沼泽植被截留率要比以小嵩草为优势物种的高寒草甸植被小，一般相差 50％以上，在较大雨强下，相差幅度高达110％以上。因此，在水文模型或是评估区域水分循环中，需要针对不同草地类型确定其不同的降水截留参数，不能简单地将草地植被归为相同的植被类型处理。

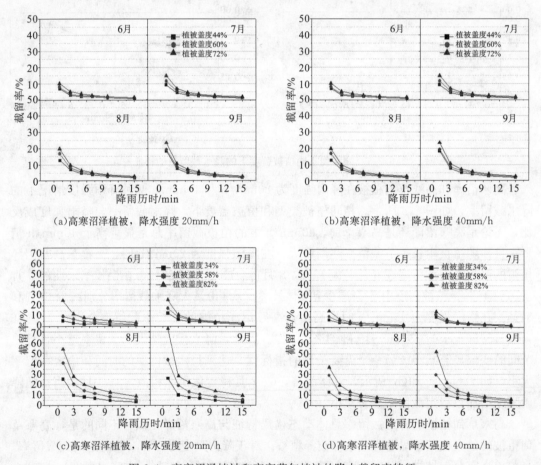

图 6.4　高寒沼泽植被和高寒草甸植被的降水截留率特征

6.1.3　典型高寒草地植被截留模式

植被盖度对于高寒沼泽和高寒草甸的降雨截留量影响十分显著。单位面积上植被盖度越大，高寒草甸和高寒沼泽的叶面积指数也越大，叶面积指数越大，比表面积越大（Leuschner et al.，2006），从而提高高寒沼泽和高寒草甸对降雨的拦蓄能力。因此，降雨截留理论认为，植被降水截留量、叶面积指数和植被盖度三者存在十分密切的相关关系。叶面积指数是影响高寒草甸和高寒沼泽降雨截留十分重要的因素，在青藏高原高寒草地主要植被类型中，高寒草甸主要物种嵩草属植物的叶面呈钝棱状，相对叶面积指数较大，而高寒沼泽主要物种青藏苔草的叶面呈现细线形，相对叶面积指数较小。因此，即便相同植被盖度，高寒草甸的叶面积指数要大于高寒沼泽，从而导致高寒草甸截留率要大于高寒沼泽。另外，降雨性质如降雨量和降雨强度等也是影响植被截留的主要因素。一般来说，降雨量越大，截留量也越大，但降雨量和截留量二者并非呈现线性增加的关系，截留量和降雨量的相关关系在高寒草甸和高寒沼泽两种植被类型之间也存在着十分显著的差异。整体上降雨量与截留量、截留率呈现负相关关系。

植被降水截留需要建立数值模拟模型，以开展水循环和水平衡模拟研究，也是水文模型的主要组成部分。目前，植被冠层降水截留模型可归纳为 4 类：一是基于冠层降水截留过程的机理和条件，运用数学物理的方法和过程的系统性分析方法建立的基于物理机制的理论模型（孙救芬，2005）；二是以冠层降水截留概念为基础的基于水量均衡理论，建立冠层水量平衡模型；三是运用数学统计方法理论，根据大量的实测资料通过统计分析建立的统计模型；四是通过理论模型和经验模型二者相耦合的方法建立的半理论化模型（Van Dijk et al.，2001）。高寒沼泽和高寒草甸的植被降雨截留的物理机制相当复杂，影响因素众多，由于缺乏微观机理的系统实验分析数据，建立具有明显物理意义的理论模型较为困难。因此，本书着重于降雨截留的数学统计模型研发。基于上述大量原位观测试验结果，采用多元非线性统计回归分析的方法，对截留量和各因子的关系进行多元统计分析，得到降水截留量与草地植被盖度、地上生物量（近似代表叶面积指数因子）、降雨强度和降雨历时之间精度较高的多元统计模型函数如下：

$$I = k \cdot V_{eg} \cdot B_{io}^a \cdot R_i^b \cdot T^c \tag{6.1}$$

式中，I 为降水植被截留量，mm；V_{eg} 为植被盖度；B_{io} 为地上生物量；R_i 为降雨强度；T 为降雨历时，a、b、c 和 k 为待定系数。

该模型建立的分析方法是采用多元回归分析的通用全局优化算法＋麦夸特法（Levenberg-Marquardt）法，分别对高寒沼泽和高寒草甸两种草甸类型的降雨截留模型进行多元统计回归分析。上述模型模拟与实测结果的检验结果如图 6.5 所示，降雨截留模型的模拟值与实测值有着十分显著的相关性，模型中，高寒草甸的 R^2 为 0.78，高寒沼泽的 R^2 为 0.71，统计结果具有较高的决定系数和显著性水平（$P < 0.01$）。可以认为，上述多元统计模型式（6.1）可以作为具有较高识别能力的高寒草地植被降水截留量模拟模式。

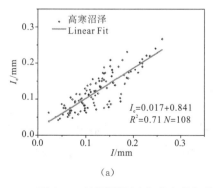
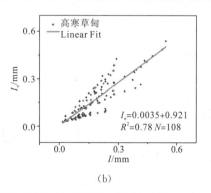

(a)　　　　　　　　　　　　　　　(b)

图 6.5　高寒沼泽（a）和高寒草甸（b）植被降水截留的计算值与实测值比较

6.2 坡面降水产流过程的植被和温度效应

对寒区多年冻土区坡面产汇流过程的认识十分有限，其关键在于坡面尺度上，积雪-冻土-植被的互馈作用对水循环和产汇流过程的协同影响，因其复杂的多界面水热耦合传输过程，是国际水文学领域上尚未有显著进展的领域。同时，气候变化对冻土和植被的不同影响，均最终影响坡面水循环过程，对这种互馈作用关系也缺乏系统观测和数值分析方法，这些不足成为寒区水文学领域最具挑战性的瓶颈所在，也极大限制了流域水文模型对于寒区水文过程的代表性，是现代自然地理学和水文学亟待发展的前沿领域。

水文循环过程准确认知的关键是对水循环生物作用机理的深入理解，一切基于物理机制的水文模型面临的最大挑战也在于对生态水循环过程的定量刻画。国际 BACH 计划的核心就是识别陆地生态系统在全球水文循环的作用，IGBP、IHDP、WCRP、Diversitas 四大全球环境计划在 2002 年共同提出了水问题联合研究计划，其中生态系统水循环以及土地利用变化对水系统的影响是该计划的关键问题之一（DeFries et al.，2004）。在寒区，这一问题的复杂性还在于水循环生物作用显著受到冻土和积雪的水热调控影响。在泛北极和青藏高原的大量陆面水循环研究结果表明，冻土活动层土壤-植物-大气系统的一系列能量转化、物质循环和水分传输过程通过水热互馈关系紧密地耦联在一起，并制约着土壤和植物与大气系统之间的水交换通量及能水平衡关系（Wang et al.，2004；Luo et al.，2008），同时，受到冻土和积雪等条件（包括土壤水分）的空间高度异质性影响，生态水文关系与冰冻圈要素的作用强度在不同区域的不同生态系统间存在较大差异（Brown et al.，2005；Fang et al.，2005）。因此，寒区生态水文过程的时空异质性和尺度效应比其他区域更加显著和复杂。另外，在一定时间和空间范围内，温度比降水具有更加突出的对水循环和水文过程的控制作用，传统的基于降水-径流过程的水文分析理论与水文模型均不适用于寒区。如何在识别不同生态系统与冻土环境的关系及其对冻土变化的差异性响应规律基础上，发展基于植被-冻土的水热耦合模式的寒区生态水文模型，是未来水文学最具挑战性的前沿方向之一（Pomeroy et al.，2007，2012；MacDonald et al.，2009）。因此，系统阐明生态水文循环与冻土水文循环的耦合关系及其控制下的坡面水文过程、时空动态规律及其形成机制，并明确生态系统响应冻土和气候变化对流域尺度水文过程的影响方式与程度，就成为寒区坡面水文学研究的核心。

6.2.1 观测研究方法

（1）坡面产流过程观测：研究区域选择青藏高原长江流域河源区的风火山流域，面积112.0 km²，位于北纬 34°43′，东经 92°52′，平均海拔 4846m。该流域属于多年冻土分布区，多年冻土类型以富冰、饱冰冻土为主，在风火山冻土观测站附近测定的冻土厚度60~120m，天然地面多年冻土上限 1.3~2.5m，在河沟岸和滩地上限较深，可达4.0m 以上。流域内主要植被是高寒草甸植被，群落主要以高山嵩草（*Kobresia Pygmaea*）、矮嵩草（*K. Humilis*）和线叶嵩草（*K. capilifolia*）等为主，局部分布少量高寒沼泽草甸。根据草地植被盖度不同，将高寒草甸划分为高覆盖草地（盖度大于80%）、中覆盖草地（盖度为30%～80%）以及低覆盖草地（盖度小于30%）。流域内无冰川分布，是研究冻土-植被水热耦合过程、冻土流域水循环过程的理想场所，在该流域构建了较为完善的冻土流域水文过程和高寒生态水循环观测体系。如图6.6所示，在高寒草甸和高寒沼泽草甸区分别建立了不同植被盖度下的100m²和200m²降水-径流观测场8个，系统观测不同植被盖度下的降水-产流过程，包括壤中流、表面流等过程。

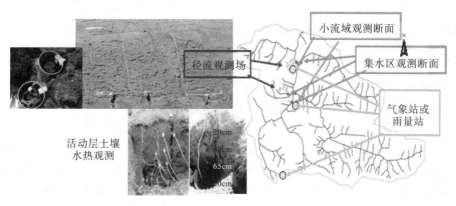

图6.6　研究区域坡面降水-径流过程观测试验场地布设与活动层土壤水热同步观测

（2）土壤温湿度观测与水分入渗过程观测：在青藏高原大部分观测点土壤温度的观测利用热敏电阻法，在不同的深度布置热敏电阻，通过Fluke表观测获得。这种方法是冻土国家重点试验室研制开发，并在青藏高原使用的20多年，取得良好的成效。其观测范围为−40～50℃，精度为±0.02℃；其他观测区域多采用Decagon公司出产的温度传感器（精度为±0.01℃）。土壤温度观测深度区分冻土观测和活动层观测两类，深度分别在5m以上和1～3m。在个别观测点上，对活动层温度观测，还加强了浅层与植被有关的深度观测，一般在120cm以内。土壤水分的观测多采用荷兰Eijkelamp公司生产的FDR水分观测仪，或是Decagon公司生产的ECHO水分传感器，其观测精度为±2，水分观测深度一般以活动层为主，并以植物生长关系密切的120cm范围，甚至浅层50cm范围居多。在活动层和浅层土壤，地温资料和水分资料是同步观测的，一般是每隔半小时或1h记录一次数据，在冬季也有每3h记录一次数据。在本书研究中，土壤温湿度观测数据利用最多，观测数据一般均在3年以上。土壤温湿度测定布设还与植被类型与植被覆盖状态相关联，除了在不同生态类型上有足够土壤温湿度和冻土观测点外，在同一类型上，根据其退化程度也布设对比观测场，如在青藏高原高寒草甸和高寒沼泽等草地类型，分别针对不同退化程度设立了3种（30%、65%、93%）和2种（65%和97%）植被盖度情景观测场。

土壤水分入渗观测采用小型蒸渗仪和土壤水分导水率测定两种途径。在径流场内相同盖度30%、65%、93%场地，随机选取3～5个点，采用2800K1土壤入渗仪测定各盖度不同深度的饱和导水率，并同时采用双环法测定土壤入渗速率，获得了较为全面的土壤饱和导水率及其随植被盖度的变化。采用小型蒸渗仪（microlysimeter）称重法观测不同高寒草甸覆盖的土壤表层蒸散发，在植被盖度为30%、65%、93%的场地内，分别设置

2或3个蒸渗仪重复，分别放在了径流场坡面的坡上和坡下，每天称重2次，降水前后各测定一次，连续观测多个水文年，据此分析高原多年冻土区高寒草地蒸散发特征。利用这些观测数据，本书开展了冻土-植被水热耦合传输过程、坡面水循环以及流域水文过程的系统分析。

6.2.2　寒区坡面产流过程及其对植被覆盖变化的响应

6.2.2.1　不同植被盖度下的降水产流变化

在植被生长旺盛季节（7~8月），依据坡面降水径流观测结果，分析不同植被盖度的坡面降水-径流的统计关系如图 6.7 所示，高寒草甸和高寒沼泽草甸具有不同的降水-径流过程，高寒草甸草地降水-径流关系为指数型，高寒沼泽草甸近似为线性，两者统计关系均具有显著相关性（$R^2 \geqslant 0.82$，$P < 0.001$）。当这两类草地退化后，降水-径流关系发生了变化，对于高寒草甸草地，伴随植被退化程度加剧，降水产流量趋于增加，如图 6.7(a)所示，当植被盖度从 92％下降到 30％，在降水量超过 10mm 以后，产流量将迅速增加80％以上。但对于高寒沼泽草甸，如图 6.7(b)所示，当草地植被退化后，降水-产流量趋于减少，与高寒草甸草地不同，在降水量小于 7mm 时，退化前后产流量近乎相同；在降水量超过 10mm 后，退化沼泽草甸草地产流量开始显著减少，但差异比高寒草甸草地要小，一般减少幅度为 20％~46％。

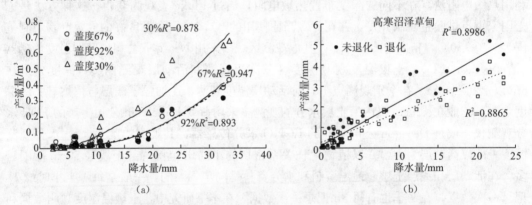

图 6.7　植被覆盖变化对降水-产流的影响，(a)为高寒草甸区，(b)为高寒沼泽区

从产流率角度来看，如表 6.1 所示。相同降水强度下，高寒沼泽草甸的降水产流率要远大于高寒草甸，这是由土壤水分含量决定的。高寒草甸植被盖度越大，降水产流率越低，且随降水量大小变化，降水量越大，植被盖度减少对径流量的影响程度越大。在次降水量小于 20mm 时，降水增加 5mm 的产流量在 93％植被覆盖下仅平均增加1.65mm，植被盖度增加到 67％时，径流产出量增加 1.38mm，但是，植被盖度退化到30％时，径流产出量较大幅度增加 3.3mm。对于高寒沼泽草甸，未退化植被覆盖在89％~97％的草地，降水产流率稳定在 21％~26％，随降水量大小变化不大；但是高寒沼泽草甸草地退化后，当植被盖度在 65％~72％时，小于 10mm 降水量的产流率减少8.6％~19.8％，大于 10mm 降水量的产流率减少 25.4％~39.1％。

表 6.1　　不同植被盖度下次降水的坡面产流率比较（平均值，%）

降水量/mm		0~5	5~10	10~15	15~20	>20
高寒草甸	93%	1.68	3.68	2.34	3.69	10.14
	67%	2.33	3.71	3.38	4.73	11.68
	30%	2.35	4.21	7.20	11.89	21.01
高寒沼泽	97%	25.92	24.42	24.29	20.62	21.53
	65%	20.80	20.92	15.34	15.37	15.69

6.2.2.2　高寒草地植被覆盖变化对土壤入渗过程的影响

如图 6.8(a)所示，在不同草地类型和盖度下的入渗差异较大，这种差异可以归纳为两个方面：一是当高寒草甸草地极严重退化为黑土滩、盖度在 5%~10% 时，无论初始入渗速率还是稳定入渗速率，均远远大于其他覆盖类型，这与黑土滩往往遭受较为严重的鼠害而导致土体十分松散有关；二是随植被退化程度加剧至严重的盖度 30% 时，盖度较高(93%)的高寒草甸草地的土壤稳定入渗速率最大，盖度为 30% 的严重退化草地的土壤稳定入渗速率最小，表明盖度较高的高寒草甸草地的土壤有利于水分入渗。从稳定入渗时间看，高寒沼泽草地达到稳渗所需的时间最短，25min 后就达到了稳定入渗阶段；对于高寒草甸草地而言，退化程度较高的草地稳定入渗时间要短于盖度高的草地。

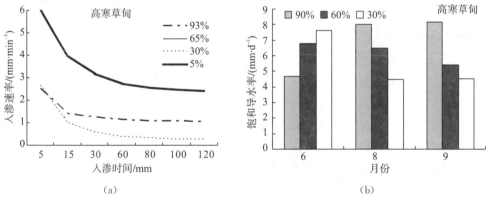

图 6.8　植被覆盖变化对土壤入渗过程的响应(a)以及入渗率的季节差异(b)

在多年冻土地区，土壤入渗能力还存在较为显著的季节差异，如图 6.8(b)所示，浅层 20cm 内土壤入渗速率的季节间差异来源于两方面，一是植物生长季相导致的根系层变化，二是冻土的季节冻融差异。在融化初期的 5 月~6 月初，相同盖度下土壤入渗速率远小于 7 月份根系层完全融化后的入渗速率，相差可达 71%。不同植被盖度土壤入渗速率的季节差异均较大，如图 6.8(b)所示，从 6 月初的土壤初始融化到 8 月中旬活动层完全融化，低覆盖地土壤入渗率由大变小，而高覆盖草地土壤入渗速率由小变大。由于低覆盖土壤较早融化，在 6 月初期盖度为 30% 的土壤融化深度可达 60cm，而覆盖为 65% 以及 93% 的土壤融化深度在 10~30cm 深度，因此低覆盖土壤具有较大入渗速率。这种变化除了不同植被盖度土壤所具有的入渗能力本身的差异以外，还与土壤入渗速率与地温成正比关系有关，在春夏时期，高寒草地土壤饱和导水率与土壤地温间具有显著的正相关关系，伴随地温升高，土壤饱和导水率显著增加。综合上述结果，可以得出以下认识：高寒草甸草地中度-严重退化将可能导致春夏季节降水入渗增加而表面产流减少，当极度退化为黑土滩时，降水入渗强度迅速提高，高入渗率将促使地表产流终结。

表 6.2　不同退化程度水分入渗模型回归分析

入渗模型	植被盖度/%	方程	R^2	P
	未退化	$y=0.8347x-0.1527$	0.553	<0.05
Kostiakov	中度退化	$y=0.8326x-0.3548$	0.724	<0.05
	严重退化	$y=0.5788x-0.3322$	0.912	<0.01
	未退化	$y=0.5964e-0.005x$	0.344	<0.05
Horton	中度退化	$y=0.4043e-0.014x$	0.48	<0.05
	严重退化	$y=0.2903e-0.0122x$	0.704	<0.05

青藏高原高寒草甸不同植被盖度下，土壤达到稳定入渗的时间与植被盖度成正相关，即地表植被密度越大，达到稳定下渗阶段的时间越长，越有利于土壤水分的涵养。通过回归分析求出研究区不同植被类型和盖度 Kostiakov 公式 a、b 和 Horton 公式的 f_0-f_c、k。不同模型对土壤入渗过程的拟合效果可以用回归方程的决定系数 R^2 检验，结果列于表 6.2。可以看出，不同退化程度的高寒草甸参数 a 为 0.5~0.9，参数 a 与土壤初始含水率和容重有关，b 为 0.1~0.4，参数 b 越小，说明入渗率随时间减小得越慢。f_0-f_c 为 0.2~0.6，盖度越大，土壤根系越疏松，初始入渗率越大。常数 k 为 0.005~0.02，其决定着初渗率减小到稳定入渗率的速率。通过 Kostiakov 和 Horton 土壤水分入渗模型，对土壤水分入渗实验的观测结果进行了拟合分析，结果表明：Kostiakov 模型对于模拟高寒草甸土壤水分入渗方面的效果较好，Horton 模型对于土壤水分入渗过程的模拟效果较差。大部分情况下，高寒草甸草地土壤入渗过程符合考斯加科夫（Kostiakov）入渗公式 $f(t)=at^{-b}$。但是，从表 6.2 中可以发现，在严重退化后植被盖度较低的情况下，两种入渗模型的模拟效果都相对较高植被盖度下的模拟要好一些。也就是说，Horton 模型入渗模型适合于高寒草甸在严重退化或是植被盖度较低的情形。

6.2.3　温度与植被变化对冻土区坡面产流过程的协同影响

多年冻土区有别于非冻土区的一个重要标志，就是坡面产流过程除了与降水有关外，还与温度具有密切关系。如图 6.9 所示，高寒草甸融化过程坡面产流系数与 20cm 深度土壤温度间具有较显著的指数函数关系（$P\leqslant0.01$），该函数能解释产流过程的 38%~43% 的变化，说明土壤温度对融化过程降水产流过程具有较大影响。在冻结过程，伴随20cm 深度土壤温度降低，表面产流系数逐渐减少，呈现抛物线关系，虽然统计显著性较低（$P\leqslant0.06$），但地温仍然可以解释产流变化的 23% 左右。对于高寒草甸，土壤温度对融化过程坡面产流行为的影响显著大于冻结过程；植被盖度与产流率成反比，但融化过程早期（土壤温度小于 1℃时）成正比关系。在高寒沼泽草地，土壤温度对产流过程的影响比高寒草甸更加显著，高覆盖沼泽坡面产流率随地温升高或下降均呈现显著的线性关系($R \geqslant 0.6$，$P \leqslant 0.01$)，但是融化过程能解释 78% 以上的径流变化，在冻结期相对弱一些，能解释 56% 的变化。对于退化的高寒沼泽，植被覆盖减小到 65% 时，融化过程坡面产流率与地温的关系呈显著的对数函数关系，温度超过 4℃后急剧增加；但在冻结过程，坡面产流率随地温下降成直线下降，其线性关系可解释 61% 的径流变化。

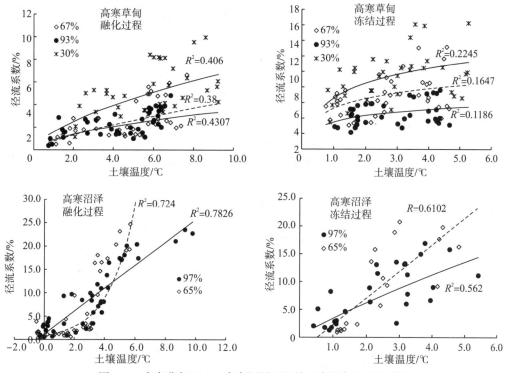

图 6.9　高寒草甸(上)、高寒沼泽(下)坡面产流与地温的关系

综上所述，高寒草地生态系统的坡面产流过程在冻融期间受地温变化的影响显著，这与地温控制表层土壤水分含量以及土壤水分入渗能力等有关，植被覆盖变化通过影响土壤温度改变土壤温度与坡面产流的相关关系模式。地表降水产流量或产流率与地表产流方式有关，一般饱和产流或蓄满产流的产流率大于超渗产流。在多年冻土坡面，无论是哪种产流模式，均取决于地表土壤融化深度和融化土壤的水分含量。如第 2 章所述，植被覆盖变化显著影响土壤冻融深度和冻融速率，从而影响融化和冻结过程中某降水时期的融化或冻结深度。对于高寒草甸，随融化深度增大，表层土壤水分向下迁移导致水分下降，冻结面较浅时具有的饱和状态或高含水状态逐渐消失；植被盖度越低、表层土壤融化和冻结越迅速，因而在冻融过程初期较低覆盖产流率要大于较高植被覆盖的坡面；当一定深度土壤完全融化后，地表产流将与非冻土地区一样，遵循植被盖度高低与产流大小的规律。对于高寒沼泽，情况则有所不同，高植被覆盖地表融化和冻结速率要比低覆盖地表迅速，且融化后土壤水分急剧增加至饱和状态，因而不仅比高寒草甸在相同温度下产流大且呈线性关系。

6.3   不同植被盖度的坡面产流及其季节动态

6.3.1   坡面产流的季节动态及其对植被盖度变化的响应

　　既然地表冻融过程深刻影响地表产流过程,那么寒区坡面产流过程必然存在不同于非冻土区的季节动态。在月动态上考查植被覆盖变化对坡面降水产流的影响,可明晰植被覆盖变化对年内径流过程影响的动态规律。如图 6.10 所示,以 5 月降水-产流过程代表融化过程,期间大部分降水以小于 2mm 的小强度降水为主,产流率在不同植被盖度下均较大,植被盖度小于 65% 的中高覆盖草地是产流的主体,这与该期间高覆盖草地地表尚未融化或融化深度较小有关,而低覆盖草地地表 20cm 深度已经融化,不仅融化土壤水分地表聚集,并形成较大融雪产流。在完全融化的夏季(以 7 月为例),产流转变为以低覆盖草地为主,无论是产流率还是产流频率,高覆盖草地均显著小于高覆盖草地。在冻结过程(以 9 月为例),优先于高覆盖草地冻结表层土壤的低覆盖草地仍然是产流的主体,其产流量和产流率均显著高于高覆盖草地,但产流率要远小于融化过程。这种不同季节间相同植被盖度下坡面产流的差异主要是由于土壤冻融过程决定的,充分体现了寒区坡面产流中植被覆盖与土壤冻融循环的协同作用。

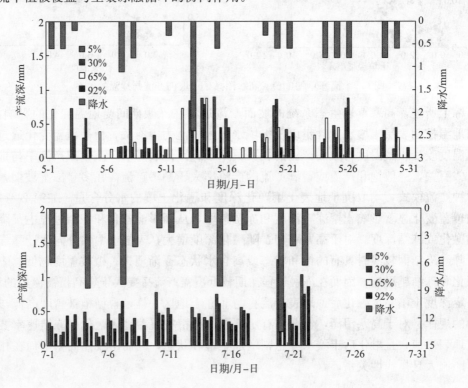

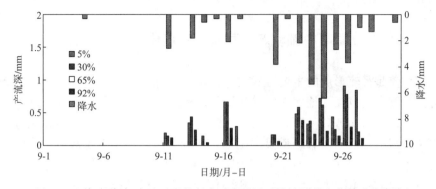

图 6.10　寒区降水-产流过程的年内动态格局对植被覆盖变化的响应规律

不同植被盖度草地坡面的降水产流年内动态变化，也可以通过降水-产流系数来刻画。表 6.3 列出了不同月份不同植被盖度下的径流系数，反映出显著的年内差异。总体上，植被盖度越低，降水-径流系数越大，也即产流率越高。融化过程的 4～5 月份，是各类盖度草地坡面产流率最高的时段，低于 65% 的植被下，4 月份初融时期，坡面产流系数在 1.2 以上，反映出急剧融化的土壤水分和融雪等水分参与径流形成中。5 月份的产流系数也在 0.56 以上，且不同植被盖度间差异不大，反映出融化期土壤水分在融化的表层土壤聚集主导了产流过程。夏季产流能力与其他非冻土地区草地相似，总体较低。在 9 月份，表层土壤开始逐渐冻结，不同植被盖度坡面产流率开始回升。

对高寒沼泽，坡面产流的季节变化与高寒草甸有相似之处，也存在显著不同。如表 6.3 所示，其产流率总体上远高于高寒草甸，从融化期的 5 月开始，出现产流的时间滞后于高寒草甸，这是因其融化速率远低于高寒草甸的结果。融化初期的 5 月和 6 月，坡面尺度降水-产流系数一般在 5.0 以内，高盖度沼泽的产流率一般是低覆盖高寒沼泽的 2～3 倍，两者相差显著。在活动层融化深度超过 60cm 至完全融化后（7～8 月），降水产流系数迅速增大到 12.5 以上，在 8 月份达到全年最高值；进入 9 月，伴随冻结开始，降水产流系数开始减少；到 10 月份，下降至接近 6 月份水平。高寒草甸与高寒沼泽的坡面产流的反差，是后者完全以饱和甚至地下水排泄溢出地表形成排泄径流的结果。以上现象说明，寒区不同草地类型，其坡面产流机制可能不同，且不同季节产流机制发生变化，导致其降水径流系数存在较为显著的季节动态；同时，不同草地类型，径流系数的季节动态也可能存在完全相反的变化趋势。因此，按照植被类型，并结合其土壤水分动态，建立不同的产流过程参数化，是发展适宜于寒区流域水文模型的基础。

表 6.3　不同植被盖度下坡面降水径流系数的季节动态变化

	植被盖度	4 月	5 月	6 月	7 月	8 月	9 月	10 月
高寒草甸	5%	2.03	0.77	0.12	0.13	0.1	0.15	—
	30%	1.93	0.61	0.12	0.11	0.11	0.12	—
	65%	1.27	0.67	0.15	0.09	0.07	—	—
	93%	0.76	0.56	0.23	0.07	0.05	0.08	—
高寒沼泽	97%	—	3.00	4.92	14.04	16.35	10.64	4.98
	65%	—	1.59	1.22	12.59	12.67	11.80	2.43

6.3.2　高寒草地坡面壤中流动态及其与植被覆盖的关系

坡面壤中流是径流形成的主要方式之一，国际上有关冻土流域径流形成的研究报道中，普遍认为壤中流或浅层地下水（冻结层上水）是地表径流的主要成因类型（Simonov et al.，2009；Smith et al.，2007）。但是泛北极多年冻土流域中有关坡面径流过程的观测试验研究鲜有报道，因而没有可借鉴的范本。在青藏高原多年冻土流域，我们在坡面尺度上所观测到的壤中流主要发生在高寒沼泽和植被盖度大于90％的高寒草甸地带。如图6.11所示，以高寒沼泽试验场观测结果为例，植被盖度越高，次降水形成的壤中流越大，特别是在降水量小于5mm时，高植被盖度坡面的壤中流大于表面流。同样，也只有在次降水量小于5mm的情况下，低覆盖植被坡面的地表产流量高于高覆盖植被坡面。壤中流是寒区流域坡面径流形成的重要组分，其原因还在于冻结面的季节变化，而植被覆盖变化参与冻结面的季节动态变化中。

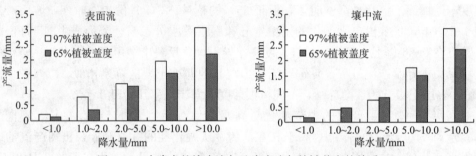

图6.11　次降水的壤中流与地表产流与植被盖度的关系

在年度尺度上，如图6.12所示，分析径流组分中壤中流与表面流的形成过程与季节动态变化，可明确揭示壤中流对于坡面径流的作用与贡献。在融化开始后不久，也就是表层10cm深度融化的4月末，在一次降水过程中，较高植被盖度（97％）下的高寒沼泽坡面径流场就已经观测到壤中流形成，而退化高寒沼泽场地（植被盖度65％）在延迟将近

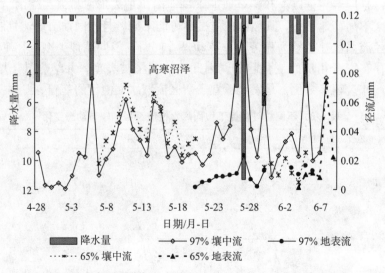

图6.12　高寒沼泽草甸的径流形成过程与径流组分的季节动态

10 天并经过 3 次降水过程后才观测到壤中流发生。与此同时,由于次降水量较小,地表径流并未直接观测到。直到 5 月中旬,大约 30cm 深度融化后,植被盖度 97％场地观测到表面径流形成,而在较低植被盖度场地,延迟到 6 月初才观测到表面径流。上述现象表明,高寒沼泽草甸植被盖度与坡面壤中流和表面流形成时间正相关,也与壤中流流量大小正相关,植被盖度越高,越容易形成快速且大量的壤中流。植被盖度减小,将不仅显著推迟壤中流产生时间,且较大幅度降低径流量。

综上所述,对于青藏高原高寒草地生态系统而言,维持较高的植被盖度,将显著提高高寒草甸和高寒沼泽草甸的水源涵养功能。高寒草甸和高寒沼泽是高原上最为重要的两类水源涵养生态系统类型,在全球气候持续变暖背景下,伴随冻土退化不断加剧,如何维持高寒草地生态系统的水源涵养功能,是三江源自然保护区建设的主要目标之一,从上述分析可以得出,保育高寒草甸和高寒沼泽植被,维持其较高的盖度,将显著提升春季融化期和秋季冻结期的径流产出效率,从而稳定或提高其水源涵养功能。

6.4　寒区坡面产流模式

6.4.1　坡面产流模式概述

水文学上以霍顿产流理论为核心,形成了坡面产流的基本理论体系和模式架构。霍顿理论认为,降雨产流的发生主要受控于两个条件:一是降雨强度超过下渗容量,二是包气带土壤含水量超过田间持水量(Horton,1935)。依据这一理论,在均质土壤包气带产流的物理条件就可明确阐述如下:①如果雨强大于地面入渗容量,则产生超渗地面径流,由此只要知悉降雨过程中任一时刻雨强和地面下渗容量,就可以方便地判断并计算出超渗地面产流;②如果整个包气带土壤含水量达到田间持水量,即可产生地下径流。整个包气带土壤达到田间持水量时,地下水面以上整个包气带土层达到稳定下渗,包气带土壤自由重力水从地面一直贯通到达地下水面。这时候,当雨强大于或等于包气带稳定下渗率时,降雨中相当于稳定下渗率的部分以自由重力水形式到达地下水面,成为地下径流,而剩余部分则成为超渗地面径流;如果雨强小于稳定下渗率,则全部降雨成为地下水流。

然而,自然界中由于多种原因,包气带土壤性质并非均质,对于非均质包气带土壤的产流条件,就需要对上述霍顿理论进行补充(芮孝芳,2004)。对于这种非均质土壤的产流,一般以壤中流来描述。如果包气带由两种显著不同的质地土壤组成,上层土壤较粗,具有较大入渗率,下层土壤较细,具有较小的下渗率;此时,在两种土层界面就会形成径流,称之为壤中流。因此,壤中流形成的条件,一是包气带中必须存在相对弱透水层,且上层土壤的质地较下层粗;二是至少上层土壤的含水量达到田间持水量。当组成包气带的土壤水力性质随深度渐变,或存在多个不同质地的土壤结构,土壤水分的稳定下渗能力就会沿深度逐渐变化或存在多个异变带,这种情况下,形成壤中流的界面就不固定,随土壤深度和雨强的变化而变化。一般雨强越大,形成壤中流的界面越浅,并可能存在多个壤中流流出界面(芮孝芳，2004)。

在寒区，包气带土壤水力性质不仅取决于土壤质地，而且还显著受控于土壤温度和固态水(冰)的赋存量(对孔隙的充填程度)。多年冻土层就是含水土壤(多见为饱和土壤)冻结后含有一定数量冰的土壤或岩石，形成相对不透水层，其上活动层土壤因富含冰而大幅度降低了导水率和稳定下渗率以及土壤的储水能力。由此，就形成了两个特殊的水力学现象，一是活动层在冻结后形成弱透水层和低的储水能力，易于形成表面产流；二是多年冻土层是全年处于冻结的相对不透水层，但该层的位置随活动层土壤融化而不断变化。土壤冻结与融化改变了土壤的水力学性质，形成局部的弱透水层，在水分的温度梯度驱动下，其上将容易汇聚水分形成局部饱和，产生壤中流。因此，冻土层的位置和分布决定了寒区包气带(活动层)土壤剖面壤中流产生的深度和空间分布。一般随活动层土壤(包气带)逐渐向下融化，壤中流出流位置也随之不断下降；土壤冻结的不均匀性和渐进冻结与融化对坡面产流模式与出流量产生巨大影响(Wright et al.，2009；Woo，2012)。

依照上述壤中流产生的条件，当雨强较大，在下层相对弱透水界面形成壤中流时，出现不同土壤质地界面上的临时饱和带，这个临时饱和带随降水继续将不断向上发展，如果埋深较浅，有可能最终达到地面，原来的壤中流转而成为地面径流，这就是饱和地面径流形成的条件。饱和地面产流原理解释了在表层透水性极强的地区，如具有枯枝落叶覆盖的森林生态区或松散腐殖质层较厚的坡面，尽管实际降水强度几乎不可能超过地表下渗容量，但却仍有地表径流产生的现象(芮孝芳，1995)。饱和地面产流是一种十分重要的产流模式，也称为蓄满地面产流。其形成的物理条件是：存在相对不透水层，且上层土壤的透水性较强，极易形成局部临时饱和带；同时，上层土壤含水量达到饱和含水量。实际上，在浅薄土层，包气带厚度很小时极易饱和，从而容易形成饱和产流；另外，在坡脚和河谷地带地下水排泄区域水位较高的地带，也往往是饱和地面产流经常发生的区域。依据上述饱和地面径流形成的条件，有一种特殊的饱和地面产流形式，就是包气带厚度为零的情况，如不透水基岩出露的区域(山脊等)、河湖沼泽地区、城市或建设用地硬化地表等，其表面下渗容量可视为零，这些情况下，只要降水强度大于蒸散发强度就会形成饱和地面产流。

在寒区，冻土层的存在扮演了弱透水层或不透水层的作用，如前所述，在活动层土壤冻结过程，地表先期冻结，形成不透水面，这时的包气带厚度近似于零，就如上述特殊的零包气带厚度的饱和地面产流形式。在春季冻土开始融化，冻结面下移。这时由于冻土冰的融化，产生大量液态水进入融化的土壤层，在温度梯度驱动下向冻结面汇聚，从而在冻结面以上一定深度内就可能形成临时饱和带；在积雪融水和降水补给下，如果该饱和带充满整个融化层，将形成饱和地面产流。因此，寒区坡面在冻结和融化过程的饱和地面产流是普遍的产流模式之一，是温度控制下的冻结面季节波动所形成的必然径流形成方式，也是寒区产流的自然属性之一。

6.4.2　寒区坡面产流模式与形成机制

寒区坡面降水产流形成的下垫面条件不同于非冻土区的显著特点可以归纳为以下几

点：①地表土壤的冻融循环不仅参与地表水循环过程，而且主导地表产流机制变化；②冻结层以弱透水层性质阻滞土壤水分下渗，不仅形成壤中流发生的良好条件，而且形成浅层地下水隔水底板，是冻结层上水的底部界面；③冻结层面位置的季节变化决定了土壤水分的剖面分布格局与浅层土壤水分含量动态，显著影响壤中流和冻结层上地下水水量、排泄条件及其与地表河流间的水力联系；④坡面不同地理位置的土壤温度及其能量传输过程存在较大的空间差异性，决定了冻结面位置及其季节变化的不同，由此导致坡面土壤水分迁移和地下潜流的侧向运动过程的季节变化；⑤植被覆盖与表层土壤性质（腐殖质含量与厚度等）不仅影响降水再分配格局和下渗能力，而且显著影响能量交换与传输过程，从而影响冻结层面的位置和冻结土壤水分相变幅度与速率；⑥在多年冻土区，活动层土壤的双向冻结还直接决定了地下水产流过程与冻结面水分运动更为复杂的季节动态与时空差异性。总之，由于寒区冻土冻融循环参与坡面水循环过程，形成了不同于非冻土区显著不同的坡面产流机制与模式。

一般地，冻土区域坡面产流过程，是降水、土壤性质、地温和植被等要素共同作用的结果，特别是多年冻土区温度对产流过程在不同季节间的差异性作用，形成了多年冻土区特殊的多种产流模式并存且相互转化的机制。伴随活动层土壤的季节性冻融循环过程，概括坡面产流的主要模式和机制如图 6.13 所示。融化过程（如 4 月～6 月上旬），伴随气温升高，积雪融化；该期间冻土融化较浅，水分下渗能力极其有限，融雪及降雨补给水量远大于土壤入渗需水量，满足坡面饱和产流条件，以饱和产流为主。6 月下旬开始至 9 月中旬，活动层土壤不断融化达到最深，冻融锋面的不断下移，增加了土壤中的壤中流；同时，该期间冻结层上地下水全部融化，局部还可能与冻结层下水联通，从而形成较大的地下水向河流排泄而形成径流。降水补给水量远小于下渗需水量，主要以壤中流在径流中占据较大比例，表面以超渗产流为主。9 月下旬开始，气温降低，冻融锋面上移，伴随冻结过程深入，土壤需补给水量减小，加之降雨及降雪补给土壤含水量，满足饱和产流条件，再度形成以饱和产流为主的格局。如此，造就了多年冻土区坡面产流过程的多种产流机制并存且相互转化的基本规律。

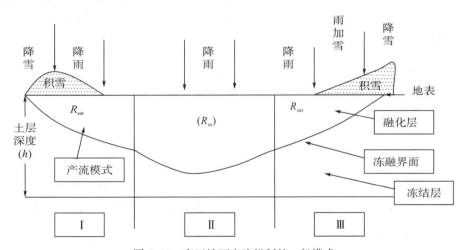

图 6.13 寒区坡面产流机制的一般模式

(1)春季融化初期,图 6.13 中的阶段 Ⅰ:青藏高原一般在 3 月中旬开始,地表出现缓慢融化,在大量积雪融水和降水补给作用下,结合由冰转化而形成的水分充盈土壤,加之蒸散发较小,表层融化土层易于形成饱和状态,此时地表就发生饱和(或蓄满)产流。一般地,次降水产生的饱和地面产流量如下(芮孝芳,2004):

$$R_{sat} = \sum_{P > (R_{int} + F_b)} \left[(P + R_{snow}) - (R_{int} + F_b) \right] \tag{6.2}$$

式中,P 为降水量,R_{int} 为壤中流量,R_{snow} 是融雪水量,F_b 是上下界面间的下渗容量。

对于多年冻土区而言,春季融化层下伏的冻结面可以近似看成是不透水层,式(6.2)中的 $F_b = 0$。上述公式中,忽略了地表蒸散发的水分散失,尽管在大部分寒区,较低的气温加上植被盖度很低,导致实际蒸散发 Ep 很小,但是在青藏高原区,春季后期(5~6月)具有较高的辐射,地面温度波动较大,形成较大的蒸散发,需要根据实际情况扣除 Ep。另外,如果地表融化深度小于 10~20cm 时,地表饱和产流与壤中流混为一体,可以近似看作是包气带为零的完全地表产流模式,即上式中的 R_{int} 也可以忽略,则该期间的饱和产流为

$$R_{sat} = \sum (i + s_t - e) \Delta t, i > e \tag{6.3}$$

式中,i 和 e 分别是降水和蒸散发强度;s_t 是积雪融水强度;Δt 是时段长。

在春季融化后期,当融化深度超过 30cm 后,饱和产流可能就不是唯一的方式,壤中流在一定时段可能成为产流的主要方式,这时候壤中流产流和饱和产流方式并存。

(2)夏季完全融化期,图 6.13 中的阶段 Ⅱ:在夏季完全融化期,实际上也包括融化深度超过 60cm 以后的时段,依据在风火山地区的观测结果,这时候冻融深度变化对径流过程没有明显影响,表明其产流过程与土壤融化无关,其产流过程分为两部分,一是地表超渗产流,依据霍顿理论,当降雨强度 $i >$ 下渗容量 f_p,地表将产流,次降水地表超渗产流量为

$$R_s = \sum (i - f_p) \Delta t, i > f_p \tag{6.4}$$

另外一种产流是壤中流或地下水产流,或者二者共同产流。由于冻结面的存在,这两种产流方式在多年冻土区的夏季具有普遍性甚至主导性。如果冻结面高于冻结层上水位,也即融化层尚未与冻结层上地下水贯通,这时候就仅有壤中流一种方式,在冻结面可以汇聚形成壤中流的水量 R_{int} 应该是从地表进入活动层土壤的下渗水量 I 减去蒸散发水量 E 以及土壤持水容量 D(包气带土壤缺水量,是田间持水量 W_f 与初始土壤含水量 W_0 的差值),即

$$R_{int} = I - E - D = I - E - (W_f - W_0) \tag{6.5}$$

如果融化层深入冻结层上地下水层,原来的壤中流汇入地下水系统,地下水潜流向河水排泄补给河流,形成主要的产流方式,但由于地下含水层厚度及其水力传导系数等取决于冻土融化深度和含水层融化规模,因此地下水径流是降水补给地下水量和融化深度等变量的函数,目前尚未有准确的描述模式来刻画冻土地区地下径流 R_g。如果设定因冻结层上水融化而形成的地下径流量为 R_{gt},则

$$R_g = \sum_{i \geqslant f_c} f_c \Delta t + \sum_{i < f_c} i \Delta t + R_{gt} \tag{6.6}$$

式中,f_c 代表包气带整体的稳定下渗率。

(3)秋季冻结过程,图 6.13 中的阶段Ⅲ:在季节冻土区,土壤冻结是从上到下单向冻结,伴随气温下降,地表逐渐冻结,这时候如果地表冻结厚度超过 5cm,且冻结面连续分布,就相当于地表具有不透水层,该层的形成导致原来的包气带演变为零厚度包气带,这时候地表就出现零厚度包气带性质的饱和产流模式。在地表以下尚未冻结的包气带,原有的壤中流因入渗补给水量的逐渐丧失而迅速减少并逐渐消失,但直至整个冬季,由于地下水系统不能被冻结而成为地表径流的主要补给来源,形成秋冬季退水径流的主要组分和冬季枯水径流(基流)的主要来源。在多年冻土区,冻结过程是双向进行的,地表冻结的同时,活动层下部也开始冻结,该过程的定量描述将在第 7 章中阐述。在风火山高寒草甸坡面,观测到双向冻结过程大致在 55~65cm 深度交汇。由于双向冻结过程的存在,与季节冻土区类似,地表再度出现短时的饱和产流;但与季节冻土区不同,地下径流产流过程中冻结层上地下水流随温度下降而减少,在以冻结层上地下水为主导的流域,秋季退水过程迅速减少且冬季基流较小甚至完全冻结断流。因此,这个时期的产流由三部分组成:短时地面饱和产流 R_{sat}、冻结面抬升后局部形成的壤中流 R_{int} 以及地下径流 R_g,是寒区最具特色的混合产流时期。不同区域,受制于冻土性质、地下水系统特征、植被、降水以及土壤性质等诸多要素的差异,起主导地位的产流组分可能不尽相同。但无论何种产流方式,这个期间的温度是产流组分构成与动态变化的主导因素。

在冬季完全冻结期,仅仅出露冻结层上水或是仅有冻结层上地下水补给地表径流的流域,地下径流不再产生,只有地表积雪融化形成短期或临时性的地面饱和产流形成少量地表径流,河流基本处于封冻断流期。在有冻结层下地下水系统补给地表径流的流域,不受冻土冻结过程影响的深部地下水系统以较为稳定的排泄流量形成这类河流的基流,另外,也存在积雪短期融化形成的饱和地面产流组分。

表 6.4 寒区不同季节组合产流类型及影响径流的因素

季节或时段	径流组成或径流形成的组合模式	影响径流的主要因素
融化初期Ⅰ	$R=R_{sat}$,$R=R_{sat}+R_{int}$	T,P,i,W_0,E,h_t,s_t
深度融化Ⅱ	$R=R_s+R_{int}$,$R=R_s$,$R=R_s+R_g$	P,i,W_0,E,H_g,Q_{dg}
冻结初期Ⅲ	$R=R_{sat}+R_{int}+R_g$,$R=R_g$	T,P,s_t,E,H_g,Q_{dg}
完全冻结Ⅳ	$R=R_g+R_{sat}$	T,P,s_t,Q_{dg}

表 6.4 归纳了不同季节寒区坡面产流模式及其组合类型,并列出了不同季节产流过程的主要影响因素。总体来讲,寒区基本产流机制与其他非冻土地区类似,以超渗地面产流、饱和地面产流、壤中流产流、地下径流产流等四种类型为主。由于寒区包气带结构相对非冻土区而言更为复杂多变,同时受包气带土壤冻融循环过程的作用,其产流机制往往是多种机制的组合类型。因此,不仅不同季节具有不同的产流组合类型,同一季节也具有多种产流机制并存的现象。在主要影响因素方面,温度 T、降水量 P、积雪融水强度 s_t 以及蒸散发 E 是大部分季节共同存在的影响因素。除了这些因素以外,在融化过程(包括春季和夏季),土壤初始含水量 W_0、融化深度 h_t 以及降雨强度 i 等也是影响产流的主要因素。冻结层上地下水厚度 H_g 以及冻结层下地下水径流量 Q_{dg} 等影响夏季完全融化期和秋季冻结初期的产流过程。

参 考 文 献

程慧艳. 2007. 黄河源区高寒草甸草地覆被变化的水文过程与生态功能响应的研究. 兰州：兰州大学.

叶吉，郝占庆，姜萍. 2004. 长白山暗针叶林苔藓枯落物层的降雨截留过程. 生态学报，24(12)：2860-2862.

芮孝芳. 2004. 水文学原理. 北京：中国水利电力出版社：386.

芮孝芳. 1995. 产汇流理论. 北京：中国水利电力出版社.

孙救芬. 2005. 陆面过程的物理、生化机理和参数化模型. 北京：气象出版社.

Bello R，Arama A. 1989. Rainfall interception in Lichen canopies. Climatological Bulletin，23(2)：74-78.

Brown A E L，Zhang T A，McMahon A W，et al. 2005. A review of paired catchment studies for determining changes in water yield resulting from alterations in vegetation. Journal of Hydrology，310：28-61.

Corbett E S，Crouee R P. 1961. Rainfall interception by annual grassand chaparral losses compared. USDA Forest Serv. Res. Paper：48.

DeFries R，Eshleman K N. 2004. Land-use change and hydrologic processes：a major focus for the future. Hydrological Processes，18：2183-2186.

Fang C，Smith P，Moncrieff J B，et al. 2005. Similar response of labile and resistant soil organic matter pools to changes in temperature. Nature，433：57-59.

Horton R E. 1935. Surface runoff phenomena. Horton Hydrology Laboratory Publication，Ann. Arbo，Michigao：73.

Hikaru K，Yoshinori S，Tomonori K，et al. 2008. Relationship between annual rainfall and interception ratio for forests across Japan [J]. Forest Ecology and Management，256(8)：1189-1197.

Leuschner C，VoßS，Foetzki A，et al. 2006. Variation in leaf area index and stand leaf mass of European beech across gradients of soil acidity and precipitation. Vegetatio，186(2)：247-258.

Luo Y Q，Gerten D，Le Maire G，et al. 2008. Modeled interactive effects of precipitation，temperature，and CO_2 on ecosystem carbon and water dynamics in different climatic zones. Global Change Biology，14(9)：1986-1999.

McDonald K C，Kimball J S，Njoku E，et al. 2004. Variability in springtime thaw in the terrestrial high latitudes：monitoring amajor control on the biospheric assimilation of atmospheric CO_2 with spaceborne microwave remote sensing. Earth Interactions，8：1-23.

McClelland J W，Holmes R M，Peterson B J，et al. 2004. Increasing river discharge in the Eurasian Arctic：Consideration of dams，permafrost thaw and fires as potential agents of change. Journal of Geography Research，109.

MacDonald M K，Pomeroy J W，Pietroniro A，2009. Parameterizing redistribution and sublimation of blowing snow for hydrological models：tests in a mountainous subarctic catchment. Hydrological Processes，23(18)，2570-2583.

Pomeroy J W，Gray D M，et al. 2007. The cold regions hydrological model：a platform for basing process representation and model structure on physical evidence. Hydrological Processes，21：2650-2667.

Simonov Y，Khristoforov A. 2009. Arctic rivers water runoff change. Geophysical Research Abstracts，11.

Smith L C，Pavelsky T M，MacDonald G M. 2007. Rising minimum daily flows in northern Eurasian rivers suggest a growing influence of groundwater in the high-latitude water cycle. J Geophys Res Biogeosci，112.

Van Dijk J M，Bruijnzeel L A. 2001. Modeling rainfall interception by vegetation of variable density using an adapted analytical model. Part 1. Model description. Journal of Hydrology，247(3-4)：230-238.

Wang X P，Kang E，Zhang J G. 2004. Comparison of interception loss in shrubby and sub-shrubby communities in the Tengger Desert of Northwest China. Journal of Glaciology and Geocryology，26(1)：89-94.

Wang G，Ding Y，Wang J，et al. 2004. Land ecological changes and evolutional patterns in the source regions of the Yangtze and Yellow Rivers. Acta Geographic Sinica，15(2)：163-173.

White M A，Asner G P，Nemani R R，et al. 2000. Measuring fractional cover and leaf area index in arid ecosystem：Digital camera，radiation transmittance，and laser altimetry methods. Remote Sensing of Environment，74：45-57.

Woo M K. 2012. Permafrost hydrology. Springer-Verlag Berlin Heidelberg：563.

Wright N，Hayashi M，Quinton. 2009. Spatial and temporal variations in active layer thawing and their implication on runoff generation in peat-covered permafrost terrain，Water Resour. Res.，45，W05414.

第7章　寒区流域径流过程与土壤冻融循环

世界上绝大部分河流发源于寒区，如北冰洋水系以及我国青藏高原和东北诸多大江大河，其水文过程变化的影响十分广泛而深远。一方面，在过去 30 多年来，泛北极地区（北美、欧亚大陆）大部分河流流入北冰洋的径流量持续增加，成为驱动大洋环流变化的主要因素之一，并对广大泛北极地区的经济社会发展产生了巨大影响（Peterson et al.，2002；Simonov et al.，2009）。青藏高原大部分河流在 1968～2005 年以持续递减为主要变化特征，模型模拟结果预示未来气候变化影响下，该区域的径流时空动态变化与北极地区显著不同，将对依赖这一亚洲"水塔"的将近 14 亿人口的水资源安全与环境安全产生较大影响（Liu and Wang，2012；Immerzeel et al.，2010）。另一方面，泛北极地区陆地生态系统生物量大幅度增加、灌丛带和森林带显著北移，并伴随湿地生态系统扩张（Hinzman et al.，2005）；然而，青藏高原多年冻土区的高寒生态系统在 2005 年前表现为持续退化，高覆盖草地面积减少、湿地生态系统萎缩（Wang et al.，2011）；同时，在不连续和岛状冻土区的藏北高原湖泊湿地扩张。2005 年以后，伴随高原大部分地区降水量增加，高原退化草地生态系统出现明显逆转，主要江河的径流量也出现增加趋势。寒区流域径流过程、土壤冻融变化和植被覆盖变化之间存在何种耦合关系，是水文学、生态学领域广泛关注的前沿焦点。其中，未来气候变化下，伴随冻土退化，寒区径流过程将发生何种响应，对区域水资源产生多大影响是核心问题。

7.1　寒区流域降水径流的基本特征

在认识寒区径流过程与土壤冻融循环和地表植被覆盖变化之间的相互作用关系之前，为了便于理解寒区地表水文过程的一些特性，本章基于多年冻土区小流域观测结果和大型江河流域径流观测，对比分析其径流过程的基本特性。

7.1.1　多年冻土区小流域降水径流特征

这里采用最为直接的一些径流特征指标，如径流过程线分布格局、降水径流系数以及直接径流率等，刻画流域径流特征。以青藏高原典型多年冻土区风火山流域为例，依据多年观测，获得径流过程的年内基本流量过程线如图 7.1（a）所示，其显著特点是年内具有流量双汛峰：一是春汛，发生在 6 月，是冻土融水、积雪融水和降水共同作用的结果；二是在夏季 8 月份，完全是夏季季风降水的产物。第一次洪峰流量往往超过第二次洪水，是寒区径流独有的现象之一。在多年冻土小流域尺度上，年内径流过程可以划分为春汛期、春汛退水期(夏初)、夏汛期、夏汛退水期(秋季)以及冬季冻结期五个环节。其中春汛退水期一般在 7 月份，退水时间短暂；夏汛退水期在 9 月以后的秋季，一般持续时间较长。这种径流特性的差异是不同时期径流组分不同的直接结果，也是径流组分划分的重要依据之一。

为了刻画多年冻土区流域径流过程的基本特征，引入径流系数和直接径流两个指数，年内不同季节的指数分布如图 7.1(b)和(c)所示。对于径流系数 R_c，在春汛初期(亦即融化过程)的 5 月最大，在观测流域达到 0.8 以上；在春汛退水过程(7 月)和夏汛期(8 月)较小，其中夏汛期径流系数是年内最小值，一般小于 0.2。在夏汛退水期(亦即冻结过程9~10 月)，径流系数再度大幅度增大且超过 0.5。流域尺度径流系数的这种年内分布格局是寒区流域的基本特征之一，与前述坡面产流系数相吻合。

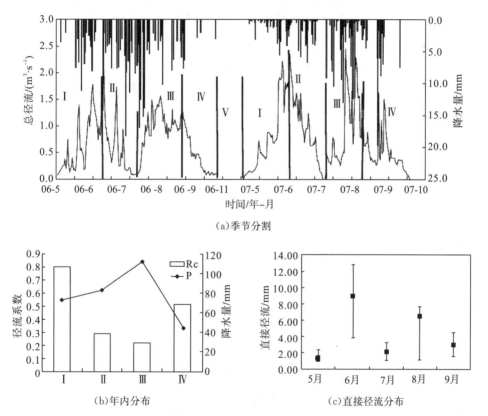

(a)季节分割

(b)年内分布　　　　　　　　　　(c)直接径流分布

图 7.1　多年冻土区流域年内流量过程线及其季节分割(a)、径流系数年内分布(b)和直接径流分布(c)

如图 7.1(c)所示，对应直接径流指数，径流系数最大的 5 月份，具有最小的年内直接径流量，春汛发生的 6 月，具有年内最大的直接径流。这就十分鲜明地揭示了这两个不同时期径流形成的不同途径。5 月以地表融化形成的浅层壤中流和融雪径流为主，虽然因地表饱和产生的降水-径流系数最大，但因降水量较小而对径流贡献较小，因而出现降水直接径流很小的现象。在春汛期(6 月)，降水量增大，因冻土融化和积雪融水饱和的地表，形成了较大的直接径流。7 月份是春汛的退水期，活动层土壤融化深度已经在60~100cm 以下，降水入渗强度较大，因而直接径流减小。也正是由于土壤融化深度增加和地表入渗能力提高，年内降水最大的 8 月份，并没有形成最大的直接径流，而是显著小于春汛期。在夏汛的退水过程，地表开始逐渐冻结，直接径流再度回升。直接径流大小与前述径流形成机制相对应，饱和产流主导的直接径流一般高于超渗产流过程的直接径流。径流系数和直接径流指数的组合，明确揭示了寒区以冻融过程为主导的径流过程的基本特征。

径流过程的变差系数 Cv 也常被用来刻画径流特征，利用多年冻土区风火山小流域观测数据，获得不同年份、不同季节等尺度的径流变差系数（表 7.1）。可以看出，多年平均的 Cv 较小，约为 0.16，反映出多年冻土小流域年尺度上的径流相对较稳定。但是，季节差异较大，一般春季径流的年际间变差最大，在 0.28 以上，夏季径流变差相对春季要小，但大于秋季，秋季径流变差最小，只有 0.12 左右，这说明春季和夏季径流受降水或积雪融水的影响较大。对于春季而言，还受到春季气温波动的影响，导致径流变差较大。秋季以地下水为主要组分的退水过程，年度间差异较小。

表 7.1　寒区不同尺度流域径流变差系数 Cv 的季节差异性比较

流域		多年均值	春季	夏季	秋季
冻土小流域（风火山） （117.0 km²）	变差系数	0.16	0.28	0.24	0.12
	径流系数	0.52	0.80	0.27	0.52
长江源区（直门达） （13.8 万 km²）	变差系数	0.24	0.08	0.65	0.4
	径流系数	0.25	0.18	0.23	0.35

7.1.2　寒区大流域尺度的降水径流特征

上述多年冻土小流域尺度的径流过程代表了寒区特定尺度和环境条件下的径流特性，这个特定环境就是径流形成与变化完全受控于冻土的冻融循环，且由于上述典型冻土小流域是河源区，其径流过程对冻融变化的响应更为强烈和显著。为了进一步深入探讨寒区流域径流的一般特性，选择长江河源区直门达以上区域为例，分析其年内径流动态过程（图 7.2）。直门达以上流域面积大约为 13.8 万 km²，可以看出，与上述冻土小流域不同，大尺度寒区河流年内仅存在一个夏汛洪水流量，为单峰型流量过程线。径流过程与

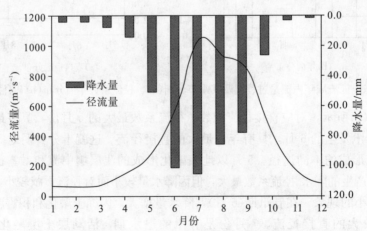

图 7.2　长江源区径流的年内分布基本特征

降水分配具有十分密切的相关性，年内降水量的 70% 以上集中在夏季 6~9 月份，加上高温融化的冰川融水大量补给进入河流，因而形成较大的夏季洪峰。一方面说明在较大尺度上，青藏高原河流的春季积雪融水和冻土融化水分对河流径流的形成贡献微弱，降水和夏季高山带冰雪融水是径流的主要控制因素。另一方面，图上所显示的 5~6 月份径流量快速增加并在 7 月份达到年内峰值，也在一定程度上反映了春季融雪径流在叠加汛期较大降水一起所产生的影响，这也是高原雨热同季的气候特征所产生的径流效应。

从径流特征参数的季节变化来看（表 7.1），春季径流的多年变差系数很小，不足 0.1，表明春季径流多年动态十分稳定，变化不显著。但是夏季径流的年际变差较大，超过 0.6，是年均径流和四季径流中变差最大的季节，秋季径流变差减小，但仍然大于春季和多年平均水平，这就反映出大型流域径流组分及其影响因素存在显著的季节差异，以降水和融水为主导的夏季径流存在较大的年际变差，在春季（3~5 月），积雪融水和这期间活动层土壤融化形成的壤中流和地下水主导河川径流的形成与动态，从而有效地稳定了径流过程，降低了径流变差。秋季（9~11 月）地下水大量补给河水以及降水量的减少形成了较小的变差，但降水量相比春季要高出很多，其径流影响也显著高于春季。这种径流形成的季节变化也体现在径流系数的季节差异上，秋季的径流系数最大，具有冰川和高海拔积雪融水补给的夏季径流系数次之。这种现象也存在于西北干旱内陆流域以及阿勒泰地区河流径流，具有降水和积雪融水双重补给的河流，夏季径流变差较大；一般冰川融水补给超过 30% 的河流，年际变动较小，如河西走廊的疏勒河流域相比中部黑河流域和东部石羊河流域要均匀一些。

以长江源区为代表的大型寒区河流径流过程的另一个特征，就是洪水陡涨缓降。洪水涨速较快，在春末期迅速形成洪峰流量，但是秋季退水过程十分缓慢，这是以地下水为主导退水过程的基本特点。长江源区径流过程的年内分布特征，与北极河流具有高度相似性。如图 7.3 所示，以西伯利亚两大重要河流 Kolyma 河与 Lena 河为例，分别以其上游站点和中游站点 36 年观测数据平均值分析，得到年内径流过程线。单峰曲线、4~5 月形成洪峰流量，洪水涨速十分迅速，陡涨幅度更大，秋季退水比长江上游更为缓慢。这种秋季极其缓慢的退水过程表明地下水对河流补给量较大，同时秋季降水也较大。这种现象同样存在于一些西北地区干旱内陆流域，但与华北和黄土高原河流差异显著。

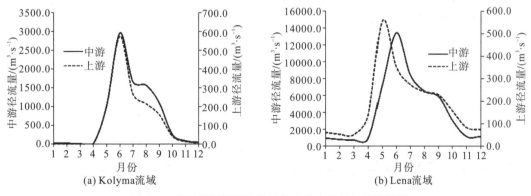

图 7.3　典型北极河流的径流年内分布格局与区域比较

总之，寒区河流的径流过程具有其特殊的季节和自然年际变差特征，但是，在完全受控于冻融过程的河源集水单元小流域的特征，随流域尺度扩展，受径流组分和影响因素的变化，其径流特征也发生较大变化。较小流域尺度上显著的春汛洪水在较大流域尺度上不再存在，代之以在春末开始陡涨的夏季洪水过程。以地下水或壤中流为主要径流形成组分的秋季退水过程，则无论尺度大小均表现出缓慢的进程。在寒区，上下游之间洪水峰值出现的时间可能不同，由上往下依次出现滞后。

7.2　土壤冻融过程与径流动态的关系

从 7.1 节可知，寒区径流过程在较小流域尺度上，表现出显著的气候与土壤冻融交替的依赖关系，这就反映出寒区径流形成坡面产流与坡面汇流过程受冻融循环影响较大，但迄今为止，对于土壤冻融过程如何在多大程度上作用于径流过程，尚知之甚少。为了深入揭示寒区径流的产流机制，有必要认识寒区普遍的冻融过程如何影响径流过程，对其作用的基本方式、途径和作用强度进行深入探索，为发展寒区径流形成理论和寒区径流模型奠定必要基础。本节基于在青藏高原连续多年冻土区风火山试验流域的观测数据，分析流域尺度上，径流过程与土壤冻融过程的关系，并据此探讨冻融过程对流域尺度径流过程的影响程度及其可能的阈限。

7.2.1　活动层土壤融化及冻结过程与河流径流的关系

如图 7.4(a)所示，自 4 月下旬土壤表层出现融化开始，至 160cm 活动层深度范围全部融化，分析 20cm 深度土壤融化过程的地温与该期间河流径流量变化之间的关系。春汛流量与土壤 20cm 地温之间具有较好的相关性($R \geqslant 0.67$，$P \leqslant 0.001$)。图 7.4(b)所示的是春季径流量与气温之间的相关关系，相比土壤温度而言，二者之间统计意义上的相关关系不十分显著($R \leqslant 0.52$，$P \geqslant 0.01$)。土壤地温对春季河流径流的影响，主要表现在随春季土壤融化，浅层土壤饱和径流和壤中流对河流补给增加，成为春汛径流的主要成分。正因如此，表层土壤水分含量也与径流过程存在显著的正相关关系($R = 0.81$，$P \leqslant 0.001$)，如图 7.5 所示，20cm 深度土壤水分含量与径流量之间存在显著的对数函数关系，表明土壤融化形成的液态水表聚或由此增加的壤中流有利于地表径流形成。

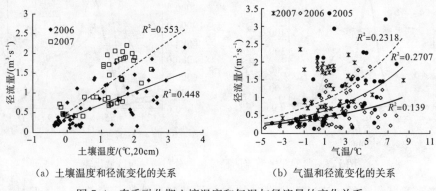

(a) 土壤温度和径流变化的关系　　　(b) 气温和径流变化的关系

图 7.4　春季融化期土壤温度和气温与径流量的变化关系

综合以上因素,利用主成分分析的春汛径流主要影响因素及其贡献率,活动层不同深度土壤温度和气温构成第一主成分,对春汛的影响作用达到 41.3%,而浅层土壤水分和春季降水居于次要影响因素,作用强度仅占第一主成分的 2/3。因此,冻土活动层的融化过程(包括浅层土壤温度和土壤水分变化)是春汛径流过程的控制性因素。春季土壤融化对径流的显著影响限于 60cm 以上,流域大部分区域内活动层土壤在 6 月底~7 月初融化至这个深度,与春汛结束时间十分吻合。

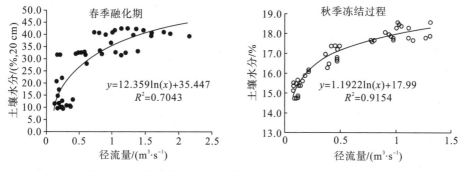

图 7.5 融化期和冻结期土壤水分含量与径流变化的关系

进入 9 月中旬以后,研究区域河流径流过程进入秋季退水阶段,活动层土壤随之也进入冻结过程。分析 9 月中旬至完全冻结的 10 月底径流过程与土壤温度和气温的关系,如图 7.6 所示,浅层地温和气温与径流之间具有显著的指数函数关系($R \geq 0.84$,$P <$ 0.01),伴随地温和气温下降,径流量呈指数形式急剧减少。这种变化的相依关系存在一定的物理基础,这在后面章节中详细阐述。简而言之,深层土壤(60~90cm)冻结过程直接影响冻结层上地下水排泄补给河流,而浅层土壤冻结将直接减少壤中流和地表直接径流的形成,从而导致地表径流随土壤温度减小而呈指数形式下降。同时,气温下降一方面导致土壤开始冻结,另一方面随气温急剧下降,降水形式发生改变,从而减少了降水直接产流量。由于土壤温度变化直接导致土壤水分含量及其饱和状态发生改变,这是影响径流的根本原因,因而土壤水分与径流变化之间同样存在极为显著的统计关系,如图 7.5 所示,与春季融化期相类似,土壤水分与径流量变化之间存在显著的对数函数关系($R = 0.95$,$P <$ 0.01)。由此,利用主成分分析,活动层地温和气温成为该时段河流径流的主控因素,对径流变化的贡献率达到 51%,其次是活动层土壤水分,三要素合并的贡献率超过 82%。

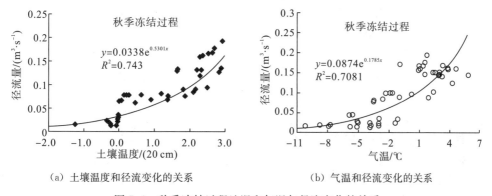

(a) 土壤温度和径流变化的关系 　　　　　(b) 气温和径流变化的关系

图 7.6 秋季冻结过程地温和气温与径流变化的关系

　　上述系统分析了土壤冻融过程和气温的季节变化与河流径流变化的统计关系，表明土壤冻融过程中土壤温度和土壤水分含量的变化具有显著的径流过程控制性影响。现在的问题是，降水因素扮演何种角色？图 7.7 分别给出了春季融化期和秋季冻结过程降水量与径流量之间的统计关系。在春季，不同年份观测的结果具有相似性，二者之间无显著的统计关系（$R \leqslant 0.55$，$P \geqslant 0.06$）。在秋季冻结过程，尽管单个年份观测结果具有微弱的对数关系（$R \geqslant 0.63$，$P \geqslant 0.03$），但是，不同年份观测结果的对应关系不统一，甚至存在相反趋势（即存在负相关关系），这就表明降水量与径流之间不存在严格的显著的统计关系，换言之，在春季融化和秋季冻结过程，降水量对径流变化的影响较为微弱。

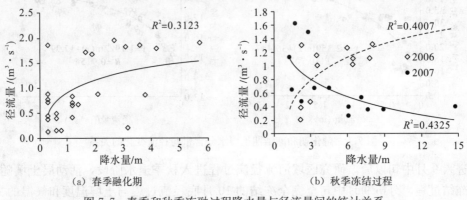

图 7.7　春季和秋季冻融过程降水量与径流量间的统计关系

7.2.2　径流变化的冻融深度阈值分析

　　对多年冻土区河源集水小流域，上述从统计学角度讨论了寒区冻土流域土壤和气候冻融过程对径流过程的影响。结论表明，土壤冻融过程是春季和秋季径流变化的主要控制因素，降水对春季和秋季融化与冻结过程的径流影响在统计学上不显著。那么，是否存在一个活动层冻融阈值范围，超过这个阈值，冻融过程对径流形成与分布格局的作用将消失？很显然，当活动层土壤完全冻结后，寒区小流域大都不再有径流形成，只有在大型流域存在由地下水补给的冬季基流；当活动层土壤完全融化后，流域内无论坡面降水产流过程或是河道汇流过程，均与非冻土区流域相似。因此，上述问题的答案应该是肯定的，下面探讨这个冻融阈值问题。

　　全流域范围内，由于地形和海拔差异，实际冻土活动层季节融化和冻结在不同区域存在较大的时间差，融化和冻结范围是逐渐向全流域拓展的。为了便于分析，采用流域内半阳坡大致中度海拔位置的观测点的土壤温度数据，结合流域内不同海拔土壤温度观测点数据，进行综合分析，获得融化过程和冻结过程中活动层土壤融化与冻结深度与径流量变化的统计相关关系，如图 7.8 所示。融化过程，随土壤融化深度增加，径流量呈显著的指数形式增大（$R = 0.91$，$P < 0.001$），但当深度增加到 55cm 以后，径流量达到峰值，此时为春汛洪水径流峰值，此后随融化深度增加，径流量波动变化不大，到大致 65cm 以下深度，径流量减少，这时候对应春汛退水期。因此，从统计相关分析角度，55～60cm 深度就是活动层融化深度不再影响地表径流的阈限。如图 7.8 所示，在冻结过程，伴随土壤冻结深度增大，地表径流量呈显著的指数函数形式减少（$R = 0.95$，$P <$

0.001），当冻结深度达到 50～55cm 时，径流量达到年内观测数值的低值阶段，对应是进入冬季完全封冻前的河流基流。此后，随冻结深度增加，径流量基本保持稳定。同样说明，从统计学角度，对地表径流具有明显影响的土壤冻结深度的阈值为 50～55cm。综上所述，研究区域地表径流过程受活动层土壤冻融过程显著影响的深度阈值为 50～60cm。

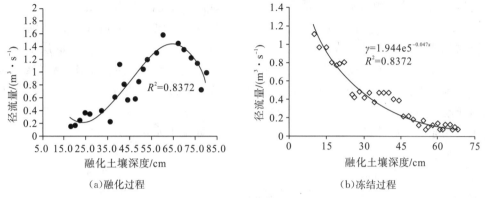

（a）融化过程　　　　　　　　　　　　（b）冻结过程

图 7.8　多年冻土区土壤冻融深度与流域径流变化的相关关系

　　上述基于统计分析获得的冻融阈值是否合理，一个需要考虑的重要因素就是多年冻土区活动层土壤冻结过程的双向性。如图 7.9 所示，以中等植被盖度（67%）为例，当气温降到某一程度，活动层先从底部开始冻结，滞后几天从顶部也开始冻结，上下双向冻结向中部逐渐靠拢，在 60～70cm 深度，两个方向的冻结汇聚，从而实现活动层全部冻结。因此，60cm 深度阈值与冻结深度的临界位置相吻合。另外，需要考虑分析的因素是冻结层上地下水，作为地表径流的主要补给来源之一，在径流形成与动态变化中扮演重要角色。依据研究流域观测，在完全冻结后，冻结层上地下水位位于 65～90cm 深度，所以，当融化深度达到 55～60cm 时，冻结层上水尚未开始融化并运移补给河流，而当冻结深度达到这一深度时，冻结层上地下水位含水层则基本完全冻结而补给河流的量很少。据此分析，上述阈值是较为合理和可行的。

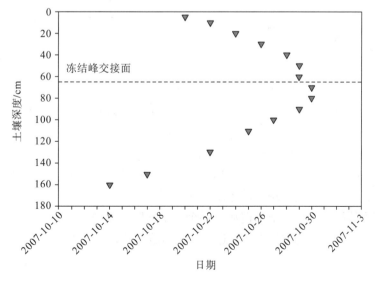

图 7.9　实际观测的活动层土壤的双向冻结过程

7.2.3 夏季径流过程及其影响因素

在夏汛期，活动层土壤已经融化至120cm以下，局部地带已达多年冻土层顶部，由于研究区域活动层土壤具有较大透水能力（40~50cm深度范围内土壤饱和导水率大于0.3mm/min），活动层融化产生的浅层壤中流基本消失，地下水和降水径流对河流的补给逐渐占据主要位置。经主成分分析结果表明，活动层土壤地温与气温、深层土壤水分等因素对径流具有相近程度的影响。尽管该期间没有绝对优势或显著的影响因素，但是降水仍然与该期间河流总径流量没有显著的统计学意义的关系[图7.10(a)]，日降水或月降水对于响应时间尺度的总径流，甚至显示弱的负相关。这一现象表明，夏季径流组分中降水仅仅是其中较小的一部分，其他径流组分，如地下水和深层壤中流等可能是最主要的贡献者。

理论上讲，该期间是大气降水在全年中对径流影响最为显著的时期，那么，降水因素如何体现在径流中？分析夏季降水直接径流过程，如图7.10(b)所示，发现夏汛直接径流部分与相应时期的降水量之间具有较为显著的线性相关（$R=0.8$，$P<0.001$），表明夏汛直接径流以降水直接补给为主。但是，夏季洪水过程中，降水形成的直接径流占比并不是全年最高的时期，在研究流域要比春汛的直接径流占比小（图7.10），但降水直接径流总量是全年最大的，这也是导致夏季径流年际变差较大的主要原因。在研究流域以季风降水为主集中于夏季的气候特征，降水主要影响夏季洪水过程，该期间融化的冻结层上水和其他深层地下水是径流的主要形成来源，这一点在后面还要进一步深入分析。

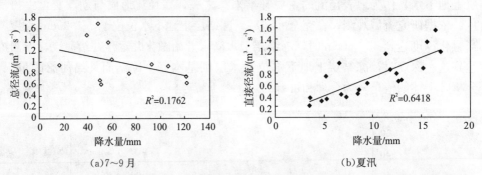

（a）7~9月　　　　　　　　　　　　　　（b）夏汛

图7.10　7~9月降水量与总径流之间的关系和夏汛直接径流与对应降水量之间的关系

在夏季，除了洪水径流以外，还存在枯水径流期，一般是7月份的春汛退水期。该期间活动层融化深度超过了冻融过程支配径流过程的阈限，但冻结层上地下水系统尚未足够融化形成较大径流补给。分析表明，这一期间径流与深层土壤（65cm）温度和水分关系较为密切（图7.11，$R \geqslant 0.74$，$P \leqslant 0.03$），具有较为显著的指数函数关系，这表明由于该期间降水相对较小，且土壤下渗强度较大，径流变化主要受深层土壤融化产生的层间壤中流和浅层融化的地下水等影响。这一结果也从另一个角度证明，活动层融化过程除了影响春季径流外，可能一直延续影响夏季枯水径流过程，特别是春汛的退水径流形成的枯水期。

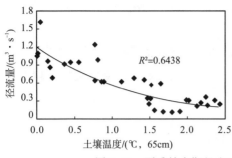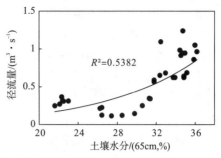

图 7.11　夏季枯水期径流过程与土壤温度和水分的关系

综上所述，在多年冻土流域，冻土活动层土壤地温、土壤未冻水含量与径流关系密切，除夏洪外，降水与径流无显著统计关系。因此，可以认为活动层土壤冻融变化控制着多年冻土区径流的形成、季节分布和动态变化。同时，发现冻融过程对径流的影响存在深度阈值：大致在 60cm 深度。因此，任何以单一降水产流机制为基础的水文模型和以降水为主控因素的水文分析方法都不适用于多年冻土流域。

7.3　温度变源产流机制与模式

7.3.1　引言

在非多年冻土区，流域产流过程存在产流面积变化的基本特征，这是由降雨的时空变化、包气带土壤蓄水性质以及地下水分布等诸多条件共同影响的结果。对于蓄满产流而言，流域包气带土壤田间持水量控制了其产流量和产流过程。在降雨空间分布均匀情况下，当降水量与流域蒸散发之差超过土壤需要达到田间持水量时才能产流，其产流面积的变化一般采用流域蓄水容量曲线来表达(芮孝芳，2004)。因此，蓄满产流机制下的产流面积变化遵循随降雨量增加而面积不断增大的规律，且产流面积变化一般与降雨强度关系不大。同样原理，对于饱和地面产流，在降雨空间分布均匀情况下的饱和产流面积变化可以采用流域饱和容量面积曲线来表达。对于超渗地面产流而言，因其发生条件是雨强大于地面下渗容量，因此产流面积变化可用流域下渗容量分配曲线来表达，一般产流面积大小与降雨强度和初始土壤水分含量有关，且随降雨历时增加，产流面积有时增加而有时减少。综上所述，不同产流机制下的产流面积变化的形成条件、主控因素以及与降雨的关系均不同，但在一定条件下(如降雨空间分布均匀等)都可以借用流域土壤水分的蓄水容量、饱和容量或下渗容量曲线来近似刻画(Mesa et al.，1987；芮孝芳，2004)。

在多年冻土区，流域产流过程的产流面积变化不仅仅取决于上述降雨、土壤水分条件等因素，温度成为主控产流机制与产流面积变化的因素。受活动层土壤冻融过程的影响，地面产流模式存在明显的多种机制季节交替轮换模式，在春季土壤融化开始阶段，冻结土层埋深较浅，包气带土壤浅薄且往往因融化冻土而具有较高含水量，极易产生饱和地面产流或蓄满产流方式。进入夏季，伴随气温不断升高和活动层土壤融化深度增大，表层土壤水分在蒸散发和下渗双重作用下不断减小，从而与田间持水量的距离逐渐增加，超渗产流逐渐代替蓄满产流而成为地面产流的主要形式。在秋季，随活动层土壤逐渐再度冻结，冻结锋面由土壤深层向浅部发展，包气带土壤逐渐变薄，蓄满产流或饱和产流再度取代超渗产流而成为主导形式。因此，在多年冻土流域，土壤温度而非降水主导了地面产流方式及其季节转换格局。同时，植被覆盖以及土壤表层有机质含量与厚度等对地表能量平衡与土壤温度变化具有较大影响，并通过对降水的再分配作用而改变土壤水分含量，土壤温度也对土壤水分状态具有重要影响，由此，形成了复杂的大气-植被-土壤水热过程控制下的流域产流过程。

上述冻土区产流特性，决定了寒区流域产流具有复杂多变的变源性质。一方面，随温度变化，流域海拔较低区域地温先于海拔较高区域升高，阳坡要比阴坡升温快，这就形成了由低海拔逐渐向高海拔、由阳坡逐渐向阴坡过渡的蓄满或饱和产流发展过程。在活动层土壤融化深度增大乃至全部融化后，地面超渗产流为主的形式逐渐由低海拔向高海拔取代蓄满产流。除了河谷地带局部在融化后受地下潜流排泄作用成为季节性饱和（湿地）区域外，上述这种因温度的区域变化形成的产流面积不断变化的模式是寒区流域产流的基本形式。另一方面，在地面产流方式变化的过程中，形成径流的组分也会发生改变，如在融化深度较浅时，以蓄满产流或饱和产流形成的径流以降水、融雪径流为主，随融化深度增加，壤中流成分会逐渐增加；而在完全融化期，径流组分则以地下水和壤中流为主要成分（Wang et al.，2012）。综合这两个方面的特征，定义为寒区流域的"变源"产流性质，这里的"变源"包含产流面积、产流来源和产流模式的变化等多方面。与前述非冻土区的产流面积变化形成机理和类型相比较，由冻融过程控制的产流面积变化不能用土壤水分的蓄水容量、饱和容量或下渗容量曲线来表达，因为在冻结和融化过程中，这些曲线不存在或很难确定；只有在完全融化期，可以类比超渗产流类型，通过构建下渗容量曲线来近似描述。因此，需要针对多年冻土区特殊的产流机制和流域尺度的时空变异性，寻求新的途径来揭示寒区流域特殊的变源产流机理和模式。

7.3.2　研究方法

7.3.2.1　集水单元流域尺度的研究方法

以春季融化过程为例，在土壤表面0cm、地温为0℃时，冻结土壤尚未开始融化，但地表积雪开始融化，该期间的降水也是雨夹雪的混合形态。这时，地表面基本仍处于冻结状态，可以近似看作不透水面，地表产流就以类似裸岩地面的超渗产流为主要形式（不存在入渗）。在地表温度低于0.5℃时，融化深度总体上小于5cm，在冻土融化的水分相变作用下，较薄的融化层易于饱和，因此在假定地表温度由低于0℃的冻结状态升高到或接近0.5℃时，地面饱和产流即发生。在流域面积较小的情况下，当流域最高处地面接近0.5℃时，即形成地面饱和产流时，流域出口一带地表温度就会超过1.5℃甚至更高，但其融化深度如果小于满足蓄满产流要求的某一深度H_0，流域内这一温度变化过程往往较短暂。相对而言，更有意义的是全流域处于蓄满产流要求的某一融化深度范围内，这时，流域出口一带地势低洼区域地温较高，融化深度较大，但因存在坡面浅层土壤重力水分向下坡方向迁移或在冻结层上地下水潜流补给作用下，流域出口一带具有较高地下水位或较高的融化土壤含水量，使其仍可能维持蓄满地面产流方式（Chang et al.，2015）。由于这一过程的土壤水分变化与降水无关，主要受温度控制的活动层土壤融化冰形成（Wang et al.，2012），因此是温度主导的产流过程，随温度场的变化驱动，流域产流面积变化。

在融化期，假定地表温度为 $0 \sim T_0$，因地表积雪融化和降水等在地表形成蓄满产流，依照蓄满产流的流域蓄水容量曲线方程，引入温度容量变化曲线，总产流量 R 由式 (7.1)计算：

$$R = \int_0^{T_0} (P + Q_s - E) f(T'_s) \mathrm{d} T'_s \tag{7.1}$$

式中，P 是降水量；Q_s 是积雪融水量；E 是蒸散发量；T'_s 是地表温度；$f(T'_s)$ 是地表温度小于 T_0 的流域面积比例；R 为流域总径流量，m^3。

在冻结过程中，与融化期不同，地表已出现冻结区域，因降水不易下渗而形成饱和产流；同时，该期间是秋季夏汛结束后的退水期，由于活动层土壤融化至年内最大融深，冻结层上水成为退水过程径流的主要组分（Wang et al.，2009）。在冻结过程开始后，活动层土壤呈双向冻结，冻结层上水补给河流的过程受制于深层地温变化，在深层土壤冻结后，冻结层上水运动随即结束，因而冻结上水补给地表径流为主形成的退水过程与深层活动层地温关系密切。建立冻结层上水退水流量随土壤温度的相关关系方程 $g(T_{SD})$，得到冻结期流域从产流量方程如下：

$$R = \int_0^{T_0} (P - E) f(T'_s) \mathrm{d} T'_s + g(T_{SD}) \tag{7.2}$$

式中，变量定义如前所述，其中积雪参量在地表完全冻结前可以不予考虑。

7.3.2.2　流域尺度的研究方法

在一定范围内，水文过程被认为具有自相似性，其某种统计变量在不同尺度下的相互关系决定于一种较为简单的标度变换（Merz and Blöschl，2004；Ding，2005），其理论方法为：设水文变量 x，影响该变量变化的主要尺度为 α，则有描述该水文变量的函数关系为

$$F = X(\alpha)$$

如果尺度变为 $k\alpha$，对于具有相似性的水文过程来讲，存在下列关系：

$$\langle X(k\alpha) \rangle = k^{\theta} X(\alpha) \tag{7.3}$$

式中，θ 为标度指数。

式(7.3)提供了水文变量在不同尺度间转换的方便途径，但需要解决两个问题：一是确定水文过程的自相似性；二是获得标度指数的可靠估值。Chang 和 Ding(2001)分析了最大洪峰流量 Q 与空间尺度（流域面积 F）的关系，发现存在下列关系：

$$Q(kF) = k^{\theta} Q(F) \tag{7.4}$$

某一尺度上流域径流系数（runoff coefficient）或者降水-径流关系是广泛用于刻画径流形成与变化过程的重要水文变量，也是大部分水文模型和水文设计中不可或缺的重要参数（Merz et al.，2006；Zhang et al.，2008）。考虑到洪水过程是流域降水-径流的一种形式，而且降水-径流关系的动态变化显著受到空间尺度的影响（Cerdan et al.，2004）。因

此，可以认为式(7.3)普遍存在于径流系数变化或是降水-径流动态变化方面。在一个中等尺度流域内不同子流域间的水文自相似性应该是成立的，关键问题是如何确定尺度转换的标度指数。

多年冻土流域，土壤冻融过程对降水-径流过程具有控制性影响(Wang et al.，2009)，为了确定不同空间尺度流域单元间降水-径流关系的尺度转换标度指数，将年内降水-径流过程区分为两个季节：一是土壤完全融化、植被覆盖较为稳定的7～9月初(夏季)；二是土壤冻融剧烈、植被枯萎的秋冬季和春季时段，在秋季以9月中旬～11月初为时段；在春季以5～6月为时段，融雪和冻土融化控制径流过程；在冬季，即11月中旬至次年4月间，土壤完全冻结，无径流发生。因此，为了确定冻土流域降水-径流动态关系尺度转换的标度指数，基于区分不同时段分因素标定的基本思路，提出参数-尺度关系的二次标度法，由三步组成。

(1)建立不同空间尺度径流-降水(或温度)的关系方程：

$$Q_k = F(P_k, a_k) \tag{7.5}$$

式中，k 是不同尺度的流域单元；Q_k、P_k 分别是 k 尺度下的径流量与对应的降水量(包括雪融水量)；a_k 是参数集。

对于不同尺度 k，通过式(7.3)，可形成空间尺度(如流域面积)与方程中不同参数的对应数据系列 $\{k, a_k\}$。

(2)对该数据系列进行归一化处理，然后采用统计回归方法，建立参数集任意参数随尺度 k 变化的相关方程，如下：

$$\{a_k\} = \{R(k)\} \tag{7.6}$$

通过对参数集中所有参数明确其与尺度间的统计定量关系，即可完成降水-径流关系中尺度变化的一次标定。

(3)将式(7.5)带入式(7.4)中，利用实测数据进行模型模拟结果的拟合检验和有效性检验，采用相关系数 R、相对误差(或均方根误差 $RMSE$)以及效率系数(Nash-Sutcliffe系数)等方法检验，经过检验后可获得新的、用尺度值表征径流的关系方程：

$$Q_k^R = F(P_k, \{R(k)\}) \tag{7.7}$$

在降水量分布均匀情况下，式(7.6)给出了随流域面积参数 $R(k)$ 变化的径流量，在春季和秋季土壤融化和冻结过程，温度场因子 T 和降水量 P 一起成为主导面积参数的要素。由式(7.6)有：$k^\theta = \dfrac{Q_k}{Q_k^R}$，即可获得标度参数，并获得特定流域内降水-径流关系的尺度转换模式。

7.3.2.3　典型研究流域观测试验部署与数据获取

试验研究流域仍然选择具有较系统水文观测的青藏高原风火山小流域，不同尺度子流域水文观测断面布置如第6章图6.6所示，径流观测以及气候观测如前述。在这些观测的基础上，选择一高寒草甸草地典型集水单元子流域，面积大约为 $0.64km^2$，部署了不同坡向、不同海拔及不同距离河口位置的土壤水热观测样地，如图7.12所示，形成了土壤温度场和水分场动态变化的观测网络。依据这一系统获得的融化过程和冻结过程的不同深度土壤温度数据，可有效估算子流域土壤温度在某一临界值以下的分布面积。在该子流域出口断面设置三角堰式流量观测断面，对集水单元子流域径流过程进行每半小时连续观测。在风火山小流域内，除了两个固定的气象观测站以外，还在不同子流域内布设了降水观测点，获取降水量的空间分布。并选择典型高寒草甸坡面与典型高寒沼泽草甸坡面布设了不同植被盖度的降水径流观测场，场地内沿不同海拔设置了土壤温度和水分观测点，可以获取流域内不同地貌单元和不同植被类型与植被盖度下的土壤水热动态过程。

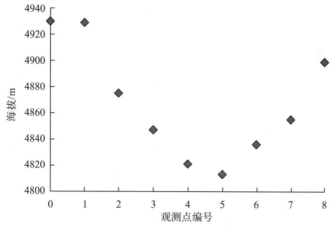

图 7.12　典型小流域土壤温度梯带观测系统

流域陆面实际蒸散发的观测采用两种途径：一是在流域降水径流观测场地附近构建针对高寒草甸和高寒沼泽草甸不同植被盖度下蒸散发过程观测的小型 lysimeter 设备（王根绪等，2010）；二是基于在实验流域内布设的涡度相关观测数据，经校验和补充后直接分析其水分通量。因高海拔和寒冷气候，流域内在 6~7 月仍然有降雪发生，且雨雪并存的降水过程较多，这种降雪在地表积存时间一般较短，除了山脊一带，大部分区域不会超过 2 天。为了有效区别降雨和降雪，基于临界气温/露点温度的参数化方法被广泛应用（Goodison et al.，1998；韩春坛等，2010）。利用临界气温/露点温度分析，在日尺度上，受气候差异及日内气温波动影响，固液态降水分离的单临界气温存在一定区域性及跳跃性（韩春坛等，2010；Chen et al.，2014）。总体而言，在我国中东部低海拔地区、北疆低海拔干旱区，雨雪分离的日临界气温（雨夹雪时日平均气温波动剧烈，未考虑）为 1.5~2.5℃，中东部山区为 2.5~3.5℃，而在西部高寒区，一般为 3.5~5.5℃，特别是藏西南地区，大于 5.5℃（Chen et al.，2014）。在青藏高原腹地的研究流域，6~7 月间气温波动变化往往出现低于上述临界温度的情况，在夜间气温低于临界温度则更为普遍，一次较大的降水过程，白天是降雨而夜间为降雪且可能在地表形成积雪。这就需要在日尺度的临界气温判识基础上，结合日气温的波动变化，准确区分降雨和降雪过程。

7.3.3　集水单元小流域尺度的温度变源模式

7.3.3.1　融化过程的变源产流的径流过程模拟

在 2014 年 5~7 月融化过程中，在集水单元小流域出口断面观测到的日径流量是从 6

月 22 日开始，之前该子流域未能观测到径流发生。在高寒草甸区，已有研究表明土壤完全融化的土壤温度一般为 0.5～1.8℃，基于土壤温度观测数据，设定 40cm 深度土壤温度为 1.2℃时即为蓄满产流临界土壤地温，据此在 1：20000 地形图上测算融化面积占流域总面积比值。利用不同植被盖度下基于 lysimeter 观测的日蒸散发数值，因试验集水单元小流域整体的植被盖度较高，这里以高盖度 93％情形下的蒸散发观测值为流域蒸散发均值采用。以典型日数为例，式(7.1)中的各参数值如表 7.2 所示。

表 7.2　集水单元小流域温度变源产流参数测定值

日期 /(m·d^{-1})	降水量 P /mm	积雪 Q_s /mm	蒸散发 E /mm	$f(T_s')$/%	径流/mm	坡顶 40cm 深地温/℃
6.20	2	1.2	2.1	0.31	0.03	0.3
6.25	0.1	2.6	2.3	0.43	0.13	1.2
6.30	2.1	0	2	0.5	0.0	3.0
7.6	3.9	0	2.1	0.68	0.37	3.2
7.10	3	0	2.65	0.77	0.0	3.7
7.15	0	0	3	0.84	0.0	4.1
7.20	4.1	0	3.3	0.87	0.06	4.7

　　研究区域一般在 4 月下旬开始进入融化期，至 7 月中下旬，活动层土壤 80～100cm 深度全部融化，地表水循环(不包括地下水系统)开始进入完全融化期。观测年(2014 年)春季径流形成相对较晚，在 6 月 19 日出现初次径流，且冬春季积雪是近 5 年来的最少时期，因而融化期较为重要的积雪融水相对较少(表 7.1)。利用式(7.1)，模拟计算 6 月 19 日～7 月

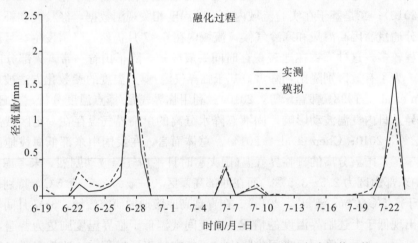

图 7.13　集水单元小流域春季融化期径流过程模拟与实测值比较

23 日融化季的径流过程，如图 7.13 所示，上述构建的温度变源模型能够较好地识别融化期集水单元小流域尺度径流过程，对于日径流的峰枯变化具有较强的刻画能力，模型模拟结果与实测值的拟合决定系数 R^2 为 0.92。但仍然存在一些问题，主要体现在对径流过程的平坦化，低值流量略有高估，而对高值流量，特别是洪峰流量有些低估。主要原因可能是高山带降雪径流估计不足，蒸散发值存在较大空间变异，对其考虑较少。

7.3.3.2 冻结期变源产流的径流过程模拟

研究区域在 9 月开始进入冻结过程，多年冻土区活动层土壤是双向冻结，9 月初高海拔地区首先出现地表冻结，形成地表蓄满产流或饱和产流条件，而在活动层深层冻结前，冻结层上水的补给径流占据较大比例。为此，需要构建冻结层上水退水流量随土壤温度的相关关系方程 $g(T_{SD})$。图 7.14 是试验集水单元小流域观测的冻结过程径流量与深层土壤(90cm)温度变化的相关关系，可以看出，二者之间关系密切，其指数关系的确定系数 R^2 为 0.68，显著性水平 $P < 0.001$，达到极显著水平。依据日径流量与活动层深部土壤温度间存在的这种显著相关关系，采用麦夸特法(Levenberg-marquardt)和通用全局优化算法(universal global optimization，UGO)，对日均土壤温度及径流进行非线性拟合，获得 $g(T_{SD})$：

$$g(T_{SD}) = 0.72e^{0.62T_{SD}} \tag{7.8}$$

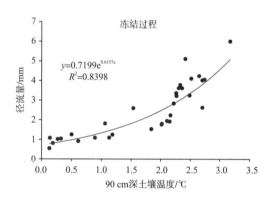

图 7.14　冻结过程深层土壤地温与径流的相关关系

将式(7.8)带入式(7.2)，建立起冻结过程的集水单元子流域温度变源径流过程模型。利用该模型模拟自 9 月初开始冻结至 10 月下旬流域大部分区域活动层土壤冻结为止的径流过程，结果如图 7.15 所示。模拟径流过程与实测径流过程十分吻合，逐日动态的峰枯变化完全一致，拟合的决定系数 R^2 达到 0.81，模拟结果的绝对误差仅为 8.7%，可以认为能够较好地刻画冻结过程流域的产流变化，模型具有较高的水文模拟能力。但是，从图 7.15 来看，模拟的径流过程仍然高估了大部分枯水径流。

冻结过程径流是夏汛的退水过程，其大部分成为地下水，利用上述模型，可以大致粗略估计地下水的贡献及其对温度变化的响应程度。如图 7.16(a)所示，经地下水补给量分割，地下水径流过程比总径流过程要平稳，呈现随地温稳定递减趋势，与传统的径流过程线分割方法获得的地下径流组分动态相一致。地下水补给径流量占日均径流的85%，是绝对优势成分。在 9 月 8 日~10 月 12 日的冻结进行时段(流域完全冻结前)，流域总产流量中地下水补给占 85.5%。在泛北极地区，预估未来气候变暖将大幅度提高地下径流对地表河流的贡献，冬季基流量将持续较大幅度增加(Bense et al.，2009)。设定未来气候变化情景为降水量不变，气温在 10 年尺度上增加 0.5℃和 1.0℃，利用上述模式预估未来径流变化趋势如图 7.16(b)所示。可以看出，伴随地温升高，地下径流量较大幅度递增，在深层土壤温度增加 0.5℃和 1.0℃时，地下径流向河流的排泄补给量将分别递增 38.4％和 91.6％。因此，青藏高原多年冻土区冻结层上水排泄流量随温度升高也呈现较大幅度增加趋势，与泛北极地区是一致的。

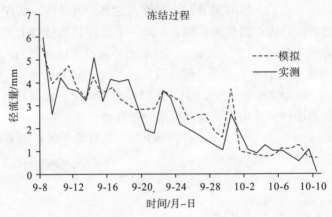

图 7.15　冻结过程流域径流的变源产流模型模拟与实测结果的比较

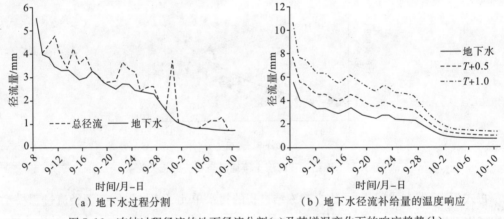

（a）地下水过程分割　　　　　　　　（b）地下水径流补给量的温度响应

图 7.16　冻结过程径流的地下径流分割（a）及其增温变化下的响应趋势（b）

7.3.4　基于流域水文过程尺度效应的温度变源模式

寒区降水径流系数具有比非冻土区更为显著的尺度效应。基于在风火山小流域多年观测结果，如图 7.17（a）所示，春季和秋季具有较大的降水-径流系数，均值高于 0.3，这与土壤的冻融过程密切相关。但径流系数随流域面积的变化出现其独特性，流域面积大致为 29.3km²，似乎是分水岭。小于该值，降水-径流系数随流域面积减小而显著增大；大于该值，径流系数随流域面积增大而增大。当流域面积从 112.0km²减小到 29.31km²，春季和秋季平均径流系数减少 45％，当流域面积从 29.31km²进一步减小到 1.07km²，径流系数则迅速增加 143％，这一有趣的变化揭示出径流系数存在的显著尺度效应。在夏季[图 7.17（b）]，当活动层土壤完全融化后，降水-径流系数随流域面积增加而减小，流域面积从 1.07 km²增加到 112.0 km²，径流系数减少 65.7％，这种现象和其他非冻土地区基本一致。上述径流系数随流域尺度变化的季节差异揭示了高寒草地-冻土流域特殊的水文过程。虽然其产生机制尚不清楚，但毫无疑问与冻融过程的温度对产流过程的作用有关，是温度控制的变源产流过程决定的。

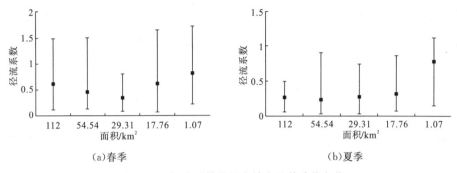

(a)春季　　　　　　　　　　　　　　(b)夏季

图 7.17　径流系数的尺度效应及其季节变化

采用统计降尺度原理，将流域尺度的径流过程与不同尺度子流域径流间建立尺度耦连关系，基于上述式(7.5)至式(7.7)，获得实验研究流域不同尺度子流域间降水-径流关系的多尺度转换模式如下所述。

夏季，不同子流域降水-径流关系近似线性关系，依据不同子流域间的$\{k, a_k\}$数据对，构建不同尺度间径流转换模式：

$$Q = 0.0106e^{0.0205k}P + 0.0282e^{0.0255k} \tag{7.9}$$

分析上述尺度转换模型模拟效果，其不同尺度子流域模拟值的 RMSE 为 $0.023 \sim 0.28$，决定性系数 R 在 0.89 以上，模型效率系数(Nash)在 0.74 以上，说明上述尺度转换模式具有十分理想的模拟效果。利用同样方法和过程，我们得到洪水径流和春季、秋季径流过程多尺度转换模式。

对于洪水径流过程：

$$Q = (0.0012k - 0.0062)P + (0.0068k - 0.0359) \tag{7.10}$$

对于春季、秋季径流过程：

$$Q = 0.0296e^{0.028k}(e^{(0.0248lnk+0.0912)T_a}) + (0.0007k)P \tag{7.11}$$

在春秋季节冻融循环中，不同于夏季完全融化期，温度是径流过程的主要驱动因子，从式(7.11)可以看出，气温取代降水而成为影响径流过程的首要因素，其中包含的温度标度指数对径流的作用大于降水变量。该式表达了温度场变化主导的产流变化过程，由此获得包含多个集水单元子流域的流域尺度径流过程。利用秋季冻结过程流域径流观测数据，比较模型式(7.11)模拟结果(图 7.18)。结果表明，对温度标度指数模型模拟效果的评价，采用均方根误差 RMSE、确定性系数 R^2 以及模型效率 Nash 系数等来评判，对应流域 5 个子流域模拟结果的这些指标值列于表 7.3。可以看出，无论是夏季无温度标定指数的径流尺度模型模拟结果还是秋季温度指数模型结果，均具有较高的模拟效果和日径流过程刻画能力。上述方法提供了在一个多年冻土流域，实现利用有限径流观测可以推测不同空间尺度径流分布格局与季节动态的有效途径。

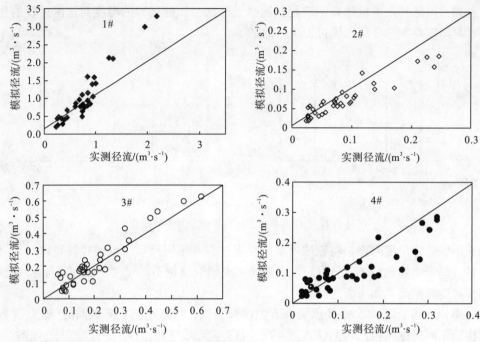

图 7.18 冻结过程径流温度标度指数模型模拟与实测结果的比较

上述基于尺度推移思想建立起来的温度因子方程，可以较好地识别较大流域尺度上径流
形成于空间变化过程，与 7.3.3 节方法相结合，可以实现对较大流域径流时空变化的定
量分析。径流形成的变源现象具有普遍性，变源的流域蓄水曲线理论是分析这一径流形
成规律的主要依据。但是，对于寒区流域而言，以上分析表明，土壤温度而非土壤水分
可能是制约径流形成中产流贡献区域空间变化的主要因素；同时，气温对于流域产流和
汇流时空变化的作用在春季和秋季与降水同等重要。如何将温度在变源产流和汇流时空
分布格局变化中的作用进行精细刻画，发展具有物理机制为基础的数学方程，并将其耦
合于分布式径流模式中，是寒区流域分布式水文模型发展的重要途径。

表 7.3   温度标度指数模型的模拟效果评价参数值

子流域断面	夏季日径流过程模拟结果			秋季日径流过程模拟结果		
	RMSE	R^2	Nash	RMSE	R^2	Nash
1#	0.28	0.89	0.83	0.21	0.91	0.67
2#	0.076	0.85	0.52	0.021	0.89	0.78
3#	0.035	0.84	0.81	0.038	0.90	0.84
4#	0.062	0.83	0.74	0.037	0.78	0.71
5#	0.023	0.84	0.80	0.009	0.82	0.51

7.4　寒区径流组分与季节动态变化

7.4.1　基于退水过程曲线的径流组分分析

依据 7.1 节，典型多年冻土试验研究流域的年内径流过程具有两个洪水过程，对应具有两次退水过程。径流退水过程常被用来探究径流组成成分，是较为经典的用于分析径流组成的方法之一，主要是依据退水过程线的基本结构和趋势，定性分析径流的主要组分，为定量甄别径流组分提供参考，虽然不能提供定量分析，但该方法对于厘清径流组成具有其独到优势，因而迄今为止仍然是一个十分有效的方法。

利用风火山多年冻土流域连续多年的径流观测数据分析，获得春汛退水过程线如图 7.19(a) 所示。可以看出，春汛退水期具有 3 个退水过程，尽管不同年份降水条件不同，但共性特征是第一个退水过程具有较大斜率，表明退水过程降速快而短促；第二个退水过程具有明显的迟缓和延长特性，第三次要比第一次迟缓但快于第二次。这种不同的退水过程曲线，代表了不同的径流组分构成。第一个过程体现了融雪径流补给的径流组分，由于积雪有限，积雪融水补给的退水很快完成；第二个过程则是与冻结层上水和壤中流(冻土冰融化)补给有关的径流组分，因与土壤融化深度有关，这个过程是渐进的，因此具有十分缓慢的降速和较长的退水时间；第三个过程反映的是春汛中的降水径流部分，由于流域汇水面积较小，退水过程也较迅速。由此，依据退水过程线的结构，定性分析春汛期间的径流，主要是以积雪融水、浅层融化土壤的壤中流以及融化的冻结层上水等为主构成，降水形成径流次之。这一结果与上述径流特征值、径流过程与土壤融化过程关系分析以及温度变源产流过程等方面研究获得的间接结论是一致的。

夏季洪水的退水过程曲线如图 7.19(b) 所示，夏汛退水期有两个退水过程，第一过程的迟缓和延长是冻结层上水融化后大量出露补给河流，以及穿透的冻结层下水或层间地下水等深层地下水和冻结土壤融化形成的壤中流等共同补给河流的结果，概括而言，是包括深层壤中流在内的地下水排泄河流的标志。第二过程曲线具较大斜率，下降快速，表征了降水形成洪水的退水过程。由此，可以认为，夏汛径流是由地下水和降水共同形成的。同样地，这一结果与前述基于径流特征参数、径流过程与夏季土壤温湿度和降水关系的统计分析以及冻结过程温度变源产流模式计算结果等的结论完全一致。

上述结果说明，退水曲线对于多年冻土区径流形成组分及其贡献大小的定性认知具有较高的可靠性与准确性。事实上，利用退水曲线中十分准确的地下水退水补给过程识别能力，还可以有效揭示活动层的冻结和融化过程。如前所述，融化深度超过一定阈值后将产生融化的地下水系统补给河流，从而形成退水中的主要组成部分；冻结过程则更是直接与退水过程的径流变化相关联。因此，近年来，国际上有专家提出了利用退水过程来定量模拟冻土融化速率和冻结速率的方法(Lyon et al.，2009)。上述分析结果也说明，在夏季洪水过程及其随后的退水过程中，包括深层壤中流在内的地下水排泄河流占据径流组分的重要位置；同时，在春汛期及其随后的退水中，浅层地下水或壤中流也是径流组分中重要的成分。

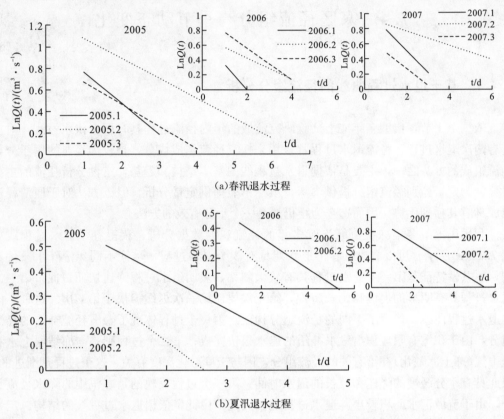

(a)春汛退水过程

(b)夏汛退水过程

图 7.19 冻土流域年内洪水的退水过程曲线及其组成分割

7.4.2 基于同位素的冻土流域河水组成及其季节变化

7.4.2.1 冻土流域河水稳定同位素的分布特征

河水同位素组成的变化是依存于环境变化的一种综合性反应，不同样点河水 $\delta^{18}O$ 的差异，更大程度上取决于降水、土壤水和地下水的混合比，主要包括蒸发分馏作用、海拔效应和河水来源组分差异。风火山流域 4 个子流域（2♯～5♯）河水 $\delta^{18}O$ 分布情况如图 7.20 所示，在不同季节间存在一定差异。6 月春汛期，河水 $\delta^{18}O$ 呈线性递增的趋势，如 1♯ 断面河水 $\delta^{18}O(\delta D)$ 从 6 月 21 日的 $-10.6‰(-67.8‰)$ 增大到 7 月初的 $-8.2‰$ $(-54.6‰)$。这主要是由于该时期降水 ^{18}O 表现为季风前的富集，由于冻融锋面较浅，富集 ^{18}O 的降水入渗进入土壤，使浅层土壤水富集 ^{18}O。同时，降水径流滞后时间较短，河水的补给来源主要以浅层壤中流为主，从而导致该时期河水 ^{18}O 不断富集。7 月上旬春汛退水期，降水和河水中 $\delta^{18}O$ 不存在显著性差异（图 7.20），河水 $\delta^{18}O$ 随着降水 $\delta^{18}O$ 的变化产生相应的波动。降水 $\delta^{18}O$ 一些极端值在河水中均有所体现，如 7 月下旬降水和河水 $\delta^{18}O$ 同时出现极端低值。该期间降水成为河道补给水量的主要来源。此外，该期间冻融锋面较浅，7 月初左右融化到 65cm 深度左右，由于冻融锋面起到隔水作用，使得河水补给主要以浅层壤中流和降水产流为主，导致该期间较高的直接径流率（Boucher et al.，2010；Wang et al.，2009），降水以较快的速度汇入河流，从而造成降水和河水 δ^{18}O 不存在显著性差异。总之，随着地温的升高和土壤冻融锋面向下迁移，从而导致降水径流机制发生改变，河水稳定同位素特征也发生变化，表明土壤冻融变化对多年冻土流域径流过程起到重要作用，河水稳定同位素浓度的季节变化是气温、土壤冻融循环以及径流组分来源等诸多因素共同作用的结果。

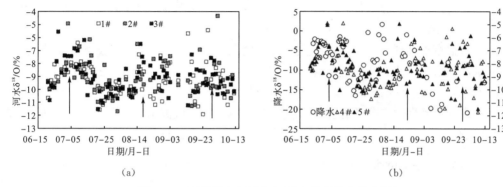

图 7.20　夏季降水和河水中 δ^{18}O 的季节变化特征

从图 7.20 来看，河水同位素值的季节动态与径流的季节波动十分吻合，峰枯变化明显。年内同位素值的空间分布状况如表 7.4 所示，可以看出，4♯ 和 5♯ 断面河水 δ^{18}O 要显著高于 2♯～3♯ 断面。4 个子流域的海拔差异较小，基本在 100m 以内。在海拔相差较小的情况下，流域地表蒸发条件和河水来源组分差异成为主要的影响因素。风火山流域 5 个断面河水 δ^{18}O-δD 点大部分位于夏季大气水线下边（刘光生等，2012），表明蒸发分馏作用对研究区河水稳定同位素特征起到重要的影响。同时，从表 7.4 可知，4♯ 和 5♯ 断面河水 δ^{18}O 和 δD 偏大，似乎与海拔无关，而与植被盖度的变化具有较大关联性。下面着重就该现象进行深入探讨。

表 7.4　风火山流域夏季降水和 5 个断面河水中 δ^{18}O 和 δD 平均值

流域	流域面积 /km²	平均海拔 高度/m	总覆盖率 /%	河水 δ^{18}O	河水 δD	降水 δ^{18}O	降水 δD
1♯	112.5	4922	43.4	−9.3	−68.6		
2♯	17.8	4915	32.3	−9.1	−66.7		
3♯	54.5	4948	37.9	−9.2	−68.3	−9.3	−66.7
4♯	29.3	4905	52.5	−8.5	−66.5		
5♯	1.0	4834	57.3	−8.4	−61.8		

7.4.2.2　海拔和植被覆盖对河水同位素特征的影响

风火山流域河水 δ^{18}O 随海拔的递减率为 0.79‰·(100m)$^{-1}$，而藏南河水 δ^{18}O 随海拔的递减率仅为 0.20‰·(100m)$^{-1}$（Hren et al.，2009），因此，虽然本区域海拔的影响不十分显著，但仍然显著高于藏南地区。这主要是由于植被空间分布也受到影响，随着海拔增高，植被盖度不断下降，且相比藏南地区而言，本区域植被盖度本底就很低，随海拔增加的植被盖度递减率更大。河水 $\delta^{18}O$ 随植被盖度增加不断增加（表7.4），表明植被差异是造成河水中 $\delta^{18}O$ 变化的重要原因之一。分析植被覆盖变化造成河水 $\delta^{18}O$ 差异的主要根源，主要是高盖度草甸和沼泽湿地较强的蒸发分馏作用。在研究区域的4♯和5♯支流流域内，植被盖度是全流域最高的区域，总的植被覆盖率在52%以上。同时，5♯子流域还是全流域沼泽湿地分布率最高的区域，湿地面积占该子流域总面积将近11%。因此，这两子流域高覆盖植被导致水分蒸散发强度应该是最大的区域，且湿地的广泛存在，增强了蒸发分馏作用，导致重同位素富集。所以4♯和5♯断面河水呈现出较高的 $\delta^{18}O$ 值。从表7.4可知，4♯、5♯号断面河水 δD 值相对于其余断面也较大，这也反映出高覆盖草地和湿地显著增加了蒸散发，增大了 δD 值。此外，植被覆盖差异引起的多年冻土活动层土壤冻融过程差异，及其导致的流域产汇流差异，也是造成不同盖度流域间河水中 $\delta^{18}O$ 差别的重要因素。诸多稳定同位素研究是在小流域尺度上开展的，假定河水中稳定同位素随时空变化存在均一性。然而本书发现植被覆盖变化对 $\delta^{18}O$ 空间分布特征的影响，因此对于小流域尺度的同位素研究仍然不能忽略其空间异质性。

7.4.2.3　基于同位素的径流组分分割与季节动态

利用水体中氢氧同位素比率，可以定性界定不同时期径流的构成组分，这是同位素水文学最基本的用途，也是径流组分分析最常用的手段。在风火山多年冻土流域，利用同位素分析方法，通过为期两个水文年连续采样分析，获得不同时期径流组分分割结果如图7.21所示。在春汛期（6月），浅层地下水（包括壤中流）是地表径流的主要构成来源［图7.21(a)和(c)］，在大部分区域其贡献率在40%以上。春汛期间河流径流组分构成存在显著的年际变化（受春季降水影响），在丰水年降水量较大时候，受冬春季较大的融雪径流影响和当期较大降水的直接作用，以融雪径流和降水径流为主要形式的降水补给河流的比例将增加（图7.21，2008年6月）；但表层土壤壤中流（或融化的冻结层上水）组分仍然占据较大比例。在相对枯水年份降水量较小时，如2009年6月，在大部分地区降水和融雪径流仅占径流的30%以下，而地下水（包括壤中流）的贡献率可以高达70%以上。这一分割结果与前述多种途径获得的定性认识相吻合。

在夏汛退水期［8月上旬，图7.21(b)和(d)］，地下水（包括深层壤中流）对河水径流组成的贡献率更大，在大部分地区高于45%。丰水年（2008年8月）当次降水对河水的直接贡献率较大，在大部分地区几乎与地下水贡献率相当；在相对贫水年份（2009年8月），与春汛期类似，地下水对河流的贡献率较高。总之，基于同位素分析结果，可以认为春汛河流径流的形成是以融雪径流、浅层融化土壤的壤中流以及融化的冻结层上水等为主，降水次之，但存在年际间降水（积雪）差异的影响。夏汛期，降水和深层地下水的贡献基本相当，具有近似相同的补给比例。这一结果与上述基于退水过程线的分析结果一致。

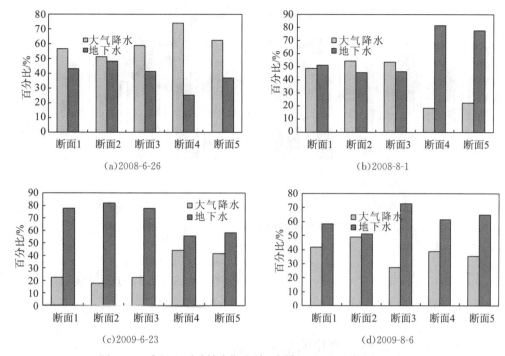

图 7.21　春汛和夏季枯水期流域不同断面径流组分分割示意图

7.4.2.4　植被覆盖变化对径流组分构成的影响

图 7.21 揭示的另一个重要现象就是不同子流域间径流组分的差异性，特别是 4♯ 和 5♯ 两个子流域表现出与其他子流域的显著不同，表明植被盖度大小可能也对降水补给河流的强度有显著影响。为此，分析植被覆盖变化与径流组成分割占比的关系，结果如图 7.22 所示。植被盖度越高，因地表融化更加缓慢而冻结更加迅速，有助于促使降水补给河流组分比例增大，表明了高覆盖草甸对保证枯水期的径流补给起到重要作用。在春汛期，无论是丰水年还是相对枯水年，植被盖度较高的 4♯ 和 5♯ 子流域，地下水补给率均显著低于其他子流域，而大气降水相对贡献率明显高于其他子流域，说明植被盖度越高，由于土壤融化深度较浅，大气降水直接产流率较高，而融化的浅层地下水厚度则较小，因而大气降水占比河流径流量较大。在夏季枯水期（通常为春汛退水期），如图 7.22 (b)所示，情况与上述刚好相反，植被盖度越大，该期间地下水补给河流的占比越高，大气降水补给河流径流的贡献率显著递减，说明植被盖度较大的流域可以通过增大地下水补给量，体现出具有较大的径流调节作用。这种现象产生的主要原因在于研究区域较高植被覆盖体现在高寒草甸特别是高寒沼泽草甸分布面积较大，这与地下水丰富且埋藏较浅有密切关系，因此，当冻结层上地下水含水层完全融化后，大量排泄进入河流，上覆包气带水分减少，大量降水入渗补给地下水。综上所述，寒区植被覆盖状况对径流的补给组分具有较大影响，表现在：在春汛期，植被盖度与降水补给河流比例成正比，具有较高植被盖度的流域，降水补给比例较大；而在夏汛期，植被盖度与地下水补给河流比例成正比。

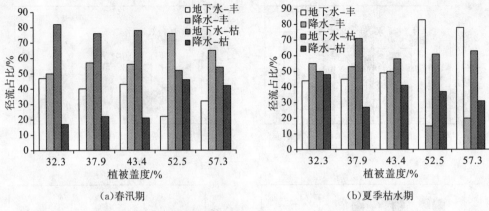

（a）春汛期   （b）夏季枯水期

图 7.22   不同植被盖度子流域降水与地下水在径流中的占比变化

7.5   近 50 年来寒区径流变化趋势及其成因分析

7.5.1   寒区主要河流径流变化的基本特征

伴随全球气候变化，寒区径流的多年变化趋势成为广泛关注的热点。前述几节内容从较小空间尺度上讨论了寒区典型冻土流域径流形成与季节动态的主控因素，认识到冻土的冻融过程及其关联的植被覆盖等因素对寒区径流形成及其时空分布格局具有重要影响。基于这些认识，很容易产生的疑问就是过去 50 多年来，以青藏高原和北极地区为主的寒区经历了比全球平均增温幅度更高的气候变暖，江河水文过程已经发生了何种变化以及产生这种变化的主要驱动因素是什么？本节就这些问题，依据主要河流长期观测数据，借助一些特征参数分析径流变化特征。

7.5.1.1   河流径流量的多年变化趋势

在中国青藏高原地区，选择长江、黄河以及澜沧江等发源于连续多年冻土区域的主要河流，分析过去 50 年来的径流变化情况，如图 7.23（a）和（b）所示。在 2000 年以前，三大河流在高原的出源径流均呈现较为显著的递减趋势，线性递减率分别为：黄河源区 $-0.3 \mathrm{m}^3 \cdot \mathrm{s}^{-1}/10 \mathrm{y}$，长江源区 $-1.67 \mathrm{m}^3 \cdot \mathrm{s}^{-1}/10 \mathrm{y}$，澜沧江源区 $-5.93 \mathrm{m}^3 \cdot \mathrm{s}^{-1}/10 \mathrm{y}$。进入 21 世纪以后，澜沧江和长江河源区径流量均不同程度增加，1956～2006 年这 50 年间，澜沧江源区年均径流量的线性递减率减小为 $-4.98 \mathrm{m}^3 \cdot \mathrm{s}^{-1}/10 \mathrm{y}$，长江源区则出现微弱正增量，为 $0.37 \mathrm{m}^3 \cdot \mathrm{s}^{-1}/10 \mathrm{y}$，黄河源区则持续递减，线性递减率进一步增大为 $-1.42 \mathrm{m}^3 \cdot \mathrm{s}^{-1}/10 \mathrm{y}$。在 2006 年以后，三大河流径流量均呈现显著增大态势，特别是长江源区和澜沧江源区，2006～2010 年的 5 年间，年均线性递增率高达 $20.9 \mathrm{m}^3 \cdot \mathrm{s}^{-1}/\mathrm{y}$ 和 $20.6 \mathrm{m}^3 \mathrm{s}^{-1}/\mathrm{y}$，黄河源区增加幅度较小，为 $6.7 \mathrm{m}^3 \cdot \mathrm{s}^{-1}/10 \mathrm{y}$。这种较大幅度的径流增加，直接导致 1956～2010 的 55 年间，澜沧江源区径流的线性变化率减少为 $-3.96 \mathrm{m}^3 \cdot \mathrm{s}^{-1}/10 \mathrm{y}$，黄河源区呈微弱递增 $0.22 \mathrm{m}^3 \cdot \mathrm{s}^{-1}/10 \mathrm{y}$，长江源区则呈显著递增趋势，递增率为

$3.4 \text{m}^3 \cdot \text{s}^{-1}/10\text{y}$。归纳起来，青藏高原多年冻土区大型河流的年径流量在 2005~2006 年以后出现普遍性的较大幅度增加，在 2000 年以前的 20 世纪是普遍性的显著递减变化过程，而在 2000~2006 年，长江源区呈现递增变化趋势，黄河源区呈显著递减趋势，而澜沧江波动变化不显著，总体呈微弱递增趋势。

在北极地区，如图 7.23(c)所示(Rawlins et al.，2010)，1950~2004 年的 55 年间，泛北极地区的地表径流量呈现显著递增趋势(达到 90% 的置信水平)，平均递增率为0.23mm/y(或 $5.3\text{km}^3/\text{y}$)。欧亚大陆的 6 条主要河流在过去 70 多年的长时间尺度上呈现持续递增趋势(Peterson et al.，2002；Shiklomanov et al.，2009)，年递增率是泛北极地区最高的，达到 0.31 mm/y(Rawlins et al.，2010)。相比而言，北美极地河流的变化不明显，但是有研究表明，如果扣除哈得逊湾(Hudson bay)流域，其余北美北极河流的变化则呈现极显著的递增趋势，递增幅度达到 0.4mm/y(De'ry et al.，2009；Rawlins et al.，2010)。综合大量研究结果，本书认为，泛北极地区主要河流大部分呈现显著的径流增加趋势，而且这种递增变化已经持续了 50 多年甚至 70 多年的历史，并由此导致输入北冰洋的淡水量大幅度增加。

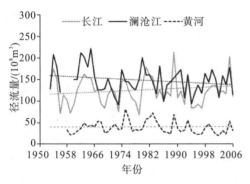

(a) 1956~2006 年长江、黄河和澜沧江流域径流变化

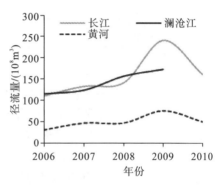

(b) 2006 年以来长江、黄河和澜沧江流域径流变化

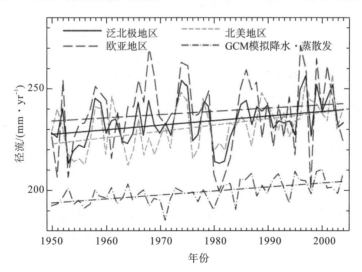

(c) 泛北极和北美典型河流径流变化

图 7.23　青藏高原三江源区径流长期变化过程(a，b)以及北极地区地表径流的总体变化特征
(c)据 Rawlins et al.，2010)

在年际径流变化背景下，季节间径流的多年变化趋势也存在较大差异。如表 7.5 所示，在青藏高原典型多年冻土流域中，2000 年以前普遍性的显著年总径流递减，主要是由于夏秋季径流减少导致的，冬春季径流变化不显著。在 2000 年特别是 2002 年以后，三条河流的径流均呈现显著递增趋势，其中在长江和黄河源区，夏季和秋季径流增幅最大，而澜沧江流域则以冬春季节径流增幅最显著。这反映了不同流域径流形成组分变化的差异以及气候变化对区域径流影响的差异性，其形成原因在后面进行详细探讨。

表 7.5　青藏高原典型河流径流量与径流系数的季节变化特征

| 因子 | 时期 | 年 | | 春季 | | 夏季 | | 秋季 | | 冬季 | |
	区域	均值	变幅	均值	变幅	均值	变幅	均值	变幅	均值	变幅
径流/mm	长江	85.2	−0.32	9.2	−0.01	47.8	−0.16	26.3	−0.09	3.9	−0.01
	黄河	74.1	−0.94	9.7	−0.02	27.8	−0.21	21.7	−0.28	3.8	−0.02
	澜沧江	274.5	−0.76	32.6	−0.02	138.7	−0.46	81.0	−0.30	21.0	−0.06
径流系数/$\times 10^{-3}$	长江	0.3	−0.77	0.2	−0.77	0.2	−1.39	0.4	−2.40	0.8	−10.00
	黄河	0.1	−1.50	0.1	−0.97	0.1	−0.61	0.2	−2.08	0.3	−5.26
	澜沧江	0.5	−2.76	0.5	−6.25	0.4	−0.71		−4.47	2.9	−55.20

在泛北极地区，在消除水库建设等带来的人为因素影响后，发现伴随年总径流量的持续递增，冬季和夏秋季节的径流增加较为明显。特别是冬季径流的增加，在泛北极地区几乎具有普遍性，依据 Shiklomanov 等的分析，在西伯利亚东部和南部河流，在 1978～2005年冬季径流增加了将近 40%～60%，在西伯利亚北部，同期冬季径流量递增了 15%～35%（Shiklomanov et al.，2013）。泛北极地区河流夏季和秋季径流大部分也呈现递增趋势，在上述西伯利亚地区分别增加了 10%～25%。青藏高原寒区径流中澜沧江径流变化与北极大部分河流在冬季径流增加上具有一定的相似性，但其年总径流量持续递减；长江和黄河流域径流是夏秋季径流增加类型，与北极河流不同的是冬季径流变化不明显。

7.5.1.2　径流特征参数变化

这里选择径流系数、径流峰比系数以及 FDC 曲线等径流动态特征参数，进一步深入分析寒区典型河流径流的变化特征。本节就这些径流特征参数的变化分别简要分析。

(1)径流系数变化。如图 7.24(a)所示，1960～2010 年的 50 年间，三江河源区径流系数基本呈递减趋势，唯独长江源区略有不显著的增加，是由 2000 年以后的变化引起的。2000 年以后，长江源区径流系数出现较为明显的增加趋势，如图 7.24(b)和图 7.24(c)，长江河源区秋季和冬季径流系数的较大幅度增加是导致年总径流系数增加的主要原因，相同时期其他季节径流系数变化不显著。对照表 7.5 列出的 2000 年以前各季节的径流系数变化情况，长江源区秋季和冬季变化的反转趋势十分强烈。分析澜沧江和黄河源区径流系数的季节变化，除了夏季递减趋势较弱以外，在 2000 年以前，其他三个季节的递减变化均十分显著，递减幅度也较大；在 2000 年以后，澜沧江冬季径流系数出现较大幅度增大趋势，增幅达到 0.52/y，高于长江源区同期的 0.1/y 增幅。其他季节虽然递减趋势未改变，但变幅有所收小。

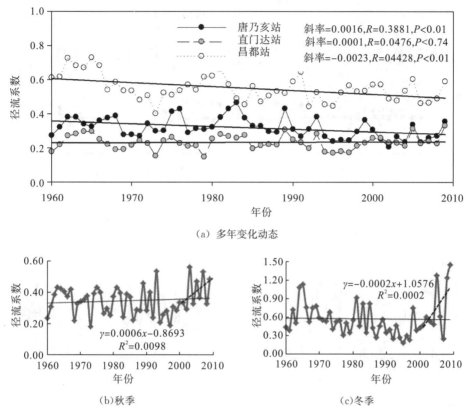

图 7.24　青藏高原三条典型河流径流系数的多年变化动态(a)以及
长江源区秋季和冬季径流系数变化的分异特征(b，c)

　　(2)峰比系数变化。即年内最大径流与最小径流的比值，可以刻画径流峰枯格局长期
变化趋势。如图 7.25 所示，1960～2010 年，青藏高原主要多年冻土区流域的峰比系数变
化不显著，其中长江和黄河源区呈弱减小趋势，澜沧江源区微弱增加。但是在 2000 年前
后，峰比系数的变化存在显著差异，特别是长江和黄河源区，2000 年前是弱减小趋势，
但是在 2000 年以后，呈现较为显著的递增变化，其中长江源区和黄河源区峰比系数分别
以每年 0.67% 和 0.14% 的幅度增加，意味着 2000 年以后峰值流量增加和枯水流量减少。
澜沧江流域则相反，2000 年以后反而一定程度减少。图 7.25 还表明一个现象，就是直
门达站以上长江流域的面积为 13.8 万 km²，唐乃亥站以上黄河源区面积是 12.2km²，而
昌都站以上澜沧江流域面积仅为 5.1 万 km²，相比长江流域的峰比系数远大于其他流域，
澜沧江小流域面积的峰比系数也高于黄河源区，这种现象与长江和澜沧江流域内多年冻
土分布面积远大于黄河源区有关(Ye et al.，2009)。

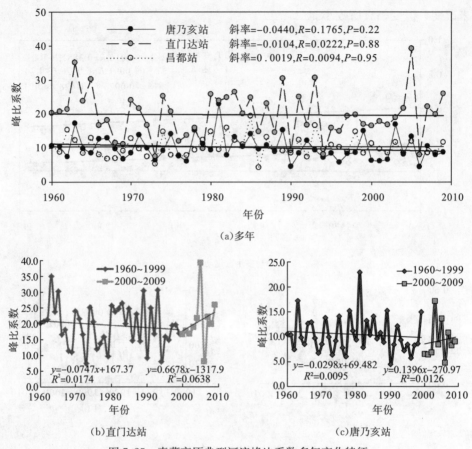

(a)多年

(b)直门达站　　　　　　　　　　　　　　　(c)唐乃亥站

图 7.25　青藏高原典型河流峰比系数多年变化特征

在泛北极地区，对于流域径流过程峰比系数的变化也是长期关注的热点，但现阶段大部分流域没有明确的变化趋势，如针对西伯利亚较大河流 Lena 河的研究，发现在 1936～1999 年，上游没有修建大坝等的区域，峰比系数没有明显的增减变化，而在 Aldan 支流，峰比系数显著减少，认为是多年冻土退化程度的影响结果（Ye et al.，2009）。相比而言，对于最大流量和最小流量的变化趋势研究更为详细。大量证据表明，过去 70 多年来，泛北极地区大部分河流冬季径流量持续增大，特别是 1960 年以来，冬季径流增加的幅度进一步增强，且显示增加的流域数目也在不断增加，然而，同期内，最大径流量并没有显示出明显的增加趋势（Shiklomanov et al.，2007，2013）。

在青藏高原三江源区，分析最大/最小径流的季节变化，如表 7.6 所示。黄河源区四个季节的最大最小流量均呈现递减变化趋势，其中秋季最大径流减少较为显著，全年最大径流量递减趋势更为明显。长江源区则不同，1960～2009 年，最大与最小径流总体的趋势无论是季节还是年径流均呈现微弱递增趋势，其中最小径流增幅在夏季和秋季较为明显。澜沧江流域春季最大径流出现增大趋势，这与大部分北极河流相似，但其他季节和年径流的最大与最小径流变化与黄河源区基本相似，均呈现减小态势。因此，尽管三江源区峰比系数变化不显著，且在 2000 年以后长江与黄河源区增大，但最小流量，特别是冬季最大流量和最小流量均没有出现显著的变化，这与泛北极地区不同，其冻土变化对径流过程的影响需要区别分析。

表 7.6　三江源区不同季节最大/最小径流变化趋势　　　（单位：$10^8 \, \text{m}^3/\text{y}$）

季\节　站\点	唐乃亥站		直门达站		昌都站	
	最大流量	最小流量	最大流量	最小流量	最大流量	最小流量
春季(3~5月)	−0.082	−0.013	0.006	0.006*	0.012	−0.006
夏季(6~8月)	−0.180	−0.031	0.023	0.102*	−0.094	−0.048
秋季(9~11月)	−0.288*	−0.053	0.025	0.022*	−0.091	−0.016
冬季(12~2月)	−0.012	−0.008	0.006	0.004	−0.013	−0.004
全年	−0.312**	−0.008	0.032	0.004	−0.067	−0.004

注：**表示显著性水平为 0.05，*表示显著性水平为 0.1。

（3）不同频率径流变化。多年径流动态中不同频率对应的径流变化可以十分明确地揭示径流格局的变化特征，一般采用 FDC（flow-duration curve，FDC）方法来分析。如图7.26 所示，以 1999 年为分界，分析 1960~1999 年和 1999~2009 年不同时段青藏高原三大河流的 FDC 曲线分布状况。可以看出，黄河源区变化最为显著，频率小于 40% 的流量较大幅度减少，减少幅度为 20%~30%，意味着较大洪峰流量发生频率减少，洪水流量减小。从相对变化量来看，频率介于 40%~80% 的流量也有一定程度减少，这就是黄河源区出源径流持续递减的实质所在，在 2000 年以后，虽然径流量有所增加，峰比系数也出现小幅度增大，但均未能改变径流的频率分布格局。相比而言，长江源区增减变化较为复杂，极端洪峰流量（频率小于 5%）略有增加，频率小于 20% 的较大洪峰流量减少10%~15%；但同时，频率在 20%~30% 的流量较大幅度增加了 5%~15%；其他大于 40%频率的流量也大部分出现微弱递增趋势。这与长江源区径流量在 2000 年以后显著增加，且峰比系数较大幅度增大等结果相一致。在澜沧江流域，大部分频率流量是减少的，其中小于 20% 的洪水径流较大幅度减少了 10%~20%，20%~40% 频率的流量也减少了5%~10%。

归纳上述不同角度分析的径流变化特征，可以得出以下几点认识：①以 2000~2002 年为分界，之前青藏高原典型寒区三江流域径流普遍性递减，之后径流量递增，特别是 2005 年以后，三江流域径流增加幅度较大；2000~2002 年以后，青藏高原寒区径流变化与泛北极地区大部分河流变化趋势相一致。②年径流变化的季节分配在青藏高原和泛北极地区河流也不尽一致，长江和黄河源区以夏季和秋季径流的大幅度变化为主导，澜沧江流域则以冬春季径流变化最显著；泛北极地区大部分河流以冬季和春季径流大幅度增大为主。③澜沧江源区冬春季积雪增大导致春季最大径流呈现递增趋势，除此之外，黄河与澜沧江流域季节和年度的最大/最小径流均呈现递减变化趋势，其根本原因在于小于 40% 频率的流量较大幅度减少，长江源区则不同，最大/最小径流呈微弱递增趋势，不同频率的径流量以增加为主，特别是峰比系数在 2000 年以后较大幅度增加。澜沧江流域冬春季降水显著递增，积雪融水增加是其主要因素（Liu et al.，2012），在黄河与长江源区，夏秋季降水增加叠加高山带冰川融水以及冻土融化形成的秋季深层地下水补给增大等，是导致夏秋季径流显著增加的主要原因。

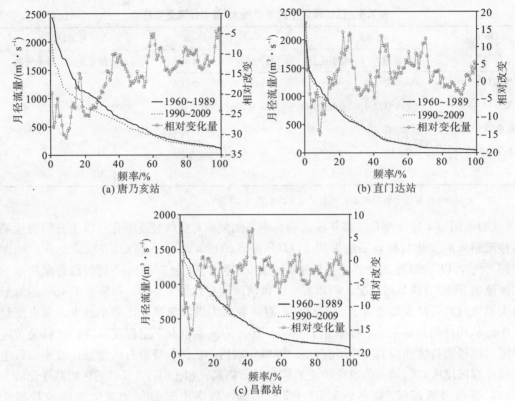

图 7.26　青藏高原三江源区 1960~1999 年和 1999~2009 年
两个时段径流的 FDC 曲线及其变化量

　　(4)秋冬季退水系数变化：这里退水系数简单以秋冬季河流退水过程中，后一个月的径流量和前一个月径流量的比值来表示(牛丽等，2011)。退水系数越小，说明该时段内流域退水越快；反之，退水系数越大则说明退水越慢。表 7.7 是近 50 年来三江源区退水过程中退水系数的变化趋势。在黄河源区，退水系数为 0.49~0.9，11 月和 12 月的退水系数最小且接近，说明黄河源区的退水主要发生在这一时期；除 1 月外，其他各月的退水系数均表现出增加的趋势并在 12 月份达到显著，说明黄河源区地下水退水过程减缓，意味着土壤水库调节能力加强，这可能是长期的气候变暖导致地下水水库库容增加的结果。在长江源区，退水系数为 0.40~0.90，最小值出现在 11 月，说明在长江源区 11 月的退水强度最大；除 12 月表现出显著递减外，其余各月的退水系数均显示出不同程度的增加，说明在长期气候变化的影响下，长江源区的地下水退水过程也有所减缓，地下水水库库容也有所增加。在澜沧江源区，退水系数为 0.54~0.82，变化幅度没有黄河源区和长江源区那么大，说明退水期的径流变化相对稳定；不同月份的退水系数变化趋势也不一致，其中 10 月和 1 月退水系数降低，11 月和 2 月退水系数增加甚至在 2 月达到极显著水平，而 12 月的退水系数并没有表现一定的趋势，说明长期的气候变化对澜沧江地下水库容的作用是比较复杂的，并没有统一的规律可循。

　　总体而言，在退水期，黄河源区和澜沧江源区月径流呈减少的趋势，而长江源区月径流量呈微弱的增加趋势，上述趋势并不显著。澜沧江退水过程比较平缓，黄河源的退水过程主要发生在 11 月和 12 月，而长江源主要发生在 10~12 月。黄河和长江源区退水系数的变化趋势在整个退水期是增加的,说明其地下水退水过程减缓,意味着土壤水库调节能力加强,这可能是长期的气候变暖导致江河源区地下水水库库容增加的结果,而澜沧江源区退水系数的变化没有明显的趋势。说明在江河源区,气候变暖导致冻土退化、冻土活动加厚等增加了土壤地下水的蓄持能力和库容,从而减缓了河流的退水过程,使得年内径流分配趋于平均。

表 7.7 三江源区退水过程中退水系数的趋势分析

站点 退水系数	唐乃亥站			直门达站			昌都站		
	均值	趋势	显著性	均值	趋势	显著性	均值	趋势	显著性
$R(Q_{10}/Q_9)$	0.90	0.0014	N	0.55	0.0013	N	0.63	-0.0001	N
$R(Q_{11}/Q_{10})$	0.49	0.0009	N	0.40	0.0003	N	0.54	0.0004	N
$R(Q_{12}/Q_{11})$	0.50	0.0010	*	0.49	-0.0012	*	0.65	0.0000	N
$R(Q_1/Q_{12})$	0.74	-0.0006	N	0.83	0.0003	N	0.79	-0.0003	N
$R(Q_2/Q_1)$	0.90	0.0011	N	0.90	0.0013	N	0.82	0.0011	* *

注:"N"表示不显著,"*"表示 0.05 显著性水平,"* *"表示 0.001 显著性水平。

7.5.2 寒区径流变化的冻土因素分析

河川径流变化的影响因素存在自然和人为两类因素,自然因素包括降水、气温、蒸散发以及植被覆盖变化等,在寒区,自然因素还包括十分重要的积雪、冰川分布与消融以及冻土冻融循环等。人为因素包括水资源利用、水坝建设以及土地利用与覆盖变化等。本节选择的寒区典型流域中,青藏高原三江源区人为因素的水资源利用基本可以忽略,也没有大型水坝工程建设,土地利用仅以草地畜牧业为主,对水循环影响不大,因此,这个区域可以忽略人为因素的影响。在泛北极地区,人为因素中存在大型水坝工程建设,其他水资源利用和土地利用影响不大。所以,本节主要针对自然因素的影响进行归因分析,对泛北极典型河流的大坝因素,采用径流还原的方法去除水坝影响。

7.5.2.1 分析方法

在 7.2 节和 7.3 节中,基于小尺度多年冻土流域观测试验,我们已经明确了冻土冻融过程对集水单元尺度径流形成与季节动态的影响程度与作用机制,也初步认识到在气候变暖影响下,伴随冻土融化深度增加,地下水排泄补给河流的量将趋于增大,但是在较大流域或大区域尺度下冻土对径流的影响方式与作用途径等缺乏量化研究手段,这里我们提出两种方法来定量分析冻土变化对径流的影响。

(1)基于 FDC 曲线的峰枯径流变率方法:在 FDC 曲线上,分别划分出基流 Q_b 和洪水流量 Q_f;选择初始分析时间 $t0$,计算任意时间 t 时峰枯流量的变化率:

$$\Delta Q_{tb} = \frac{(Q_{t0,b} - Q_{t,b})}{Q_{t0,b}} \times 100\% \tag{7.12}$$

$$\Delta Q_{t,f} = \frac{(Q_{t0,f} - Q_{t,f})}{Q_{t0,f}} \times 100\% \tag{7.13}$$

一般而言，流域基流是以地下水（包括与冻融过程关系密切的壤中流）为主形成的，洪水径流更多体现了气候因素的影响（包括积雪融水）。因此，上述分析结果可以明确流域基流变化过程，间接反映地下水排泄径流的动态变化情况。

（2）基于径流分割的峰-地径流比值系数法：采用径流过程线的径流分割方法，分割出年径流过程线中平均的地下水径流部分 Q_g，计算年最大径流 Q_{max} 与地下径流量 Q_g 的比值，代替传统的峰比系数，揭示地下径流排泄补给河流组分的多年变化过程，从而反映冻土退化对径流过程的影响程度。

7.5.2.2 分析结果

将泛北极地区主要典型河流 Nelson、Ob、Kolyma、Pechora、Yenisei、Lena、Yukon 以及 Mackenzie 8 条流域和青藏高原的长江、黄河以及澜沧江三条多年冻土区主要河流，合并起来总共 11 条多年冻土典型河流。其中长江、黄河以及澜沧江源区均选择冻土面积分布较大的流域范围，如长江源区选择沱沱河，黄河源区选择黄河沿水文站以上流域，澜沧江选择香达站以上流域，这样首先在流域冻土分布规模和占比上对于研究流域的冻土分布对径流过程的影响具有可比性。基于上述方法分析冻土流域过去 70 年来的峰枯径流变率，结果如图 7.27 所示。可以看出一个十分显著的特征是年峰值流量变率逐渐减小，并在 1970 年以后呈负值，表明峰值流量不断减小，且减小幅度不断增大；与此相反，基流流量变率逐渐增大，并在 1980 年以后呈正增加，表明基流量不断增加，且递增幅度不断增大。

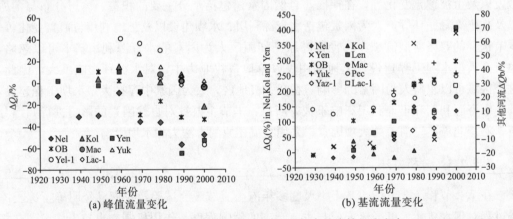

图 7.27 全球典型冻土流域过去 70 年来的峰枯径流变率

基于 Q_{max}/Q_g 的分析结果（图 7.28），一个显著的变化趋势就是几乎所有典型流域中，该比值关系在 1950 年以后持续递减，尽管减少幅度或速率不同流域相差较大，但包括青藏高原和泛北极地区在内，最大径流与地下水径流组分的比值具有较为一致性的递减变化态势。这种变化所反映出的一个事实就是地下水排泄补给河流的流量在过去 50 年间持续增大。一方面，这一结果与前述 7.3 节中基于小流域观测试验发展的模型模拟结果一致，伴随气温升高和冻土退化，地下水径流量趋于增大；另一方面，大量泛北极河流径流变化分析的研究结果也表明，冬季河流流量或流于基流量的持续增加具有普遍性，显示地下水排泄径流不断增加（Rawlins et al.，2010；Shiklomanov et al.，2013），基于 GRACE 数据分析的北极河流流域地下水储量在多数河流内是增加的(Muskett et al.，2009)。

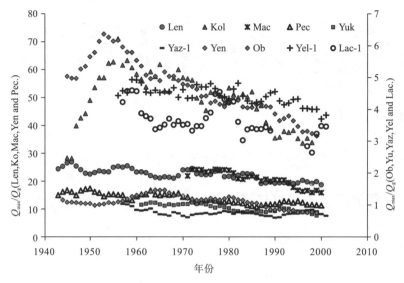

图 7.28　典型寒区河流的 Q_{max}/Q_g 比值的多年变化趋势

综合上述两方面的结果，可以得出如下基本认识：气温持续升高的气候变化导致多年冻土退化，对区域或较大流域尺度上水文过程的影响主要体现在两方面，一是减少了洪水流量，可能是因为活动层土壤增厚导致土壤下渗和持水能力增大而减少了降水直接产流率；二是较大幅度增加了地下水排泄补给河流流量，不仅增大了基流量，而且改变了径流的峰枯格局。

分析冻土的冻融过程变化对径流的影响，另一个十分重要的因素是地表冻结和融化时间的变化及其对流域水文循环的影响。如图 7.29 所示，随着气温的升高，地表开始融化时间不断提前，而冻结时间不断延迟。春季，由于气温升高导致的活动层提前融化，一方面，使得春季地表因蒸散量不断增加而水分散失不断加剧，积雪和冻土提前融化增加的径流量并不足以抵消由于蒸散损耗减小的径流量；另一方面，提早融化还将导致冻结面提前并加速下沉，减弱了饱和产流和蓄满产流的径流形成能力。从而导致源区春季径流量呈现不断减小的趋势，同时在冬春季节降雪量较大的澜沧江流域的春季融雪洪水流量趋于增加。由于开始融化时间提前，影响最为明显的是导致 5 月份径流量的明显减少，而 3~4 月气温与 5 月份径流存在明显的负相关关系(Liu et al.，2012)。与上述刚好相反，秋季径流量随着开始冻结时间推迟而持续增加，其最主要的作用就是增加并延长了地下径流与地表径流的排泄补给，因此开始冻结时间的推迟对秋季径流量起到正反馈作用。但是，由于秋季蒸发潜力增加幅度是全年中除夏季外最大的时期，同时，冻结延迟同样减弱了秋季地表饱和产流和蓄满产流程度，因此，秋季径流量并没有明显的递增趋势，尽管 2005 年以后的秋季径流系数大幅度增加。

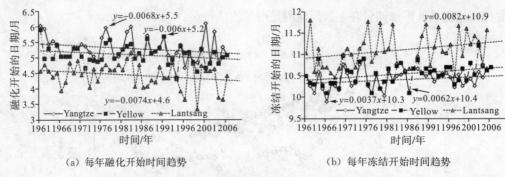

(a) 每年融化开始时间趋势　　　　　　　(b) 每年冻结开始时间趋势

图 7.29　三江源区开始冻结和融化时间变化趋势

7.5.3　寒区径流变化的气候与其他因素分析

　　本节主要以长江源区为研究区域，探讨气候变化影响下的径流驱动因素，分析增温、降水变化、冻融变化和植被退化对源区径流减少的作用。Liu 等(2012)从宏观层面探讨气候变化及其驱动的冻土和植被变化对径流过程的影响。表 7.8 给出了 1960～2001 年三江源区气候要素的变化情况，反映出在 2000 年以前，三江源区的降水、气温和潜在蒸散发能力持续增加，而对应期间的径流却存在不断降低趋势。无论是年均气温还是季节气温均呈现显著递增变化，尤以秋冬季气温增幅较大。源区年降水量变化虽然都未达到显著性水平，但冬春季降水量显著增加($P<0.1$)，且年总降水量及四季降水均呈现不断增加的趋势。蒸发潜力也表现出持续增加趋势，且在夏季增加十分显著($P<0.1$)。

表 7.8　三江源区气候因子变化趋势及显著性水平

| 因子 | 时期 | 年 | | 春季 | | 夏季 | | 秋季 | | 冬季 | |
	区域	均值	变幅	均值	变幅	均值	变幅	均值	变幅	均值	变幅
气温/℃	长江	-2.6	<u>0.033</u>	-1.2	<u>0.023</u>	3.5	<u>0.029</u>	-3.3	<u>0.037</u>	-9.5	<u>0.039</u>
	黄河	-2.3	<u>0.035</u>	-1.7	<u>0.019</u>	7.6	<u>0.029</u>	-2.0	<u>0.040</u>	-13.2	<u>0.056</u>
	澜沧江	4.1	<u>0.028</u>	4.7	<u>0.018</u>	12.7	<u>0.020</u>	4.4	<u>0.030</u>	-5.2	<u>0.041</u>
降水/mm	长江	337.0	0.16	40.4	0.11	223.6	0.15	68.1	0.06	6.1	<u>0.04</u>
	黄河	450.9	0.32	75.0	<u>0.32</u>	261.8	0.10	101.8	-0.02	12.3	<u>0.12</u>
	澜沧江	508.2	0.90	67.1	<u>0.85</u>	318.5	0.07	110.1	<u>0.51</u>	9.7	<u>0.14</u>
水面蒸发/mm	长江	1359	0.85	418	0.25	484	<u>1.07</u>	273	0.64	170	-0.15
	黄河	1301	<u>3.03</u>	395	0.59	473	<u>1.36</u>	262	0.93	153	0.14
	澜沧江	1695	-1.96	525	-0.12	558	<u>-0.94</u>	361	0.28	240	0.40

　　注：表中数字下划线表示变化趋势的置信度为 90%，变幅为年均变幅。

　　从三江源区降水、气温、水面蒸发和地温 4 个要素提取的前 2 个主成分的累积贡献率均达到 80% 左右，如表 7.9 所示，表明这 2 个主成分已经对 4 个要素可以充分概括。第一主成分主要是以气温、地温和水面蒸发为主，主要受到气温的影响；第二主成分以降水为主。第一主成分的贡献率均达到 50% 左右，远高于第二因子 30% 左右的贡献率，起到主导作用,表明源区径流变化过程主要是以气温为主导的。四个季节气温主导的第一主成分贡献率均高于第二主成分,表明气温对源区不同季节径流过程起到主导作用。同时,分析结果还表明,冬春季第一主成分贡献率要显著高于夏秋季,在澜沧江源区冬季贡献率甚至达到66.8%,说明气温对冬春季节径流过程起到决定性作用。总体而言,三江源区径流过程是由气温起主导作用,径流对气温变化较降水变化更为敏感。实际上,上述冻土退化对径流的影响也是气温升高作用的结果。同时,气温升高加剧蒸发潜力增大,在降水量增加不大的情况下,蒸散发能力增强是径流减少的主要驱动因素之一。水均衡分析表明,1960~2001年,长江、黄河和澜沧江源区气温增加引起的径流减少率分别为19.4%、26.0%和5.9%,而由于降水增加贡献的径流增加率仅分别为4.3%、3.6%和7.8%(Liu et al.,2012)。

表7.9　三江源区径流变化的气候因子主成分贡献率

区域	因子	年		春季		夏季		秋季		冬季	
		1	2	1	2	1	2	1	2	1	2
澜沧江	特征值	2.0	1.1	2.4	1.1	2.1	1.4	2.3	1.2	2.4	1.1
	贡献率/%	49.0	27.7	60.6	28.0	52.1	33.9	56.6	29.0	59.9	28.4
	累计贡献率/%	49.0	76.7	60.6	88.6	52.1	85.9	56.6	85.6	59.9	88.4
长江	特征值	1.7	1.6	1.8	1.7	2.0	1.6	1.9	1.5	1.9	1.2
	贡献率/%	56.0	26.2	56.9	28.5	54.2	35.6	52.8	31.5	48.0	30.9
	累计贡献率/%	56.0	26.2	56.9	85.4	54.2	89.9	52.8	84.3	48.0	78.9
黄河	特征值	2.2	1.3	2.2	1.1	2.2	1.0	2.0	1.2	2.7	1.1
	贡献率/%	55.6	32.3	55.8	28.6	53.7	26.2	49.4	30.9	66.8	26.3
	累计贡献率/%	55.6	87.9	55.8	84.4	53.7	80.0	49.4	80.3	66.8	93.1

在三江源区,长江源区具有较大的连续多年冻土分布面积,澜沧江次之,但具有较大的岛状多年冻土,黄河源区多年冻土分布面积最小。在相同气候变化背景下,长江源区径流变化趋势与黄河源区和澜沧江源区不同,反映出多年冻土有利于延缓径流对气候变化的负反馈作用。表现在随着气温升高,活动层开始融化时间不断提前,冻结时间不断推后,将导致岛状冻土和季节动态为主导的流域春季径流减少,但能促进多年冻土流域春季径流增加;通过增强地下水排泄补给河流流量及补给时间而增大秋季径流。气温升高是制约寒区径流变化的主导因素,冻土对气温升高的敏感响应对径流的影响具有协同和减缓两种不同效应。另外值得指出的是,随着气候变暖,寒区高寒生态系统将显著变化,特别是对河川径流形成具有较大作用的高寒湿地生态系统和高寒草甸生态系统变化强烈。植被覆盖或生产力变化一方面导致陆面蒸散发改变,另一方面反过来影响土壤冻融过程,植被退化加速土壤融化和冻结过程,且植被退化使得活动层厚度不断增厚,将显著改变径流形成过程。因此,一般而言,植被退化导致高寒冻土区水文过程发生改变,使流域径流系数不断减小,从而使河川径流量呈现减小的趋势,中度退化湿地对河川径流量的贡献率比未退化湿地低40%。

参 考 文 献

芮孝芳. 2004. 水文学原理. 北京：中国水利水电出版社.

王根绪，李元寿，王一博，等. 2010. 青藏高原江河源区地表过程与环境变化. 北京：科学出版社.

韩春坛，陈仁升，刘俊峰，等. 2010. 固液态降水分离方法探讨. 冰川冻土，32(2)：249-256.

刘光生，王根绪，孙向阳. 2012. 多年冻土区风火山流域降水河水稳定同位素特征分析. 水科学进展，23
  (5)：621-626.

牛丽，叶柏生，李静，等. 2011. 中国西北地区典型流域冻土退化对水文过程的影响. 中国科学：地球科学，41
  (1)：85-92.

Bense V F, Ferguson G, Kooi H. 2009. Evolution of shallow groundwater flow systems in areas of degrading
  permafrost. Geophys Res Lett，36.

Bonan GB. 1996. A land surface model (LSM version 1. 0) for ecological hydrological and atmospheric studies：
  technical description and user's guide. NCAR Technical Note NCAR/TN- 417 + STR. National Center for
  Atmospheric Research, Boulder.

Boucher J L, Carey S K. 2010. Exploring runoff processes using chemical, isotopic and hydrometric data in a
  discontinuous permafrost catchment. Hydrology Research，41：508-519.

Cerdan O, Le Bissonnais Y, Govers G, et al. 2004. Scale effect on runoff from experimental plots to catchments in
  agricultural areas in Normandy. Journal of Hydrology，299：4-14.

Chang F, Ding J. 2001. Scaling measurement of regional variation in annual peak flood. Sichuan University Journal of
  Engineering，33(1)：5-8.

Chang Juan, Wang Genxu, Mao Tianxu. 2015. Simulation and prediction of suprapermafrost groundwater levelvariation
  in response to climate change using a neural network model. Journal of Hydrology，529：1211-1220.

ChenR S, Liu J F, Han C T, et al. 2014. Precipitation types estimation based on three methods and validation based
  on observed hydrometeor stations across China. Journal of Mountain Science，11(4)：917-925.

De'ry S J, Herna'ndez-Henri'quez M A, Burford J E. 2009. Observational evidence of an intensifying hydrological
  cycle in northern Canada. Geophys. Res. Lett. , 36.

Ding J, Zhang S, Wang W, et al. 2005. Self-organized fractal river network and its application in hydrology and water
  resources research. Advances in Water Science，16：33-40.

Goodison B E, Louie P Y T, Yang D. 1998. WMO solid precipitation measurement intercomparison [C]. WMO/
  TD-No. 872, 188+212. Annex, World Meteorol. Org. , Geneva.

Hinzman L D, Bettez N D, Bolton W R, 2005. Evidence and implications of recent climate change in terrestrial regions
  of the Arctic. Clim. Change，72：251-298.

Hren M T, Bookhagen B, Blisniuk P M, et al. 2009. δ^{18}O and δD of streamwaters across the Himalaya and Tibetan
  Plateau：implications for moisture sources and paleoelevation reconstructions. Earth and Planetary Science Letters，
  288：20-32.

Immerzeel W W, Van Beek L P H, Bierkens M F P, 2010. Climate change will affect the asian water towers. Science
  328, 1382；DOI：10. 1126/science, 1183188.

Kollet S J, Maxwell R M. 2006. Integrated surface-groundwater flow modeling：a free-surface overland flow boundary
  condition in a parallel groundwater flow model. Adv. Water Resour. 29 (7), 945e958.

Liu G, Wang G. 2012. Insight into runoff decline due to climate change in China's Water Tower. Water Science &
  Technology：Water Supply，12(3)：352-361.

Lyon S W, Destouni G, Giesler R, et al. 2009. Estimation of permafrost thawing rates in a sub-arctic catchment
  using recession flow analysis. Hydrology and Earth System Sciences，13：595-604.

Merz R, Bïoschl G, Parajka J. 2006. Spatio-temporal variability of event runoff coefficients. Journal of Hydrology，
  331：591-604.

Merz R, Bïoschl G. 2004. Regionalization of catchment model parameters. Journal of Hydrology，287：95-123.

Mesa O J, Gupta V K. 1987. On the main channel length-area relationships for channel networks. Water Resource Research, 23(11): 2119-2122.

Miller S A, Eagleson P S. 1982. Interaction of the saturated and unsaturated soil zones. Parsons Laboratory Report, 284-289.

Molden D. 1997. Accounting for water use and productivity. SWIM Paper1, International Irrigation Management Institute, Colombo, Sri Lanka.

Muskett R R, Romanovsky V E. 2009. Groundwater storage changes in arctic permafrost watersheds from GRACE and in situ measurements. Environ. Res. Lett. 4.

Niu G Y, and Z L. Yang. 2006. Effects of frozen soil on snowmelt runoff and soil water storage at a continental scale. J. Hydrometeorol. , 7, 937-952.

Payette S, Delwaide A, Caccianiga M, et al. 2004. Accelerated thawing of subarctic peatland permafrost over the last 50 years. Geophysical Research Letters 31.

Peterslidard C D, Blackburn E, Liang X, et al. 1998 . The effect of soil thermal conductivity parameterization on surface energy fluxes and temperatures [J]. Journal of Atmospheric Sciences, 55(7): 1209-1224.

Peterson B J, Holmes R M, McClelland J W, et al. 2002. Increasing river discharge to the Arctic Ocean. Science, 298: 2171-2173.

Rawlins M A, Steele M, Holland M M, et al. 2010. Analysis of the Arctic system for freshwater cycle intensification: observations and expectations. J Clim, 23(21): 5715-5737.

Rosenbrock H H. 1960. An automatic method for finding the greatest or least value of a function. The Computer Journal, 3: 175-184.

Ross M, Said A, Trout K, Tara P, Geurink J. 2005. A new discretization scheme for integrated surface and groundwater modeling. HydrolSciTechnol , 21(1-4): 143-156.

Shiklomanov A I, Lammers R B, Lettenmaier D P, et al. 2013. Hydrological changes: historical analysis, contemporary status, and future projections. P. Ya. Groisman and G. Gutman(eds.), Regional environmental changes in siberia and their global consequences, Springer Environmental Science and Engineering.

Shiklomanov A I, Lammers R B, Rawlins M A. 2007. Temporal and spatial variations in maximum river discharge from a new Russian data set. J Geophys Res Biogeosci, 112.

Shiklomanov A I, Lammers R B. 2009. Record Russian river discharge in 2007 and the limits of analysis. Environ Res Lett 4, 045015, 9.

Simonov Y, Khristoforov A. 2009. Arctic rivers water runoff change. Geophysical Research Abstracts, 11.

Smith L C, Pavelsky T M, MacDonald G M. 2007. Rising minimum daily flows in northern Eurasian rivers suggest a growing influence of groundwater in the high-latitude water cycle. J Geophys Res Biogeosci, 112.

Wang G, Hu H, Li T. 2009. The influence of freeze-thaw cycles of active soil layer on surface runoff in a permafrost watershed. Journal of Hydrology, 375: 438-449.

Wang Genxu, Liu Guangsheng, Li Chunjie, 2012. Effects of changes in alpine grassland vegetation cover on hillslopehydrological processes in a permafrost watershed. Journal of Hydrology, 444-445: 22-33.

Wang Genxu, Wei Bai, Na Li, et al. 2011. Climate changes and its impact on tundra ecosystemin Qinghai-Tibet Plateau, China. Climate Change, 106: 463-482.

Ye B, Yang D Z, Zhang Z, et al. 2009. Variation of hydrological regime with permafrost coverage over Lena Basin in Siberia, J. Geophys. Res. , 114.

Zhang L, Potter N, Hickel K, et al. 2008. Water balance modeling over variable time scales based on the Budyko framework—model development and testing. Journal of Hydrology, 360: 117-131.

第8章 寒区水循环过程模拟

8.1 寒区水循环过程模型研究进展

随着人们对寒区地表过程的研究，基于数学和计算机基础的积雪模型、冻土模型、陆面过程模型和水文模型也得到了较快发展。以积雪消融过程模型为例，自从第一个能量平衡融雪模型开发以来（Anderson，1976），相继出现了很多成功的融雪模型，比如EBSM（Gray et al.，1988）、SNTHERM（Jordan，1991）、Snobal（Marks et al.，1999）和 SNOWPACK（Lehning et al.，2002a；Lehning et al.，2002b；Bartelt et al.，2002）。尽管各个模型均以能量平衡原理为理论基础，但在模型的目标、驱动数据和参数化方案方面，不同模型在很多细节上仍存在较大差异：EBSM 考虑整个雪层为一层，没有参数需要设定且以日时间步长运行，模型仅适用于较浅的积雪；Snobal 把积雪分为两层，时间步长为小时或最优时间步长，仅有少数参数需要设定，模型适用于更大范围积雪深度的积雪；而 SNTHERM 和 SNOWPACK 将整个积雪划分更多层，因此也就适用于大部分积雪。寒区水文模型对预报未来气候情境下寒区水文过程至关重要，现存较成熟的寒区水文过程模型如 ARHYTHM（Zhang et al.，2000）、GEOtop（Rigon et al.，2006）和VIC（Liang et al.，1994）等。总体上，越复杂的数值模型对实际物理过程的描述也更加真实，同时也需要更多的模型参数和更完善的数据驱动。在涉及区域尺度水循环模拟时，地表的能水循环过程以及相关的土壤水分循环是重要的组成部分，这是陆面过程模型关注的核心；其次是流域尺度的水文过程模拟，这里分别论述寒区的流域水文过程和陆面过程水循环模型发展的基本现状。

8.1.1 寒区水文过程模型发展

寒区恶劣的自然环境导致相关观测数据十分欠缺，资料缺失和不足是这一地区模型发展的重要障碍之一。如何在缺少资料地区应用水文模型准确模拟水文过程也是水文学领域亟待解决的问题，过去 10 多年间有关无资料地区水文过程计算与预测报问题的PUBs 研究在全球范围内被高度重视，也取得了较大发展。参数估计与率定是大多数模型模拟过程中不可避免的一个重要环节，寒区相关水文模型参数数据因其特殊的物理含义，很多难以直接通过现场测量获取，实验室结果又很难满足实际野外条件，致使参数问题成为制约寒区陆面过程、水文过程以及冻土模型研究的限制性问题之一。基于计算机算法的参数估计方法是模型参数估计的有效途径，其弥补了实际参数获取的不足，增加了模拟结果的客观性和可信度。已经较为成熟的算法如模拟退火算法、遗传算法、洗牌复形演化(SCE-UA)算法。近年来，基于参数区间发展而来的 Bayes 参数估计方法是水文学、生态学模型参数估计的重要方法之一，其可有效评估模型参数(王书功，2006)。

　　不管是概念性模型或是物理模型，集总式模型或是分布式模型，其针对特定问题或目标、固定的驱动数据要求、唯一的参数化方案过程和单一的数学理论基础(包括固有假设)设计的模型结构均不利于根据实际问题的建模条件进行模型模拟和预测，模型的适用范围受到了很大的限制。近年来，基于建模环境的模块化建模思路的模型结构设计越来越受到大家的关注(Argent et al.，2006)。根据实际问题和实际物理过程特征合理地选择和设计建模策略、模型结构并考虑模块内固有的假设和参数化方案，用户可以轻松搭建适合自己的模型。同时，建模环境开放的环境和数量可观的模块库不仅可以帮助用户轻松实现已存模块优劣，还有利于在原有模块的基础上进行模块的二次开发和新模块、模型的研发。美国地质调查局(USGS)开发的模块化模拟系统——MMS(Unix-based modular modelling system；Leavesley，1996)是一个完善的计算机软件系统，提供研究及应用的框架和用于加强开发、测试与评估各种模拟物理过程的模块；便于将用户选择的模块整合为实用的基于物理过程的模型；有利于将多个学科的问题整合在一起，为研究和实际应用提供了更广范围的分析和支持平台。它是一个开放的系统，应用者可以根据自己的理解有选择地构建模型，也可以在该平台上创建自己的模型或加入自己的模块，解决具体的问题，从而改变了传统科学工作者只是简单的应用模型的被动形式。MMS 模型库中包括水、能量、化学和生态过程的表达，该系统可以将水文模型，大气模型、生态模型相耦合建立组件式集成模型，在多个模型耦合时考虑这些模型之间的双向数据反馈，从而构建完整的耦合模型(Leavesley et al.，1996；贾仰文等，2005)。MMS 是目前国际上较新的流域分布式水文模型建模系统，为分布式水文模型的发展提供了新的思路。

　　MIKE-SHE 是最早针对地球表层水循环过程的模块化耦合模型，是将 MIKE 和 SHE 两种模型在模块化环境下进行耦合集成所建立(Storm et al.，1984)。2007 年，在欧盟水框架指导意见引导下，MOSDEW/HBV/WEAP 等模型与地上和地下水系统以及水管里模块相结合，发展了集成水的自然过程与人类社会扰动过程的水文模型，如 OpenMI(European open modeling interface；Gregersen，2007)。2004～2008 年，USGS 将 PHREEQC、HYDRUS 和 MODFLOW 等模型进行了成功集成，发展了 HSPF-MODFLOW 模型(Argent et al.，2006；Ross，2005)；2005～2009 年，USGS 又将 PRMS 模型与 MODFLOW 相结合，提出了流域尺度上地表水与地下水耦合的 GSFLOW 模型(Armstrong et al.，2008；Steven，2005)。相同时期，美国劳伦斯利弗莫尔国家实验室提出了将气候模式 WRF、陆面过程模式 CLM 以及水文模式 PRAFLOW 耦合的集成模型，形成区域尺度的陆面水循环模型(Kollet and Maxwell，2006)。在经过数年的不断完善，2007～2009 年，基于 MMS 建模思想的寒区水文建模平台 CRHM(cold regions hydrological model)正式推出并在国际上得以广泛应用(Pomeroy et al.，2007)。

　　在众多模型中，VIC(variable infiltration capacity)模型(Cherkauer et al.，2003)和 CRHM 模型有较好的寒区水文要素的识别能力，其他模型的冻土和积雪参数化方案都是采用简化和经验的。VIC 模型主要用于模拟较大尺度下的水能过程，从大流域尺度到全球尺度，网格精度从$(1/8)°\sim2°$，而 CRHM 模型的冻土和积雪水文过程数值模块尚处于不断发展之中。相比而言，完全基于物理机制及精确地形参数化、并包括融雪和冻土模块的 GEOtop 模型(Rigon et al.，2006)是一个现阶段较为先进的寒区水文过程模拟工具，它相当于一个分布式水分模型与 SVAT 模型的耦合体。模型主要适用于小流域尺度的水循环和陆面过程模拟。GEOtop 模型是通过将分布式水文模型与陆面过程模型耦合，来持续模拟水文循环中的水分和能量平衡过程。GEOtop 模型与 VIC 模型之间存在一些相似之处，也存在较大区别。Liang 等于 1994 年提出了具有两层土壤的 VIC-2L 模型。该模型考虑大气-植被-土壤的物理交换过程，反映了土壤、植被、大气之间的水热状态变化和水热传输。该模型采用上层土壤表示土壤对降雨过程的动态影响，采用下层土壤描述土壤含水量的季节特性。VIC-2L 采用空气动力学方法计算感热和潜热通量，应用概念性的 ARNO 基流模型，模拟下层土壤产生的基流。为更好地描述表层土壤的动态变化，又将 VIC-2L 上层分出一个顶薄层，而成为 3 层，称为 VIC-3L。同时 VIC-3L 模型还考虑了三层土壤层间水分的扩散。之后，发展了一种用来研究区域气候和通用环流模型 GCM 的新的地表径流参数化方法，它可以在一个计算单元网格内动态表示 Horton 和 Dunne 产流机制，同时考虑了土壤和降雨空间分布不均匀性对 Horton 和 Dunne 产流的影响，并用于 VIC-3L。两个模型一致的特点：都属于分布式模型，土壤地形参数化都是基于 DEM；单元网格内水能平衡都是以耦合的方式处理；土壤基本上相当于分为两层，上层为包气带层，下层饱和层；都考虑导水率随深度的可变性；考虑地表的植被状况；都包括积雪模块。两个模型的差别：GEOtop 模型将河流单元格与坡地单元严格区分开来，河网汇流仅在河流单元格中进行，而 VIC 模型采用瞬时水文响应单元法(IUH)；VIC 模型被用来作为较大空间尺度的大流域模拟(如单元网格，0.125°×0.125°，海河流域)，而 GEOtop 模型开发用来应用于小尺度的小流域模拟(单元网格 10m×10m，100km^2 以下)；流域面上的降雨截留模块，VIC 采用几何学方法，而 GEOtop 采用数理统计的方法。

8.1.2 寒区陆面过程模型发展

以 SiB2 和 LSM 模式为代表的第三代陆面过程模型，是新一代应用较为广泛且认为最具影响的陆面过程模型的代表。这些新一代陆面过程模型考虑了植物碳循环等生化过程对水热耦合传输的影响，以光合作用-传导度相结合描述植被叶的水碳交换，定义叶孔导度是光合作用、叶面 CO_2 浓度和叶面相对湿度或叶面水蒸气压的函数。第三代陆面过程模式认为是物理和生化耦合模型(Sellers，et al.，1996)，使得陆面能、水、碳交换及其相互作用有机结合起来，陆面能水过程更加符合自然规律；能够揭示陆面过程对大气 CO_2 浓度变化的响应，可用于预测研究未来气候变化(CO_2 浓度增加)情景下陆面水热循环的演变趋势。

在 SiB2 和 LSM 模式基础上，在 20 世纪 90 年代中后期陆续发展起来了 CoLM 和 CLM 两种陆面过程模型。其中 CoLM 是在 20 世纪 90 年代发展起来的(Dai et al.，2003)，结合了 BATS、IAP94、LSM 三个模式的优点，对生物物理、生物化学过程考虑得更加全面合理。它采用 USGS 陆面分类，每个计算网格可再分为 24 种下垫面类型，能反映出地表非均匀性特点。垂直方向上，CoLM 的土壤采用指数分层的方法分为不均匀的 10 层，上面土壤层分的比较薄，最上面三层的深度小于 10cm。在土壤之上是冠层和可根据雪盖厚度变化的、最多五层的雪盖层。在地表反照率的计算上，CoLM 中的雪面和裸土反照率沿用 BATS 的方法，但是冠层反照率的处理方法不同：植被的反照率用的是简化的二流近似方案，将土壤和冠层的反照率通过简单的公式结合逼近浓密和稀疏的植被，并提供叶面积指数(LAI)合理的中间值；此外，CoLM 采用"二叶模型"对同一叶片分开考虑了向阳面和背光面，计算其辐射、叶面积温度和光合作用气孔传导率。在处理由于湍流运动而引起的地表动量、感热、潜热通量时，CoLM 修正了 BATS 用来参数化地表稳定度的函数，裸土的蒸发也进行了修正。计算土壤温度和土壤湿度时，CoLM 显式求解了一个十层土壤模型和一个可多达五层并能调节层数的雪盖层，每层间都计算热量的传递以推算各土壤层和雪层的温度，并对土壤的水热属性有相应的处理。

CLM 模型是在是 20 世纪 90 年代中期，由 NCAR 等几个研究机构共同努力开发出来的第三代陆面过程模型。CLM 模型是在 NCAR 陆面过程模型 LSM、BATS 和中国科学院大气物理研究所的陆面过程模型 IAP94 等模型的基础上，采众家之长而发展的新一代的陆面过程模型。模型不断开发和完善，并增加了一些新的陆表过程，如地表径流、生物地理化学过程、植被动力学、碳循环等，涵盖了对植被、土壤、冰雪、冻土、湿地及湖泊等过程的参数化。模型主要由生物物理过程模拟、水文循环过程模拟、生物地球化学过程模拟、植被动态过程模拟四部分构成。CLM 突出的特点(Dai et al.，2003；Oleson et al.，2004；宋耀明等，2009)：考虑了网格内的陆地生态系统的异质性，一个网格内的植被类型可以为任意多种，每种植被有自己的植被功能性函数(pdf)，通量等计算根据各类型所占面积比例线性加权后得出；对积雪和冻融过程描述完整，并耦合了汇流过程；添加了能够更加准确地反映植物光合作用和气孔导度的二叶模型；并加入了水文过程和改进了一些物理过程的参数化。另外值得说明的是，现在版本 CLM3.5 比 CLM 3.0 有很大的改进，特别是关于其对水循环的模拟。改进包括基于中尺度分辨率成像光谱仪(MODIS)产品的数据集的制备、一个改进的冠层截流方案、增加一个简单的基于 TOPMODEL 的地表产流方案、一个简单的地下水模型计算地下水埋深方案以及一个新的冻土参数化方案(Niu and Yang，2006)。

基于 WinSOIL 和 SOILN 发展起来的 CoupModel 模型是一个一维的面向对象的模块化数值模型，基于实际的物理过程，CoupModel 模型将大气、植被/雪盖/截留/地表水和土壤层作为整体来考虑，模型包含的主要水文、生态过程和要素有辐射过程、降水过程、蒸散发过程、截留过程、下渗过程(包括冻结和未冻结两种情况)、植物生长、根系提水和碳氮过程。在土壤层之上，一层或几层植被层被应用，同时分层考虑水分在土壤中的流动且应用 Richard 非饱和水流方程进行计算。因而，CoupModel 陆面过程模型具有同时模拟地气间水热运移过程、寒区水文和生态过程的能力(Hollesen et al.，2009；Karlberg et al.，2006；Christiansen et al.，2006；Zhang et al.，2008)。近年来，CoupModel 陆面过程模型被大量应用于寒区的陆气能水交换、地表过程等的模拟中，取得了显著成效，成为寒区陆面过程研究的有效工具之一。

8.2 分布式寒区流域径流过程模型进展

8.2.1 基于 MMS 框架改进的流域分布式降水-径流模型

以降雨-径流原理为依据建立的流域分布式水文模型的代表是 PRMS 模型 (Leavesley，1983)，依据该模型，利用 MMS 建模思想，建立流域分布式降水-径流模块集成化模型。水文系统由一系列非线形水库概念所组成，水库定义包括不渗透区水库、表层土壤水库、潜层水库、地下水库。出山径流量是各个水库之间联系的综合反映。其 MMS 模块组件流程结构及其改进如图 8.1 所示。

模型改进主要包括：增加双层积雪融雪模块、混合产流(包括霍顿超渗流和饱和蓄满产流)计算模块、冻土区域识别模块、用改进的多层格林-安普特方程代替原来 PRMS 模型的格林-安普特方程模块，进而提出寒旱区内陆流域水文过程模拟的分布式水文模型，使之更适合于寒旱条件下的降水-径流机制。并在模型率定的基础上，选择黑河上游流域寒区水文过程对气候变化的响应进行灵敏度分析，利用气候变化和下垫面变化的情景对黑河上游山区水文过程和出山径流变化进行系统模拟与预估。如图 8.1 所示，MMS 系统是通过各个模型的数据双向传递进行耦合的，每一个子模型代表一个独立可选的概念和方法，都需要输入数据的驱动，输出结果可能是其他子模型的驱动。模型的建立就是以不同的研究目的，基于对水文要素过程模型的理解和对数据的要求进行构建。

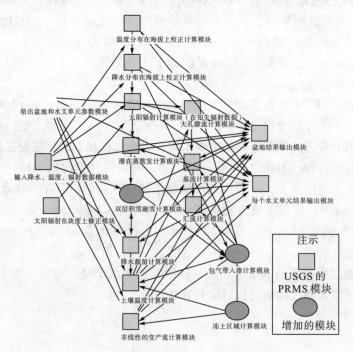

图 8.1 基于 MMS 改进的 PRMS 模块流程结构图

8.2.1.1　积雪模块的改进：双层积雪计算模块原理

双层雪模型以 Obled 和 Rosse 在 1977 年介绍的雪层系统和其能量平衡理论为基础建模，模拟雪层的开始、堆积和消融过程。雪层能量和水量平衡以 12 小时为步长，每天计算两次。雪层被假设成两层系统，上层包括雪层的 3~5cm，下层为其余部分。当雪层表层温度<0℃，雪层表层和下层之间发生热传导。当雪层表层温度为 0℃ 时，空气和雪接触面的净能量 Q_m 为正，能量用于表层的雪发生相变融化；空气和雪接触面的净能量 Q_m 为负时，能量在上下两层雪之间发生热传导，土-雪界面的热传导与空气-雪界面的热传导相比太小而认为零。

白天的地表气温用水文单元的最大和日平均气温的平均值来计算。晚上，用水文单元的最小和日平均大气温度来计算。如果气温超过零时，雪表层温度为零。

雪层的表层和底层之间的热传导通过式(8.1)计算：

$$Q_{\text{lay}} = 2\rho C_S \sqrt{\frac{K}{\rho C_S} * \frac{\Delta t}{\pi}} (T_S - T_g) \tag{8.1}$$

式中，ρ 为雪层密度，g/cm^3；C_S 为雪的比热，$J/(kg \cdot ℃)$；K 是雪层的有效热传导，$J/s/cm/℃$；Δt 是步长，s；T_S、T_g 分别是雪表层、底层的温度，℃；K 假定等于 $0.0077\rho^2$(Rosenbrock，1960)。

雪层密度 ρ 通过式(8.2)计算：

$$\rho = \text{SWE}/H \tag{8.2}$$

式中，SWE 是雪层的水当量，cm；H 是雪的深度，cm。

通过如下方程得到：

$$\frac{\text{d}[H(t)]}{\text{d}t} + [\text{STEP} * H(t)] = \frac{P_{\text{snow}}}{\rho_0} + \frac{STEP}{\rho_{\max}} * H_{\text{snow}} \tag{8.3}$$

式中，STEP 是一个选择的时间常数(12 小时)；P_{snow} 是日降雪量(水当量)，cm；ρ_0 新降雪的初始密度，g/cm^3；$\rho_{\max}$ 是雪层的最大密度，g/cm^3；H_{snow} 是降雪堆积的总和，cm。

雪底层的温度(T_g)每 12 个小时重新计算：

$$T_g = -\text{PKDFF}/(\text{SWE} \cdot 1.27) \tag{8.4}$$

式中，PKDEF 是保证底层在一个 0℃ 的温度状态下需要的热量，J；常数 1.27 是雪的比热(0.5)和英寸换算成厘米的值(2.54)的乘积。

当表层的气温等于零度时，空气-雪界面的能量平衡开始计算，每 12 个小时能量平衡 Q_m 计算如下：

$$Q_m = Q_s + Q_1 + Q_{\text{LE}} + Q_H + Q_R \tag{8.5}$$

式中，Q_s 为净短波辐射，J/cm^2；Q_1 为净长波辐射，J/cm^2；Q_{LE}、Q_H 是潜热和感热，J/cm^2；Q_R 为降水释放的热量，J/cm^2。

当 12 小时的净能量 Q_m 为负时，表层雪不发生融化，热流通过传导发生。热流的数量和方向通过式(8.1)计算。当 12 小时内的净能量 Q_m 为正时，能量在表面发生相变融雪。融雪通过质量传递转移热量到雪中。融雪通过下式计算：

$$Q_{\text{melt}} = Q_m/334.88 \tag{8.6}$$

式中，334.88 是在 0℃ 下融化 1cm 水当量的雪需要的热量，J。

如果雪底层(T_g)的温度小于0℃，部分或者全部的融雪结冰，每厘米的融雪释放334.88J的热量。这部分热量用来部分或者全部满足雪堆底部的热损失。利用式(8.4)重新计算雪堆底部的温度。当雪堆底部的温度达到0℃，另外的融雪来满足雪堆的自由水持力。一旦自由水持力得到满足，其他的融雪流出雪堆，变成入渗和地表径流。

当雪层底部的温度是0℃，表面的温度小于0℃，热量从雪层底部传导到顶部。传导到顶部的热量用式(8.1)计算。从雪层底部缺失的热量首先引起了结冰，冬季结冰需要的热量损失计算如下：

$$Q_{\text{freeze}} = \text{FREWT} \cdot 334.88 \tag{8.7}$$

式中，FREWT 为结冰的量，g。

底部雪层的温度用式(8.4)重新计算。

8.2.1.2　改进的多层格林-安普特下渗计算原理

降雨时的地表入渗过程受雨强和非饱和土壤层水分运动所控制。由于非饱和土壤层水分运动的数值计算量大，而经研究表明，降雨入渗中土壤水分运动以垂直入渗为主，降雨后才以壤中坡面径流为主。固模型分别以垂直入渗模块和沿坡向壤中流模块计算。考虑到实际下垫面土壤分层问题，入渗采用多层土壤条件下的格林-安普特计算方法。

当入渗湿润锋到达第 m 土壤层时，入渗能力 f 由式(8.8)计算：

$$f = k_m \left(1 + \frac{A_{m-1}}{B_{m-1} + F} \right) \tag{8.8}$$

式中，k_m 是第 m 层土壤的导水系数，m/s；f 是累计入渗量，m。

累积下渗量 F 的计算，视地表有无积水而不同，如果入渗湿润锋进入第 $m-1$ 土壤层时起地面就有积水：

$$F - F_{m-1} = k_m(t - t_{m-1}) + A_{m-1} \ln\left(\frac{A_{m-1} + B_{m-1} + F}{A_{m-1} + B_{m-1} + F_{m-1}} \right) \tag{8.9}$$

如果入渗湿润锋进入第 $m-1$ 土壤层时，前一时段 t_{n-1} 地表面无积水，而现时段 t_n 地面开始积水：

$$F - F_p = k_m(t - t_p) + A_{m-1} \ln\left(\frac{A_{m-1} + B_{m-1} + F}{A_{m-1} + B_{m-1} + F_p} \right) \tag{8.10}$$

式中，$A_{m-1} = \left(\sum_1^{m-1} L_i - \sum_1^{m-1} L_i k_m / k_i + SW_m \right) \Delta\theta_m$；$B_{m-1} = \left(\sum_1^{m-1} L_i k_m / k_i \right) \Delta\theta_m - \sum_1^{m-1} L_i \Delta\theta_i$；$F_{m-1} = \sum_1^{m-1} L_i \Delta\theta_i$；$F_p = A_{m-1}(I_p/k_m - 1) - B_{m-1}$；$t_p = t_{n-1} + (F_p - F_{n-1})/I_p$；$SW$ 为土壤入渗湿润锋处的毛管吸力，Pa；k 为土壤层的导水系数，m/s；θ 为土壤层含水率，$\text{m}^3 \cdot \text{m}^{-3}$；$F_p$ 为地表面积水时的累计入渗量，m；t_p 为积水开始时刻，s；I_p 为积水开始时的降雨强度，mm/s；t_{m-1} 为入渗锋通过 m 与 $m-1$ 层的时刻，s；L 为入渗锋到地面的深度，m；L_i 为第 i 层土深，m；$\Delta\theta$ 为 $\theta_s - \theta_0$，$\text{m}^3 \cdot \text{m}^{-3}$；$\theta_s$ 为土壤饱和含水率，$\text{m}^3 \cdot \text{m}^{-3}$；$\theta_0$ 为土壤初始含水率，$\text{m}^3 \cdot \text{m}^{-3}$。

8.2.1.3　混合产流计算原理

混合产流的计算一般有面积比例因子法和垂向混合法，由于超渗和蓄满产流的面积比例随着气候条件而改变, 所以模型改进以新安江模型蓄水容量曲线为参考, 采用垂向混合法, 净雨到达地面, 超过下渗能力, 产生地面径流, 下渗的水流在土壤缺水量大的面积上补充土壤亏缺量, 不产流, 在土壤缺水量小的流域面积上补足了土壤亏缺量后, 产生径流。垂向混合产流中超渗产流(Exfi-flow)的计算取决于雨强和前期土湿, 蓄满产流(Srof-flow)的计算取决于土壤前期缺水量和下渗水量。其蓄满产流和超渗产流的面积比例是前期土湿和下渗量随时间的变化而变化的, 其计算式为

$$a = 1 - \left(1 - \frac{F + W'}{W_{mm}}\right)^B \tag{8.11}$$

式中, a 是蓄满产流的面积比例; F 是下渗水量, cm; W' 是土壤缺水量, cm; W_{mm} 是流域最大蓄水容量, cm; B 为蓄水容量-面积曲线拟合的指数近似。

$$\text{Exfi-flow} = \begin{cases} 0 & ,\text{当}(PE \leqslant F) \\ PE\text{-}F & ,\text{当}(PE > F) \end{cases} \tag{8.12}$$

$$\text{Srof-flow} = \begin{cases} F - WM + W + WM\left[1 - \dfrac{W' + F}{W_{mm}}\right]^{B+1} & ,\text{当}(F + W' < W_{mm}) \\ F - WM + W & ,\text{当}(F + W' \geqslant W_{mm}) \end{cases}$$
$$\tag{8.13}$$

式中, PE 是净雨, cm; F 是下渗水量, cm; WM 是田间土壤持水量, cm; W 是土壤含水量, cm; B 为蓄水容量-面积曲线拟合的指数近似。

8.2.1.4 冻土区域计算原理

黑河上游流域位于高寒地区, 流域内存在着季节冻土和多年冻土, 所以表明冻土在黑河上游流域内的分布是提高黑河上游流域径流模拟的关键之一。因为一般冻土观测资料的缺乏, 难以用冻土数值模型进行计算。经分析, 流域冻土的分布与不同深度的平均地温、气温、纬度、海拔、植被覆盖有关, 本书设计模拟水文单元冻土面积模型采用一种模式识别方法——BP 神经网络模型。

BP 网络冻土模型的输入层节点数为 6 个, 分别为月平均气温、前一个月平均气温、前两个月平均气温、海拔、纬度、预测深度。输出层为地温, 节点数为 1 个, 选择隐含层节点为 13 个。采用计算区 5 个不同纬度和高度观测站日地温资料, 利用基于非线性最小二乘法的 Levenberg—Marquardt 算法训练网络。网络达到一定的次数后收敛, 分别得到 0.2m、0.4m、0.6m、0.8m、1.2m、1.6m 的模型地温输出。将计算结果和观测值进行对比, 进而训练网络的权值和阈值以达到误差最小。最后利用训练适定的网络分别计算不同海拔、纬度、气候条件下的冻土分布, 根据每个水文单元的平均海拔计算冻土分布面积来修改 PRMS 模型中每个水文单元的不渗透区域(水库)面积, 进而修正产流的面积。

8.2.1.5 流域分布式水文特征参数的获取与模拟效果

输入资料直接由 MMS 开发的数据管理系统 OUI 维护, 进而在数据管理的基础上对模型计算空间栅格化。流域栅格化提供了模型的分布式参数, 像河流比降、海拔、植被类型参数、土壤类型参数和降雨、气温分布等基本流域特性都能够栅格化。栅格化阐明

了流域的物理和水文特征的时空变异性。

　　利用黑河地区数据管理系统综合黑河地区 DEM(数字高程)图、土地利用图、植被覆盖图、土壤分布图、水文站点，气象站点等信息，得到黑河上游汇水面积如图 8.2 所示，进而根据黑河流域上游区域的地形地貌、降水分布、下垫面特征信息(土地利用和土壤信息)，按照水文要素的空间变异特征划分出黑河上游水文单元共 61 个，根据不同水文单元的各类地表参数信息，利用 GIS Weasel 分析平台计算各水文单元相关参数(只反映了其中 15 个水文单元部分参数)，从而为 MMS 建立的相关模型自动配套提供数据和参数。但对一些重要参数模型需要率定，包括土壤蓄水容量、蓄水容量曲线指数、下渗分布曲线拟合指数、壤中流系数、地下水出流系数、坡地汇流系数[按照国内经验取初值，采用 Hyper-tunnel 多参数最优化方法(Refsgard and Hansen，1982)拟合计算]。

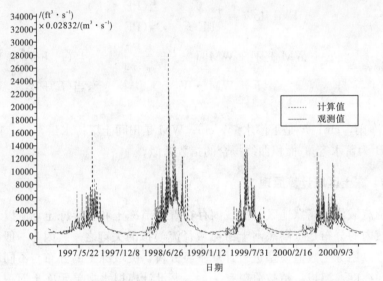

图 8.2　改进的 PRMS 模型对黑河上游出山径流的模拟结果

　　为了验证并提高模型模拟精度和有效性，利用 1997~2000 年的资料和率定后的参数去运行改进的 PRMS 模型，在考虑了冻土和积雪及超渗产流对黑河上游流域涨水期的影响后，对径流量的预测与观测结果如图 8.2 所示，模型预测结果与实测结果相比较，解决了涨水期计算值较低的模型误差，其年径流量误差最大值<2.7%，年平均径流量误差为 0.21%。说明改进的 PRMS 模型更适用于寒区山区的径流模拟。为了进一步揭示径流过程的动态特征，本书还对流域 1999~2000 年出山径流的构成组分进行了模拟分析，结果表明，黑河上游流域年平均实际蒸发占降雨的 66%，径流组分：基流占 41.26%；壤中流占 13.75%；蓄满产流占 16.5%；超渗产流占 28.49%，说明干旱半干旱地区产流以超渗产流为主，混合产流的计算在寒旱区至关重要。

8.2.2　基于模块化建模方法的寒区水文过程模拟

　　基于面向对象的模块化建模环境(MMS)(Leavesley et al.，1996)发展起来的 CRHM 是一个综合的寒区水文建模平台。CRHM 不仅可以对寒区水文过程中已存在的算法和模型进行评估，也可以方便地对这些算法和模型进行修改，进而发展新的算法和模型。新的算法也可以作为一个模块方便地收录入 CRHM 模块库，在此基础上整合和集成不同算法和模型发展新的水文模型。CRHM 的优势在于其整合了国际上先进的寒区水文过程模拟方法，包含了完整的寒区水文过程模块库。这些模块库主要包括的水文过程有：风吹雪过程、降水截留过程、积雪升华、积雪融化、水在冻土和未冻土中的运动、冻土冻融过程、冻土区坡面汇流、蒸散发、辐射交换过程、产流过程等。最新版本的 CRHM 已经将冰川物质平衡和消融过程考虑在内。Pomeroy 等(2007)对 CRHM 寒区建模平台做了详细的说明。CRHM 既包含简化的基于经验理论的算法，也有复杂的基于物理机制本身的算法，允许使用者根据目标、驱动数据、参数化方案和算法固有的假设等选择不同的水文过程方案。

图 8.3 揭示了在 CRHM 环境中选择不同的基于物理机理的算法和模块，集成在一起用来模拟积雪和融雪径流过程。选择的主要模块包括 Garnier 和 Ohmura 辐射模块(Garnier et al.，1970)、Prairie 风吹雪模块(Pomeroy et al.，2000)、Gray 和 Landine 反照率(Gray et al.，1987)模块、能量平衡法融雪(Gray et al.，1988)模块、积雪升华模块(Pomeroy et al.，2000)、Gray's 春季冻土区下渗模块(Granger et al.，1984)、Green-Ampt 土壤未冻结下渗模块(Ogden et al.，1997)、Granger 和 Gray's(Granger et al.，1989)或 Priestley 和 Taylor's(Priestley et al.，1972)蒸散发模块以及 Leavesley(Leavesley et al.，1983)土壤水分平衡模块等。在土壤水分平衡模块中，土壤层被人为地分为两层，其中上层土壤层也叫做土壤补给区。降雨和积雪融水通过下渗作用进入土壤表层补给区，然后进入下层土壤层，多余的土壤水分补给地下水；而水分通过蒸散损失的过程只发生在土壤上层水分补给区。

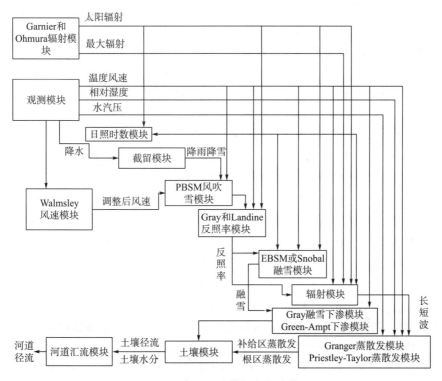

图 8.3　CRHM 寒区径流模拟中相关模块流程图

8.2.2.1 融雪水文过程模拟

在冰沟流域，采用相同的模型驱动数据，除融雪模块外，使用相同的参数化方案和模型结构，通过对比不同的模型算法来刻画积雪的累积-消融过程，评估积雪的物质平衡过程，并进一步模拟融雪径流。分别选择基于简单度日因子算法和实际物理过程的融雪模型来进行实验设计。

(1)方案一：通过连接 EBSM 模块和 PBSM 模块构建简单的度日因子模型。在 EBSM 中，根据实际的融雪过程估计模型的度日因子为 7 mm · d/℃，在模拟过程中，不考虑辐射因素的影响（设置净辐射因子为 0 mm * m^2 · MJ）。通过控制 PBSM 模块中的开关选项控制是否考虑风吹雪和风吹雪升华过程。

(2)方案二：基于 Snobal 融雪模块和 PBSM 风吹雪模块构建基于实际物理过程的积雪模型。和方案一相同，通过控制 PBSM 模块来评估积雪消融过程中的物质平衡。

除融雪过程模块外，以上两个模型采用的模块还有包含流域信息的 Basin 模块、处理观测数据的 Obs 模块、处理反照率过程的 Albedo 模块、处理蒸散发过程的 Evap 模块、计算辐射过程的 Global 模块、处理冻土下渗过程 Greencrack 模块、解决汇流过程的 Netroute 模块和处理土壤水分过程的 Soil 模块。

根据物质平衡原理、实际物理过程和 CRHM 模型原理分析，我们知道，在一个积雪活动期（从积雪形成到整个季节雪层完全融化消失），固态降水（Q_p）是积雪的唯一来源；而积雪的消耗则主要包括雪层静态升华（Q_s）、分吹雪过程引起的积雪损失（Q_{bsl}）、风吹雪过程引起的积雪升华（Q_{bss}）及整个积雪期的积雪融化（Q_m）。实际物理过程的物质平衡过程为

$$Q_p = Q_{ss} + Q_{bsl} + Q_{bss} + Q_m \tag{8.14}$$

模型模拟过程中忽略风吹雪升华情况下的雪层物质平衡方程为

$$Q_p = Q_{ss} + Q_{bsl} + Q_m \tag{8.15}$$

模型模拟过程中忽略风吹雪升华和风吹雪损失情况下的雪层物质平衡方程为

$$Q_p = Q_{ss} + Q_m \tag{8.16}$$

冰沟流域的积雪融化过程主要发生在春季，其融化量的大小可由 CRHM 直接输出。

CRHM 利用 2007 年 10 月 30 日～2009 年 7 月 20 日小时步长的观测数据进行模拟。模型未经参数率定，仅使用实验场地的实际观测参数，主要包括风区长度（3000m）、植被高度（20cm）、积雪反照率（0.85）、裸土反照率（0.17）和相关的土壤参数。实测的气象观测资料作为模型的驱动数据，主要包括风速、空气温度、相对湿度、降水和太阳辐射。

简单度日因子模型和基于实际物理过程的能量平衡模型模拟的积雪深度与观测积雪深度的对比如图 8.4 所示。结果表明，度日因子模型在很大程度上高估了积雪深度，模型在同时考虑风吹雪升华过程和积雪运动过程中损失量的情况下 ME 仍为 3.85cm（基线雪深）。在度日因子模型模拟过程中，使用了简化的度日因子模型，仅考虑温度对积雪融化的影响而忽略了净辐射或短波向下对积雪融化的贡献，这可能是造成整个模拟过程中高估积雪深度的主要原因。同时，我们还发现，积雪只有在日最高空气温度大于 0 ℃的时候才开始融化（图 8.4）。和度日因子模型相比，基于实际物理过程的能量平衡模型具有更好的表现，物理过程模型模拟的积雪深度与实测值间的 NSE 和 R^2 分别达 0.75 和

0.78。同时通过选择性忽略风吹雪升华损失量和风吹雪过程损失量，两个模型同时在很大程度上高估了积雪深度(图 8.4)。综上所述：基于实际物理过程的能量平衡模型，包含风吹雪升华过程和风吹雪损失的 CRHM 模型结构设计更能满足冰沟流域实际的积雪累积-消融过程，准确的风速观测在该地区也显得相当关键。

表 8.1　冰沟流域积雪消融过程中质量守衡　　　　　　　　　　　　(单位：cm)

要素	降雪	融雪	静态升华	风吹雪升华	风吹雪损失
度日因子模型	145.49	81.47	34.96	23.70	5.36
能量平衡模型	145.49	73.20	33.99	34.90	3.40

在度日因子模型和物理模型较好模拟积雪深度的基础上(R^2 分别为 0.64、0.78)，通过控制 PBSM 风吹雪模块中的开关键来分析积雪的物质平衡过程。两个模型均能给出积雪静态升华量、风吹雪升华损失量、风吹雪直接损失量和积雪融化损失量，两个模型的模拟结果较为一致(表 8.1)。其中基于实际物理过程的物理模型给出的积雪融化量为 73.2cm，约占积雪总量(145.49cm)的 50%(不考虑积雪的密度变化)，而静态升华和风吹雪升华的积雪相当，分别为 33.99cm 和 34.90cm，积雪在运动过程中的损失量相对较少，仅为 3.4cm(仅占 2%)，基本可以忽略。而由度日因子模型计算的积雪物质平衡中融化的积雪较多，为 81.47cm；风吹雪升华占整个积雪升华量的比例也有所减少，仅为 40%。度日因子模型的计算的风吹雪与李弘毅等(2012)在冰沟站计算的风吹雪占整个积雪升华量的比例 41.5% 更加接近。在冰沟流域整个积雪质量守恒中，40%~50% 的积雪由于升华作用而损失，而由于风的作用引起的升华和损失甚至可以超过静态积雪升华量。山区较大的风速和陡峭的地形可能对整个积雪的分布和厚度产生不可忽略的影响。

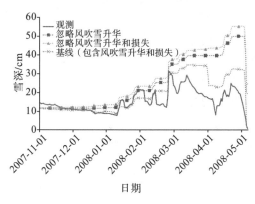

(a)基于度日因子模型的模拟结果　　　　　　　　　(b)基于物理过程的能量平衡模型模拟结果

图 8.4　基于物理过程的能量平衡模型模拟积雪深度与观测积雪深度比较图

8.2.2.2　积雪径流模拟

以祁连山冰沟实验小流域为对象，利用 CRHM 平台构建基于实际物理的寒区融雪水文模型，模型的具体结构如图 8.3 所示，模拟的冰沟流域出口流量与实测值间的对比结果如图 8.5 所示。在模型没有经过任何参数优化的情况下，径流模拟值与实测值间的 RMSD 和 NSE 分别达到 0.52 m³/s 和 0.64。结果显示：模型可以捕获主要的径流事件。

特别是在 2008 年和 2009 年春季，模型成功模拟了融雪径流时机、雪水当量和径流量。综合结果表明：在模型未经参数优化的情况下，CRHM 构建的寒区水文模型能够准确模拟冰沟流域的融雪径流过程。

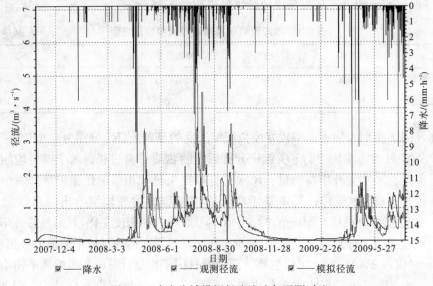

图 8.5　冰沟流域模拟径流流速与观测对比

8.2.2.3　冻土径流模拟

本书选择青藏高原腹地长江源区风火山流域，通过 CRHM 搭建寒区水文模型来评估冻土冻结-融化过程对径流过程的影响，设计两个对比方案来实现这一目的。方案一：基于实际的物理机制，搭建处理包含冻土和未冻土过程的模型。方案二：模型设计中忽略冻土处理过程，整个模拟过程均按未冻结土壤处理。两种方案均采用风火山流域 2005 年 8 月 1 日～2008 年 9 月 7 日的监测数据进行模型模拟。输入数据为小时步长数据。模型参数除了实际观测土壤参数和植被状况参数外，均使用模型默认参数值。主要的气象数据作为模型的驱动数据，包括风速、空气温度、相对湿度、降水和太阳辐射。

表 8.2　冰沟流域和风火山流域不同水文响应单元（HRU）关键参数及参数值

流域	冰沟流域	风火山流域			
水文响应单元 HRU	1	1	2	3	4
高程/m	3800	4775	4800	4900	4950
纬度	38.07°N	34.75°N	34.78°N	34.50°N	34.20°N
面积/km²	30.27	10.89	17.76	54.54	29.31
坡度/(°)	13	8	12	9	14
植被高度/m	0.20	0.25	0.20	0.20	0.15
气温递减率	0.75	0.75	0.75	0.75	0.75
积雪反照率	0.85	0.85	0.85	0.85	0.85
裸土反照率	0.17	0.17	0.17	0.17	0.17
土壤补给区最大持水能力/mm	30	40	40	40	40

续表

流域	冰沟流域			风火山流域	
土壤最大持水能力/mm	60	80	80	80	80
风吹雪运移最大距离/m	3000	2000	2000	2500	2500
汇流路径顺序	—	4	3	2	1
壤中流排水因子/(mm/d)	1	4	4	4	4
壤中流贮存时间常数/d	10	10	10	10	10
径流贮存时间常数/d	5	2	2	2	2
汇流时间常数/d	0.5	1	1	1	1

　　针对选择典型的冰沟小流域和风火山流域地质、地貌情况和植被与积雪分布情况，基于观测资料，整个流域可细化为四个不同的水文响应单元。根据模型参数输入要求，分析不同输入参数对水文过程响应的敏感程度，通过野外和室内试验，经过均一化处理后，得到四个不同水文响应单元的模型输入参数(表 8.2)。

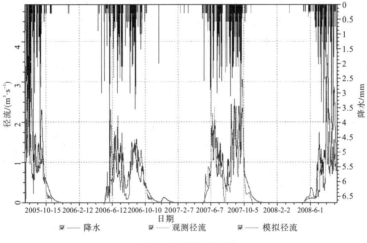

(a)包含土壤冻融过程

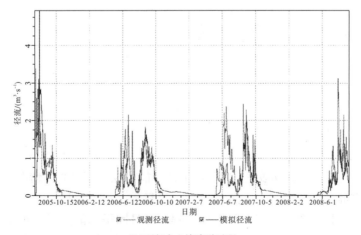

(b)不包含土壤冻融过程

图 8.6　CRHM 模拟的冻土径流流速与实测值对比

　　在 CRHM 中构建包含冻土过程模块的寒区水文模型，模拟的流域出口流量与实测流量的对比如图 8.6(a)所示。流量模拟值与观测值间的 RMSD 和 NES 分别为 $0.31\mathrm{m}^3/\mathrm{s}$、$0.67\mathrm{m}^3/\mathrm{s}$。图 8.6(b)则给出了不包含冻土过程的径流模拟结果，此时的 RMSD 和 NES 仅为 $0.46\mathrm{m}^3/\mathrm{s}$ 和 $0.55\mathrm{m}^3/\mathrm{s}$。综合两种方案模拟值与实测值的对比结果和模型的定量统计指标 RMSD 和 NSE，显而易见：在 CRHM 中包含冻土处理过程模块搭建的寒区水文模型能够更为实际地描述该区的径流过程，特别地，此时的模型能够较为准确地估计由冻土融化形成的春季径流过程。

　　将整个径流过程分为春汛、夏季枯水期、夏汛和秋季枯水期(图 8.7)。结果表明：在春汛、夏季枯水前期和秋季枯水期，由包含冻土模块的 CRHM 模拟的径流流速过程更接近于实际径流流速，且不包含冻土模块的 CRHM 模拟的径流流速远小于实际径流；而在夏季枯水期后期和整个夏汛期，不包含冻土模块的模拟径流流速更接近于真实径流过程，包含冻土模块的径流模拟值较实际径流偏大。综合分析整个径流过程我们还发现，冻土的存在也使流域内的径流过程变得更加陡峭。之所以产生这种现象，不仅与土壤冻结导致土壤层的下渗水力传导率急剧下降形成类似于隔水层的多年冻土层有关，还可能与冻土活动层冻融过程中涵养和释放土壤水分有关。总之，冻土的存在显著改变了区域的水文过程，冻土的改变也将对整个水文循环和水资源的开发利用产生不可小觑的作用。

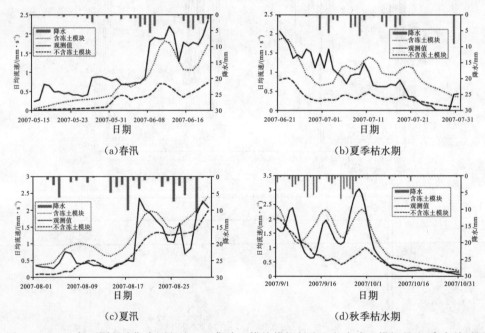

(a)春汛　　　　　　　　　　　　　　　(b)夏季枯水期

(c)夏汛　　　　　　　　　　　　　　　(d)秋季枯水期

图 8.7　2007 年不同径流期实测径流、不含冻土模块模拟径流和包含冻土模拟径流-降水关系图

　　冰雪水文过程模拟、冻土水文过程模拟是寒区水文过程模拟的两个重要方面。基于模块化建模思想构建的寒区水文过程模型 CRHM 能够在较少参数的情况下模拟积雪和冻土水文过程。在冰沟站的积雪水文过程模拟结果显示，基于度日因子和能量平衡的积雪消融模型都能够模拟整个积雪期水量平衡过程，度日因子和能量平衡模型模拟积雪深度与实测雪深的相关系数分别为 0.64 和 0.78，能量平衡模型较度日因子模型精确；两种算法均显示积雪融水占积雪消融平衡的主要部分，均超过总雪量的 50%；两种算法计算的

由于风吹雪引起的积雪升华量约占总积雪量的 16.3％和 23.9％，风吹雪引起的损失量较少，均不足 5％。基于能量平衡模型模拟流域出口流速过程表明，CRHM 基本能够模拟流速的变化过程，其纳什系数 NSE 为 0.64。

冻土的存在明显改变了由降水主导的径流过程，冻融过程的发生是产生冻土水文过程特征的主要原因。基于 CRHM 模型的寒区水文过程模型能够重现冻土冻融情况下的冻土径流过程，流域出口处模拟流速与实测流速的纳什系数为 0.67。模型同时能够反映出冻土对春汛的影响最大，而对夏汛的影响最小。模型分割的径流组分与同位素和径流场的观测结果也基本一致，CRHM 模型能够定量反映河水中降水和壤中流的比例。

8.2.3　基于 GEOtop 模型的多年冻土区流域能水平衡过程模拟

GEOtop 模型地形参数化是在 DEM 的基础上进行的，同时也可以采用遥感图像和雷达观测的数据，或者基于 GCM 气象模型的输出结果。模型致力于采用特殊解决方案分析地形变化对水能循环过程的影响及其相互作用，适合应用高山小流域的模拟。模型同时考虑了融雪和冻融模块，能精确地模拟包气带水分运移，也可用于描述分布式雪水当量和积雪表面温度。此外，该模型综合考虑山区小流域大气-植被-土壤连续体间水能传输过程及降雨径流过程，尤其重视流域蒸散量的分析，可以获得流域出口断面的径流量，对土壤水分、地温、感热、潜热及地热通量进行准确的估计。

GEOtop 模型能够综合完整连续模拟整个流域的水能平衡过程，模拟持续时间可以达到整整一年及以上，它结合最新的陆面过程模型和分布式降雨径流模型，并且在 GEOtop 模型的 V1.45 版本中已经增加了冻土模块及对非饱和介质中壤中流的精确描述。GEOtop 模型可通过出口断面的径流量，估计土壤水分、土壤温度、潜热通量和感热通量、热通量和净辐射以及其他水文气象分布式变量在流域内的分布。此外，它描述了分布式雪水当量和积雪表面温度。该模型的一个重要变量，是活动层土壤厚度，如果该数据是无法获得的，将在土壤厚度的基础上通过线性模型获得。冠层的模拟采用单层模型，用大气温度来表示冠层的温度。如果存在积雪层，可以将第一层土层设定为无限小，其温度相当于积雪层温度。

8.2.3.1　水量平衡

与其他基于栅格的分布式模型一样，GEOtop 模型将流域分成单元格进行处理(有时被称为像素)。对于每一个单元格，该模型同时满足水能平衡，分为侧向、垂向流。所有的流域单元网格被分为山坡和河网部分，山坡上的地表径流被描述为一连串的匀速运动和地下径流是基于达西定律。对于每一个网格，模型都对水能平衡进行很好的处理，区分为垂向和侧向流。在每个单元网格内，降水根据空气温度被分为降雨和降雪。降雪将形成雪层，进而形成融雪径流和升华；而降雨将形成蒸发，进而形成地表径流和地下径流。地下径流受到降雨强度大于入渗强度及饱和产流的影响。产流过程根据下垫面情况划分为运动较快的地表径流和运动较慢的地下径流。土壤划分为存在入渗作用的上部非饱和带以及下部饱和带，存在类似于基岩面的水分运移，底层假定为不透水面。当降雨强度大于饱和导水率，或者地下水面超过地表，则出现地表径流(图 8.8)。模型一个非常重要的参数是活动层的厚度，如果没有实际观测值，则采用成土作用模块进行估算。所有的网格被区分为河道和坡地网格，坡地网格的地表径流当成一连串的匀速运移体，而地下径流的运移是基于达西定律。

1. 降水划分与植被截留

观测的降水 P 将被划分为降雨(P_{rain})和降雪(P_{snow})（都转化为水深当量），根据气温 T_a 进行划分：

$$P_{rain} = P$$
$$P_{rain} = P \cdot \frac{T_a - T_{snow}}{T_{rain} - T_{snow}} \qquad 当(T_a \geqslant T_{rain})$$
$$当(T_{snow} < T_a < T_{rain}) \qquad (8.17)$$
$$P_{rain} = 0 \qquad 当(T_a \leqslant T_{snow} = -1℃)$$
$$P_{snow} = P - P_{rain}$$

式中，T_{rain}（默认为 3℃）是降水的下界限，T_{snow}（默认为 −1℃）是降雪的上界线。

植被降水截留量是根以下方程计算，截留深 w_r 为

$$\frac{\partial_r}{\partial t} = veg\ P - E_{vc}\ veg\ \delta_w \qquad (8.18)$$

式中，P 是降水量，veg 是地表植被覆盖率，E_{vc} 是叶面蒸发量，$veg\delta_w$ 是湿润叶面率，δ_w 是截留量 w_r 的指数函数：

$$\delta_w = \left(\frac{w_r}{w_{r\,max}}\right)^{2/3} \qquad (8.19)$$

最大水分容量为

$$w_{r\,max} = 0.2\ veg\ LAI \qquad (8.20)$$

式(8.20)是有效的当 $0 \leqslant w_r \leqslant w_{r\,max}$；当 $w_r \geqslant w_{r\,max}$，降水 P_{eff} 将进入地表：

$$P_{eff} = \frac{w_r - w_{r\,max}}{\Delta t} \qquad (8.21)$$

2. 入渗过程

入渗过程是以桶状模型的形式进行描述的。当降雨强度高于土壤饱和入渗率，形成超渗产流，否则使地表未饱和层含水量不断增加。当表层土壤含水量超过饱和度的90%，则水分开始向下运移直至基岩面。当水分运移至假定不渗透的基岩面，形成水位面，进而形成饱水层。水位面高度取决水分的垂直通量（入渗和蒸发）及水平通量（侧向流），主要取决于水面梯度。

3. 土壤导水率随深度的变化

土壤导水率 K_{sat} 随着深度增加呈现指数递减的规律：

$$K_h^{sat} = K_h^{sat}(z = 0)\exp(-f_{perm}\,z) \qquad (8.22)$$

z_1 和 z_2 深度间的导水率为

$$K_h^{sat}(z) = \frac{-K_h^{sat}(z = 0)[\exp(-f_{perm}z_2) - \exp(-f_{perm}z_1)]}{f_{perm}(z_2 - z_1)} \qquad (8.23)$$

$$K_v^{sat}(z) = K_v^{sat}(z = 0)\exp(-f_{perm}\,z) \qquad (8.24)$$

$$K_v^{sat}(z) = \frac{K_v^{sat}(z = 0)f_{perm}(z_2 - z_2)}{\exp(f_{perm}z_2) - \exp(f_{perm}z_1)} \qquad (8.25)$$

4. 初始水面设定

初始水位面可以设定一个恒定值 z_{w0}，或者根据地形因子 I_T 进行定义，

$$I_T = \log\left[\frac{A_c}{\nabla z K_v^{sat}(z=0)}\right] - < \widetilde{I_T} \tag{8.26}$$

式中，A_c 是积水面积，∇z 是水流方向的坡度，$K_v^{sat}(z=0)$ 是地表饱和导水率，$\widetilde{I_T}$ 是流域平均地形指数。

水面变化存在以下规律(Beven，1979)：

$$z_w = z_{w0} - \frac{I_T}{f_{perm}} \tag{8.27}$$

5. 坡地汇流和河网汇流的耦合

首先，计算了到流域出口断面的最远距离；其次将该长度划分为一些间隔。由于各个网格到流域出口断面的距离不同，因此不同山坡网格的水流进入河网的时间也不同，进而将这些网格根据不同的时间间隔进行划分。在这个形式下，建立了动态宽度积水面积：代表进入河网相同时间的网格集合体。距离出口断面距离一致的网格的水量是以累加的方式进行计算的。

6. 河道中水分运移

河网里水分的运移是以累加的形式进行的，在河网里运移的速率被认为是一致的。网格之间的水分运移采用基于 DEM 的 D8 模式，即存在 8 个方向的运移。而河网内水分的运移采用圣维兰方程组：

$$Q(t) = \int_0^t \int_0^L \frac{xW(t,x)}{\sqrt{4\pi D(t-\tau)}}\exp\left\{-\frac{[x-u(t-\tau)]^2}{4D(t-\tau)}\right\}d\tau \cdot dx \tag{8.28}$$

式中，Q 是流域出口断面的径流量，$W(t, x)$ 是 t 时刻从距离河道 x 的坡地流入河道的水量，u 是适当的平均速度，D 是水动力扩散系数，L 是流域内河网的最长长度。

8.2.3.2　能量平衡

(1)感热通量 H $[W/m^2]$ 是根据地表和参考高度间的温度梯度，平均风速及热量传输系数 C_H 来决定的：

$$H = \rho_{c_p} C_H \hat{u}(T_s - \hat{T}_a) \tag{8.29}$$

式中，T_s 是地表温度，$\hat{T}_a$ 是参考高度的空气温度，ρ $[kg/(m^3)]$ 和 c_p $[J/(kg \cdot K)]$ 分别是空气密度和大气比热。

热量的传输是以动量传输的方式表述：

$$C_H = \frac{k^2}{\ln(z/z_0)\ln(z_1/z_T)} \cdot FH \tag{8.30}$$

式中，$k=0.41$ 是范·卡门系数，z 是风速观测高度，z_1 是气温观测高度，z_0 是地表粗糙度，z_T 是热传输粗糙度，FH 是与大气稳定度有关的参数。

(2)实际蒸发量 ET(潜热通量)是在潜在蒸发量 E_P 计算的基础上进行的：

$$E_P = \lambda[q^*(T_s) - q^*(\hat{T}_a)\hat{U}_a]/r_a \tag{8.31}$$

式中，$q^*(T_s)$ 是地表空气饱和比湿，$q^*(\hat{T}_a)$ 是参考高度的空气饱和比湿。

空气动力学阻抗 r_a 为

$$r_a = 1/(\rho C_E \hat{a}) \tag{8.32}$$

体积系数 C_E 假定等于热量传输系数 C_H。这个假定只有在稳态下才完全成立，然而非稳态下二者间的关系非常难以获得，因此设定这个假定。

蒸散发潜热 λ [J/Kg] 与空气温度呈线性关系：

$$\lambda = 2501000 + (2406000 - 2501000)\frac{\hat{T}_a - 273.15}{40} \tag{8.33}$$

然而，如果网格内是个湖泊（自由水面），其水体中潜在蒸发和热通量采用于土壤完全不同方案计算，等效湍流扩散传导规律。类似湖泊的扩散率被估计了，Lake Serraia 的扩散率约为 $0.07 \sim 0.09$ m^2/d。水面的下边界温度采用年平均温度。如果网格内不是自由水面，蒸散发被分为裸土蒸发、叶面截留蒸发和植被蒸腾 3 个部分计算。

裸土蒸发采用与潜在蒸发和地表阻抗相关的方程计算（e. g. Bonan，1996）：

$$E_G = (1 - cop)E_P \frac{r_a}{r_a + r_s} \tag{8.34}$$

式中，cop 是植被覆盖率，植被和土壤阻抗 r_s 为

$$r_s = r_a \frac{1.0 - (\theta_1 - \theta_r)/(\theta_s - \theta_r)}{(\theta_1 - \theta_r)/(\theta_s - \theta_r)} \tag{8.35}$$

式中，θ_1 是第一层土壤的水分含量，θ_r 是残留含水量（根据 Van Genuchten 的定义），θ_s 是包含含水量。

土壤蒸发认为只发生在第一层土壤中。土壤水分的时空分布不仅受到大气输入的影响，同时也受到侧向流的影响。

叶面截留蒸发：

$$E_{VC} = cop E_p \delta_w \tag{8.36}$$

式中，δ_w 是湿润叶面比率。

且

$$\delta_w = \min\left[1,\left(\frac{W_r}{W_{r\,max}}\right)\right] \tag{8.37}$$

式中，$W_{r\,max}$ 是最大截流量（4mm）左右；W_r 随着截留蒸发 E_{VC} 和降水 P 不断变化。

且

$$W_r^{t+\Delta t} = \min[W_{r\,max}, W_r^t + (P - E_{VC})\Delta t] \tag{8.38}$$

植被蒸腾为

$$E_{TC} = cop E_p (1 - \delta_w) \sum_i^n \frac{f_{root}^i r_a}{r_a + r_c^i} \tag{8.39}$$

式中，r_a 是空气动力学阻抗，f_{foot}^i 是第 i 层土壤的根系比例（随深度加深呈线性减少），r_c^i 为植被阻抗。

感热通量 Q_s 是根据体积系数 C_H 的大气湍流方程决定，受到风速 u、土壤/雪层内的温度梯度 T_s 影响。而潜在蒸散是由土壤与大气之间的水力差异决定的。

（3）地热通量的计算是将土壤划分为任意 nl 层，其是不同深度土壤温度的函数，采用隐式有限差分方案（Crank-nicolson 法）进行处理。土壤热传输参数包括体积热容 Cv [J/(kg·K)]，容重 ρ_s [kg/m³] 和热导率 κ [W/(K·m)]。这些参数随着土壤质地和水分情况发生改变。

土壤的热导率 κ，采用 Peter-Lidard 等(1998)的方案：

$$\kappa = \kappa e(\kappa_{\text{sat}} - \kappa_{\text{dry}}) + \kappa_{\text{dry}} \tag{8.40}$$

式中，κe 为克斯藤(Kersten)数；κ_{sat}、κ_{dry} 则分别是土壤在饱和和干燥时的热导率，$\text{W} \cdot \text{m}^{-1} \cdot \text{K}^{-1}$。

克斯藤数是土壤饱和度 $S_r = \dfrac{\theta_1}{n}$ 的函数，对于未冻结土壤

$$\kappa e = \begin{cases} 0.7\lg S_r + 1.0 & S_r > 0.05 \text{ 粗质土壤} \\ \lg S_r + 1.0 & S_r > 0.1 \text{ 细质土壤} \end{cases} \tag{8.41}$$

对于冻结土壤：

$$\kappa e = S_r \tag{8.42}$$

8.2.3.3　模型数据库的建立

模型数据库的建立是进行流域模拟的基础。不同的水文模型对所需的模型参数，输入数据的格式和精度有不同要求。GEOtop 模型必须输入的气象资料：小时观测的气温、相对湿度、风速、风向、向下短波辐射(总辐射)和降水。可选择输入气象资料：向下长波辐射、向下散射辐射、净辐射、云层覆盖状况及降雪。GEOtop 模型必须输入的分布式资料：填洼后的 DEM、坡向、河网、坡度、土壤类型及 LUCC。可选择输入的分布式资料：土壤质地、土壤深度(活动层深度)、土壤水力传导率、地表粗糙度、植被密度、NDVI 等分布图。植被参数还需要植被的叶面积指数、植被高度等，这些植被参数一般通过实际测量获得，植被截留量在人工降雨实验的基础上，对模型公式进行修正。为了反映流域下垫面因素(如地形、土壤类型、植被盖度等)和气象因素(降水、气温、辐射等)的空间分布流域水文循环的影响，在进行流域模拟前必须进行流域离散。目前，流域离散的方法主要有单元网格(grid)、山坡(hill slope)和自然子流域(subwatershed)等三种方法。在实际应用中，GEOtop 多采用该单元网格的方法对研究小流域进行划分，以达到较高的模拟精度。

在多年冻土区，描述活动层土壤的参数系统中重要的是土壤水分特征曲线(冻结特征曲线)、热导率和导水率等。关于土壤水分特征曲线(也称为土壤水分的冻结特征曲线)，根据前苏联学者对冻土中未冻水含量和负温之间关系的研究，将冻土水分相变划分为三个区域。①剧烈相变区：在该区内温度变化 1℃时，未冻水含量的变化量大于 1%。此种情况下，土体内所有自由水和一部分弱结合水冻结。②过渡区：在该区内温度变化 1℃时，未冻水含量的变化量为 0.1%~1%，相成分可变的弱结合水冻结。③冻实区：温度每降低 1℃，水相变成冰的数量小于 0.1%，此时土体内只含有强结合水，其含量接近于土的最大吸湿量。总体上，当土体冻结某一温度阈值以后，冻土体就处于完全冻实状态，随着温度继续降低，未冻水含量的变化量却很小。对于冻实状态的土体，其温度变化过程中，可近似按照无相变物质来处理。而当冻土完全融化以后，土体中冰全部相变为水，土体再次成为一种新的无相变物质，即在相变前后，冻土体和融土体都可以近似认为是无相变物质的温度变化过程。如图 8.8 中 T_m 和 T_f 分别代表冻实温度和冻结点温度。

在冻结过程，对于每一类土壤都有其未冻水含量特征曲线，也可称之为土壤冻结特征曲线(soil freezing curve)，即未冻水含量 θ 和负温 T 之间的关系曲线(图 8.8)。基于实测结果和理论分析，认为未冻水含量模型应该满足以下 4 条假定：在冻结点温度条件下，未冻

水含量等于总含水量；在冻实温度点处，未冻水含量等于不可冻水含量；在冻结点处，未冻水含量对温度的导数为无穷大，在此温度条件下，如果温度有一个微小的变化，则未冻水含量将以无穷的速度开始变化；在冻实温度点处，未冻水含量对温度的导数为零，即表示在此温度条件下，温度下降，但未冻水含量将不发生任何变化。GEOtop 模

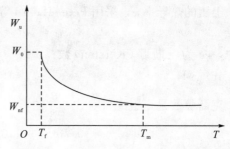

图 8.8　活动层土壤未冻水含量特征曲线

型假定 Freezing＝Drying，因此未冻水含量特征曲线可以用土壤水分特征曲线代替。在青藏高原风火山实验小流域应用中，根据高寒草甸土壤获得的土壤吸力和土壤水分资料，通过 RETC 软件(Van Genuchten，1980)拟合，获得不同深度的土壤饱和含水量、残留含水量、孔隙度 n 及土壤水力特征曲线参数 α。这些将作为模型参考土壤参数。

8.2.3.4　基于坡地尺度的水热过程模拟研究

以青藏高原长江源区风火山流域为对象，该流域以高寒草甸为主要覆盖植被类型，构建了不同植被盖度的坡面降水-径流观测场。采用 GEOtop 模型对不同植被盖度下(裸地、30％、65％和 92％)高寒草甸活动层土壤水热交换过程进行模拟。将 2006 年 10 月 30 日～2007 年 9 月 10 日作为模型的率定期，2008 年 4 月 30 日～10 月 16 日作为模型的验证期。为了最大限度减少初始含水量和地温对模拟的影响，在率定参数时，采用模拟前一天的土壤水分观测值作为模型的输入。

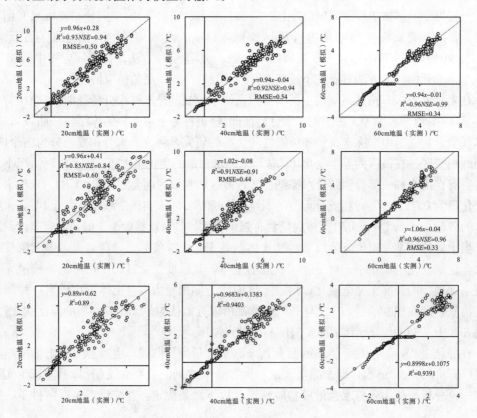

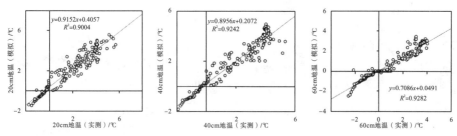

图 8.9　校验期高寒草甸 20cm、40cm 和 60cm 深度土壤温度实测和模拟值对比图
（从上而下分别是植被盖度小于 5％、30％、65％和 92％）

图 8.9 是模型对不同植被盖度下不同深度土壤温度的模拟情况。模型率定期和验证期，裸地和 30％、65％和 92％盖度高寒草甸 20cm、40cm 和 60cm 土壤深度的模拟值和实测值相关系数及模型效率系数 NSE 也均超过 0.95（图 8.9），随着深度加深，模拟的效率不断下降。GEOtop 模型对于整个冻融过程温度变化刻画也较好，这些表明冻土水文模型较好地模拟了研究区域的土壤温度。

对于土壤水分的模拟，如图 8.10 所示，不同植被盖度下率定期和验证期，20cm 和 40cm 深度土壤水分模拟的效率系数 NSE 均达到 0.8 左右，较为准确地模拟了土壤水分的变化过程。通过对土壤冻结特征曲线的准确校准，对土壤未冻水含量较为准确。对于土壤温度模拟精度较高，也使得对开始冻结和融化时间的模拟达到较好的效果。总体而言，GEOtop 模型坡地尺度的水热平衡结构与目前通用的 SHAW 和 Couple 模型接近，对于土壤温度采用隐式差分，土壤水分采用 3D 的理查德方程，使得其适用于多年冻土区活动层水热过程的模拟。然而，从图 8.10 仍可以看出，其对开始融化和冻结结束的土壤水分含量刻画还是不够理想，存在较大高估现象，因此后续可以尝试第 4 章获得的经验公式来改进该模拟结果。此外，模型对于完全融化期的水分模拟也出现高估或者低估观测的情况，这主要是模型并不包括植物生长模块，即植被参数是固定的。对于风火山试验区的高寒草甸和沼泽草甸而言，植被在生长前期、生长旺盛期、枯黄期及冻结期的植被参数（范晓梅等，2010）会发生显著改变，如反照率、地表粗糙度等参数，这些都会改变地气之间的水能交换过程。因此，后续可能通过添加类似 SHAW 模型的植被生长模块以提高融化期的水分和地温模拟精度。

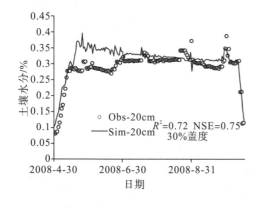

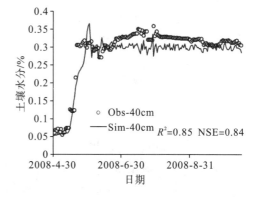

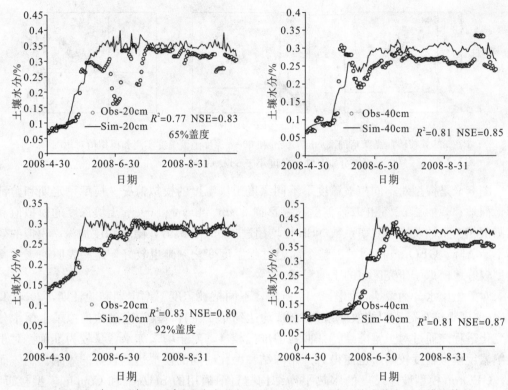

图 8.10　30％、65％和 92％盖度高寒草甸 20cm 和 40cm 深度土壤水分实测和模拟值对比

8.2.3.5　基于流域尺度的水能循环过程模拟

在风火山典型多年冻土流域，全年径流量主要集中在 5～9 月，占全年径流总量的 85％，降水主要集中在 6～9 月，占全年降水量的 90％，冬季降雨分配对水文年的影响很小。年径流变化过程在 6 月和 8 月存在两个峰值，即存在一个春汛和夏汛过程，且春汛洪峰峰值一般要小于夏汛。5～7 月份气温迅速升高，地表积雪(一般积雪在当天就融化)及多年冻土活动层在短时间内融化，产生大量的地表径流，形成春汛。8～9 月份受夏季西南季风影响，次降水量较大，极易形成较明显的洪峰。春汛过后有一个明显的枯水期，夏汛过后河道流量逐渐减小，直到河道冻结。

利用 GEOtop 模型模拟的径流过程的结果如图 8.11 所示。可以看出，率定期和验证期模型模拟的径流过程的确定性系数 NSE 分别为 0.82 和 0.80，RMSE 分别为 0.31 和 0.44，总体而言率定期的模拟精度较高[图 8.11(a)]。这些说明 GEOtop 模型较好地模拟了多年冻土区流域的整个径流过程。研究区域 2007 年的降水量为 372.8mm，径流量为 149.57mm；率定期(2007 年 4 月 2 日～9 月 10 日)降水量为 290.5mm，实际径流量为 120.6mm，模拟径流量为 109.8mm，模拟径流量要小于实际观测的径流量，主要是由于低估了春汛期的径流量。此外，验证期(2008 年 5 月 15 日～8 月 31 日)降水量为 371.3mm，实测径流量为 69.5mm，模拟径流量 72.7mm，仍可以看出春汛期的径流量被低估[图 8.11(b)]，而夏季的径流量被高估，但总体而言，由于 GEOtop 模型中包括精确的冻土参数化方案(Matteo，2010)能对活动层土壤冻融过程进行较好模拟，使得 GEOtop 模型可以作为多年冻土区流域水能平衡过程以及流域径流过程的有效模拟工具。

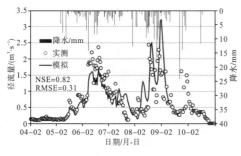

(a) 率定期 (2007 年) 模拟值与实测值比较

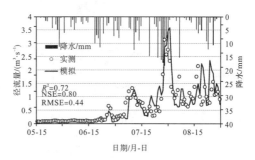

(b) 验证期 (2008 年) 模拟值与实测值比较

图 8.11　基于 GEOtop 模型的风火山流域率定期和验证期径流量实测和模拟值对比

相对于非冻土区，冻土区水文循环的影响因子包括，积雪累计和消融、多年冻土面和冻融锋面迁移对径流的控制及地表富含有机质的高持水层。此外，地形因素在流域的汇流过程中也起到重要作用，不仅影响水流的汇流途径，而且通过影响多年冻土活动层厚度和冻融锋面的分布，从而改变流域的水能循环过程。基于多年冻土区的径流形成机制，流域径流过程的准确模拟需要注意如下几个特殊问题。

(1) 可变渗透性。对于多年冻土区沼泽草甸，其地表的导水率较大，随着深度的加深，其导水率减少数个数量级 (Quinton et al.，2008)。不可渗透冻土面和冻融锋面的深度，对多年冻土区流域的山坡汇流过程起到重要作用。对于水热通量的准确估计需要知道土壤冻融深度，只有这样才能得到适当的 K_s。此外，累计地表热通量 (如累计地表温度) 和土壤融化深度具有非常好的相关关系 (Quinton et al.，2005)。

(2) 地形的影响。传统的径流形成理论主要应用于平坦和均一性的苔原区，而地形复杂性将显著改变辐射及空气动力学特征，从而影响积雪的累积和消融、活动层冻融过程、土壤水分、蒸散发，进而影响径流量和洪峰出现时间。由于高寒草甸和沼泽草甸地表较高渗透性，从而使得冻融锋面显著影响径流率和流向。地形对冻融锋面的影响，在整个融化期内是不断变化的，从而使得高寒冻土区的地表径流补给途径产生变异。

(3) 地下水面和冻融锋面。地下水面的定义是，总水压力 (液态水和冰) 等于零的点。同样的方式，冻融锋面定义为土壤温度近似等于零的点。这将存在两种情况，当水面在冻融锋面之上，冻结锋面和水面之间是未冻结且饱和的。然而，当水面在冻融锋面之下，两个界面的土壤是冻结且不饱和的。因此，分析水热耦合传输机制必须考虑这两种情况。实际上，依据土壤的饱和度和土壤传输参数的变化，在融化过程中，冻结锋面 (假定冰点下降是可以忽略的，冻结面深度可以认为是零通量面深度) 冻融锋面是不透水或弱透水层，表现为地下径流层的下界面，融化且饱和土壤产生径流 (Quinton et al.，2008)。在冻结锋面上，水面在其之上，随着冻融锋面的融化不断下降，径流区的水平导水率数量级不断下降，由于有机土中，导水率随深度下降不断下降 (Quinton et al.，2008)。与温带环境不一致，寒区地下的水热通量是紧密耦合的 (Quinton et al.，2008)。地面融化深度与累积热通量密切相关 (Quinton et al.，2005)。

8.3　基于陆面过程模型的土壤水热动态模拟

8.3.1　基于 CoupModel 的高寒土壤热运移过程模拟

8.3.1.1　模型的主要结构

CoupModel 模型的土壤水热运移方程是主要的控制性方程。

（1）土壤热通量。

$$q_h = -k_h \frac{\partial T}{\partial z} + C_w T q_w + L_v q_v \tag{8.43}$$

式中，h、v、w 分别代表热、水气和液态水，q、k、T、C、L、z 分别是通量、传导率、土壤温度、热容、潜热和深度。

基于达西定理，结合 Richards(1931)方程，CoupModel 中计算土壤水通量的方程为

$$q_w = -k_w \left(\frac{\partial \psi}{\partial z} - 1 \right) - D_v \frac{\partial c_v}{\partial z} + q_{bypass} \tag{8.44}$$

式中，q_w、k_w、ψ、z、c_v、D_v、q_{bypass} 分别为总水通量、水力传导率、水张力、深度、水汽浓缩、水汽弥散系数和绕流通量。

土壤热导率是土壤质地和土壤水分的函数，在土壤冻融过程前后，热导率存在较大的差异。当土壤未冻结时：

$$k_{hm} = 0.143 \left[a_1 \log \left(\frac{\theta}{\rho_s} \right) + a_2 \right] 10^{a_3 \rho_s} \tag{8.45}$$

当土壤完全冻结时：

$$k_{hm,i} = b_1 10^{b_2 \rho_s} + b_3 \left(\frac{\theta}{\rho_s} \right) 10^{b_4 \rho_s} \tag{8.46}$$

当土壤部分冻结时：

$$k_h = Q k_{hm,i} + (1 - Q) k_{hm} \tag{8.47}$$

式中，a_1、a_2、a_3 和 b_1、b_2、b_3、b_4 为试验参数，ρ_s 是干土的密度，Q 表示冻结水分占总土壤水分的质量比。

（2）土壤中水通量。

$$q_w = -k_h \left(\frac{\partial \psi}{\partial z} - 1 \right) - D_v \frac{\partial c_v}{\partial z} + q_{bypass} \tag{8.48}$$

式中，k_h、ψ、z、c_v、D_v、q_{bypass} 分别代表非饱和水力传导度、水张力、深度、水汽浓缩、水汽弥散系数和绕流通量。

（3）积雪过程。基于能量平衡和质量守恒的积雪模型，考虑辐射过程和表层地热通量积雪融化量为

$$M = M_T T_a + M_R R_{is} + f_{qh} q_h(0) / L_f \tag{8.49}$$

式中，T_a、R_{is}、f_{qh}、L_f 分别为空气温度、全球辐射、尺度系数冻结潜热。

（4）模型输入输出。模型输入数据包括模型驱动数据和模型运行相关的参数数据。模

型驱动为基本的气象要素，主要包括太阳辐射、净辐射、气温、风速、相对湿度、降水和地表温度等。模型输入的参数数据主要包括植被生长状况参数、土壤热参数和水力参数。模型要求输入的植被参数主要包括植被的高度、叶面积指数(LAI)、根深、地表反照率(Albedo)等。另外，模型对土壤的理化性质也有一定的要求，要求输入各分层土壤的厚度、粒度、孔隙度和导水率等参数数据。模型输出主要包括各层土壤温度和土壤水分，土壤冻融起止时间和冻融深度，同时，模型还可以输出长短波辐射和土壤热通量等。

8.3.1.2　在寒区土壤水热耦合传输过程模拟中的应用

CoupModel 包含多种参数估计方案，包括线性、log、随机线性、随机 log、Bayes 参数估计和使用 log 的 Bayes 估计等几种。本次应用研究中，选择 Bayes 多参数化估计方法，以风火山流域部分土壤水热参数为例进行参数校正。其他地区和过程的参数估计也采用 Bayes 参数估计的方法进行参数获取。Bayes 多参数估计方案是在 Bayes 决策理论的基础上建立起来的。Bayes 决策就是在不完全情报下，对部分未知的状态用主观概率估计，然后用贝叶斯公式对发生概率进行修正，最后再利用期望值和修正概率做出最优决策。先验分布体现了人们在抽样之前对未知参数的认知，后验分布则反映人们对样本抽样后对未知参数的从新认定和调整。在 CoupModel 中，MC(Monte Carlo)被用来估计后验分布的参数空间(Svensson et al, 2008)。Monte Carlo 采样方法包括均匀采样 GLUE 和重要性采样 MCMC。

在本书中，基于重要性采样方法 MCMC 的 Bayes 参数估计方法，估计水热运移过程模拟中未知的模型参数。在土壤温度参数估计过程中，选择七层土壤温度作为目标函数，估计部分未知气象、冻土和土壤热特性参数；在水分参数估计过程中，以四层土壤水分作为目标函数，主要估计部分未知冻土冻融参数和水力参数。模型热状态参数和水分运移参数估计过程中，分别进行 4000 次(原理上，模型迭代次数越多，参数估计的结果越精确，经过试验，4000 次迭代过程之后模型参数均出现了较好的收敛情况，为节约时间选择模型运行 4000 次)模型迭代过程进行估计。在 Bayes 参数估计过程中，异参同效现象是普遍存在的，我们暂时还没有对参数的不确定性进行综合评估，这一部分工作在日后还有待于进一步完善。但是，经过 Bayes 参数估计过程之后，模型模拟结果得到了很大的改进，Bayes 参数估计方法具有准确估计模型参数的能力，能够应用于缺资料地区的参数估计过程中。

分别选择青藏高原从北到南祁连山的冰沟小流域、风火山小流域和唐古拉试验流域为典型寒区陆面过程研究对象，开展 CoupModel 模型的应用研究。这里简略地介绍这几个典型区域模拟陆面主要过程的结果，部分模拟结果如图 8.12 所示。

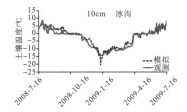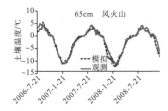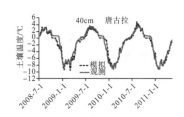

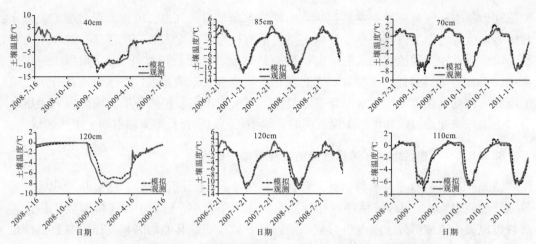

图 8.12　三个典型地区模型验证过程中土壤温度观测值与模拟值间的对比

　　在冰沟流域，选择 2007 年 11 月 1 日～2008 年 7 月 15 日为模型的率定期，以 5cm、10cm、20cm、40cm、80cm 和 120cm 处土壤温度和积雪厚度等为验证指标，部分气象、积雪、土壤参数作为模型优化参数。根据观测数据和冰沟站的特征并结合 CoupModel 算法结构，选择的主要模块主要包括基于能量平衡过程的蒸散发模块、积雪模块、土壤冻融模块和整个剖面的水热运移模块。在风火山流域，基于风火山实验站 2005～2008 年的气象、高寒土壤热状况观测数据，利用 CoupModel 模型模拟该区域的多年冻土活动层的土壤热状况和冻融过程。选择模型的率定期为 2005 年 7 月 21 日～2006 年 7 月 20 日，模型验证期为 2006 年 7 月 21 日～2008 年 12 月 31 日。风火山站因降雪较少，仅以分层土壤温度作为模型验证的指标。在唐古拉流域，模型模拟时间为 2006 年 10 月 24 日～2011 年 5 月 13 日，其中模型率定期为 2006 年 10 月 24 日～2008 年 6 月 30 日，以 10cm、20cm、30cm、40cm、50cm、70cm、90cm、110cm 不同深度土壤温度和水分为验证指标。

　　土壤温度模拟是陆面过程模式模拟中极其重要的内容，其准确性与否直接关系到大气与土壤间能量和物质运移的模拟。上述应用模拟结果显示：在整个模拟期，模型能够很好地模拟六层土壤温度，NSE 为 0.915～0.948，其中 20cm 处的 NSE 最大，120cm 处的 NSE 最小。同时，和类似模型的模拟结果相似，如 EALCO（Zhang et al，2008），模型对下层土壤温度的模拟结果较上层差，这可能与下层土壤热传导率等参数更加不确定有关。冰沟和风火山实验区模拟结果表明，模型整体上存在低估土壤温度的状况且 40cm 处的 ME 偏低最大为 −0.37℃，对夏季温度的低估是造成 40cm 深度处整个模拟期土壤温度偏低的主要原因。但是在唐古拉实验区的模拟结果是对夏季深层土壤温度高估，且对夏季地温整体的模拟精度偏低。总之，CoupModel 模型对于识别寒区浅层土壤温度变化具有较高精度，特别是对于 40cm 以上土壤冻融过程具有较好的模拟效果。随着土壤深度的增加，土壤的冻结速率逐渐大于土壤的融化速率，且地温在 0℃ 附近波动的时间变长，因而深层土壤温度的模拟存在较大的不确定性。

8.3.2　积雪和土壤有机质含量对土壤热状态的影响模拟

8.3.2.1　积雪覆盖变化的影响

积雪较大绝热和反照率等性质对土壤的热传导和温度分布动态具有较大影响。积雪初期的积雪热绝缘作用最突出和明显，积雪中后期的热绝缘作用相对积雪初期有所减弱，但仍造成明显的热交换过程减小，也就说积雪本身的热传导存在时间维度的变异性。同时，积雪的热导率究竟在多大程度上影响地气间热量运移过程还不甚明了。本书基于上述 CoupModel 模型，选择四种不同的积雪热传导率：①$K = 0.07\text{W} \cdot \text{m} \cdot ℃$；②$K = 0.14\text{W} \cdot \text{m} \cdot ℃$；③$K = 0.71\text{W} \cdot \text{m} \cdot ℃$；④$K = 1.42\text{W} \cdot \text{m} \cdot ℃$，分析不同积雪变化对土壤热状况的影响。以冰沟实验区为例，模拟结果如图 8.13 所示。

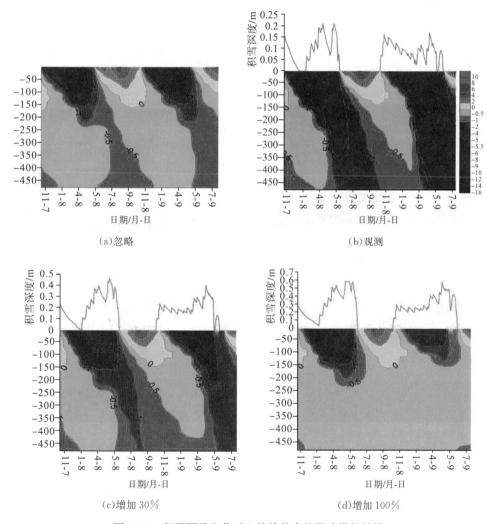

图 8.13　积雪覆盖变化对土壤热状态的影响模拟结果

随着降水量的增加，积雪深度急剧增加，其最大雪深可从 0.2m[图 8.13(b)]增加到

0.6m[图 8.13(d)]；土壤温度，特别是在 1.5m 以下，呈现出明显变暖的趋势；活动层的冻融过程也发生明显的变化，主要体现在冻结深度减小，同时出现较大范围的零温层。积雪厚度增加导致冬季土壤中的热储难以向大气扩散是产生这一情况的关键原因。另外，值得注意的是，在移除地表积雪覆盖的情况下，土壤温度同样出现了升高的现象，积雪比植被或裸土更高的反照率致使到达地面的短波辐射向下和长波辐射向下减少，这可能是导致无积雪情况下土壤温度升高的主要原因。

鉴于以上分析，可以得出，积雪的出现对冻土的影响关键取决于积雪的厚度，较薄的积雪（比如 0~20cm）能起到保护冻土的作用，随着积雪厚度增加，冻土的发育过程逐渐受到抑制。西大滩地区积雪对浅层地温的影响结果显示：冷暖季降雪对地温变化均有阻隔作用，冷季地温和气温都在 -10℃ 左右时，不足 10cm 厚的积雪对地温影响不是很明显，地温和气温的变化趋势几乎一致；在暖季积雪的厚度超过 10cm 而且积雪持续时间 10d，与气温相比，积雪对地温变化的隔热绝缘作用比较明显，影响了土壤热通量的变化保持地温（孙琳婵等，2010）。新疆阿勒泰地区五十年的气象、积雪、土壤温度和冻结深度观测结果显示，20cm 的积雪深度是积雪对下伏土壤冻结影响的临界阈值，20cm 以内的积雪对土壤冻结深度没有明显的保温作用，不影响其达到最大冻结深度；当积雪深度超过 20~40cm 时，积雪可以使土壤冻结深度减小 15~50cm，积雪具有一定的保温作用（王国亚等，2012）。

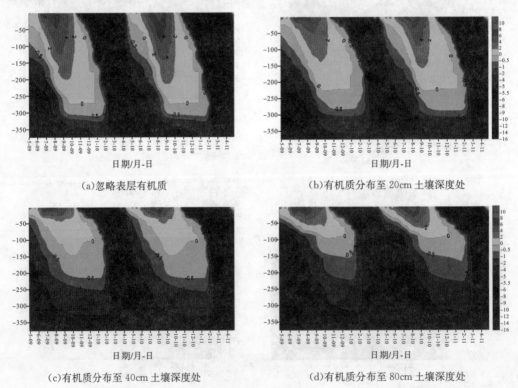

(a)忽略表层有机质　　　　　　　　　　(b)有机质分布至 20cm 土壤深度处

(c)有机质分布至 40cm 土壤深度处　　　　　　(d)有机质分布至 80cm 土壤深度处

图 8.14　唐古拉山地区不同土壤有机质分布深度下冻土活动层土壤温度等值线

8.3.2.2　有机质层对冻土活动层土壤热状况的影响

表层土壤有机质的存在及其多少可影响土壤结构、组分及水热状况等，进而影响热量在土壤中的传输过程，改变冻土区活动层冻融过程。鉴于青藏高原唐古拉山地区长期观测的冻土剖面土壤有机质含量较为丰富，本节选择该地区为研究区，在 CoupModel 模型能够较精确模拟该地区土壤能-水传输过程的基础之上，研究有机质的存在对冻土活动层的影响。利用改试验区观测的分层土壤地温，估计分层土壤热传导参数、热容和土壤有机质厚度，设定四种不同有机质含量的分布深度，其分别为：①表层土壤不包含有机质；②表层有机质分布深度为 $0\sim0.2\text{m}$；③表层有机质分布深度为 $0\sim0.4\text{m}$；④表层有机质分布深度为 $0\sim0.8\text{m}$。

利用 CoupModel 模型模拟的四种土壤有机质厚度下冻土活动层温度等值线如图 8.14 所示。随着有机质分布含量增多（从表层 0m 处直至 0.8m），我们可以发现活动层有如下变化现象：活动层厚度呈现明显的减小趋势，可从接近 280cm[图 8.14(a)]减小到不足 100cm[图 8.14(d)]，减小量达 180cm 之多，减负超过 60%；从活动层温度来看，主要表现为夏季活动层融化期同一深度处土壤温度降低的趋势，而冬季冻结期土壤的温度有升高的趋势，总体上活动层温度的年内变化幅度在减小，冻土活动层变化也趋于更加稳定；从冻融过程来看，不管是春夏季节的融化过程还是秋冬季节的冻结过程，其速率都有减慢的趋势，且整个融化期有缩短的趋势。有机质层厚度增加显著增强冻土的发育程度，有利于冻土保护和减缓气候变暖的影响。有机质土相对较高的热容量是产生上述现象的关键因素。有机质土壤较大的热容量能够储存更多的冷储，夏季需要更多的热量才能够使土壤发生融化，融化过程和冻结过程也就相对缓慢，开始的时间也有所滞后，致使冻土对气候变化的响应相对滞后。另外，有机质土较高的热容量可引起热传导速率减小，能量更不易传输，因而更高的有机质含量有利于冻土的发育和存在。表层有机质因具有较大的热容量，热导率较小，使表层土壤可以存储更多的冷储，在夏季融化期能够吸收更多的热量，不利于冻土的融化。综上所述，积雪主要影响冬季冻土的融化过程且影响视积雪深度而定，表层有机质主要影响冻土夏季的融化过程，起到抑制冻土融化的作用。

8.3.3　基于陆面过程模型与包气带水分运移的耦合模拟

非饱和带是饱水带与大气圈、地表水圈联系的纽带，一方面潜水通过非饱和带获得大气降水和地表水的补给，又通过非饱和带蒸发排泄。研究非饱和带水分运动规律对于降水蒸发、三水转化及水资源评价等有着特别的意义，也是地表水和地下水耦合的关键。如何将非饱和带土壤水运动过程与陆面过程模式相耦合，以更加准确地模拟土壤-植物-大气间水分传输过程，是陆面过程模式发展的重要方向（雍斌等，2006）。我们基于陆面过程模式中的简单生物圈单点 SIB2 模式对冠层水分传输的刻画较为准确的特点和较为成熟的单相饱和-非饱和达西入渗理论，探索陆面模式与非饱和带土壤水动力模型的耦合途径，耦合模型为建立大气降水、地表水、植物耗水及地下水耦合模拟研究提出一些思路，进而对水资源长期规划及合理利用提供科学的理论基础，为寒区或干旱区模拟包气带土壤水分运动过程探索一条新的途径。

8.3.3.1　SIB2 模型的简单描述

根据能量平衡方程，有

$$C_c \frac{\partial T_c}{\partial t} = R_{nc} - H_c - \lambda E_c$$

$$C_g \frac{\partial T_g}{\partial t} = R_{ng} - H_g - \lambda E_g - \frac{2\pi C_g}{\tau}(T_g - T_d) \tag{8.50}$$

$$R_n = R_{nc} + R_{ng} + G$$

$$\lambda E = \lambda E_c + \lambda E_g, H = H_c + H_g$$

一般认为能量在冠层内呈负指数分布，因此有

$$R_{ng} + G = R_n \times e^{-k\mathrm{LAI}} \tag{8.51}$$

式中，T_c、T_g、T_d 分别为叶片表面、土壤表层、土壤深层温度，℃；C_c、C_g 分别表示植物和土壤的有效热容；R_n 为太阳净辐射，$\mathrm{W/m^2}$；R_{nc}、R_{ng} 分别为植物和土壤吸收的太阳净辐射，$\mathrm{W/m^2}$；G 为地表热通量，$\mathrm{W/m^2}$；H 为冠层与大气之间的感热通量，$\mathrm{W/m^2}$；H_c、H_g 分别为植物和土壤与冠层之间的感热通量，$\mathrm{W/m^2}$；E 为腾发率，$\mathrm{kg/m^2 s}$；E_c、E_g 为植物和棵间腾发率，$\mathrm{kg/m^2 s}$；λ 为水的汽化潜热，$\mathrm{J/kg}$；LAI 为叶面积指数，$\mathrm{m^2/m^2}$；k 为辐射在植物冠层中的衰减系数。

SIB2 对土壤水分的描述采用三层土壤模型。把土壤分为三层，根据试验点的植被和土壤类型定义表层、根区、深层土壤的厚度。表层主要反映水汽的直接蒸发；根区主要考虑植物根系的蒸腾作用；深层考虑地下水的基流以及和根区的交换。根据水分平衡方程，有

$$\left. \begin{aligned} \frac{\partial w_1}{\partial t} &= \frac{1}{\theta_s D_1}\left[p_{w1} - Q_{1,2} - \frac{1}{\rho_w}E_g \right] \\ \frac{\partial w_2}{\partial t} &= \frac{1}{\theta_s D_2}\left[Q_{1,2} - Q_{2,3} - \frac{1}{\rho_w}E_c \right] \\ \frac{\partial w_3}{\partial t} &= \frac{1}{\theta_s D_3}\left[Q_{2,3} - Q_3 \right] \end{aligned} \right\} \tag{8.52}$$

式中，w_1、w_2、w_3 分别为三层土壤饱和度；θ_s 为饱和含水率，$\mathrm{m^3/m^3}$；D_i 为土壤层厚度，m；$Q_{i,i+1}$ 为两层土壤层间流量，$\mathrm{m/s}$；Q_3 为第三层土壤重力排水，$\mathrm{m/s}$；p_{w1} 为降雨入渗量，$\mathrm{m/s}$；ρ_w 是空气密度，$\mathrm{kg/m^3}$。

土壤层之间的流量 Q 用达西定律表示：

$$Q = k\left[\frac{\partial \psi}{\partial z} + 1 \right] \tag{8.53}$$

式中，k 为渗透系数$(k = k_s w^{(2b+3)})$，$\mathrm{m/s}$；ψ 为基势$(\psi = \psi_s w^{-b})$，m；k_s，ψ_s 为饱和渗透系数和基势，$\mathrm{m/s}$ 和 m。

SIB 2 模式利用经验公式来刻画非饱和土的渗透系数是土体饱和度的函数，且忽略了降雨强度、侧向补给、地下水位对土壤水分迁移的影响。本书采用饱和-非饱和达西渗流方程替代原 SIB2 模式对土壤水运动的描述，使之更为细致地刻画降雨入渗的过程，取得了一些进展。

8.3.3.2　饱和-非饱和渗流的基本理论

Miller 提出的有关非饱和介质的渗透系数是含水量或压力水头的函数的理论，为达西定律应用到非饱和区提供了理论基础，非饱和渗流基本微分方程是在假定达西定律同样适用于非饱和渗流情况的前提下通过与饱和渗流相同的方法推导出来的：

$$\frac{\partial}{\partial x_i}\left[k_{ij}^{s}k_{r}h_{c}\frac{\partial h_{c}}{\partial x_{j}} + k_{i3}^{s}k_{r}h_{c}\right] - Q = \left[C(h_{c} + \beta S_{s})\right]\frac{\partial h_{c}}{\partial t} \tag{8.54}$$

式中，h_c 为压力水头，m；k_{ij}^{s} 为饱和渗透系数张量，m/s；k_{i3} 为饱和渗透系数张量中仅和第 3 坐标轴有关的渗透系数值，m/s；k_r 为相对透水率，为非饱和土的渗透系数与同一种土饱和时的渗透系数的比值，在非饱和区 $0<k_r<1$，在饱和区 $k_r=1$；C 为比容水度，$C=\partial\theta/\partial h_c$，在正压区 $C=0$；β 为饱和-非饱和选择常数，在非饱和区等于 0，在饱和区等于 1；S_s 为弹性贮水率，饱和土体的 S_s 为一个常数，在非饱和土体中 $S_s=0$，当忽略土体骨架及水的压缩性时对于饱和区也有 $S_s=0$；Q 为源汇项，m^3/s。

初始条件：

$$h_c(x_i,0) - h_c(x_i,t_0)，(i - 1,2,3) \tag{8.55}$$

边界条件：

$$h_c(x_i,t)\big|_{\Gamma_1} = h_{c1}(x_i,t)$$

$$-\left[k_{ij}^{s}k_{r}h_{c}\frac{\partial h_{c}}{\partial x_{j}} + k_{i3}^{s}k_{r}h_{c}\right]n_{i}\bigg|_{\Gamma_2} = q_n$$

$$-\left[k_{ij}^{s}k_{r}(h_{c})\frac{\partial h_{c}}{\partial x_{j}} + k_{i3}^{s}k_{r}h_{c}\right]n_{i}\bigg|_{\Gamma_3} \geqslant 0 \text{ 且,} h_{c}\big|_{\Gamma_3} = 0 \tag{8.56}$$

式中，n_i 为边界面外法线方向余弦；t_0 为初始时刻；Γ_1 为已知结点水头边界；Γ_2 为流量边界；Γ_3 为饱和出逸面边界。

8.3.3.3　边界条件处理方法与非饱和水分参数的确定

这包括降雨入渗边界、土壤蒸发边界以及植被根土界面（根区提水源汇项）的处理与计算方法等三方面。

对于降水入渗边界的处理，从土壤入渗与降雨强度的关系分析入手。假设降雨强度 $R(t)$ 不变，认为 $R(t)=Ro$，在降雨的初期，由于雨强小于土壤的入渗能力，即有 $Ro<i(t)$，所以实际发生的入渗率即为雨强。当雨强大于土壤的入渗能力，此时 $Ro>i(t)$，实际发生的入渗率即为 $i(t)$，超出入渗能力的降雨则转化为地表积水或径流。因此，实际降雨入渗过程分为 2 个阶段，第 1 阶段为降雨强度控制阶段，第 2 阶段为入渗能力控制阶段，由此，对于土壤实际降雨入渗过程，我们可以得到如下标定关系。

设任一时刻 t 的入渗率 $q_r(t)$，其值和此时地表处的土壤水分运动通量 $q(0,t)$ 相等，即

$$q_r(t) = q(0,t) = -k h_c^t \frac{\partial(h_c^t + z)}{\partial z} = -k(h_c^t)\left(\frac{\partial h_c^t}{\partial z} + 1\right)_{z=0} \tag{8.57}$$

式中，h_c 为压力水头（对于非饱和土是基质势），m；坐标 z 取向上为正。

在降雨入渗条件下，如果某时刻降雨强度为 $R(t)$，设实际入渗的流量为 $q_s(t)$，且垂直于坡面方向，则降雨强度与实际入渗的流量之间的关系为

$$q_s(t) = \begin{cases} q_r(t) & \text{当 } R(t) \geqslant q_r(t) \\ R(t) & \text{当 } R(t) < q_r(t) \end{cases} \tag{8.58}$$

相应地把降水入渗边界做为第二类流量边界。

土壤蒸发考虑土壤与大气界面之间的水蒸气压（或比湿）差的函数和土壤表面的水分状况：

$$E_g = \rho_a C_E u_a [q(T_s) - q_a]$$

式中，为 E_g 蒸散发，$kg/m^2 \cdot s$；T_s 为地表温度，℃；$q(T_s)$ 为蒸散发表面的比湿，q_a 为大气的比湿；u_a 为风速，m/s；ρ_a 为空气的密度，kg/m^{-3}；C_E 为水分交换系数。

$$q(T_s) = \beta q^*(T_s) + (1 - \beta) q_a \tag{8.59}$$

式中，$q^*(T_s)$ 为蒸发表面的饱和比湿；β 为土壤湿润度函数：

$$\beta = \begin{cases} 1.8\theta/(\theta + 0.3) & \text{，当 } \theta < 0.375 \\ 1 & \text{，当 } \theta \geqslant 0.375 \end{cases} \tag{8.60}$$

对于根土界面水分传输，亦即根系吸水过程，考虑到根系吸水取决于根土水势差而非含水量，采用 Feddes 于 1978 年提出的模型：

$$S = \frac{\alpha(h)}{\int_0^{Lr} \alpha(h) \mathrm{d}z} E_C \tag{8.61}$$

式中，S 为根系吸水速率，$kg/m^2 \cdot s$；Lr 为根系长度，m；E_C 为作物蒸腾速率，$kg/m^2 \cdot s$；z 为空间坐标；$\alpha(h)$ 为根区土壤水势对根系吸水的影响函数，其定义为

$$\alpha(h) \begin{cases} h/h_1 & \text{，当 } h_1 \leqslant h \leqslant 0 \\ 1 & \text{，当 } h_2 \leqslant h \leqslant h_1 \\ (h - h_3)/(h_2 - h_3) & \text{，当 } h_3 \leqslant h < h_2 \\ 0 & \text{，当 } h < h_3 \end{cases} \tag{8.62}$$

式中，h 为土壤水势，m；h_1，h_2，h_3 为影响根系吸水的几个土壤水势阈值。

当土壤水势低于 h_3 时，根系已不能从土壤中吸取水分，所以 h_3 通常对应着作物出现永久凋萎时的土壤水势；(h_2, h_1) 是根系吸水最适的土壤水势区间；当土壤水势高于 h_1 时，由于土壤湿度过高，透气性变差，根系吸水速率降低。

h_1、h_2、h_3 通常由实验确定。对于小麦作物，可参考 Molden(1997) 给出的结果，针对小麦，取 h_1、h_2、h_3 分别为 $-0.3m$、$-6m$、$-15m$。

非饱和参数的确定，主要是对于非饱和岩土类多孔介质，关键是确定非饱和相对渗透系数 k_r 与体积含水量 θ 的对应关系曲线 $k_r \sim \theta$，以及毛细压力 h_c 与体积含水量 θ 的对应关系曲线 $h_c \sim \theta$。采用 Van Genuchten 于 1980 年基于 Mualem 的理论所提出的参数拟合方法。

8.3.3.4 耦合模型的应用范例

上述陆面过程模型和包气带水分运移模型的耦合模式，是对陆面过程模型与水文模型结合的尝试。利用黑河流域中游临泽农业生态系统综合观测场的气象、农田灌溉及其入渗的观测资料，验证耦合模型在单点上的计算精度，并对小麦生长期间的耗水量进行估算。假设灌溉是对强降水的模拟，单位时间的灌溉量为 $qi(t)$，代替式(8.58)中的降雨

强度 $R(t)$，考虑棵间腾发率，则入渗边界条件改为 $q_s(t)-Eg$。作物腾发率 Ec 是由于植物根系吸水造成的按照源汇项处理。首先根据辐射平衡原理进行初始时刻冠层模型的求解，获得棵间蒸发、作物蒸腾，然后将冠层模型的计算结果作为边界条件与源汇项，利用饱和-非饱和入渗模型计算此时刻整个土壤层的水分状况。

模型针对灌水密集的 2005 年 5 月 4 日～2005 年 6 月 30 日土壤水分和地下水位进行模拟计算，计算结果如图 8.15 和图 8.16 所示，分别表示模型对分层土壤含水量和地下水位计算值与观测值的比较，结果说明：饱和-非饱和模型与陆面过程模型的耦合可以对灌溉条件下土壤含水量的瞬时变化进行模拟并计算相应地下水位变化，改进了以前陆面过程模型忽略地下水位对系统影响的缺陷。

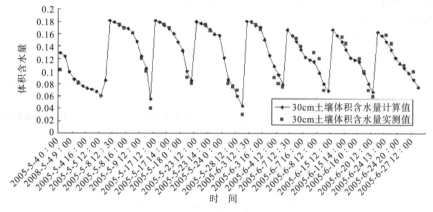

图 8.15　30cm 土壤含水量计算值与实测值比较

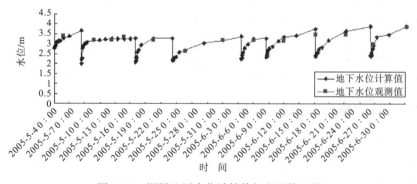

图 8.16　深层地下水位计算值与实测值比较

陆气相互作用中，土壤是联系地表和地下的关键，土壤水分在其水分能量平衡中起着重要的作用。针对大多数陆面过程模式简化对土壤非饱和带水分运移的动力学机理的刻画，本书利用饱和-非饱和达西渗流理论与 SIB 2 模型耦合，提出了降雨（灌溉）入渗和蒸发蒸腾边界的处理方法，最终获得可连续求解的基于非饱和带土壤水动力理论的陆面过程模型。通过在河西走廊黑河流域中游地区的实例应用，表明模型具有较高的模拟精度与有效性，并可实现对灌溉条件下土壤含水量和地下水位的实时动态模拟。SIB2 与饱和-非饱和入渗原理的耦合增进了降水（灌溉）、土壤水、地下水三者关系的研究，对开展地表水和地下水的耦合研究具有重要的意义。

　　开展水循环气-陆耦合模式研究，是水文学研究重点领域及热点研究问题之一，被认为是解决无资料流域水文预报、模拟大尺度流域的水文气候过程以及认识流域尺度水文循环，进行流域水资源综合评价和水资源管理的新的有效途径(王浩等，2010；陆桂华等，2006)。目前，基于陆面模式耦合大气模式和水文模式的单向耦合研究，即利用含有陆面过程的大气模式输出(主要是降水和蒸发)驱动水文模式，成为很多陆面过程模型模拟陆面水文过程和水文模型对流域尺度水文过程模拟的较为成熟和有效的技术途径(Fatichi et al.，2012；刘春蓁，2004；杨传国等，2007)。因此，通过对大气-植被-活动层土壤-冻土连续体水热传输过程的完整描述，改进寒区陆面过程模式，并与近年来发展起来的适宜于青藏高原的大气模式相耦合，是实现多年冻土区基于能量平衡驱动的水量平衡变化过程模拟，继而实现驱动大尺度流域水文模型，对高原寒区流域尺度水文过程精确模拟的可靠途径。

参 考 文 献

宋耀明，郭维栋，张耀存. 2009. 陆面过程模式 CoLM 和 NCAR_CLM310 对中国典型森林生态系统陆气相互作用的模拟Ⅱ-不同参数化方案对模拟结果的影响. 气候与环境研究，14(3)：243-257.

周剑，李新，王根绪，等. 2008. 陆面过程模式 SIB2 与包气带入渗模型的耦合及其应用. 地球科学进展，23(6)：570-579.

贾仰文，王浩. 2005. 分布式流域水文模型原理与实践. 北京：中国水利水电出版社.

李弘毅，王建，郝晓华. 2012. 祁连山区风吹雪对积雪质能过程的影响. 冰川冻土，34(5)：1084-1090.

陆桂华，吴志勇，雷文，等. 2006. 陆气耦合模型在实时暴雨洪水预报中的应用. 水科学进展，17(6)：847-852.

刘春蓁. 2004. 气候变化对陆地水循环影响研究的问题. 地球科学进展，19(1)：115-119.

孙琳婵，赵林，等. 2010. 西大滩地区积雪对地表反照率及浅层地温的影响. 山地学报，28(3)：266-273.

王国亚，毛炜峰，等. 2012. 新疆阿勒泰地区积雪变化特征及其对冻土的影响. 冰川冻土，34(6)：1293-1300.

王浩，严登华，贾仰文，等. 2010. 现代水文水资源学科体系及研究前沿和热点问题. 水科学进展，21(4)：479-489.

王书功. 2006. 水文模型参数估计方法及参数估计不确定性研究. 兰州：中国科学院寒区旱区环境与工程研究所.

范晓梅，刘光生，王根绪. 2010. 长江源区高寒草甸植被覆盖变化对蒸散过程的影响. 水土保持通报，30(6)：17-21.

雍斌，张万昌，刘传胜. 2006. 水文模型与陆面模式耦合研究进展. 冰川冻土，(6)：53-59.

杨传国，林朝晖，郝振纯，等. 2007. 大气水文模式耦合研究综述. 地球科学进展，22(8)：810-816.

Anderson E A. 1976. A point energy and mass balance model of a snow cover, NWS Technical Report 19. National Oceanic and Atmospheric Administration, Washington, DC, USA, 150 pp.

Argent R M, Voinov A, et al. 2006. Comparing modelling frameworks—A workshop arrroach. Environmental Modeling & Software, 21：895-910.

Armstrong R L, Brun E. 2008. Snow and climate：physical processes, surface energy exchange and modeling. Cambridge：Cambridge University Press.

Bartelt P, Lehning M. 2002. A physical SNOWPACK model for the Swiss avalanche warning. Part I：numerical model. Cold Reg. Sci. Technol, 35：123-145.

Cherkauer K A, Lettenmaier D P. 2003. Simulation of spatial variability in snow and frozen soil. Journal of Geophysical Research, 108：22.

Christiansen J R, Elberling B, Jansson P E. 2006. Modelling water balance and nitrate leaching in temperate Norway spruce and beech forests located on the same soil type with the CoupModel. Forest Ecology and Management, 237(1-3)：545-556.

Dai Y J, Zeng X B, Dickinson R E, et al. 2003. The common land model. Bulletin of the American Meteorological

Society，84(8)：1013-1023.

Fatichi S，Ivanov V Y，Caporali E. 2012. A mechanistic ecohydrologicalmodel to investigate complex interactions in cold and warm watercontrolledenvironments：1. Theoretical framework and plot-scaleanalysis. Journal of Advances in Modeling Earth Systems，4：M05002. DOI：10. 1029/2011MS000086.

Feddes R A，Bresler A E，Neuman S P. 1978. Field test of a modified numerical model for water uptake by root sys-tem. Water Resources Research，10：1199-1206.

Garnier B J，Ohmura A. 1970. The evaluation of surface variations in solar radiation income. Solar Energy，13：21-34.

Granger R J，Gray D M，et al. 1984. Snowmelt infiltration to frozen prairie soils. Canadian Journal of Earth Sciences，21：669-677.

Granger R J，Gray D M. 1989. Evaporation from naturalnonsaturated surfaces. Journal of Hydrology，111：21-29.

Gray D M，Landine P G. 1987. Albedo model for shallow prairie snow covers. Canadian Journal of Earth Sciences，24：1760-1768.

Gray D M，Landine P G. 1988. An energy-budget snowmelt model foor the Canndian Prairies. Can J Earth Sciences，25(8)：1292-1303.

Gregersen J B，Gijsbers P J，Westen S J. 2007. OpenMI：open modelling interface. Journal of Hydroinformatics，9(3)：175-191.

Hollesen J，Elberling B，Hansen B U. 2009. Modelling subsurface temperatures in a heat producing coal waste rock pile，Svalbard. Cold Reg Sci Technol，58(1-2)：68-76.

Jansson P E，Moon D S. 2001. A coupled model of water，heat and mass transfer using object orientation to improve flexibility and functionality. Environmental Modelling & Software，16(1)：37-46.

Jordan R. 1991. A one-dimensional temperature model for a snow cover. Technical Documentation for SNTHERM. 89. US Army Corps of engineers cold regions research and engineering laboratory，Hanover，New Hampshire，49 pp.

Karlberg L，Ben-Gal A，Jansson P E，et al. 2006. Modelling transpiration and growth in salinity stressed tomato under different climatic conditions. Ecol Model，190(1 2)：15 40.

Leavesley G H，Lichty R W，et al. 1983. Precipitation -runoff modelling system：user's manual，US Geological Survey，Reston，Virginia，Water-Resources Investigations Report：83-4238.

Leavesley G H，Restrepo P J，et al. 1996. The modular modeling system(MMS)：user's manual. Open-File Report，U S Geological Survey：96-151.

Lehning M，Bartelt P，Brown B，et al. 2002b. A physical SNOWPACK model for the swiss avalanche warning. Part II：snow microstructure. Cold Reg. Sci. Technol，35(3)：147-167.

Lehning M，Bartelt P，Brown B，et al. 2002a. A physical SNOWPACK model for the swiss avalanche warning. Part III：meteorological forcing，thin layer formation and evaluation. Cold Reg. Sci. Technol，35(3)：169-184.

Liang X，Lettenmaier D P，et al. 1994. A simple hydrologically based model of land surface water and energy fluxes for GSMs. Journal of Geophysical Research，99(D7)：14415-14428.

Marks D，Domingo J，Susong D，et al. 1999. A spatially distributed energy balance snowmelt model for application in mountain basins. Hydrol. Process，13(12-13)：1935-1959.

Matteo D A. 2010. Coupled water and heat transfer in permafrost modeling. University of Trento，Monograph of the School of Doctoral Studies in Environmental Engineering.

Ogden F L，Saghafian B. 1997. Green and ampt infiltration with redistribution. J. Irrig. Drain. Eng. - ASCE 123(5)，386-393.

Oleson K W，Dai Y，Bonan G，et al. 2004. Technical description of the community land model(CLM)，NCAR Technical Note NCAR/TN-461，National Center for Atmospheric Research.

Pomeroy J W，Gray D M，et al. 2007. The cold regions hydrological model：a platform for basing process representation and model structure on physical evidence. Hydrological Processes，21：2650-2667.

Pomeroy J W，Li L. 2000. Prairie and arctic areal snow cover mass balance using a blowing snow model. Journal of

Geophysical Research, 105: 26619-26634.

Priestley C H, Taylor R J. 1972. On the assessment of surface heat flux and evaporation using large-scale parameters. Monthly Weather Review, 100: 81-92.

Quinton W L, Marsh P. 2008. A conceptual framework for runoff generation in a permafrost environment, Hydrol. Processes, 13, 2563-2581.

Quinton W L, Shirazi T, Carey S K, et al. 2005. Soil water storage and active-layer development in a sub-alpine tundra hillslope, southern Yukon territory, Canada. Permafrost and periglacial processes, 16: 369-382.

Refsgard JC, Hansen E. 1982. A distributed groundwater-surface water model for the susa-catchment, Part 1—model description. Nordic Hydrology, 13: 299-310.

Rigon R, Bertoldi G, Over T M. 2006. GEOtop: a distributed hydrological model with coupled water and energy budgets. Journal of Hydrometeorology, 7: 371-388.

Sellers P J, Randall D A, Collatz G J, et al. 1996. A revised land surface parameterization (SiB2) for atmospheric GCMs, Part I: model formulation. Journal of Climate, 9: 676-705.

Storm B, Jensen K H. 1984. Experiences with field testing of SHE on research catchments. Nordic Hydrology, 15: 283-294.

Svensson M, Jansson P E, et al. 2008. Bayesian calibration of a model describing carbon, water and heat fluxes for a Swedish boreal forest stand. Ecological Modeling, 2008, 213: 331-344.

Van Genuchten. 1980. A closed form equation predicting the conductivity in soils. Soil Science Society of America Journal, (44): 892-898.

Woo M , Kane D L, Carey S K, et al. 2008. Progress in permafrost hydrology in the new millennium. Permafrost and Periglacial Processes 19, 237-254.

Zhang Z, Kane D L, Hinzman L D. 2000. Development and application of a spatially-distributed arctic hydrological and thermal process model(ARHYTHM). Hydrol Process, 14(6): 1017-1044.

ZhangTingjun, Barry R G, et al. 2008. Statistics and characteristics of permafrost and ground-ice distribution in the Northern Hemisphere. Polar Geography, 31(1-2): 47-68.

Zhang T J. 2005. Influence of the seasonal snow cover on the ground thermal regime: an overview. Reviews of Geophysics, 43(4).

第9章　寒区生态水文学理论发展的问题与展望

9.1　寒区生态水文学面临的主要挑战和问题

9.1.1　寒区水循环与陆面过程

冰川、积雪和冻土构成寒区水文过程的三大下垫面要素，其中冰川的分布范围有限、融水径流的贡献率可以通过冰川融水径流观测而获得较为准确的判断；积雪融水影响的季节性很强，且属于传统水文学基本的降水-径流理论范畴。最为重要的是，基于能量平衡和物质平衡理论，冰雪融水径流的研究方法相对成熟，如现阶段国际上广泛采用的SRM模型就有较好的识别能力(Immerzeel et al.，2010)。相比较而言，冻土作为分布范围广泛的寒区水文要素，由于冻土活动层土壤水分随温度的相变，从性质上改变了包气带的厚度和土壤水分运动与热量传输的物理规律。冻土的不透水性、蓄水调节作用和抑制蒸发作用，形成十分复杂的大气-土壤水热传输/转换过程，从而对坡面产汇流过程以及径流的年内、年际变化过程产生较大影响，形成与非冻土区截然不同的水文规律(杨针娘等，2000；Wang et al.，2009a；Woo，2012)。冻土水文过程的复杂性还在于冻结层上地下水含水层水力性质和隔水底板随冻融过程的可变性，形成了区域降水-地表水-地下水转换关系的高度时空变异性。所有这些不同于非冻土区的水循环和三水转换关系决定了多年冻土区具有完全不同的径流形成过程、机制与季节动态，但所有这些领域对于我们而言均是未知的或至少缺乏对应的理论认知和定量刻画方法(Rigon et al.，2006；Wright et al.，2009；Woo，2012)。

在上述诸多因素共同作用下，传统的以降水-径流关系为基础的产汇流理论、水文分析方法，如现有流域水均衡分析和水文模型构建的最基本理论：流域蓄水容量曲线和山坡产流模式等，由于温度对土壤蓄水容量的控制，已均不能适用于多年冻土区(Woo，2012；Tetzlaff et al.，2014；Wang et al.，2009a)。但迄今为止，我们没有可以取代的适宜产流理论和水文分析方法。因此，冻土水文学作为寒区水文学的主要组成部分，由于受制于严酷条件下观测试验研究的困难以及上述相关理论认知的缺乏，迄今为止尚没有形成基本的理论体系，也缺乏专门的较为成熟可靠的定量分析方法(Woo，2012)。冻土水文学领域面临的最主要瓶颈就是缺乏冻融循环控制下的坡面产流和流域径流形成过程与机制的认知，从而没有适用于寒区水文过程的定量分析方法与范式。

9.1.1.1 大气-植被-冻土水热交换与传输过程

在多年冻土地区，冻土与寒区生态系统之间存在十分复杂的水热互馈关系，事实上，寒区生态系统条件是冻土发育与演变的重要因素之一（周幼吾等，2000；Shur and Jorgenson，2007）。一方面，冻土-植被-大气系统的一系列能量转化、物质循环和水分传输过程通过水热互馈关系紧密地耦联在一起，并制约着土壤和植物与大气系统之间的水交换通量及能水平衡关系，但是，我们对这一寒区特殊的 SPAC 系统的水热交换的认识很有限，现阶段冻土区陆面过程模型中，也仅仅是考虑土壤冻融过程的水分与热量传输，缺乏植被和土壤有机质等生态系统因素参与下大气-植被-土壤-冻土水热交换与传输过程的深入理解，其定量描述的数值模型也处于探索阶段（Pomeroy et al.，2007；Yi et al.，2009；Wang et al.，2012a），严重制约了寒区流域地表能量平衡驱动下，水量平衡变化的系统分析，成为径流形成与演化过程的科学认知始终难以取得突破的重要原因之一。另一方面，在这一特殊的寒区 SPAC 系统水热耦合循环过程主导下，冻土水文过程与寒区生态水文过程密切关联，形成不同尺度上均不可分割的水循环整体。事实上，多年冻土区的水文过程对生态变化的敏感性可能要高于其他地区，这是因为植被覆盖变化、土壤性质变化以及动物活动等极显著影响温度分布与动态变化，从而进一步间接作用于水文过程，这种间接作用的强度甚至可能超过植被对水循环的直接作用（截留、蒸腾等），但现阶段缺乏对这一问题的深入理解和基于机理的量化模式（Wookey et al.，2009；Wang et al.，2012b）。因此，如何在系统理解冻土-生态水循环耦合过程与机制的基础上，发展寒区径流形成理论与有效的水文过程定量刻画方法，成为冻土水文乃至寒区水文学前沿发展面临的最大挑战。这一难题不仅阻碍了我们对于寒区水文过程变化的科学阐释以及对于未来气候变化下寒区水文与水资源变化的客观理解，而且直接限制了现有流域水文模型对于寒区的适用性（Rigon et al.，2006；Pomeroy et al.，2007；Zhou et al.，2014）。

土壤水分平衡及其动态变化不仅是坡面产流和流域径流形成过程分析的基础，也是流域水文模型构建和检验的基本要素，而且在明晰气候变化对流域水循环与生态系统影响程度的评价中具有不可替代的重要指示作用。尽管宏观上陆地水分通量受制于植被蒸腾（Jasechko et al.，2013），但在多年冻土区，高寒草地蒸散发的影响因素以冻融作用控制的土壤蒸发为主，植被因素、土壤有机质层厚度等因素的作用程度存在不确定性，且在春秋季节可能与非冻土区相反（Zhang et al.，2007；2011；王根绪等，2010）。同时，土壤入渗和土壤持水能力都是土壤温度的函数，因而寒区土壤水均衡是能量平衡驱动的结果且对径流形成具有重要影响（周剑等，2008；Woo，2012）。正是由于土壤水均衡诸要素均与土壤冻融过程（包括与之相关的积雪融水、土壤水分入渗与蒸散发、壤中流以及冻结层上地下水等）密切相关。一方面，多年冻土区无论是坡面还是流域单元，如何基于寒区特殊的 SPAC 系统水热传输规律定量分析水均衡及其动态变化，一直是寒区流域水文分析的难点之一（Berezovskaya et al.，2005），需要对上述寒区大气-植被-土壤水热耦合关系的定量描述取得进一步发展；另一方面，土壤水均衡变化描述坡面产流形成机制是非冻土区坡面乃至流域尺度径流形成分析的基本原理（Penna et al.，2011），如何将该原理应用到多年冻土流域一直是寒区流域水文学研究的前沿难点之一（Wright et al.，

2009；Penna et al.，2011）。

如图 9.1 所示，一方面，如以上所述冻土性质（冻结层埋深、含冰量）、活动层土壤性质、植被覆盖以及土壤有机质层等因素的水热效应形成寒区陆面 SPAC 系统能水循环的复杂性；另一方面，在坡面尺度上，受地形、坡向等影响的地表能量分布格局的空间变异性，不仅使得植被类型组成与覆盖状况以及活动层土壤质地（包括土壤表层有机质含量与厚度）发生改变，而且也同时导致冻土性质在坡面上不同海拔和坡向上不同，这就使得寒区样地尺度的 SPAC 系统水热耦合传输过程在坡面尺度上出现高度空间异质性，这种空间变化不仅不同样地不同，而且同一样点上不同方向上也表现出显著差异性。因此，如何系统辨析寒区 SPAC 系统水热耦合传输过程、多因素协同的驱动机制及其在坡面尺度的空间变异规律，是寒区陆面过程研究最为核心的前沿科学问题。这一问题的重要性还在于 SPAC 系统水热传输过程直接控制水均衡状态，从而坡面上 SPAC 的这种变异性所导致的水均衡变化直接决定了坡面径流的形成与动态变化。

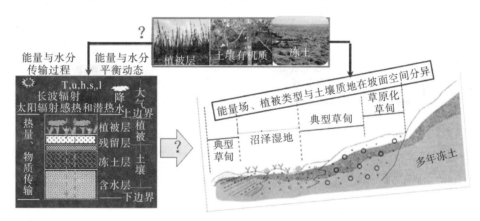

图 9.1　寒区样地 SPAC 水热过程、影响因素及其坡面尺度的空间异质性

9.1.1.2　积雪-植被互馈作用及其陆面过程的影响

寒区陆面积雪覆盖变化的水循环与能量循环效应是十分重要的陆面过程组分，积雪累积、消融和融雪径流是积雪水文学研究的主要物理过程，积雪水当量、积雪升华的水分散失程度与速率、积雪融化时间、速率和程度以及融水的去向等是积雪水文过程定量模拟分析的主要参数或指标组成。积雪与植被间密切的互馈作用关系、时空变异规律、作用机理及其陆面关键的碳循环、水热循环过程模拟，是寒区陆面过程、水文过程以及生态过程研究的核心问题之一。首先，不同植被类型、群落组成与空间格局如何影响积雪的空间分布格局与累积和消融过程，是一个已有几十年研究历史的古老问题，但在定量的积雪模式中始终没能很好解决，包括一些新近发展起来的积雪模型，如基于 SVAT 发展起来的模拟土壤-积雪-植被-大气之间质量和能量交换过程的 SAST 模型（孙淑芬，2005）以及 SIB 模式中积雪模块等（Sun et al.，2001），仅仅考虑了积雪的质量、能量及积雪深度的控制方程，由积雪能量平衡以及雪水当量平衡方程耦合而成，基本上缺失有关植被-积雪的互馈作用及其能水平衡的影响，或是简单考虑植被影响下的地表粗糙度、植被冠层对积雪的截留以及冠层热容量等。

　　大量研究表明,积雪-植被间密切的互馈作用对陆地生态系统碳氮循环、水循环以及区域径流等具有较大影响(Sturm et al.,2001；Swann et al.,2010)。如图 9.2 所示,积雪-植被间密切的耦合作用,在如何改变地表能量平衡、水平衡及其气候反馈影响(如是否加剧增温?)方面存在诸多需要明确的科学问题。其中对于区域水循环和碳循环过程的效应,包括土壤水分动态和径流的影响程度、土壤碳库动态与植物生物量碳库动态及其区域碳源汇变化等,目前尚缺乏明确的理论认识,存在较大争议。这些问题伴随一些较为明确的物理过程如土壤温度升高导致活动层土壤厚度增大、地表反照率降低等。因此,正确辨析植被-积雪相互作用的水碳效应,寻求定量解析方法,是寒区陆面过程面临的最大挑战之一。另外,积雪-植被协同变化对冻土的影响,是多年冻土变化研究的热点,积雪本身的能量调控作用、叠加植被对能量传输的影响,对下伏冻土能量平衡产生何种影响,并在多大程度上控制土壤冻融过程,是多年冻土地区陆面过程和水循环研究需要关注的另一个重要问题。

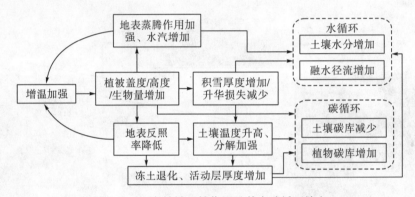

图 9.2　积雪-植被互馈作用及其水碳循环效应

　　寒区积雪-植被的能水互馈作用与影响,实际上还与冻土因素关系密切。如在泛北极多年冻土区,冬季较大的积雪覆盖,对冻土水热传输过程存在十分显著的影响,甚至可能由此导致多年冻土消失。但积雪覆盖对冻土水热过程的影响程度与作用方式等,与植被覆盖状况有关,苔原、灌丛与泰加林带不同,甚至相同植被类型下盖度不同或高度等不同,均产生不同效应。但现阶段,对于植被-积雪-冻土系统的水热耦合传输和交换过程的定量描述尚未取得根本性突破,这种复杂的多因素耦合作用的区域尺度水循环和碳循环更是存在诸多未知领域。我们不清楚积雪-植被-冻土系统复杂的水热耦合传输过程如何影响区域尺度的水循环,缺乏定量描述寒区如此多因素协同作用下水循环和径流效应的数值解析模式；对于由此产生的寒区生态系统碳源汇过程也处于探索之中。

9.1.1.3　寒区陆面过程模式的发展

　　在现代陆面过程模式中,如 CoupModel、CLM 等,对土壤冻融过程的水热传输有经验或半经验描述方程,在热传导、感热或潜热通量计算中,均考虑了土壤冻结与融化时的不同参数系统,并对有机质土壤和矿质土壤在冻结和未冻结时不同的导热性能等也有不同的参数化方案；对于植被层,区分大单叶和大叶群来反映不同植被类型对能量平衡与传输的作用(孙淑芬,2005)。存在的主要问题是两方面,一是对于植被覆盖变化及其协同的土壤质地变化(如有机质层、根系层以及黏粒含量等)对热量传导和平衡影响的定量描述,仅用简单的大叶群或是单叶模型叠加土壤有机质厚度的办法难以客观刻画,如何定量描述相同植被类型不同植被盖度下的能量传输作用,并与协同的土壤质地变化相结合,耦合描述对大气-土壤能量传输过程与平衡的影响过程,是大气-植被-土壤能量传输模式需要解决的问题之一;二是生态系统水循环与冻土-活动层土壤系统的水热传输间的耦合作用,由于现有的水热耦合模式中,对于植被-土壤有机质层的水分再分配作用及其耦合的热量传输过程,仅仅考虑水分截留和蒸腾的能量消耗,缺乏对植被盖度-土壤系统的水分和热量耦合传输的连续互馈作用过程的定量描述。基于完善的寒区陆面过程模式与适宜的区域大气模式的耦合,是实现定量阐述气候变化及其驱动的陆面植被与冻土环境变化如何改变区域水均衡动态、继而影响流域水文过程的理想途径,需要对水均衡描述模式与陆面过程模式进行耦联(孙淑芬,2005;王浩等,2010;Penna et al.,2011)。

9.1.2　寒区流域径流形成与演化过程

寒区冻土因素的存在,因其特殊的水文循环作用,导致坡面产流和流域径流形成与动态过程显著不同于非冻土区。如图9.3所示,寒区坡面产流的主导因素有地表植被与土壤、活动层厚度、质地与水力性质、积雪状况、冻结层上地下水系统等,由这些因素共同作用下的坡面产流组分主要是坡面地表产流、活动层土壤层壤中流以及冻结层上地下水排泄径流(溢出水流)等。与非冻土区不同,这些坡面产流组分最主要的制约因素之一是土壤冻结面的动态变化,如融化过程,地表产流形态从超渗迅速转为蓄满或饱和产流、继而再度演变为超渗产流的过程,就是受制于冻结面在上层土壤中的位置。同时,不同产流机制下的产流量是坡面水均衡变化的结果,这就与冻融过程控制下的坡面蒸散发、土壤水分入渗以及土壤水分含量等有关。然而,迄今为止,一方面我们尚无法准确界定坡面产流机制的转换过程,缺乏定量描述产流机制转换过程及其产流量动态变化的有效方法;另一方面,对于由冻结面波动以及土壤水分相变过程控制下的陆面蒸散发和土壤水分入渗过程也缺乏较为准确的刻画方法,反过来制约了冻土流域坡面产流过程的

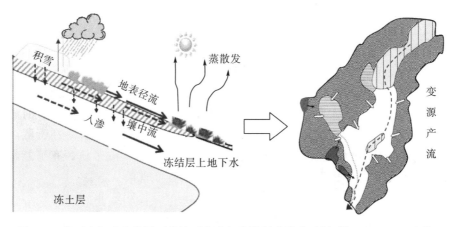

图9.3　寒区多年冻土作用下的坡面产流与流域径流形成过程(据Woo,2012改绘)

有效模拟(Penna et al.，2011；Tetzlaff et al.，2014)。这些问题的复杂性还在于地表积雪与植被覆盖对于能量分配的共同作用，而且表层土壤有机质层厚度等不仅影响能量传输，也对水力传导过程具有较大作用，由此形成了积雪-植被-土壤有机质层间极其复杂的能水耦合作用过程，共同制约能量和降水向下传输及其在土壤中的分配过程(Pietroniro，2001；Quinton et al.，2005)。由于能量、土壤性质以及植被分布等存在较大的地形作用下的空间变异性，上述复杂的耦合作用关系和水循环过程还存在高度的空间变异性。因此，需要对寒区坡面的水均衡动态、形成机制及其空间变异性有系统的了解，创新寒区坡面产流理论，发展符合其物理规律的定量刻画方法。

在流域尺度，除了上述地表产流问题以外，由冻融过程控制的地下径流是径流形成过程的另一个关键问题。寒区多年冻土区地下水系统十分复杂，与非冻土区的潜水与承压水两大类型划分原理不同，由于冻结层是隔水层，可以区分为冻结层上地下水和冻结层下地下水，同时冻结层内部存在局部融化夹层或溶蚀空间，存在冻结层间水。由于冻结层随温度不同的动态变化，不仅隔水层存在时空变化，而且不同地下水体间也并不仅仅是在排泄区域贯穿，在各自径流过程中，往往存在局部融化岩隙或构造裂隙等成为水体运移通道而相互联系。在这些复杂多变的交替与运动作用下，地下水系统作为地表径流的形成与动态变化的主要驱动因素之一，人们对其补给、径流与排泄等运动过程的理论认知十分有限(Walvoord et al.，2012；Woo，2012)。现阶段，通过水文过程分割和同位素水文学方法分析，了解到寒区地下水是河流径流的主要形成来源之一，并随冻融过程而存在显著的季节动态，但其运动过程的动力学机理、水量交换与水均衡理论以及定量的径流模式等，均是没有解决的前沿问题，成为寒区水文学最具挑战性的难点之一。

流域变源产流理论是径流形成过程的基本原理之一，但在寒区流域，特别是多年冻土流域，变源产流并非是由土壤水分条件所唯一决定，而更多是温度条件来控制，系统辨识寒区流域温度控制下的变源产流过程及其物理机制，成为寒区水文学的核心理论问题之一。上述两方面的理论与方法上的认识不足，就直接导致了寒区流域径流形成过程、物理机制和数值模型等所面临的一系列前沿问题和挑战。不仅缺乏冻融循环控制下的坡面产流和流域径流形成过程与机制的系统认知，也没有替代传统降水-径流模式的径流形成理论和方法。由于冰冻圈要素是水循环的重要组成因子，其对全球气候变化的高度敏感性使得寒区水文过程响应气候变化的脆弱性和易变性；同时，气候变化还直接导致寒区区域尺度生态系统结构、生产力和分布格局发生显著改变，而人类活动也促使寒区土地利用和覆盖变化(包括生态保护工程建设等)，共同改变寒区水循环的下垫面条件。这些变化环境将显著改变寒区水循环过程，从而导致径流的形成过程与动态发生演变，但现阶段，尚缺乏有效手段来模拟和预估寒区水文过程响应全球变化的演变趋势及其影响。比如，对于欧亚北极大陆大部分河流径流持续较大幅度增加、同时北美部分河流径流减少的现象，就难以找到合理的理论解释，也不能给予准确预测。同样，在青藏高原，近10年来出现的湖泊水域大面积增加以及内流湖泊外流化趋势，除了认为有可能是冰川融水增加补给的成因以外，也没有其他足够证据来阐释这些现象。

9.1.3　寒区地下水运动过程与动力学机理

寒区地下水系统不仅在结构、类型及其分布等方面与非冻土区存在差异，而且冻结层上地下水参与地表水循环过程受制于地表土壤冻融状态，其运动过程的动力学特性也与水体的相变过程与含冰量密切相关。冻融喀斯特在多年冻土区是较为常见的一种热熔地貌，伴随地下水的一种特殊的补给过程，就是通过地表热熔形成的喀斯特溶洞、垂直热熔裂隙等，将上层饱和土壤水分或降水（甚至地表水体）导入地下水含水层（Woo，2012），热融湖塘也往往成为地下水排泄通道。因此，冻结层上地下水系统的补给、径流和排泄过程与传统的基于渗流理论建立的地下水动力学原理不尽相同，温度梯度与水力坡度双重驱动地下水运动过程，其排泄途径除了通常的河流和泉水以外，还有热熔湖塘和热熔喀斯特管道等，因而，传统的渗流理论及其基础上建立起来的地下水动力学方程，不能适用于多年冻土区地下水系统。

冻结层上地下水系统在完全融化期的运动过程类似于非冻土区的潜水类型，如果把冻结面近似看作为永久性隔水层，或冻结面位于天然隔水岩层以下，这时的冻结层上地下水可以近似采用潜水含水层地下水动态过程来描述。但在秋季冻结过程中，地下水含水层空间以及水运动过程受含水土体双向冻结过程的影响，一方面由底部向上冻结过程抬升地下水径流和出露位置，压缩液态水含水层空间；另一方面，由顶部向下冻结过程截断地表水分入渗补给，降低水位，同时形成隔水顶板导致潜水含水层向承压水形态转变。双向冻结作用的结果，不仅形成冻结层上地下水径流通道上移、排泄水量急剧减小，补给面积和水量减少，而且液态水含水层性质发生变化；且由于冰体积增大，在局部形成冻胀土丘。在春季融化过程，则正好相反，一般仅有从上至下的单向融化过程。伴随融化向深层发展，冻结层上地下水不断融化形成液态饱和水，恢复潜水形态，但存在液态水、冰水两相水体等不同形态的水流过程。这时的地下水径流过程与非冻土区传统的壤中流有相似之处，但不同之处在于随冻结面移动，其出水位置和排泄量均发生变化。上述冻融过程中冻结层上地下水的复杂运动过程，应用现有地下水文学理论和方法难以描述，现阶段缺乏精确刻画的分析理论。

冻土地下水系统极其复杂多变，其主要形成原因就在于地形、植被覆盖以及土壤特性等诸多因素作用于热量分布与传输过程。地下冰是冻土地下水最常见的赋存形式，温度对其相变、运移和交换过程的影响大于降水等因素，这就决定了冻土地下水的运动过程，不仅遵守与其他非冻土区地下水一样的水动力物理力学规律，而且更为重要的是要受温度场的驱动，是水力学和热力学共同作用的结果。为此，国际上有研究者近年来陆续提出了一些基于热力学和水力学复合的地下水动力学模式，代表性的如 Bense 等（2009）提出的多年冻土区浅层地下水流的模拟方法，其核心方程组是瞬时水头模型和孔隙介质温度分布模式的组合：

$$\frac{\rho_{wg}}{\mu} \nabla [k \nabla h] = S_r \frac{\partial h}{\partial t}$$

$$\nabla \cdot [k_a \nabla T] - C_f \vec{q} \cdot \nabla T = C_a \frac{\partial T}{\partial t} + L_i \frac{\partial \theta_w}{\partial t} \tag{9.1}$$

式中，参数系统包括水密度 ρ_{wg}，$kg \cdot m^{-3}$；水的动态黏滞度 μ，$kg \cdot m^{-1} \cdot s^{-1}$；等效含水层储水量 S_r，m^{-1}；水力传导率 k，$m \cdot s^{-1}$；岩土、水以及冰等混合物的有效热容 C_a，$J \cdot m^{-3} \cdot K^{-1}$；水的体积热容 C_f，岩土、水以及冰等混合物的有效热传导率 k_a，$W \cdot m^{-1} \cdot k^{-1}$，融化体积潜热 L_i，$J \cdot m^{-3}$ 以及含水率 θ_w 等。

式(9.1)是现阶段最具发展潜力的研究方向，有助于对冻结层上地下水的运动过程通过水力梯度和温度场的驱动作用协同考虑，未来需要进一步明晰两种驱动力的耦合作用机理及其数值表达方式。

9.1.4　寒区冻融作用下的生态系统水碳氮耦合循环过程与机理

在前述 9.1.2 节中，论述了积雪-植被互馈作用中的碳氮循环影响，更广泛的科学命题可以表述为寒区冻融作用控制下的生态系统水碳氮耦合循环过程及其形成机理。首先，由于巨大的碳固存量，多年冻土区的土壤碳库在全球气候持续变暖影响下的变化是全球变化高度关注的问题之一，如何准确认识和预估多年冻土区的碳源汇变化机理与趋势，需要探索的未知领域是多方面的，这里论述以下两个重要环节。

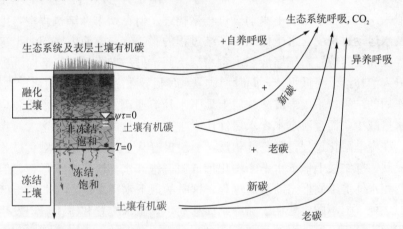

图 9.4　多年冻土区生态系统水碳耦合循环过程

（1）水碳耦合过程与机理。冻融作用是多年冻土区土壤形成的重要过程，也是多年冻土区土壤下层有机碳积累的重要甚至是主要机制（Bockheim，2007，2015）。例如，在北极多年冻土区，由于冻融作用的影响，部分下层土壤碳含量与表土接近甚至高于表土，下层土壤由冻融作用累积的碳约占整个活动层碳储量的 55%（Bockheim，2007；Kaiser et al.，2007）。更广泛的北极冻土土壤调查显示，$30 \sim 100cm$ 碳储量约占表土 1m 深度碳储量 62%，高于全球其他生态系统或区域（Kuhry et al.，2013）。通过比对北极冻土区土壤剖面放射性碳同位素 [14]C 组成和历史时期气候资料，发现在全新世温暖期冻融作用得到增强且促进了土壤碳的深层分布与积累，并由此推测在未来增温背景下冻融作用同样会增强，促进土壤碳的下层分布进而减缓土壤碳的呼吸损失（Bockheim，2007；Kuhry et al.，2013）。也就是说，增温背景下冻土表土有机碳一方面受微生物分解作用影响而增大呼吸排放，另一方面可能在增强的冻融作用下，土壤碳向下迁移而进一步增加深层碳累积。因此，评估增温下冻融过程的变化对土壤碳垂直分布的影响是深入认识多年冻土土壤碳对增温响应的重要机制，也是区别于其他生态系统或区域土壤碳响应机制的重要方面。同时，冻融过程中植被-土壤-冻土间的水热耦合传输过程是碳深层迁移的主要驱动力和载体，然而，目前仍缺乏增温导致冻融作用强化土壤碳垂直迁移的机理认知，冻融过程中水热传输如何作用于土壤碳的向下迁移成为亟待解决的关键问题。

全球气候变暖可以显著提高冻土区植被生产力，但同时也极大地促进了生态系统的呼吸输出，其结果可能造成碳的净损失（Schuur et al.，2009，Hicks Pries et al. 2016）。增温一方面增加了植被用于维持和生长的自养呼吸，同时促进了土壤微生物的活性，从而增加土壤异养呼吸的碳排放。土壤异养呼吸是生态系统呼吸的重要组成，也是土壤碳损失的主要途径。其中土壤老碳（一般表征几十年到百年，甚至千年前形成的有机碳）的呼吸排放量的认识是评估土壤碳变化的关键（Hicks Pries et al.，2013）。如前所述，北极多年冻土土壤深层老碳比例更高，在全球气候变化下这部分老碳参与排放的程度和影响是近年关注的核心。Dorrepaal 等（2009）利用不同深度土壤以及呼吸排放中的 $\delta^{13}C$ 值分析，发现增温显著提高了冻土区生态系统呼吸，其中 69% 的呼吸增加来源于下层土壤的呼吸排放，表明下层土壤可能对增温响应更为敏感。Hicks Pries 等（2016）进一步利用 $\Delta^{14}C$ 与 $\delta^{13}C$ 两种碳同位素区分了自养和异养呼吸以及表土和下层土壤的排放比例，结果表明自养呼吸比例随土壤温度的增加而增加，同时增温也促进了下层土壤老碳的排放。因此，增温不仅促进了冻土区生态系统碳循环过程，而且增加了土壤中历史封存碳的损失，进而正反馈于气候变化（MacDougall et al.，2012）。但目前仍缺乏准确甄别冻土区不同深度土壤呼吸的季节变化以及不同冻融期各土壤层新老碳呼吸排放量的有效方法。同时，土壤水分是调控土壤呼吸的重要因素，冻土区不同生态系统土壤含水量对增温响应的差异性，以及由此产生的土壤异养呼吸排放格局的差别及其对土壤碳变化的不同影响，是系统理解冻土土壤碳呼吸排放过程及其形成机理的关键。总之，多年冻土区生态系统的植被-土壤界面的水碳耦合传输关系及其碳排放机制的认识，是制约寒区生态系统碳循环与准确评估碳源汇变化的核心问题。

全球变化除了气温显著升高以外，CO_2 浓度增加和氮沉降不断加强也是其中重要的变化因素，对寒区生态系统水碳循环过程亦产生较大影响。理论上，伴随大气 CO_2 含量增加，植物叶片气孔导度下降，使得植物蒸腾速率降低。有大量实际观测试验研究结果印证了上述理论，高的 CO_2 浓度可以提高植物光合能力，蒸腾降低，从而使得水分利用效率提高（Keenan et al.，2013）。但也有大量研究表明，在 CO_2 浓度增加背景下，植物内在水分利用效率的增加，并不一定能促进植物生长速率增大或生物量显著提高，特别是高纬度地区的植物水分利用效率增加最明显，但树木径向生长量的变化不明显（Feng et al.，1995）。特别是在热带雨林地区，发现在过去的 150 年中树木内在水分利用效率提高了 30%～35%，但是水分利用效率的提高并没有促进热带地区树木径向生长（van der Sleen et al.，2015）。因此，CO_2 浓度增加对植物的肥化效应不明显，即使在湿润地区，温度引起的水分胁迫对于树木径向生长的影响还是超过了 CO_2 浓度升高引起的潜在肥化效应。同样地，温度增加与 CO_2 浓度增加对寒区生态系统水分利用效率和生物量产生何种影响，目前也没有明确的统一认识，其问题的复杂性之一体现在土壤水分的响应变化存在高度时空变异性，需要进一步深入探索。

（2）水碳氮耦合关系及其对气候变化的响应规律。大气氮沉降一方面可以增加陆地生态系统氮的有效性，促进 NPP 增加；另一方面，长期氮沉降可导致陆地生态系统氮饱和，反之会降低陆地生态系统生产力、提高土壤氮素淋失、加速土壤有机碳分解。因此，氮素添入对陆地生态系统碳循环与生产力的影响及其可能存在的阈值，一直是国际上争议的焦点。在高寒生态系统氮添加研究中，Michelle 等（2004）在北极苔原的研究表明，氮素增加在较长时间后将可显著提高苔原系统生产力，施肥导致北极苔原生态系统土壤碳氮储量在 0~5cm 的土壤表层升高，但在 5~30cm 层降低。然而，在青藏高原当雄纳木错地区进行的不同梯度氮添加实验表明，当氮添加量为 40kgN·hm^{-2}·a^{-1} 时，高寒草原的氮利用效率达到阈值，即相对氮饱和状态（Liu et al.，2013）。碳排放方面的争议更加明显，Wei 等（2014）研究发现 10kgN·hm^{-2}·a^{-1} 的氮添加量对高寒生态系统温室气体排放无显著影响。但有其他研究发现氮添加降低了土壤 CO_2 的排放速率及根系生物量（Mo et al.，2007）。对于根冠比较高的草地生态系统，土壤呼吸在碳排放中显得尤为重要，但在多年冻土区，影响土壤呼吸的关键因素以热量、水分、底物供应、营养供应等及其交互作用，其中热量和土壤水分动态的影响尤为重要。这是因为，在冻融循环控制下的土壤水热环境条件下，土壤底物和营养物质供应水平取决于土壤的温度和水分动态变化。氮素添加无疑将有利于 N_2O 排放，影响 N_2O 通量的因素除了土壤无机氮含量以外，还有土壤温度、水分、氧气及土壤酸碱性等。无机氮底物决定了硝化和反硝化过程的强度及 N_2O 排放量，土壤中 NO_3^- 的量经常与 N_2O 排放量呈较强的对应关系，NO_3^- 的输入会引起 N_2O 排放增加，而施氮量与土壤 NO_3^- 的含量呈正相关关系，因此氮肥施用是影响 N_2O 排放的主要因素之一。但是，土壤质地、水分含量、植物根系消耗都影响着土壤通透性和氧气浓度，调节硝化/反硝化过程及反硝化过程产物比例，水分影响亚硝酸菌和硝化菌的活性，当土壤水分为持水能力的 60% 时，硝化过程较强；过低的水分含量对微生物产生生理抑制，水分过高则导致氧气浓度不足，都会影响 N_2O 的排放。因此，在多年冻土区土壤冻融循环作用下的土壤温度、水分和通透性等对 N_2O 的排放具有十分重要的影响，可能改变 NO_3^- 的输入与 N_2O 排放线性增加的格局，对 N_2O 的排放效果具有较大不确定性。上述问题就是寒区生态系统水碳氮耦合关系问题亟需解决的制约碳氮平衡与动态变化评估研究的瓶颈所在。

　　显然，冻融作用也广泛存在于青藏高原多年冻土区，但迄今为止，关于冻融作用对青藏高原多年冻土区下层土壤碳积累的作用与贡献，以及对土壤碳剖面分布规律的影响，缺乏系统的专门研究，我们不清楚广泛存在于北极多年冻土区的土壤深层碳积累过程与机制，是否同样存在于青藏高原高寒草地生态系统土壤，极大地限制了对高原冻土土壤碳积累机制的理解和准确评估。同时，对于气候变暖驱动下寒区生态系统碳排放中深层老碳排放情况的相关研究也十分滞后，土壤老碳的区分与量化迄今未能取得突破性进展，制约了对青藏高原冻土区土壤碳库变化的机理认识。对于氮沉降背景下，高寒草地生态系统 N 素的作用也不甚了解。现阶段，对于过去 30 年来，青藏高原高寒草地生态系统生产力增加趋势（NDVI 增加）较为明显，但是蒸散发是增加还是减少，存在争议；在温度升高和植被盖度增加的背景下，土壤水分储量增加与减少也存在不同认识，因此，如何正确理解高原生态系统水碳耦合关系与动态变化，是涉及陆面过程、生态系统模拟以及水文循环等众多领域的关键问题。

9.1.5 寒区土壤侵蚀与冻融地质灾害形成过程与机理

冻土坡面土壤冻融侵蚀、冻土灾害等主要指土体在冻结和融化过程中，土(岩)因温度变化、水分迁移所导致的热力学稳定性变化所引起的土壤冻胀蠕流、土壤流失等地表侵蚀现象，以及特殊地质灾害，主要包括热融性灾害、冻胀性灾害和冻融性灾害。其中冻土灾害不仅部分兼具了一般融土地区的地质灾害相同的瞬时性特点，并具有因冻土随气候变化而发育的长期性、缓慢性和周期性特点(Nelson et al.，2002；Niu et al.，2005)。毫无疑问，土壤冻融侵蚀形成及发展过程与植被覆盖和土壤水热动态密切相关，是寒区生态水文过程的一个十分重要的伴生过程，在此不再赘述。本节对冻土灾害中生态水文学理论与方法的前沿问题进行阐述。

冻土灾害包括热融性灾害、冻胀性灾害和冻融性灾害。热融性灾害是由于多年冻土融化或退化过程中，土体压缩、固结或变形、位移所引起，这种灾害可以表现为岩土体的不同规模变形和失稳(如滑坡、热融泥流)，以及冻土地基融沉，也可以表现因地表形态改变而形成的其他地质体(如热融湖塘)，当其对工程或生态环境产生间接或直接的影响后，便表现为灾害(图9.5)；冻胀性灾害主要是由于土体冻结过程中水分迁移或原位冻结所产生的体积膨胀类病害，如冻胀丘状凸起、冰锥、冰幔等，其可能会造成工程建(构)筑物的抬升、侧向挤压和冰体掩埋等危害；冻融性灾害是指由于岩土体由于受冻融循环的影响，其形态或强度等物理力学性质发生变化所引起的灾害(Nelson et al.，2002；Niu et al.，2005；Ma et al.，2006)。

图9.5 典型冻融灾害情景(热融塌陷、热融滑塌或滑坡)

影响冻土灾害发育的因子主要包括冻土分布、含冰量、地温等与冻土有关的因素以及土质类型、地表条件、坡度及地下水等区域地质、地貌因素。其中土体冻胀、融沉的发生机理涉及到土体中水、热、力三场及其相互作用，关键是水热场的分布与动态变化。保持多年冻土处于冻结状态、允许多年冻土逐渐融化或控制融化速率，以及预先融化多年冻土等是预防和减缓冻土次生地质灾害的主要途径。选择何种防治对策，需要明确灾害孕育类型、成灾条件与风险，就需要系统判识区域冻土水热状态及其动态变化趋势。如多年冻土地温相对较低、冻土含冰量较高、对气候变化的敏感性较低，就可考虑采用保持多年冻土冻结状态的措施；对于多年冻土温度较高、冻土含冰量相对较低、热稳定性较差的冻土水热条件，一般就需要采用控制融化速率的技术方法（程国栋等，2003）。自然界中植被、泥炭或腐植层具有保护多年冻土的功能，因其充分饱水时导热系数远大于融化时的值（冰的导热系数是水的 4 倍），饱和泥炭融化时的导热系数与冻结时的导热系数之比可达 0.33；同时，植被盖度越高，下伏地温越低且土壤热传导越小（凋落物和致密根系层越厚）。因此，寒区特殊的生态-水文-热量耦合传输过程及其变化机制的系统认知，不仅是准确判识冻土灾害孕育类型及其成灾风险的基础，而且也是科学选择防治对策的重要科学依据。现阶段，尽管认识到保持较好的植被覆盖有利于减缓冻融土壤侵蚀和冻融次生灾害，但缺乏系统相关研究，对于不同冻土类型区冻土-活动层土壤水热状态及其形成的生态水文条件与作用机理、大气-植被-土壤-冻土水热交换与动态变化过程与冻融灾害孕育和发展的关系、坡面或区域尺度生态水文过程控制下的能量平衡、土壤和地下水系统水均衡变化对冻融灾害形成的驱动作用等，没有足够的理论认识和定量描述的方法，成为制约冻融土壤侵蚀、冻融地质灾害预警与防治等方面最主要的瓶颈，是未来寒区防灾减灾亟需解决的核心科学问题之一。

9.2 寒区生态水文学未来发展的主要方向

9.2.1 寒区生态系统对变化环境响应的区域水文效应

（1）气候-生态系统作用过程的水文影响。寒区陆地生态系统对气候变化、人类活动影响等环境变化响应强烈，在较短时间内就会发生显著改变，表现在原有群落物种组成与结构、生产力、生态系统空间分布格局与分带等变化，也伴随植被生长期和物候等发生改变等。如最近 20～30 年，泛北极地区灌丛带大幅度向北迁移，原来的大面积苔原生态系统演变为灌丛，部分区域出现森林植被带较大幅度向北推进现象；部分地区还出现沼泽湿地大面积扩张，原有森林植被演变为沼泽草甸等（Wookey et al.，2009）。基于模型模拟的结果也表明，未来伴随气候变化，北极地区的生态系统分布格局与生产力等均将发生较大变化（Euskirchen et al.，2009）。青藏高原的大量研究也表明，在过去 30 年来，青藏高原多年冻土区高寒草地生态系统表现为 NDVI 指数的持续增加和原生嵩草植被的持续退化并存的变化，植被盖度变化与植被群落结构变化共存（王根绪等，2010；王青霞等，2014；杜际增等，2015）。另外，Shen 等（2015）研究还发现，伴随青藏高原植被生产力（盖度，这里主要指 NDVI 指数）增加，陆地蒸散发增强而导致地温显著降低，也即具有明显的冷却效应。

植被盖度或生产力的提高可能促使地表温度下降仅仅是寒区陆地生态系统水热反馈效应的一部分，且存在一些不确定性。最为明确的是生态系统演化对活动层土壤的直接水热效应以及地表水分循环的影响。前面几章中反复强调指出的几个寒区生态水文学关键过程，如植被覆盖变化对能量和降水的再分配过程、凋落物和土壤有机质层与下伏矿质土壤间的水热耦合传输过程、植被覆盖变化对土壤水热传输过程与蒸散发过程的作用等，均直接与生态系统的状态及动态变化密切相关（Wang et al.，2009a，2012b）。气候变化作用下寒区植被生产力、物候以及分布格局的变化无疑将直接改变上述这些关键过程，从而对整个区域的能水循环、冻土环境乃至气候等产生较大的反馈影响。关于高寒草地植被覆盖变化、土壤有机质厚度或含量变化的活动层土壤水热效应，有了较为系统的认知，但是对于凋落物、植被覆盖与凋落物覆盖协同变化的水热效应尚未有系统研究(Fukui et al.，2008；Wang et al.，2012a)。虽然对于不同植被类型下，如草地、灌丛和森林植被下多年冻土区活动层土壤水热动态的差异性的研究，在泛北极地区有较长的研究历史，也有较为明确的认识(Euskirchen et al.，2009；Bakalin et al.，2008)；但是，以泛北极的植被演变为例，灌丛取代苔原的大面积演进，导致区域NDVI指数和植被生产力较大幅度增加，这种因植物种群变化形成的植被覆盖变化对活动层土壤水热过程的影响也没有相关系统研究报道，尽管已经发现这种灌丛取代苔原植被可加剧冻土融化，也就意味着活动层土壤水热过程发生较大变化，但是对于这种植被大面积演替变化的区域水循环响应规律与流域水文效应，缺乏系统研究，因而这一领域无疑将是未来高度关注的焦点。

(2)积雪-生态互馈作用过程的水文效应。积雪与植被之间存在十分复杂的互馈作用关系(图9.6)，不同生态系统响应积雪变化的幅度、方式和适应策略等不同，如积雪融化提前、生长季延长，有些区域生物量和物种多样性增加，但有些地方刚好相反；而冬季融雪和降雨对植被的弊大于利。如何准确评估不同积雪变化对不同尺度生态系统的影响、明确空间差异性的形成机制，是亟待解决的前沿问题。在不同植被参数化方案的积雪模型的对比研究发现，一些关键过程的参数化要么没有考虑，要么基于特定观测点数据，缺乏空间异质性属性(Rutter et al.，2009)。同时，一些驱动分布式积雪模型的关键变量，如积雪性质的时间、降水相态以及辐射等，存在较大的不确定性。同样的问题也存在于不同积雪参数化方案的植被动态、生态系统模型以及陆面过程模式中。为此，未来需要发展基于积雪-植被密切互馈作用机制的新一代积雪-植被关系模型，以获得较为准确的积雪分布与变化、生态与水循环效应等方面的科学认知(Bartsch et al.，2010；AMAP，2011)。积雪-植被间的上述关系及其变化引起的另一个问题是伴随气温升高和植被覆盖变化(包括生长季、盖度与植被类型)的协同作用，区域或流域尺度的水均衡变化及其水文过程的反馈效应。如北方森林带大面积取代灌丛植被、阔叶林取代针叶林以及森林植被生长季提前等消耗水分与同期降水量变化的综合分析，如何反馈影响流域径流和土壤水分储量，是未来亟需重点关注的重要科学问题(Juday，2009)。

在寒区，植被-积雪的互馈作用关系还直接与冻土环境变化密切相关，积雪与植被覆盖变化均在不同程度上直接影响下覆活动层土壤的水热动态，而植被覆盖变化又影响积雪的时空分布格局与动态过程，从而形成三者之间十分复杂和密切的水热耦合作用关系，这一作用关系直接决定土壤的水均衡和径流形成过程(图9.6)。这些领域的研究，在国际上取得了一些显著进展，包括前述几章内容中介绍的青藏高原多年冻土区的相关研究，阐释了一些水热传输过程的特征、规律与机制，但整体上的理论体系与量化的模式仍然处于探索之中。系统揭示积雪-植被-土壤-冻土间的水热耦合传输规律、变化机理及其对气候变化的响应规律，依旧是未来寒区生态系统变化、水循环变化研究的热点，也是全球变化研究的重要内容。在上述未来发展的新一代积雪-植被互馈作用关系模式基础上，嵌套冻土水热模型，或直接发展三要素耦合的水热模型，是现代寒区陆面模式发展亟需解决的核心，也是寒区水文模型发展的基础。

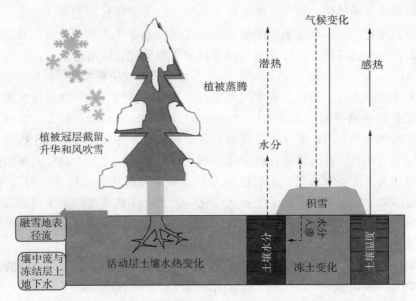

图 9.6　植被+积雪协同变化的陆面水热效应与水文影响

　　因而，在全球变化下，寒区生态系统的强烈响应与适应性变化所产生的巨大能水效应是寒区水文学诸多领域面临的重要课题，涉及区域或流域水循环、流域水文与水环境过程以及水资源适应性利用等。如何准确识别生态系统演化的水热效应与水文反馈影响，并探索定量模拟与预测的方法和数值模型，则是其中最具挑战性的前沿难点，也是寒区生态水文学致力于发展的重要方向。

9.2.2　冻土流域径流形成理论与流域生态水文模型

　　综合前面几章和上述第一节的内容，寒区多年冻土流域径流形成理论与数值解析方法是制约寒区水文学发展的最大瓶颈之一。这一问题的复杂性和难点在于以下几方面：①地表冻融循环、植被与土壤结构等多因素共同作用下的地表产流过程，因存在复杂多变的产流方式及其交替变化，尚不清楚冻融循环控制下的坡面产流模式及其形成机理。②由于冻结面的波动变化，以及冻土地下水系统的复杂性，迄今为止，对于坡面和流域尺度的三水转化过程了解不多，降水、土壤水、地下水以及河水等的相互转化及其在冻融过程中的变化、水分相态变化的影响等，均不甚清楚，核心问题是寒区复杂地下水系统及其与降水、地表水间的水转换关系及其时空分异规律。③寒区地下水系统及其对河川径流的作用方面，由于缺乏针对性的多年冻土地下水数值分析方法，对于复杂的冻结层上水、冻结层下地下水以及冻结层间地下水系统的水量交换与数量关系，目前尚没有清晰的认识，对于冻土地下水系统的径流及其对地表河流径流的补给和调节作用缺乏精确定量描述手段，目前多以同位素水化学手段间接分析。正是上述原因，冻土流域径流形成过程与机制、流域径流分析理论与数值模型的研究是寒区水文学亟待解决的前沿难题之一，其核心在于两方面：一是地表产流模式、季节转换规律与形成机制；二是地下水径流过程及其对地表河流的水力关系。由于水均衡关系与动态变化不仅与均衡要素的水量有关，而且是与某一时期的温度场特性有关，是水动力和热力双要素共同驱动的结果。

近年来，关于寒区水文模型的研究成为水文学的热点领域之一，水热耦合传输控制土壤水分动态和地表产流过程在大部分模型中均予以高度关注，并构建了多种刻画水热耦合过程的解析方程和集成模式（Pomeroy, et al., 2007；Rigon et al., 2006）。但限于对冻土流域径流形成过程与机理认知的缺乏，特别是在叠加植被覆盖变化和积雪覆盖变化等诸多水循环因素的影响后，复杂的水热交换与传输过程及其多元协同作用的水均衡与产流机制的改变，导致多年冻土作用区水文过程数值模拟研究始终未能取得显著性突破。如何将植被乃至生态系统一些关键要素变化的水热效应、积雪变化的水热效应以及冻土变化的水热效应等诸因素耦合起来，共同集成于统一的流域水文过程中，并实现精确的定量描述，就成为寒区水文模拟模型发展的关键所在。

因此，揭示寒区水文要素间的相互作用机理、坡面水循环与流域产汇流时空动态规律及其形成机制，丰富和发展寒区生态水文学内涵；探索准确刻画水文要素相互作用与坡面水循环识别的定量分析方法与模式，推进寒区特殊的陆面过程模型和寒区流域生态水文模型的发展是未来多年冻土流域最具挑战性的前沿研究方向。

9.2.3　寒区陆-气-水耦合与区域生态水文过程对变化环境的响应模拟

近年来，在基于过程的现代水文水资源研究中，开展水循环气-陆耦合模式研究，成为水文学研究重点领域及热点研究问题之一，被认为是解决无资料流域水文预报、模拟大尺度流域的水文气候过程以及认识流域尺度水文循环，进行流域水资源综合评价和水资源管理的新的有效途径（王浩等，2010；陆桂华等，2006）。这一前沿热点应用到寒区水文学领域，就是需要进一步加强寒区陆气耦合研究，在寒区陆面过程与冻土水文过程耦合研究基础上，促进寒区大气过程、地表过程、土壤过程和地下水过程 4 个基本水循环过程相互作用的有机性和整体性；探索基于物理机制的区域大气模式、陆面过程模式和水文模式的紧密双向耦合。尽管这一领域的相关理论与技术方法尚不成熟，但基于陆面模式耦合大气模式和水文模式是较为可靠的途径，特别是单向的耦合研究，即利用含有陆面过程的大气模式输出（主要是降水和蒸发）驱动水文模式，成为很多陆面过程模型模拟陆面水文过程和水文模型对流域尺度水文过程模拟的较为成熟和有效技术途径（Pietroniro, 2001；刘春蓁，2004；杨传国等，2007）。因此，通过对大气-植被-活动层土壤-冻土连续体水热传输过程的完整描述，改进寒区陆面过程模式，并与近年来发展起来的适宜于青藏高原的大气模式相耦合，是实现多年冻土区基于能量平衡驱动的水量平衡变化过程模拟，继而实现驱动大尺度流域水文模型，对高原寒区流域尺度水文过程精确模拟的可靠途径。

在全球气候变化背景下，对于寒区水文科学领域，人们最为关注的热点问题主要是两个相互关联的方面：一是气候变化以及下垫面条件变化（如冻土环境变化、土地利用与覆盖或生态系统变化等）对流域水文过程的影响程度与未来趋势；二是水文过程响应气候变化的水环境、水资源、区域乃至全球气候以及区域经济社会影响，包括几方面的问题：

如河流的生源要素输移与水环境效应、对流域水生态系统的影响；流域水文过程变化的水资源效应与适应性管理；寒区生态-水文耦合过程变化对气候的反馈影响与区域气候效应；寒区流域生态-水文耦合系统变化及其水资源响应对区域经济社会发展的影响与适应性对策等。其中前者的解决就需要寒区陆面过程模式与流域生态水文模型的有机结合，并实现与区域气候模式的耦合。因此，这一前沿领域包含十分重要的两个前沿方向：一是寒区大气-植被-活动层土壤-冻土连续体水热传输过程精细描述基础上的陆面过程模式，将水循环中大气过程、地表过程、土壤过程和地下水过程紧密结合起来，将冻土过程和陆面生态过程与水循环过程相耦合；二是寒区陆面过程模式、流域生态水文模型和区域气候模式的耦合与集成，其基本的技术途径是，使用区域气候模式（RegCM 3 及 WRF）的动力降尺度结果，结合 TRMM 等卫星遥感资料、地面台站和实验流域实测资料，在区域尺度上制备寒区特定区域的气温、地表气压、辐射、风场和降水等近地表大气驱动数据，为寒区陆面模型和模块化寒区水文模型做驱动准备。用气候模式输出结果驱动经过寒区陆面过程模式，输出活动层土壤温度、水分、陆面蒸散发以及地表水均衡等空间分布格局以及季节动态，然后运行流域冻土生态水文模型，模拟和分析寒区大尺度流域径流过程及其对变化环境（气候变化、冻土变化以及高寒生态系统变化等）的响应规律，从而实现对气候变化下，寒区特定区域下垫面因素变化对径流过程影响的准确评估。

由于我们对寒区特殊的 SPAC 系统（系统里包含冻土）的水热交换的认识很有限，现阶段冻土陆面过程模型中，也仅仅是考虑土壤冻融过程的水分与热量传输，缺乏植被和土壤有机质等生态系统因素参与下大气-植被-土壤-冻土水热交换与传输过程的深入理解，其定量描述的数值模型也处于探索阶段（Pomeroy et al.，2007；Yi et al.，2009；Wang et al.，2012a），严重制约了寒区流域地表能量平衡驱动下，水量平衡变化的系统分析。在这一特殊的寒区 SPAC 系统水热耦合循环过程主导下，冻土水文过程与寒区生态水文过程密切关联，形成不同尺度上均不可分割的水循环整体。事实上，多年冻土区的水文过程对生态变化的敏感性可能要高于其他地区，这是因为植被覆盖变化、土壤性质变化以及动物活动等极显著影响温度分布与动态变化，从而进一步间接作用于水文过程，这种间接作用的强度甚至可能超过植被对水循环的直接作用（截留、蒸腾等），但现阶段缺乏对这一问题的深入理解和基于机理的量化模式（Wookey et al.，2009；Wang et al.，2012b）。因此，如何在系统理解冻土-生态水循环耦合过程与机制的基础上，发展寒区精细的陆面过程模式，不仅是寒区生态水文模式发展面临的最大挑战，还是寒区表生环境和生态系统变化研究的前沿热点，也是寒区重大工程建设与安全运行管理关注的核心问题之一。

9.2.4 变化环境下寒区流域水循环关键伴生过程、反馈影响与模拟

（1）水循环关键的自然伴生过程。水是自然界中物质迁移转化的重要载体、驱动者和介质，环境物质（包括营养物、污染物、泥沙等）和生态系统（包括植物、动物以及微生物等）随着水循环过程的发生发展而发生迁移、转化和演变。水循环伴生的水化学、水生态和水沙过程的整体科学识别和多维调控，很大程度上将决定变化环境下对不同层面供用水、水环境和水生态安全整体调控的效果和环境安全与水资源安全的可持续保障程度

（王浩等，2010）。从这一角度讲，水循环自然伴生过程应该纳入流域水文过程整体系统不可分割的组成部分，应该成为流域综合管理的必然要素（王浩等，2010）。

在寒区流域或区域，下垫面要素如冻土、积雪和高寒生态系统对气候变化极为敏感，气候变化将在很大程度上改变区域下垫面条件，包括冻土条件（活动层增厚、地温升高、冰量减少）、生态条件（植被盖度、生产力、物候、凋落物性质以及土壤有机质层性质等）和土壤条件等均发生较大变化（Shur and Jorgenson，2007；Wang et al.，2009a，2009b）。这些下垫面条件和特性的改变，无疑将从多个侧面影响水循环原有格局，如导致植被冠层截留、蒸腾以及地表入渗、土壤导水和储水能力以及坡面和河道的粗糙度特征等均发生改变，影响到产流和汇流过程及水沙运移过程的变化（Walvoord et al.，2012；Wang et al.，2012b）。反过来，寒区水循环过程的改变，通过水热条件变化反馈作用于冻土条件、生态条件和土壤条件，从而形成十分紧密的水循环伴生的下垫面环境过程，包括水循环冻土过程、水循环生态过程和水循环土壤过程等。同时，伴随冻土条件改变、降水-土壤水-地下水交换加剧，加之土壤融化过程中碳氮磷等生源要素以及其他化学物质溶解和迁移速率加快，冻融作用下的地表土壤侵蚀加强，导致流域水化学过程和水沙过程的显著变化，这种变化将改变河流水生态系统的生境条件，从而在水化学、水生态、水沙等多个角度影响流域水环境和水生态安全（Striegl et al.，2005；Schuur et al.，2008；Tarnocai et al.，2009）。近年来，伴随冻土退化趋势加剧，冻土中封存的碳氮分解并通过水分迁移进入河流，因其对区域碳平衡和河流及海洋生态系统的巨大影响，成为广泛关注的核心问题。变化环境下，寒区河流系统生源物质的迁移转化及其通量变化规律、对河道及海洋或湖泊水生态系统的影响，是目前的前沿热点。由于泥沙不仅是河流形态与河道地形特征的重要形成因素，而且是吸附类污染物的重要载体，水沙过程的变化将直接影响水化学过程和污染物负荷的变化；在特定水质要求下，泥沙还是污染物的重要构成之一（王浩等，2010）。冻融侵蚀过程及其在气候变化下的改变（如冻土条件和生态条件变化的影响）将改变流域水沙过程，从而对河流形态乃至流域水文过程和水环境产生较大影响。

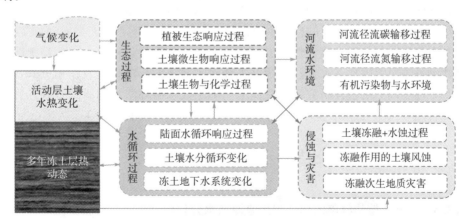

图 9.7　变化环境下寒区水循环伴生关键过程及其相互关系与核心主题

综上所述，寒区流域水循环自然伴生的关键过程以生态过程、土壤侵蚀与水沙过程、生源要素和污染物迁移转化与水环境变化过程等为主。如图 9.7 所示，这些关键过程一方面是水文过程密不可分的链生环节；另一方面也是变化环境下，对寒区流域综合管理和适应性利用必须要统筹的核心问题。水循环及其关键伴生过程之间存在十分密切的相互作用关系，形成寒区水循环和水文过程的整体。有关水循环及其耦合的生态过程问题，已在前述9.2.1中有了阐述，这里不再赘述。气候变化主导下，寒区生态变化、冻土变化以及水循环变化共同作用，对土壤侵蚀过程将产生正负不同反馈影响，包括冻融侵蚀作用、变化的水蚀作用以及在地表植被和水分条件控制下的风蚀作用等，不同的作用机理、变化规律及其未来趋势等，是需要深入探究的重要环境问题之一。在上述诸多过程协同作用下，寒区流域径流的生源要素、有机或其他污染物迁移转化过程及其流域水环境影响，是近年来备受关注的问题，在系统揭示其变化规律、形成机制与定量刻画方法基础上，发展分布式水环境模型，是极具挑战性的水科学问题。面向流域或区域水环境保护和水资源安全保障、维护区域生态系统和河流健康等，迫切需要开展水循环及其自然伴生过程的系统研究，这一前沿问题在寒区的重要性和迫切性远高于其他地区。这一前沿问题的解决，显然需要多学科的渗透与交叉，如水文水资源学与环境科学、生态科学、冰冻圈科学之间开展系统交叉研究，将流域甚至区域作为一个水循环的整体，开展耦合多元要素和多个相互依存及相互作用过程的系统研究，同时，需要把多个要素和过程间的正反作用同步考虑。

（2）水循环的人类社会伴生过程与"自然-人工"二元水循环。由于水循环的自然过程本身必然伴生对人类社会关系密切的土地利用与覆盖、水资源分布时空格局等有关，且存在人类活动的区域均在不同程度上叠加了人工水循环侧枝，因此，"自然-人工"二元水循环过程，也可以看作是区别于水循环自然伴生过程的另一种伴生过程，即水循环的人类社会伴生过程（王浩等，2010）。寒区的人类经济活动日趋活跃，人工侧枝的水循环不断加剧，包括水库水电站建设、引水工程、区域生态工程（保护区建设和退化生态恢复重建等）以及土地利用变化等，从水分平衡和热量平衡两个角度改变能水循环原有格局，对自然水循环过程的影响可能比其他地区更加显著，为客观和科学地表达全球变化和人类活动影响下寒区水循环的演变特征，需要加强自然水循环的人类社会伴生过程的研究。在寒区水循环的驱动力中，不仅考虑太阳辐射能、水体重力势能等自然营力，以及植被活动等生态过程等产生的自然水能再分配作用，同时还考虑人类活动如生态工程、重大水利工程以及其他建设等的热释放过程和水格局的重塑过程等。需要系统明晰天然和人类活动各项影响因素在水分和能量两方面对水循环的影响程度及作用方式，通过自然、人工各项驱动力的耦合研究，从整体上明确寒区水循环演变的驱动机制，开展寒区特殊的"自然-人工"二元水循环过程、机制与数值模拟方面的研究。

9.2.5　寒区植被-土壤-冻土界面水碳氮耦合循环过程

9.2.5.1　不同植物群落的水分利用来源与水分利用效率及其动态变化

降水、土壤水和地下水均可作为生态系统水分补给的主要来源，受植物自身生长过程的生理节律和季相变化影响着植物吸收降水、有效土壤水分以及地下水的行为，从而导致土壤水分和地下水具有较大的时空异质性与动态变化。在变化环境下，植物受到不同程度的水分胁迫，便采取不同的策略适应环境水分条件变化如根系吸水的可塑性功能、气孔调节、水分利用效率、水力再分配及生物量再分配等（Prieto et al.，2012；Moreno-Gutiérrez et al.，2012）。因此，开展不同环境变化下不同植物类型水分利用来源和效率研究，对于系统认识陆地生态系统响应变化环境的生态功能与水循环过程效应，并理解植物适应机制，具有十分重要的意义。

在对土壤水和地下水利用方面，植物根系吸水深度的变化是其能稳定生存的重要适应策略方式，对其生存、繁育和竞争十分有利，但不同生境下植物水分利用方式差异性受植物自身特性和水分条件的双重影响。一般而言，植被类型与群落结构、植物根系分布特征、土壤性质及养分供应条件、降水时空分异质性、地下水位、气候条件、地形及海拔差异等是影响植被水分利用来源的主要因素（Zencich et al.，2002）。植物根系分布特征直接决定了植物水分用水来源的深度，其影响着植物对不同水分条件和生长环境的适应特征，实际上也是植物适应水分环境胁迫长期进化的结果。如在干旱半干旱区生活型不同植物（灌木和草本植物）根系吸水具有明显地分层现象，表明了其能合理地利用土壤水和养分资源，从而以最优化组合方式生存于不同生态系统中（Ryel et al.，2008）。不同水源利用的植物可以有效地组成一个稳定的群落，如在干旱半干旱区交错分布着深根植物（根冠比大、根表面积大）和浅根植物（根冠比小），当受到水分胁迫时深根植物根系吸水往往能灵活地利用不同深度土壤水供其生长。在降水丰沛且土壤表层养分供给能力较大的地区，浅根植物往往以降水和浅层土壤水分利用为主；同样在干旱与半干旱地区，降水以脉冲式为主，浅根系植物能很好地捕捉短寿命的浅层土壤水，从而比深根植物更具竞争优势，这与表层土壤养分及根系活性能力密切相关。然而，植物根系形态和功能并不是固定不变的，受水分制约浅层植物根系易处于休眠状态或抑制状态，只有当降水达到一定的阈值后，浅层根系活性增强和水力传导度增加，浅层根系才具有水分及养分吸收能力。另外，根系活性具有明显季节性，其在生长季初期受温度限制，根系主要利用浅层土壤水分（Wu et al.，2016；李小雁，2011）。土壤养分供应能力和水分含量对植物根系分布具有决定作用，浅层土壤微生物在适宜的水分条件下较为活跃，往往形成高养分含量土层，导致很多植物具有较大的浅层根系生物量，特别是寒区植物，表层较高的热量和有机质分解提供的高养分，使大部分植物类型具有高效利用浅层水分的能力。因此对植物根系吸水功能时空差异性进行研究，有利于我们清楚地认识不同生态系统植物吸水功能和功能群植物间水分竞争关系。

植物水分利用来源与水分利用效率变化是生态系统响应变化环境的重要适应策略，是陆面水循环极其重要的变化因素之一，在生态水文学领域占据重要的理论和实践价值，始终是关注的核心领域。如图 9.8 所示，归纳起来，通过同位素方法，结合植被和根系调查与分析，在准确评估植物水分利用来源及其变化的基础上，结合水分利用效率的变化，可以解决区域或流域尺度植被-土壤水分运动过程及其对变化环境的响应规律，同时，有效揭示植物群落对变化环境的水分利用适应策略及其稳定维持机制。其中水分利用效率及其动态变化就与植被的水碳耦合关系相关联，是指示水碳耦合关系及其动态变化的重要指标和分析途径。

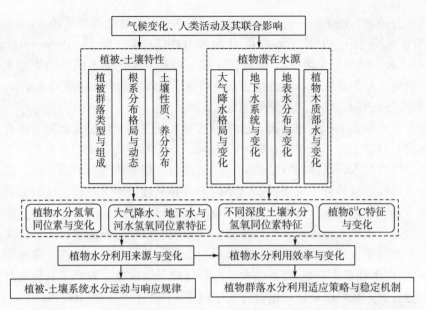

图 9.8　植物水分利用规律及其决定下的植被-土壤水分运动关系

9.2.5.2　植被-土壤-冻土界面水碳氮耦合循环过程与模拟

尽管在上述 9.2.4 中阐述了寒区水循环自然伴生过程中存在的水化学过程，提出了河流生源物质的迁移转化、通量变化规律以及对区域碳平衡的影响等问题，但是寒区存在的另一个与生态系统水循环密切关联的且十分重要的伴生过程，就是植被-土壤-冻土界面间随水循环伴生的水碳氮耦合循环过程，是区域或流域生源要素迁移转化、碳平衡与氮平衡变化等一系列问题的主要核心策动源。

首先，如何检测冻融过程作用在较短时期内变化对土壤组成物质迁移的影响是当前面对全球变化影响下多年冻土区面临亟需解决的难点。针对冻融过程作用对土壤影响的特点，即土壤粗颗粒趋向于表层分布，而黏粉粒等细颗粒趋于下层迁移的规律（Bockheim 2015），有研究认为通过检测土壤粒径以及土壤^{137}Cs（^{137}Cs 主要吸附于土壤黏粉粒表面，相较于土壤粒径，^{137}Cs 活度差异性更易被检出）活度的剖面分布规律的变化来反映冻扰作用的影响可能是一种有效的途径（Jelinski，2013）。其次，多年冻土区由于其长期的低温环境以及冻融迁移的作用，积累了大量的老碳，其在增温下呼吸排放可能会造成大气温室气体爆发（Strauss et al.，2015）。因而，在土壤异养呼吸中，老碳（一般表征几十年到百年，甚至千年前形成的有机碳）的呼吸排放量化是评估冻土地区土壤碳变化的关键（Hicks Pries et al.，2013），如何准确甄别现代土壤呼吸中，由于冻土退化引起的水热状态变化导致的老碳释放程度、动态过程等，是辨识多年冻土区植被-土壤-冻土界面碳循环过程的关键问题。这些问题在我国高原多年冻土区的相关研究较为滞后，并且受研究手段限制，土壤老碳的区分与量化迄今未能取得突破性进展，制约了对冻土区土壤碳库变化的机理认识。综合上述向上和向下不同的碳氮水耦合循环迁移的两个过程，探索多年冻土区植被-土壤-冻土系统界面的水热耦合传输驱动下的碳氮迁移转化过程、形成机理及其定量模拟方法与模式，在寒区水文、环境和生态等方面的研究以及寒区陆面过程和区域生态安全领域均是具有重要影响的前沿问题。

9.2.6　基于生态最优性原理的寒区生态水文耦合理论与模拟

近年来，生态最优性理论的提出为模拟植被-水文相互作用机制和生态水文的耦合模拟提供了新的思路。生态最优性理论基础是生态系统对于所处自然环境的适应策略，任何生态系统在长期适应环境的演化过程中，都将形成与环境条件相适应的最佳的资源利用和最优的生产力策略，并最大程度减少不利环境因子的胁迫。一个区域经过长期演化形成的植物群落类型必然是该区域特定自然环境最优选择的具有稳定生态功能的最优性类型，其组成结构、繁衍策略以及生产力等是这一特定环境下的最优化选择。基于这一原理，引出了植被最优水分利用策略、植被最大生产力、最大"净碳"产出以及最小水分胁迫等决策因子(Schymanski et al.，2009；Caylor et al.，2009)。生态系统对于环境要素的最优性选择和适应策略，给了生态水文学研究新的思路，例如有研究者提出植被的水分胁迫可以定量地表达为土壤水分的非线性函数，依据不同植被类型蒸散发与土壤水分间的统计函数关系，可以定义不同植被类型（草本和森林）不同的水分胁迫函数(Rodriguez-Iturbe et al.，1999)。同时，提出了一些理论假设，如群落中每种植物个体为了减缓水分胁迫将趋于协同作用，在空间上呈现不同植被类型如草本和木本植物间的相互作用以更加有效地利用水分，通过不同层位和不同水质水分的利用策略，提高现有水分的利用率，从而优化水分胁迫的影响。据此，可以基于植被对于特定环境的优化配置（结构、分布以及生产力）等，建立定量的蒸散发模拟模型，这是生态最优性用于生态水文学领域时的一种优势条件，即可以不考虑碳吸收与蒸散间的微观生物生理机理关系，而是仅仅获得上述关系分析其长时间尺度平均蒸散发量的变化。

近年来，基于生态最优性原理，在水文学和生态学领域形成了新的发展方向，通过开发相关生态与水文的耦合模型，在生态学领域模拟分析变化环境下植被群落结构、分布格局以及光和冠层特性变化等，在水文学领域模拟分析土壤水分变化及其对植被的胁迫强度，不同植被类型及其盖度下的蒸散发时空动态等。在 2008 年以后，陆续提出了一些很有发展前景的生态水文学模型，代表性如 Schymanski et al. (2009)提出的植被生态过程与水循环过程的耦合模型，分别建立植被动态模型和水均衡动态模型，两者通过蒸散发、根系的吸水与土壤水分再分配等要素实现两者间的相互耦合。在这一理论基础上，我们提出构建寒区基于生态最优性原理的生态水文耦合关系模式的基本思路框架如图 9.9，与非冻土区的生态最优性模型结构相比，能量平衡模块占据十分重要位置，不仅决定水量平衡过程，而且也是植被动态过程的重要影响因素（制约可利用水分、养分供给条件和水平等）。水量平衡模块与植被最优性模块(生态模型)通过能量平衡模块和根系的土壤水分利用等相耦合，形成植被最优性模块-能量平衡模块-水量平衡模块三元结构系统，共同组成寒区生态最优性原理基础上的生态水文耦合模型。

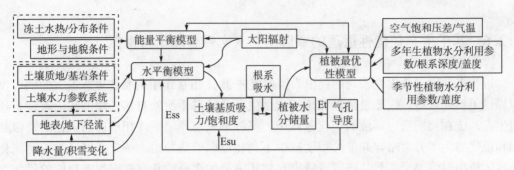

图 9.9　基于生态最优性原理的寒区生态水文耦合模型构建框架（Ess、Esu 分别代表非饱和与饱和土壤蒸发，Et 为植被蒸腾）

近年来，生态最优性原理在生态学和水文学领域开展了诸多应用性研究，发展了一些十分重要的定量模拟方法和模型，显示出很强的活力，预示未来可能成为十分重要的生态水文学发展方向。为此，有理由相信，探索基于生态最优性原理的寒区生态水文耦合关系模式，从而发展具有生态学理论基础的分布式生态水文模型，应成为未来寒区生态水文学领域具有发展前景的方向。在这一创新方向中，最为关键的问题可以分解为以下三方面：①生态最优性基础上的能量分布格局，需要明确植被最优性模型与能量平衡模型间的作用与反馈双向耦合定量关系；②生态最优性与水量再分配关系，以及植被-能量耦合关系作用下的水分迁移转化关系，需要将这两个关系过程进行系统耦合与量化；③探索生态最优性理论下的植被最优性模型(包含由此产生的土壤有机质和根系动态变化)、能量平衡模型(包含生态最优性下的能量分布)、水量平衡模型三者间耦合方式和参数化。

9.2.7　气候变化下寒区流域水资源适应性利用与管理

气候变化对寒区水循环与水文过程的影响十分深刻，从积雪与冰川水文过程、冻土水文过程到寒区生态水文过程等多方面将产生较大变化，必然导致水资源系统发生较大改变。由于寒区水资源变化对地球系统以及人类社会可持续发展所产生的巨大影响，寒区水资源变化规律、未来趋势及其可能的潜在影响等成为全球变化研究和水文科学领域的前沿热点之一，其核心在于两方面：一是变化环境下寒区水资源系统的演化规律、形成机制与未来趋势，包括水资源形成演化的基本规律、数值模拟方法以及对变化环境的响应特征、未来变化预测等。二是应对水资源系统变化的适应性利用策略和水资源安全可持续维持的调控途径与方法，亦即人类如何适应变化的水资源系统，采取合理的开发利用方案，维持水资源供给安全。

最近 30 年来，包括青藏高原和泛北极寒区的主要河流径流变化明显，表现在泛北极地区大部分河流，特别是欧亚大陆河流的径流量呈现持续递增趋势，而青藏高原主要河流呈现弱的递减趋势（Arctic-HYDRA，2010；Liu et al.，2012），据认为气候变化的影响是其主导因素。王浩等(2010)总结我国水资源变化的总体态势时指出：我国北方总体上径流性水资源减少，河道径流减少，不重复的地下水资源量增加；流域干流中下游径流量在减少，支流就地利用量增加。张建云等(2013)分析我国北方气候变化对水资源的影响后，认为长江、黄河等河流上游径流量呈弱的递减趋势，气候的影响为主要因素，约占 50%～70%。对于青藏高原寒区河流径流的这种变化特征，除了其形成原因和机理尚不清楚以外，另一个在国家层面最为关注的核心问题就是水资源的演化规律及其趋势，我们如何在水资源开发利用中合理应对，也就是在全球变化背景下，面对寒区水文过程的剧烈变化，寒区水资源适应性利用与可持续管理问题。正是这一问题的重要性，国家自然科学基金委在 2015 年发布了"西南河流源区径流变化和适应性利用"重大研究计划，针对我国主要寒区河流，开展系统的径流形成与变化规律及其应对变化环境的适应利用研究，在适应性利用与管理方面，其核心的科学任务包括以下几方面：径流演变规律与形成机制，变化环境下径流演变趋势预测，变化环境下多利益主体协同的径流适应性利用调控方法与对策，供水-发电-环境互馈关系识别与适应系统优化调控模式等。显然，基于径流变化规律和未来趋势，将水资源开发利用的多种利益主体协同起来，并强调与流域环境安全（包括水环境、水生态）相耦合，既要适应气候变化的影响，更要以生态与环境安全为前提。

在寒区流域，水资源利用与管理中实际上存在很多尚未解决的未知领域，如水资源评价的理论与方法、水资源价值量的核算以及水资源合理配置的理论与方法等，在寒区流域均未能取得实质性进展。在水资源评价方面，全口径、层次化、动态的水资源评价理论和方法是目前应用较为广泛和先进的途径。但是，在寒区流域尚未有应用实例，其瓶颈在于水资源组成中的地下水系统、冰雪融水等，目前尚缺乏较为精确的定量刻画方法。在水资源合理配置方面，寒区流域与干旱内陆流域或其他非冰冻圈要素作用的流域不同，属于水资源形成区的水资源合理配置，但在全球气候变化背景下，该区域面临诸多的环境安全、生态安全和国际河流的水权问题等等，涉及问题更加复杂多样，包括基于生态需水量或水生态系统安全的生态水资源评价等问题在内，在寒区流域内尚未开展相关系统研究。关于水资源价值量核算，是自 20 世纪 80 年代中期以来逐渐兴起的针对水资源保护和科学管理的举措，世界上许多国家陆续开展了水资源核算理论、方法的研究，并通过制定实施方案进行探索和试验，但我国起步较晚，尚未真正开展相关方面的系统探索（王浩等，2010）。但是，水资源价值长期未能真正予以正确认识，掠夺性利用的根源就是对水资源价值量的低估，特别是在研究资源环境和经济活动之间的相互关系，确定区域资源环境承载能力时，水资源价值量的准确核算就十分重要，为此，联合国正在制定"水资源核算手册"，确定水资源核算方法，可以肯定地预判未来水资源价值量的核算是与水资源评价和合理配置一样、甚至高于这些方面的水资源研究的重要内容。因此，如何正确核算寒区水资源价值量，也是未来的一个重要研究方向。

9.3　主要结论

综上所述，总结寒区生态水文学面临的主要科学问题、进展与未来发展趋势展望，可以从以下两方面予以归纳：寒区生态水文过程与伴生过程。

9.3.1　寒区生态水文过程

　　归纳前述有关寒区生态水文学中有关生态水文过程的前沿科学问题，总结寒区生态水文学前沿学科领域与主要研究方向，如图9.10所示。不同尺度上，寒区生态水文过程面临的主要前沿科学问题不同。

　　(1)在样地或点尺度上，针对不同生态类型，需要系统揭示大气-植被-积雪-活动层土壤-冻土系统的水热耦合传输过程、驱动因素与作用机理，理解地形因子和植被因子以及土壤因子对水热耦合传输过程影响的时空分异规律；在相关理论探索的基础上，进一步需要发展水热耦合传输过程的数值解析方法和高精度识别的模拟模型；准确评估和预测气候变化、下垫面环境(冻土、植被覆盖和积雪覆盖)变化对能水循环的协同影响与水热传输过程的演化趋势。这是深入认识寒区气候变化下寒区能水循环变化规律，发展寒区陆面过程模型、生态系统动态模型以及水文模型的关键基础。

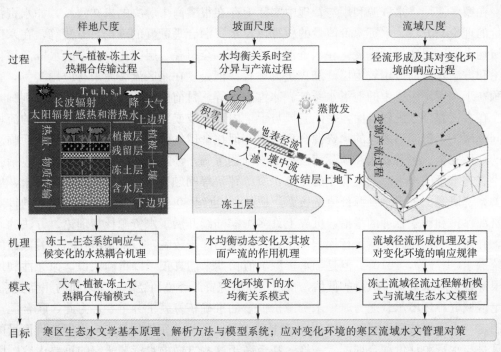

图 9.10　寒区生态水文过程主要的前沿领域、重点方向及其相互关系

　　(2)在坡面尺度上，需要针对地表能量平衡随地形因子(坡向、坡度和海拔)与植被因子的空间异质性，查明能量平衡变化驱动的坡面水均衡时空分异规律，明确在能量平衡与水均衡共同作用下的坡面产流规律、模式与形成机理；系统认知坡面冻结层上地下水动态规律、形成机理及其与降水和地表水的相互关系；基于以上研究进展，探索构建多年冻土坡面水均衡关系模式，评估和预测植被、积雪以及冻土环境变化对水均衡关系的影响。

　　(3)在流域尺度上，最具挑战性的核心问题是径流形成原理，需要深入探索寒区冰冻圈水文要素(积雪、冰川和冻土)作用下的径流形成过程、驱动因素与作用机理，通过水循环各环节、径流形成与动态过程及其定量描述模式的建立，建立寒区流域冰冻圈要素驱动的径流过程解析模式和流域尺度生态水文模型；在这些基础上，系统发展寒区水文学基本理论与分析方法。

(4)基于生态最优性原理的寒区生态水文耦合过程、机理与模拟模型，是未来发展的重要方向，需要明确植被最优性格局、能量平衡过程与水量平衡过程间的相互依赖与反馈的耦合作用关系，并探索三者耦合作用下的生态最优性模型、能量平衡模式与水量平衡模型及其在流域尺度上相互耦合的定量关系，在这一基础上，发展新型寒区流域生态水文模型。

9.3.2　寒区生态水文过程的伴生过程与展望

寒区生态水文过程的伴生过程既是水文过程密切关联的部分，也是相对独立的寒区陆表环境和生态领域的问题，是由寒区生态过程、水文过程和能量过程耦合作用的结果，主要包括土壤侵蚀与地质灾害、生物地球化学循环与碳氮排放、水环境与水生态过程等三方面(图 9.11)。

(1)寒区流域或区域生物地球化学循环过程、机理与模拟。探索在寒区特殊的陆面生态水文过程作用下，寒区生态系统碳氮循环过程、对变化环境(气候变化、冻土变化、积雪变化)的响应规律；在气候变化和冻土变化协同影响下，寒区生态系统水碳氮耦合循环过程、变化规律与机理；气候变化协同冻土变化作用下的寒区生态系统温室气体排放通量、动态变化与驱动机制；冻土土壤碳氮的剖面迁移规律与机制；发展寒区生物地球化学循环模型。

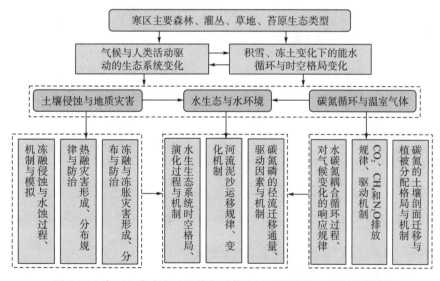

图 9.11　寒区生态水文过程的主要伴生过程及其核心前沿学科领域

(2)寒区冻融侵蚀、水蚀与风蚀共同作用下的土壤侵蚀与冻土地质灾害。寒区冻融侵蚀过程及其与生态水文过程的相互作用关系，寒区生态水文过程对水蚀和风蚀的影响，在这些研究基础上，探索寒区土壤侵蚀过程、形成机制与定量模拟方法；揭示热融、冻融以及冻胀地质灾害的孕灾条件与成灾机理，明确气候变化与冻土环境变化对冻土地质灾害形成、发展与分布的影响；基于寒区生态水文理论，发展冻融地质灾害的动力学模型，并构建冻融地质灾害风险和易损性等定量评估的方法；基于流域生态水文学理论与模型，开展冰雪融水洪水灾害、冰湖溃决灾害的预测报与风险评估。

（3）在寒区流域水环境与水生生态系统方面，需要系统查明流域生源要素迁移转化过程、驱动机制及其对水环境的影响，评估径流碳氮输移对区域或流域尺度碳氮平衡的影响；土壤侵蚀产沙变化及其对流域水环境质量的影响；气候变化与水环境变化对寒区流域及湖泊淡水生态系统的影响。

参 考 文 献

程国栋，张建明，盛煜，陈继. 2003. 保护冻土的保温原理. 上海师范大学学报（自然科学版），32(4)：1-6.

杜际增，王根绪，杨燕，张涛，毛天旭. 2015. 长江黄河源区湿地分布的时空变化及成因. 生态学报，35(18)：6173-6182.

李小雁，2011. 干旱地区土壤-植被-水文耦合、响应与适应机制. 中国科学：地球科学，41(12)：1721-1730.

刘春蓁. 2004. 气候变化对陆地水循环影响研究的问题. 地球科学进展，19(1)：115-119.

陆桂华，吴志勇，雷文等. 2006. 陆气耦合模型在实时暴雨洪水预报中的应用. 水科学进展，17(6)：847-852.

牛丽，叶柏生，李静，盛煜，2011. 中国西北地区典型流域冻土退化对水文过程的影响. 中国科学：地球科学，41(1)：85-92.

秦大河. 2014. 三江源区生态保护与可持续发展. 北京：科学出版社.

芮孝芳，2004. 水文学原理. 北京：中国水利水电出版社.

孙淑芬. 2005. 陆面过程的物理、生化机理和参数化模型. 北京：气象出版社.

王根绪，程国栋，沈永平. 2001. 江河源区的生态环境变化及其综合保护研究. 兰州：兰州大学出版社.

王根绪，李元寿，王一博，2010. 青藏高原河源区地表过程与环境变化. 北京：科学出版社.

王浩，严登华，贾仰文，胡东来，王凌河. 2010. 现代水文水资源学科体系及研究前沿和热点问题. 水科学进展，21(4)：479-489.

王青霞，吕世华，鲍艳，等. 2014. 青藏高原不同时间尺度植被变化特征及其与气候因子的关系分析. 高原气象，33(2)：301-312.

杨传国，林朝晖，郝振纯，余钟波，刘少峰. 2007. 大气水文模式耦合研究综述. 地球科学进展，22(8)：810-816.

杨针娘，刘新仁，曾群柱，陈赞廷. 2000. 中国寒区水文. 北京：科学出版社.

张建云，贺瑞敏，齐晶，刘翠善，王国庆，金君良. 2013. 关于中国北方水资源问题的再认识. 水科学进展，24(3)：303-310.

张建云，王国庆，杨扬，贺瑞敏，刘九夫. 2008. 气候变化对中国水安全的影响研究. 气候变化研究进展，4(5)：290-295.

周剑，李新，王根绪，潘小多. 2008. 陆面过程模式SIB2与包气带入渗模型的耦合及其应用. 地球科学进展，23(6)：570-579.

周剑，王根绪，李新，杨永民，潘小多. 2008. 高寒冻土地区草甸草地生态系统的能量-水分平衡分析. 冰川冻土，30(03)：398-407.

周幼吾，郭东信，邱国庆. 2000. 中国冻土. 北京：科学出版社.

Alvarez-Cobelas M，Angeler DG，Sanchez-Carrillo S，Almendros G. 2012. A worldwide view of organic carbon export from catchments. Biogeochemistry，107：275-293. DOI：10.1007/s10533-010-9553-z.

AMAP，2011. Snow，water，ice and permafrost in the Arctic(SWIPA)：climate change and the cryosphere. Arctic Monitoring and Assessment Programme(AMAP)，Oslo，Norway. 538 pp.

Arctic-HYDRA. 2010. The arctic hydrological cycle monitoring，modeling and assessment programme. Science and implementation plan. Available at：http：//arctichydra. arcticportal. org/ images/stories/Arctic-HYDRA. pdf.

Bakalin V A，Vetrova V P．2008．Vegetation-permafrost relationships in the zone of sporadic permafrost distribution in the Kamchatka Peninsula．Russ．J．Ecol．39(5)，318-326．

Bartsch A，Kumpula T，Forbes B C，et al．2010．Detection of snow surface thawing and refreezing in the Eurasian Arctic using QuikSCAT：implications for reindeer herding．Ecological Applications，20：2346-2358．

Bense V F，G Ferguson，H Kooi．2009．Evolution of shallow groundwater flow systems in areas of degrading permafrost，Geophys．Res．Lett．，36，L22401，DOI：10.1029 /2009GL039225．

Berezovskaya S，Yang DQ，Hinzman LD．2005．Long-term annual water balance analysis of the Lena River．Global Planet Change 48：84-95．

Bockheim J G．2007．Importance of cryoturbation in redistributing organic carbon in permafrost-affected soils．Soil Science Society of America Journa，l71：1335-1342．

Bockheim J G．2015．Cryopedology．Springer，Cham Heidelberg New York Dordrecht London．

Bolton WR，Hinzman LD，Yoshikawa K．2000．Streamflow studies in a watershed underlain by discontinuous permafrost in：water resources in extreme environments．American Water Resources Association，Middleburg，pp 31-36．

Brutsaert W．2005．Hydrology：An introduction．Cambridge University Press，UK．

Carey SK，Boucher JL，Duarte CM．2013．Inferring groundwater contributions and pathways to streamflow during snowmelt over multiple years in a discontinuous permafrost environment(Yukon，Canada)．Hydrogeology Journal 21：67-77．

Carey SK，Woo MK．2001．Slope runoff processes and flow generation in a subarctic，subalpine catchment．Journal of Hydrology，253：110-129．

Caylor KK，Scanlon TM，Rodriguez-Iturbe I．2009．Ecohydrological optimization of pattern and processes in water-limited ecosystems：a trade-off-based hypothesis．Water Resources Research，45，W08407，DOI：10.1029/2008WR007230．

De'ry S J，Wood E F．2005．Decreasing river discharge in northern Canada．Geophys．Res．Lett．32，L10 401．(doi：10.1029/2005GL022845)．

DeWalle D R，Albert R．2008．Principles of snow hydrology．Cambridge：Cambridge University Press．

Dorrepaal E，Toet S，van Logtestijn R S P，Swart E，van de Weg M J，Callaghan T V，Aerts R．2009．Carbon respiration from subsurface peat accelerated by climate warming in the subarctic．Nature 460：616-619．

Euskirchen E S，McGuire A D，Chapin F S，Yi S，Thompson C C．2009．Changes in vegetation in northern Alaska under scenarios of climate change，2003-2100：implications for climate feedbacks．Ecological Applications，19(4)，pp．1022-1043．

Fatichi S，Ivanov VY，Caporali E．2012．A mechanistic ecohydrological model to investigate complex interactions in cold and warm water controlled environments：1．Theoretical framework and plot-scale analysis．Journal of Advances in Modeling Earth Systems，4：M05002．DOI：10.1029/2011 MS000086．

Feng X，Epstein S．1995．Carbon isotopes of trees from arid environments and implications for reconstructing atmospheric CO_2 concentration．Geochimicaet Cosmochimica Acta，59(12)：2599-2608．

Fichot C G，Kaiser K，Hooker S B，Amon R M W，Babin M．2013．Pan-Arctic distributions of continental runoff in the Arctic Ocean．Scientific Reports，3：1053，DOI：10.1038/srep01053．

Flerchinger GN．2000．The Simultaneous Heat and Water (SHAW) Model：User's Manual．Technical Report NWRC 2000-10．

Fukui K，Sone T，Yamagata K，Otsuki Y，Sawada Y，Vetrova V，Vyatkina M．2008．Relationships between permafrost distribution and surface organic layers near Esso，Central Kamchatka，Russian Far East．Permafrost．Periglac．Process．19，85-92．

Gao J，Tian LD，Liu YQ，et al．2009．Oxygen isotope variation in the water cycle of the Yamdrok-tso Lake Basin in southern Tibetan Plateau．Chinese Sci Bull，54：2758-2765．

Heidbüchel I，Troch PA，Lyon SW，Weiler M．2012．The master transit time distribution of variable flow systems．

Water Resources Research 48. DOI：10. 1029/2011WR011293.

Hicks Pries C E, Schuur E A G, Crummer K G. 2013. Thawing permafrost increases old soil and autotrophic respiration in tundra：partitioning ecosystem respiration using $\delta^{13}C$ and ^{14}C. Global Change Biology，19：649-661.

Hicks Pries C E, Schuur E A G, Natali S M, Crummer K G. 2016. Old soil carbon losses increase with ecosystem respiration in experimentally thawed tundra. Nature Clim. Change 6：214-218.

Hrachowitz M, Soulsby C, Tetzlaff D, Malcolm IA, Schoups G. 2010. Gamma distribution models for transit time estimation in catchments：physical interpretation of parameters and implications for time-variant transit time assessment. Water Resources Research 46. DOI：10. 1029/ 2010WR009148.

Immerzeel W W , van Beek L P H , Bierkens M F P. 2010. climate change will affect the Asian Water Towers. Science, 328, 1382；DOI：10. 1126/science. 1183188.

Jansson P E. 1991. Soil water and heat model. Technical description. Rep. no. 165, Dept. Soil Sci. , Swedish Univ. Agric. Sci. , Uppsala, Sweden.

Jasechko S , Sharp Z D , Gibson J J , Birks S J , Yi Y, Fawcett P J. 2013. Terrestrial water fluxes dominated by transpiration. Nature, 496：347-350.

Jelinski N A. 2013. Cryoturbation in the centralbrooks range. Alaska：Soil Horizons, 54：1-7.

Juday G P. 2009. Boreal forests and climate change. In：Goudie, A. and D. Cuff(Eds.). Oxford Companion to Global Change, pp. 75-84, Oxford University Press.

Kaiser C, Meyer H, Biasi C, et al. 2007. Conservation of soil organic matter through cryoturbation in arctic soils in Siberia. Journal of Geophysical Research：Biogeosciences, 112：G02017.

Kaser G , Großhauser M , Marzeion B. 2010. Contribution potential of glaciers to water availability in different climate regimes. PNAS, 107(47)：20223-20227.

Keenan T F , Hollinger D Y, Bohrer G, Dragoni D, Munger J W, Schmid H P, Richardson A D. 2013. Increase in forest water-use efficiency as atmospheric carbon dioxide concentrations rise，Nature, 499(7458)，324-327.

Kuhry P , Grosse G, Harden J W, Hugelius G, Koven C D, Ping C L, Schirrmeister L, Tarnocai C. 2013. Characterisation of the permafrost carbon pool. Permafrost and Periglacial Processes, 24：146-155.

Liu Guangsheng , Wang Genxu. 2012. Insight into runoff decline due to climate change in China's Water Tower. Water Science & Technology, 12(3)：352-361.

Liu Yongwen, Xu Ri, Wei Da, et al. 2013. Plant and soil responses of an alpine steppe on the Tibetan Plateau to multi-level nitrogen addition. Plant Soil, 373：515-529.

MacDougall A H, Avis C A, Weaver A J. 2012. Significant contribution to climate warming from the permafrost carbon feedback. Nature Geosci, 5：719-721.

Ma Wei, Niu Fujun, Satoshi Akagawa. 2006. Slope instability phenomena in permafrost regions of Qinghai-Tibet Plateau, China. Landslides, 3(3)：260-264.

Michelle C. Mack, Edward A G Schuur, M Syndonia Bret-Harte, Gaius R. Shaver and F. Stuart Chapin III. 2004. Ecosystem carbon storage in arctic tundra reduced by long-term nutrient fertilization. Nature，431：440-443.

Mo JM, Zhang W, Zhu WX, et al. 2007. Nitrogen addition reduces soil respiration in a mature tropical forest in southern China. Global Change Biology, 14：1-10.

Moreno-Gutiérrez C , Dawson TE , Nicolás E, et al. 2012. Isotopes reveal contrasting water use strategies among coexisting plant species in a Mediterranean ecosystem. New Phytologist, 196：489-496.

Nelson F E , Anisimov O E , Shiklomanov N I. 2002. Climate change and hazard zonation in the Circum-Arctic Permafrost Regions. Natural Hazards. 26：203-225.

Niu Fujun, Cheng Guodong, Ni Wankui. 2005. Engineering-related slope failure in permafrost regions of the Qinghai-Tibet Plateau. Cold Regions Science and Technology. 42(3)：215-225.

Penna D , Tromp-van Meerveld H J , Gobbi1 A , Borga1 M , G D Fontana. 2011. The influence of soil moisture on threshold runoff generation processes in an alpine headwater catchment. Hydrol. Earth Syst. Sci. , 15，689-702.

Perfect E, Williams P J. 1980. Thermally induced water migration in frozen soils. Cold Region Science and

Technology. 9(3)：101-109.

Pietroniro A. 2001. A framework for coupling atmospheric and hydrological models：Soil-vegetation-atmosphere transfer schemes and large-scale hydrological models. The Netherlands：IAHS Publishing，27-34.

PomeroyJ W，Gray D M，et al. 2007. The cold regions hydrological model：a platform for basing process representation and model structure on physical evidence. Hydrological Processes，21：2650-2667.

Prieto I，Armas C，Pugnaire FI. 2012. Water release through plant roots：new insights into its consequences at the plant and ecosystem level. New Phytologist，193：830-841.

Quinton WL，Shirazi T，Carey SK，et al. 2005. Soil water storage and active-layer development in a sub-alpine tundra hillslope，southern Yukon territory，Canada. Permafrost and periglacial processes，16：369-382.

Rigon R，Bertoldi G，Over T M. 2006. GEOtop：a distributed hydrological model with coupled water and energy budgets. Journal of Hydrometeorology，7：371-388.

Rodriguez-Iturbe，I，Odorico P D，Porporato A，et al. 1999. Tree-grass coexistence in savannas：the role of spatial dynamics and climate fluctuations. Geophys. Res. Lett.，26(2)：247- 250.

Rutter N R，Essery J，Pomeroy and 48 others. 2009. Evaluation of forest snow processes models(SnowMIP2). Journal of Geophysical Research-Atmospheres，114：D06111.

Ryel R，Ivans C，Peek M，et al. 2008. Functional differences in soil water pools：a new perspective on plant water use in water-limited ecosystems. In：Progress in Botany，Lüttge U，Beyschlag W，Murata J(eds.)Springer Berlin Heidelberg，pp：397-422.

Schuur EA，Bockheim J，Canadell JG，Euskirchen E，Field CB，Goryachkin SV，Hagemann S，Kuhry P，Lafleur PM，Lee H. 2008. Vulnerability of permafrost carbon to climate change：implications for the global carbon cycle. BioScience，58：701-714.

Schuur E A G，J G Vogel，K G Crummer，H Lee，J O Sickman，T E Osterkamp. 2009. The effect of permafrost thaw on old carbon release and net carbon exchange from tundra. Nature，459：556-559.

Schymanski SJ，Sivapalan M，Roderick ML，et al. 2009. Anoptimality-based model of the dynamic feedbacks between natural vegetation and the water balance. Water Resources Research，DOI：10. 1029/2008WR006841.

Shen Miaogen，Piao Shilong，Jeong Su-Jong，et al. 2015. Evaporative cooling over the Tibetan Plateau induced by vegetation growth. PNAS，112(30)：9299-9304.

Shiklomanov A，Lammers R，Rawlins M，Smith L，Pavelsky T. 2007. Temporal and spatial variations in maximum river discharge from a new Russian data set. J Geophys Res-Biogeo 2005-2012：112.

Shiklomanov A I，Lammers R B，Lettenmaier D P，Polischuk Y M，Savichev O G，Smith L C，Chernokulsky A V. 2013. Hydrological Changes：Historical Analysis，Contemporary Status，and Future Projections. In：P. Ya. Groisman and G. Gutman(eds.)，Regional Environmental Changes in Siberia and Their Global Consequences，Springer Environmental Science and Engineering，Springer Science+Business Media Dordrecht.

Shi Y. 2008. Concise glacier inventory of China. Shanghai，Shanghai Popular Science Press，205pp.

Shur Y L，Jorgenson M T. 2007. Patterns of permafrost formation and degradation in relation to climate and ecosystems. Permafrost Periglac. Process. 18(1)，7-19.

Smith LC，Pavelsky TM，MacDonald GM，Shiklomanov AI，Lammers RB. 2007. Rising minimum daily flows in northern Eurasian rivers：a growing influence of groundwater in the high - latitude hydrologic cycle. J Geophys Res-Biogeo(2005-2012)112.

Strauss J，Schirrmeister L，Mangelsdorf K，et al. 2015. Organic-matter quality of deep permafrost carbon-a study from Arctic Siberia. Biogeosciences，12：2227-2245.

Striegl RG，Aiken GR，Dornblaser MM，Raymond PA，Wickland KP. 2005. A decrease in discharge-normalized DOC export by the Yukon River during summer through autumn. Geophysical Research Letters，32.

Sturm M，Mcfadden J P，Liston G E，et al. 2001. Snow-shrub interactions in arctic tundra：a hypothesis with climatic implications. Journal of Climate，14：336-344.

Sun S F，Xue Y. 2001. Implementing a new snow scheme in Simplified Simple Biosphere model. Adv. Atmos. Sci.，

18：335-354.

Swann A L, Fung I Y, Levis S, et al. 2010. Changes in arctic vegetation amplify high-latitude warming through the greenhouse effect. PNAS, 107(4)：1295-1300.

Tarnocai C, Canadell J, Schuur E, Kuhry P, Mazhitova G, Zimov S. 2009. Soil organic carbon pools in the northern circumpolar permafrost region. Global biogeochemical cycles, 23.

Tetzlaff D , Buttle J , Carey S K , McGuire K , Laudon H. 2014. Tracer-based assessment of flow paths, storage and runoff generation in northern catchments: a review. Hydrol. Process. DOI：10.1002/hyp. 10412.

van der Sleen P , P Groenendijk, M Vlam, N P R Anten, A Boom, F. Bongers, T L Pons, G Terburg, P A Zuidema. 2015. No growth stimulation of tropical trees by 150 years of CO_2 fertilization but water-use efficiency increased. Nature Geoscience, 8(1), 24-28.

Walvoord MA, Voss CI, Wellman TP. 2012. Influence of permafrost distribution on groundwater flow in the context of climate-driven permafrost thaw: example from Yukon Flats Basin, Alaska, United States. Water Resources Research, 48, DOI：10.1029/ 2011WR011595.

Wang Genxu, Hu Hongchang, Li Taibin. 2009b. The influence of freeze-thaw cycles of active soil layer on surface runoff in a permafrost watershed. Journal of Hydrology, 375：438-449.

Wang Genxu, Liu Guangsheng, Li Chunjie, Yang Yan. 2012a. The variability of soil thermal and hydrological dynamics with vegetation cover in a permafrost region. Agricultural and Forest Meteorology, 162-163：44-57.

Wang Genxu, Liu Guangsheng, Li Chunjie. 2012b. Effects of changes in alpine grassland vegetation cover on hillslope hydrological processes in a permafrost watershed. Journal of Hydrology, 444-445：22-33.

Wang Genxu, Shengnan, L. , Hongchang, H, Yuanshou, L. 2009a. Water regime shifts in the active soil layer of the Qinghai-Tibet Plateau permafrost region, under different levels of vegetation, Geoderma, 149：280-289.

Wei Da, Xu Ri, Tenzin-Tarchen, et al. 2014. Considerable methane uptake by alpine grasslands despite the cold climate: in situ measurements on the central Tibetan Plateau, 2008-2013. Global Change Biology, DOI：10.1111/ gcb. 12690.

Williams DJ, Burn CR. 1996. Surficial characteristics associated with the occurrence of permafrost near Mayo, central Yukon Territory, Canada. Permafrost and Periglacial Processes, 7：193-206.

WookeyP A , Aerts R , Bardgettz R D, et al. 2009. Ecosystem feedbacks and cascade processes: understanding their role in the responses of Arctic and alpine ecosystems to environmental change. Global Change Biology, 15, 1153-1172.

Woo M. -k. 2012. Permafrost Hydrology. Springer-Verlag Berlin Heidelberg.

Wright N , M. Hayashi, W L Quinton. 2009. Spatial and temporal variations in active layer thawing and their implication on runoff generation in peat-covered permafrost terrain, Water Resour. Res. , 45, W05414, DOI：10.1029/2008WR006880.

Wu H , Li XY , Jiang Z, et al. 2016. Contrasting water use pattern of introduced and native plants in an alpine desert ecosystem, Northeast Qinghai-Tibet Plateau, China. Science of The Total Environment, 542, PartA：182-191.

Yang Y , Endreny T A , Nowak D J. 2011. iTree-Hydro: snow hydrology update for the urban forest hydrology model. Journal of American Water Resources Association, 47(6)：1211-1218.

Ye B, Yang D, Zhang Z, et al. 2009. Variation of hydrological regime with permafrost coverage over Lena Basin in Siberia. J Geophys Res, 114：D07102, doi：10.1029/2008JD010537.

Yi S , M K Woo, M A Arain. 2007. Impacts of peat and vegetation on permafrost degradation under climate warming, Geophys. Res. Lett. , 34, L16504, doi：10.1029/2007GL030550.

Yi S H , Manies K, Harden J, McGuire A D. 2009. Characteristics of organic soil in black spruce forests: implications for the application of land surface and ecosystem models in cold regions. Geophysical Research Letters, 36：L05501 DOI：10.1029/2008GL037014.

Zencich S , Froend R , Turner J, et al. 2002. Influence of groundwater depth on the seasonal sources of water accessed by Banksia tree species on a shallow, sandy coastal aquifer. Oecologia, 131：8-19. DOI：

10. 1007/s00442-001-0855-7.

Zhang Yinsheng，T Kadota，T Ohata ，D Oyunbaatar. 2007. Environmental controls on evapotranspiration from sparse grassland in Mongolia，Hydrological processes，Vol. 110，2016-2027.

Zhang Yinsheng，T Ohata，J Zhou，G Davaa. 2011. Modelling plant canopy effects on annual variability of evapotranspiration and heat fluxes for a semi-arid grassland on the southern periphery of the Eurasian cryosphere in Mongolia. Hydrological processes，25：1201- 1211.

Zhou J，Pomeroy JW，Zhang W，Cheng GD，Wang GX，Chen C. 2014. Simulating cold regions hydrological processes using a modular model in the west of China. Journal of Hydrology，509，13-24.

Zierl B，Bugmann H，Tague CL. 2007. Water and carbon fluxes of European ecosystems：an evaluation of the ecohydrological model RHESSys. Hydrol Process. ，21：3328-3339.